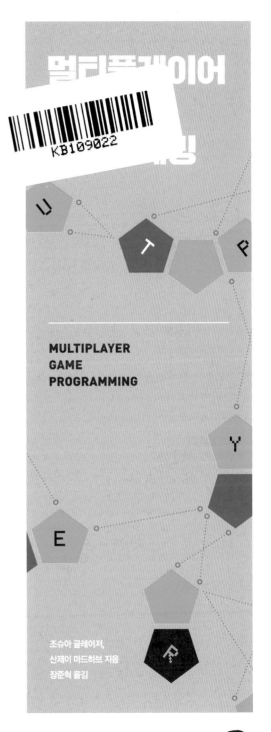

멀티플레이어 게임 프로그래밍

KB109022

MULTIPLAYER
GAME
PROGRAMMING

조슈아 글레이저,
산제이 마드하브 지음
장준혁 옮김

길벗

멀티플레이어 게임 프로그래밍

Multiplayer Game Programming

초판 발행 · 2017년 4월 26일
초판 4쇄 발행 · 2023년 1월 6일

지은이 · 조슈아 글레이저, 산제이 마드하브
옮긴이 · 장준혁
발행인 · 이종원
발행처 · (주)도서출판 길벗
출판사 등록일 · 1990년 12월 24일
주소 · 서울시 마포구 월드컵로 10길 56(서교동)
대표 전화 · 02)332-0931 | **팩스** · 02)323-0586
홈페이지 · www.gilbut.co.kr | **이메일** · gilbut@gilbut.co.kr

기획 및 책임편집 · 한동훈(monaca@gilbut.co.kr) | **디자인** · 박상희 | **제작** · 이준호, 손일순, 이진혁
영업마케팅 · 박민영, 박성용, 임태호, 전선하, 지운집, 차명환 | **영업관리** · 김명자 | **독자지원** · 윤정아, 최희창

교정교열 · 이미현 | **전산편집** · 남은순 | **출력·인쇄** · 북토리 | **제본** · 신정문화사

▶ 잘못된 책은 구입한 서점에서 바꿔 드립니다.
▶ 이 책에 실린 모든 내용, 디자인, 이미지, 편집 구성의 저작권은 (주)도서출판 길벗과 지은이에게 있습니다.
  허락 없이 복제하거나 다른 매체에 옮겨 실을 수 없습니다.

ISBN 979-11-6050-144-5 93560
(길벗 도서번호 006821)

정가 33,000원

독자의 1초를 아껴주는 정성 길벗출판사

(주)도서출판 길벗 | IT실용, IT전문서, IT/일반수험서, 경제경영, 취미실용, 인문교양(더퀘스트) www.gilbut.co.kr
길벗이지톡 | 어학단행본, 어학수험서 www.eztok.co.kr
길벗스쿨 | 국어학습, 수학학습, 어린이교양, 주니어 어학학습, 교과서 www.gilbutschool.co.kr

페이스북 · www.facebook.com/gbitbook
예제 소스 · https://www.github.com/gilbutitbook/006821

그릴드 실란트로와 젤리빈에게. 누군지 알 거야.

– 조슈아 글레이저

늘 격려해준 우리 가족에게. 그리고 그간 함께한 조교 여러분께.

– 산제이 마드하브

조슈아 글레이저(Joshua Glazer)는 네이키드 스카이 엔터테인먼트(Naked Sky Entertainment)의 공동 설립자이자 CTO로 《로보블리츠》, 《마이크로봇》, 《트위스터 매니아》 등 콘솔 및 PC 게임을 개발해 왔고, 최근에는 모바일 히트작 《맥스 액스》와 《스크랩 포스》를 개발했다. 네이키드 스카이 팀 리더로 에픽 게임스의 언리얼 엔진, 라이엇 게임즈의 《리그 오브 레전드》, THQ의 《디스트로이 올 휴먼즈》 시리즈 및 일렉트로닉 아츠, 미드웨이, 마이크로소프트, 파라마운트 픽쳐스 등 많은 외부 프로젝트의 컨설팅을 맡기도 하였다.

조슈아 글레이저는 또한, 서던캘리포니아대학의 시간 강사로 활동하면서 멀티플레이어 게임 프로그래밍과 게임 엔진 개발을 열성적으로 가르쳐 왔다.

산제이 마드하브(Sanjay Madhav)는 서던캘리포니아대학의 전임 강사로 여러 프로그래밍 과정 및 비디오 게임 프로그래밍 과정을 가르치고 있다. 주요 강의 내용은 학부생 수준 게임 프로그래밍으로, 2008년 이래로 이러한 과정을 강의하고 있다. 그뿐만 아니라 여러 다른 주제도 가르쳐 왔는데, 게임 엔진, 자료 구조, 컴파일러 개발 등이 그것이다. 《Game Programming Algorithms and Techniques(게임 프로그래밍 알고리즘과 테크닉)》의 저자이기도 하다.

산제이 마드하브는 서던캘리포니아대학에 부임하기 전 일렉트로닉 아츠, 네버소프트, 판데믹 스튜디오 등 여러 회사에서 비디오 게임을 개발하기도 하였다. 제작에 참여한 게임은 《메달 오브 아너: 퍼시픽 어썰트》, 《토니 호크 프로젝트 8》, 《반지의 제왕: 컨퀘스트》, 《사보타주》 등으로 네트워크 멀티플레이를 채택한 게임이 대부분이다.

장준혁

장준혁은 고려대학교 컴퓨터학과를 졸업한 후 2017년 현재 15년간 온라인, 콘솔, 모바일 게임의 클라이언트와 서버를 오가며 다양한 게임 프로젝트를 수행했다. 주로 엔진 커스터마이즈, 프레임 워크 구축 등을 담당했으며 현재는 넥슨 코리아에 근무하면서 게임 개발 파이프라인 개선, 멀티플 레이어 네트워킹, 전술 전략 AI 등을 주제로 흥미로운 도전을 이어가고 있다. 스팀 라이브러리에 쌓여만 가는 게임 목록을 보고 늘 한숨짓는 아빠 게이머이기도 하다.

이 책을 펼친 여러분이라면 틀림없이 누군가와 멀티플레이어 게임을 하면서 즐거운 시간을 보낸 경험이 있으실 겁니다. 그간 엄청나게 많은 게임이 세상에 선보였고 또 사라져 갔지만, 게이머들에게 선택받고 오래 사랑받는 작품이 되기 위한 중요한 조건으로, 멋지게 구현된 멀티플레이만 한 게 또 있을까요.

한편 개발자로서 우리는 다양한 상용 엔진을 다루지만, 그 근간의 멀티플레이 로직이 어떻게 구성되어있는지, 왜 그런 설계가 필요했는지 이론적인 배경까지는 깊이 이해할 여유 없이 실무에 임할 때가 많습니다. 학부에서 전공과목 진도를 열심히 따라갔더라도, 막상 필드에서 필요한 내용이 있을 때 대체 그것을 여러 두꺼운 교과서 중 어디에서 봤던가 기억이 가물가물해 난감했던 경험을 가진 분도 계실 겁니다.

이 책에서 다루는 내용은 인터넷 링크 계층이나 스트림 및 바이트 순서 등 기초적이고 이론적인 내용부터 시작해, 데드 레커닝이나 서버 측 되감기 같은 고급 기법에 이르기까지 체계적으로 집대성되어 있습니다. 이를 통해 네트워크 게임을 개발하면서 갖게 될 법한 여러 의문에 대한 답을 얻을 수 있는데요, 쉬운 예로 왜 그간 PC 게임에서 TCP보다 UDP를 선호했는지, 왜 최근의 모바일 게임에선 또 TCP를 그럭저럭 쓰는 건지, 왜 엊그제 플레이한 콘솔 게임에서 랙 때문에 모내기하다 어처구니없게 킬 당했는지, 어떻게 만들었더라면 좀 나았을지 등등 말입니다.

기억이 새롭습니다. 네트워크 게임을 처음 개발할 때 프레임 틱을 어떻게 나누고 다루어야 하나, 입력 처리를 어떻게 해야 반응 속도가 좋으려나 칠판에 쓰고 지우고 또 쓰며 궁리하던 기억. 자꾸만 깨지는 동기화 코드를 밤새도록 디버깅하며 어디 물어볼 사람 하나만 있었으면 하고 답답해했던 기억. 이 책을 처음 읽었을 때, 당시에 고민했던 내용이 주제별로 정리된 것을 보고 무릎을 탁 쳤습니다. 그리고 과거로 타임슬립해서 자리에다 한 권 올려놓고 왔으면 싶었습니다.

이제 게임 산업이 성숙하면서 많은 기술이 깔끔한 부품으로 포장되어 그 내부를 속속들이 알지 못하더라도 얼마든지 조립해 출시할 수 있는 시대가 되었습니다. 하지만, 여전히 원천 기술에 대한 이해가 부족하다면 손댈 엄두조차 나지 않는 과제들도 많이 남아있습니다. 이를테면 LTE 환경에서 MTU에 맞게 패킷 크기를 최적화하기, 클라이언트 측 예측을 수행하는 모듈의 '한 프레임' 튀는 버그 잡아내기, 자동 스케일링 걸어놓은 클라우드 인스턴스의 프로세스가 안 죽고 버티는 문제 수정하기 등등. 게임의 완성도를 위해, 그리고 제품의 차별화를 위해, 나아가 생산성 재고 및 비용 절감을 위해 시도할 수 있는 기술적 과제는 무궁무진합니다.

이 책의 내용을 충실히 소화한다면 다 해낼 수 있습니다, 라고 하는 건 무리겠지요. 하지만 적어도 여기 실린 내용은 십여 년간 제가 블로그나 논문에서 단편적으로만 접할 수 있던 내용들이 체계적으로 종합되어 있어 매우 도움될 것이라 자부합니다. 앞으로 멀티플레이 구현에 관련된 여러 책이나 글을 볼 계획이시라면, 이 책 한 권 만큼은 기왕 펼치신 김에 꼼꼼히 봐 두실 것을 추천해 드립니다.

번역 도중 궁금점에 대해 친절히 답변해 주시고, 우리나라 독자를 위해 인사 글을 따로 남겨주신 원저자 조슈아 글레이저 님께 감사드립니다(코핑 선생의 가르침을 잊지 않겠습니다). 아울러 출판 여건에도 불구하고 다양한 이론서적을 꾸준히 발굴하여 국내에 소개해 주시는 길벗출판사 여러분께도 감사드립니다. 늘 응원과 사랑을 아끼지 않는 아내 혜화, 그리고 게임 만드는 아빠가 마냥 자랑스러운 아들 지운이와 출간의 보람과 기쁨을 함께하고 싶습니다.

장준혁

네트워크 멀티플레이 게임은 오늘날 게임 산업에서 큰 축을 담당하고 있다. 게임을 즐기는 인구도 오가는 돈도 어마어마하다. 2014년 당시 매달 6천 7백만 플레이어가《리그 오브 레전드》를 즐기고 있었으며 이 책을 쓰는 시점인 2015년《DoTA 2》월드 챔피언십의 상금은 도합 170억 원 규모에 달한다. 멀티플레이 모드 덕분에 대중적 인기를 누리는《콜 오브 듀티》시리즈의 경우 매번 출시하기가 무섭게 1조 원 이상의 매상을 올린다. 그간 싱글 플레이만 지원하던《GTA(Grand Theft Auto)》시리즈도 드디어 4편부터 네트워크 멀티플레이 요소가 탑재되었다.

이 책에선 네트워크 멀티플레이 게임을 프로그래밍하는 데 필요한 주요 요소를 심도 있게 다룬다. 우선 네트워크의 기초부터 시작해서 인터넷은 어떤 방식으로 동작하고 데이터를 다른 컴퓨터에 보낼 때 내부에서 어떤 일이 일어나는지 알아본다. 기초를 다지고 나면 게임 데이터를 전송하는 기본 방법을 살펴본다. 네트워크로 게임 데이터를 보내기 위해 준비해야 할 것, 네트워크를 통해 게임 객체를 업데이트하는 법, 게임 세션에 참여하는 컴퓨터들을 조직화하고 연결하는 법 등이다. 그다음으로 다룰 내용은 인터넷에 필연적으로 수반되는 비신뢰성(예: 패킷 손실)과 랙을 어떻게 보완할지, 게임의 규모가 커지면 어떻게 대응해야 하는지, 그리고 게임의 보안을 강화하는 방법엔 무엇이 있는지 등이다. 12장과 13장에선 게임 서비스 플랫폼에 연동하는 방법과 전용 서버를 클라우드에 호스팅하는 법을 살펴본다. 이 두 가지 주제는 요즘 네트워크 게임에 있어 특히 중요성이 대두되고 있다.

이 책에선 이러한 주제에 대해 매우 실무적인 방향으로 접근하려 한다. 대부분 내용에서 개념을 다루는 데 그치지 않고 여러분이 직접 독자적인 네트워크 게임 코드를 구축할 수 있도록 실제 동작하는 코드를 제시할 것이다. 구현 예제는 두 가지 장르의 게임 하나씩으로 전체 소스 코드를 웹사이트에서 다운로드 받을 수 있다. 첫째는 액션 게임이고 둘째는 실시간 전략 게임(RTS)이다.

진도가 나아감에 따라 이들 두 게임이 점점 개량되어 나가는 모습을 책에서 같이 확인할 수 있다.

이 책의 많은 부분은 서던캘리포니아대학교(University of Southern California)의 멀티플레이어 게임 프로그래밍 과정의 커리큘럼에 기초하고 있다. 따라서 멀티플레이어 게임을 개발하는 방법을 배우는 데 있어 어느 정도 검증된 내용이라 할 수 있다. 그렇다고 꼭 대학 교재 용도로 쓴 책은 아니며 네트워크 게임을 엔지니어링하는데 관심 있는 게임 프로그래머라면 누구에게나 가치 있는 내용이라 자부한다.

한국 독자에게

"한국 독자 여러분 반갑습니다!

멀티플레이어 게임 프로그래밍 지식을 여러분과 같이 나눌 수 있는 기회가 마련되어 무척 기쁘게 생각합니다.

즐거운 마음으로 쓴 글이니 여러분도 재미있게 읽어주셨으면 합니다!"

조슈아 글레이저 드림

피어슨 팀의 여러분께 감사드리고 싶습니다. 덕분에 이 책을 끝마칠 수 있었습니다. 우선 책임 편집자인 로라 루윈 님 덕택에 우리가 힘을 합쳐 이 책을 쓸 수 있었습니다. 보조 편집자 올리비아 바시지오 님은 전체 작업이 순조롭게 진행되는 데 큰 역할을 하셨습니다. 마이클 써스튼 님은 개발 편집자로서 콘텐츠를 개선하는 데 필요한 통찰력을 불어넣어 주셨습니다. 프로덕션 편집자 앤디 비스터님을 포함해서 Cenveo® 퍼블리셔 서비스 등 전체 프로덕션 팀에도 감사 말씀을 전하고 싶습니다.

테크니컬 리뷰어 알렉산더 보차르, 조너선 러커, 제프 터커 님의 꼼꼼한 검수 덕에 책의 정확성에 만전을 기할 수 있었습니다. 바쁜 와중에 시간을 내어 각 장의 내용을 리뷰해 주셔서 감사합니다. 마지막으로, 스팀웍스 SDK 관련 내용을 12장에서 리뷰할 수 있게 해 주신 밸브 소프트 관계자분들께도 감사드립니다.

그동안 무한한 이해와 지지, 애정 그리고 미소를 보여준 나의 아내 로리 그리고 아들 맥키니. 너무 고맙고 우리 가족은 정말 최고야. 그간 책을 쓰느라 식구와 함께할 시간을 많이 놓쳤지만, 이제 보란 듯이 이 책을 내놓게 됐어! 만세! 엄마 아빠 그동안 키워주시고 사랑해 주셔서 고맙습니다. 특히 제가 코딩보다는 글을 백 배 잘 쓸 수 있도록 가르쳐 주셔서 너무 고맙습니다. 내 동생 베스, 그동안 세상에 아주 멋진 걸 잔뜩 보여줘서 그리고 가끔 내 고양이도 돌봐줘서 고마워. 친지 여러분, 책을 쓰고 있다는 이야기를 듣고 대견하게 여기시고 믿어주셔서 고맙습니다. 찰스 그리고 여러 네이키드 스카이 프로(프로그래머의 준말이죠) 여러분도 제가 정신을 차리고 집중할 수 있게 배려해 주셔서 감사드립니다. 그리고 티안과 샘, 나를 이 웃기지도 않은 업계에 끌어들여 줘서 참으로 고맙다. 스티븐 코핑 선생께도 감사드립니다. 선생께선 드러난 문제를 벽장에 처박아두고선 보이지 않는다고 스스로 위안하는 자는 결국 대가를 치르리라는 가르침을 제게 주셨습니다. 또한 산제이 님께도 감사드립니다. 님 덕분에 서던캘리포니아대학에서 함께할 수 있게 되었고 또 님께서 이 초거대 프로젝트를 같이 하자고 제안해 주셨죠! 님의 지혜, 그리고 님 두뇌의 그 쿨함이 아니었으면 이 일을 결코 끝낼 수 없었을 겁니다. 게다가 책 절반을 써 주시기까지 했잖아요! (아 그리고 로리, 정말 고마워. 앞에 적었지만 혹시 못 봤을까 싶어 한 번 더 적는다!)

　– 조슈아 글레이저

어떤 저자가 쓴 책의 권 수와 그가 책머리에 쓰는 감사의 글의 길이에는 일종의 상관관계가 존재한다고 봅니다. 저는 저번 책에서 이미 많은 분량의 감사의 글을 적었으므로 이 책에서는 짧게 쓰려 합니다. 먼저 부모님께 감사 말씀 올리며 여동생에게도 감사를 전합니다. 서던캘리포니아대학 정보기술 프로그램의 동료들께도 감사의 마음을 전하고 싶습니다. 마지막으로 기꺼이 《멀티플레이어 게임 프로그래밍》 과정의 강사로 참여해 준 조슈아 님께 감사드립니다. 함께 과정을 개설하고 강의한 덕택에 이 책이 세상에 나올 수 있었습니다.

　– 산제이 마드하브

대상 독자

부록 A에 모던 C++의 몇 가지 기초적인 사항에 대한 복습 내용이 있긴 하지만, 이 책은 이미 C++에 익숙한 독자를 대상으로 한다. 또한 학부 2년 차 정도의 자료구조 지식이 있다고 가정한다. C++를 좀 더 알고 싶거나 자료구조 관련 내용을 되새기고 싶다면 에릭 로버츠의 《Programming Abstraction in C++(C++ 프로그래밍 추상화)》를 추천한다.

한편 이 책에선 독자가 싱글 플레이 게임을 만드는 방법도 어느 정도 알고 있다고 가정한다. 이를테면 게임 루프, 게임 객체 모델, 벡터 연산, 게임 물리 기초 등의 내용에 익숙하다는 가정이다. 이러한 내용이 아직 낯설다면 먼저 공저자 중 산제이 마드하브가 쓴 《Game Programming Algorithms and Techniques(게임 프로그래밍 알고리즘과 테크닉)》을 읽어볼 것을 추천하는 바이다.

미리 언급했듯이 이 책은 교재로 사용해도 좋지만, 게임 프로그래머 독자가 네트워크 게임에 대해 살펴보고 싶을 때 편하게 읽어볼 수 있도록 구성되었다. 현업에 종사하지만 아직 네트워크 게임을 본격적으로 만들어 본 적은 없는 게임 프로그래머라면 유용한 정보를 한 아름 얻을 수 있을 것이다.

C++를 채택한 이유

이 책 내용 대부분은 C++로 구현되어 있는데, 게임 업계와 게임 엔진 프로그래머 사이에서 사실상 표준 언어로 취급되기 때문이다. 유니티 같은 일부 엔진은 C# 등의 언어를 써서 게임을 만들기도 하지만, 이러한 엔진도 그 내부는 역시 C++로 작성되어 있다는 점을 명심하자. 이 책은 네트워크 멀티플레이어 게임 구현 원리를 밑바탕부터 다져 올라가는 데 초점을 맞추므로, 여러 게임에서 엔진을 구현하는 데 가장 널리 쓰이는 언어를 채택하는 것이 보다 합리적이라 하겠다. 물론 다른 언어로도 네트워크 코드를 짤 수 있고 또한 네트워크 코드의 핵심 컨셉은 결국 대부분 유사하긴 하지만, 이 책의 예제 중 일부는 C++로 구현해야만 제대로 구현할 수 있는 것도 있으므로 완전한 이해를 위해 C++에 익숙할 필요가 있다.

자바스크립트를 채택한 이유

자바스크립트는 그 시초를 따져보면 넷스케이프 브라우저를 지원하고자 대충 짜깁기해서 급하게 만든 언어로 출발한 것이긴 하다. 하지만 오늘날의 자바스크립트는 발전을 거듭하여 표준이 잘 정립되었으며 중요한 기능을 웬만큼 갖추고 있고 함수형 언어의 특성도 어느 정도 지니고 있어 편리하다. 자바스크립트는 클라이언트 구현에 널리 쓰이다가 자연스럽게 서버 구현에도 쓰이게 되었는데, 퍼스트 클래스* 프로시저, 간단한 클로저(closure) 구문, 동적 바인딩 등 특징에 힘입어 이벤트 주도 서비스를 신속하게 개발하는 데 유용하게 쓸 수 있다.

비록 자바스크립트가 리팩터링하기 조금** 어렵고 C++보다 성능이 느려 차세대 게임 프런트 엔드 개발에는 적합하지 않을지 모르나, 백 엔드 구현을 놓고 보면 이야기가 다르다. 오늘날 클라우드 환경에서 서비스 규모를 확대하는 일은 그냥 관리자 사이트에서 슬라이더 하나만 드래그하면 되는 수준으로 단순한 작업이 되었다. 이런 배경으로 13장의 백 엔드 예제에선 자바스크립트를 과감히 채택하였다. 따라서 예제 코드를 이해하려면 자바스크립트에 익숙해야 할 것이다. 이 책을 쓰는 시점에서 자바스크립트는 GitHub에서 다른 언어를 50% 차이로 따돌릴 만큼 가장 활발하게 사용되고 있는 언어이다. 트렌드를 맹목적으로 좇아가는 것은 현명한 생각이 아닐지 모르나, 세상에서 가장 널리 쓰이는 언어로 코딩할 줄 안다는 것은 그 자체로 명백히 장점이 있을 터이다.

보조 웹사이트

이 책의 웹사이트는 https://github.com/MultiplayerBook에 있다. 웹사이트에는 책에 수록된 예제 코드가 링크되어 있다. 한국어판의 소스 코드는 https://github.com/gilbutITbook/006821에 있다.

---

* 역주 프로그래밍 언어에서 퍼스트 클래스(first-class)란 변수에 대입하거나 인자로 주고받을 수 있는 것을 말한다.
** 역주 여기서 '조금'이란 말에는 함정이 있다. 컨셉을 신속히 검증하는 단계에서 자바스크립트의 강점을 취한 이후 리팩터링이 필요할 정도로 본격적인 서비스 단계에 접어들었다면 유지보수 또는 성능 등 조건에 보다 부합하는 언어로 이전하는 쪽을 추천한다!

1장

네트워크 게임의 개요

시대를 앞서간 게임도 있었지만, 네트워크 멀티플레이라는 개념이 게이머들에게 대중적으로 받아들여지기 시작한 건 1990년대 이후이다. 이 장에서는 먼저 1970년대 초기 네트워크 게임에서 출발해 현재의 대규모 게임 산업에 이르기까지 멀티플레이어 게임이 발전해 온 역사를 간략히 소개한다. 그 후 90년대를 풍미한 네트워크 게임 〈스타시즈: 트라이브스〉와 〈에이지 오브 엠파이어〉의 아키텍처를 살펴보겠다. 이들 게임에 채택된 기술은 오늘날에도 여전히 사용되므로 이를 살펴보면 네트워크 멀티플레이어 게임을 제작할 때 직면하는 과제엔 주로 어떤 것이 있는지 통찰해 볼 수 있다.

1.1 멀티플레이어 게임의 간추린 역사

멀티플레이어 게임의 기원은 1970년대 대학교 메인프레임 시스템에 처음 등장했던 네트워크 멀티플레이어 게임까지 거슬러 올라간다. 하지만 멀티플레이어 게임이 폭발적인 인기를 끌게된 건 1990년대 중후반에 이르러서다. 이 절에선 네트워크 게임이 처음 발명된 이래 역사를 간추려 보고 반세기에 걸쳐 진화해 온 여러 형태를 소개하고자 한다.

1.1.1 로컬 멀티플레이어 게임

초창기 비디오 게임은 소위 로컬 멀티플레이라는 것을 지원했는데, 한 대의 컴퓨터에 둘 이상의 플레이어가 같이 즐길 수 있게 고안된 것이다. 〈2인용 테니스(Tennis for Two)〉(1958), 〈우주전쟁(Spacewar!)〉(1962) 같은 태동기의 게임이 이에 해당된다. 로컬 멀티플레이 구현에 필요한 기술은 거의 모든 부분에서 싱글 플레이어 게임을 프로그래밍하는 기술과 같다. 굳이 차이점이 있다면 둘 이상의 시점으로 보여주기, 또는 여러 입력 장치를 동시에 처리하기 정도겠다. 로컬 멀티플레이어 게임을 만드는 기법은 싱글의 그것과 너무나 유사하므로 이 책에선 본격적인 내용은 다루지 않겠다.

1.1.2 초기 네트워크 멀티플레이어 게임

네트워크 멀티플레이어 게임은 메인프레임으로 구성된 소규모 네트워크에 처음으로 등장했다. 네트워크 멀티플레이어 게임은 둘 이상의 컴퓨터가 각각 연결되어 게임 세션을 이룬다는 점에서 로컬 멀티플레이어 게임과 구별된다. 초창기 네트워크 게임으로 꼽을 수 있는 턴제 전략 게임 〈엠파이어(Empire)〉(1973)는 일리노이주립대학에서 개발한 PLATO 메인프레임 네트워크 시스템에서 구현되었다. 거의 비슷한 시기에 첫 일인칭 네트워크 게임인 〈미로 전쟁(Maze War)〉도 개발되었는데, 둘 중 어느 것이 먼저 나왔는지에 대해선 이견이 있다.

1970년대에 이르러 PC, 즉 개인용 컴퓨터가 보급되기 시작하면서 직렬 포트(serial port)로 컴퓨터를 서로 연결하는 방법이 등장했다. 직렬 포트는 데이터를 한 번에 1비트씩 보낼 수 있는 연결 장치로 대개는 프린터나 모뎀 같은 주변 기기를 연결하거나 통신하는 용도로 쓰였다. 직렬 포트로 주변 기기 대신 컴퓨터 두 대를 연결하여 서로 통신하는 것도 가능한데, 이 같은 방식을 이용해 게임 세션을 구성한 초창기 네트워크 PC 게임이 등장했다. 1980년 12월호 《바이트 매거진(Byte

Magazine)〉에 〈베이직으로 멀티머신 게임 만들기〉*라는 기사에선 이러한 게임을 프로그래밍하는 방법을 신기도 했다.

당시 대부분 컴퓨터에 많아야 두 개의 직렬 포트가 달려 있었는데(확장 카드로 늘린 경우를 제외하면), 이처럼 두 개의 직렬 포트로 한 번에 세 대 이상의 컴퓨터를 서로 연결하려면 데이지 체인 (daisy chain) 구조로 여러 컴퓨터를 일렬로 연결하여 기다란 고리 형태를 만들어야 한다는 큰 제약이 있다. 물론 이를 하나의 네트워크 토폴로지로도 볼 수 있긴 하다. 이 주제에 대해서는 6장 네트워크 토폴로지와 예제 게임(205쪽)에서 더 살펴보겠다.

비록 1980년대 초반에도 당장 쓸 수 있는 기술이 있긴 했지만, 이러한 제약 때문에 당시 출시되는 게임 중 로컬 네트워킹을 채택한 사례는 드물었다. 로컬 연결, 즉 물리적으로 가까이 있는 컴퓨터들을 연결하여 게임을 플레이한다는 아이디어는 1990년대가 되어서야 비로소 주목받기 시작했다.

1.1.3 MUD: 멀티 유저 던전

보통 머드라고 줄여 부르는 멀티 유저 던전(Multi-User Dungeon, MUD)형 게임은 대개 텍스트 기반으로 여러 플레이어가 같은 가상 공간에 서로 동시에 접속하여 즐기는 형태의 멀티플레이어 게임이다. 주로 대학 전산실에서 처음 인기를 끌기 시작했는데, 머드라는 용어는 에식스(Essex)대학에 재학 중이던 랍 트루쇼(Rob Trushaw)가 만든 〈머드(MUD)〉(1987)에서 유래했다. 여러 머드가 TRPG로 유명한 〈던전 앤 드래곤〉**을 컴퓨터로 처음 옮겨 놓은 듯한 모양새로 시작하긴 했지만, 머드 중에는 롤플레잉 방식이 아닌 것도 있다.

PC의 성능이 점차 강화되면서 하드웨어 제조사가 모뎀도 제공하기 시작하는데, 이를 이용하면 전화망으로 멀리 떨어진 두 컴퓨터가 서로 통신할 수 있었다. 요즘 기준으론 무진장 느린 전송 속도이긴 하지만, 그래도 모뎀 덕택에 대학가 바깥의 사람들도 머드를 플레이할 수 있는 길이 열린 것이다. 여러 유저가 접속할 수 있는 BBS(Bulletin Board System, 전자 게시판 시스템) 중에는 머드 게임 기능이 있는 것도 있어서, 어떤 개인 BBS 운영자는 모뎀으로 머드 게임을 운영하기도 했다.

1.1.4 랜 게임

근거리 통신망(Local Area Network), 줄여서 랜(LAN)은 상대적으로 가까운 지역 내에서 서로 연결된 컴퓨터의 네트워크를 뜻한다. 근거리 연결에 사용할 수 있는 메커니즘은 다양한데, 예를 들어

---

*   Multimachine Games in BASIC(Wasserman and Stryker, 1980)

**   역주 원제는 Dungeons and Dragons이지만, 우리나라에선 게임 제목의 's'를 과감히 생략하고 소개하는 경우가 대부분이다.

앞서 설명한 직렬 포트도 일종의 근거리 통신망에 해당한다. 그렇긴 해도 본격적인 랜은 이더넷(Ethernet)이 확산되면서야 비로소 전기를 맞게 된다(이더넷 프로토콜에 대해서는 **2장 인터넷**(41쪽)에서 자세히 다룬다).

랜 멀티플레이를 선보인 몇몇 게임이 있었지만, 〈둠(Doom)〉(1993)이야말로 여러모로 현대 네트워크 게임의 진정한 선구자라 하겠다. 이드 소프트웨어(id Software)에서 제작한 둠은 FPS(First-Person Shooting, 일인칭 슈팅) 게임으로 초기 버전에선 게임 세션 한 번에 네 명까지 접속할 수 있었다. 접속한 플레이어는 같이 협동 모드를 즐기거나 서로 경쟁하는 '데스매치'를 즐길 수 있었다. 둠은 플레이가 빠르게 진행되는 액션 게임이므로 둠 같은 게임을 만들기 위해서는 이 책에서 다루는 여러 핵심 콘셉트를 구현할 필요가 있었다. 1993년 이래로 구현 기술은 많이 발전했지만, 오늘날에도 둠이 게임계에 끼친 영향을 무시해선 안 된다. 둠의 역사와 그 제작 과정에 대해서는 이 장 말미 **1.6 더 읽을거리**(40쪽) 절에 수록한 〈Masters of Doom〉(2003)을 읽어봄 직하다.

랜으로 멀티플레이가 가능한 게임이라면 다른 연결 수단으로도 멀티플레이가 가능하다. 모뎀이 되었건 온라인 네트워크가 되었건 말이다. 그간 출시된 네트워크 게임은 대다수가 랜을 지원했다. 사람들이 각자 자기 컴퓨터를 들고와 한 장소에 모여서 컴퓨터를 서로 연결해 랜 파티를 즐기며 플레이하는 풍경도 흔했다. 요즘엔 이런 추세가 수그러들어 랜은 별도로 지원하지 않고 전용 온라인 망에 반드시 접속해야 하는 멀티플레이어 게임이 많다.

1.1.5 온라인 게임

대형 통신망을 통해 지리적으로 멀리 떨어진 컴퓨터끼리 연결하여 플레이하는 것을 온라인 게임이라 한다. 오늘날에 와선 온라인 게임이란 말이 인터넷 게임과 같은 뜻으로 쓰이곤 하지만, '온라인'이란 좀 더 넓은 개념으로 컴퓨서브(CompuServe)*처럼 애초 인터넷에는 연결되지 않았던 네트워크 서비스를 가리키기도 한다.

인터넷이 90년대 폭발적으로 보급되면서 온라인 게임도 시대의 요구에 부응했다. 초반 인기몰이를 한 게임이라면 이드 소프트웨어의 〈퀘이크(Quake)〉(1996), 에픽 게임스(Epic Gemes)의 〈언리얼(Unreal)〉(1998) 등이 있다.

온라인 게임과 랜 게임의 구현 원리가 거의 같다 싶기도 하지만 온라인으로 가면서 가장 큰 골칫거리로 떠오른 건 바로 레이턴시(latency), 즉 네트워크로 데이터를 전송하면서 발생하는 시간 지연이다. 실제로 퀘이크 초기 버전은 그 설계 때문에 인터넷 연결을 소화하지 못했는데, 나중에 '퀘이

---

* 역주 한국이라면 하이텔, 천리안, 나우누리 등에 해당한다.

크월드' 패치가 나오고 나서야 비로소 인터넷으로도 안정적으로 플레이할 수 있게 되었다. 레이턴시 발생에 따른 부작용을 최소화하는 방법은 7장 레이턴시, 지터링, 신뢰성(241쪽)과 8장 레이턴시 내응 강화(279쪽)에서 자세히 다룬다.

당시 PC 유저들은 게임스파이(GameSpy)나 드왕고(DWANGO) 같은 온라인 서비스를 이용했는데, 2000년대 들어 이들 서비스를 본떠 만든 엑스박스 라이브(Xbox Live)나 플레이스테이션 네트워크(Playstation Network) 같은 게임 플랫폼 서비스가 등장하면서 콘솔 기기에도 온라인 게임이 전파되기 시작했다. 매일 피크 타임이면 수백만 유저가 콘솔 온라인 서비스에 접속해 있는 광경이 흔한 것이 요즘이다. 이들은 게임뿐만 아니라 비디오 스트리밍이나 다른 서비스도 온라인으로 즐기고 있다. 12장 게임 플랫폼 서비스(343쪽)에선 스팀(Steam)을 예로 들어 게임 플랫폼 서비스에 PC 게임을 연동하는 방법을 소개한다.

1.1.6 MMO 게임

오늘날에도 대다수 멀티플레이어 게임이 접속 인원수를 제한하는데, 그 숫자는 대개 4인 내지 32인이다. 그에 반해 MMO(Massively Multiplayer Online, 대규모 다중 사용자 온라인) 게임은 하나의 게임 세션에 수백 명, 아니 수천수만의 플레이어가 동시에 참여할 수 있다. MMO가 대개 RPG인 까닭에 MMORPG라는 명칭이 익숙할 것이다. 하지만 MMOFPS, 즉 FPS 스타일 MMO 게임도 엄연히 존재한다.

여러모로 MMORPG는 머드 게임이 그래픽 형태로 진화한 것으로 생각해도 무방하다. 실제 몇몇 초기 MMORPG는 인터넷이 확산되기 전, 퀀텀 링크(Quantum Link, 아메리카 온라인의 전신) 혹은 컴퓨서브 같은 전화망을 통해 연결되었다. 초창기 게임 중 하나로 〈하비타트(Habitat)〉(1986)를 들 수 있는데, 칩 모닝스타(Chip Morningstar)와 랜들 파머(Randall Farmer)의 1991년 논문에 따르면 이 게임의 구현에 괄목할만한 여러 신기술이 도입되었다고 한다. 하지만 이런 장르가 본격적인 주목을 끌게 된 건 인터넷이 보다 널리 보급되고 나서다. 이렇게 대박이 난 첫 사례가 바로 〈울티마 온라인(Ultima Online)〉(1997)이다.

〈에버퀘스트(Everquest)〉(1999) 같은 MMORPG도 나름 성공했지만, 전 세계를 흥행 돌풍에 몰아넣은 건 역시 〈월드 오브 워크래프트(World of Warcraft)〉(2004)이다. 블리자드(Blizzard)의 이 게임은 한때 유료 등록자 수가 1,200만 명에 육박했다. 월드 오브 워크래프트는 그 자체로 하나의 대중문화 아이콘이 되어 만화 〈사우스 파크(South Park)〉의 2006년 에피소드로 등장하기도 한다.*

---

*　역주 이 책을 번역하는 시점엔 아예 영화까지 나왔다! 한국에서는 2016년 6월 9일 〈워크래프트: 전쟁의 서막〉으로 개봉했다.

MMO를 설계할 땐 여러 가지 고도의 기술적 난제에 직면하게 되는데, 이 중 몇몇은 **9장 규모 확장에 대응하기**(301쪽)에서 다룬다. 하지만 MMO를 만드는 데 필요한 기술 대다수는 솔직히 이 책에서 다루기엔 벅찬 주제들이다. 다만, 소규모의 네트워크 게임을 만드는 원천 기술부터 잘 이해하고 있어야 나아가 MMO를 만드는 것도 가능하다는 점을 강조하고 싶다.

1.1.7 모바일 네트워크 게임

모바일 지형으로 게임의 영역이 확장되면서 모바일에도 멀티플레이어 게임이 등장한다. 모바일 플랫폼에서 멀티플레이어 게임은 대개 비동기식(asynchronous)으로 구현된다. 보통 턴제 방식으로 기획된 게임이 비동기식 멀티플레이를 채용하는데, 비동기식 멀티플레이 모델에선 데이터를 실시간으로 전송할 필요가 없다. 이 방식에선 플레이어의 차례가 되면 알림이 뜨며 그러면 플레이어는 자신의 차례에 시간을 넉넉히 갖고 그 턴을 플레이할 수 있다. 사실 비동기식 모델은 네트워크 게임 초창기부터 있었는데, 예전 BBS 중 전화 회선이 하나밖에 없는 곳은 한 번에 한 명의 유저만 받을 수 있었다. 이런 곳에선 지금 접속한 플레이어 한 명만이 자신의 턴을 플레이할 수 있다. 플레이를 마치고 나간 뒤에 다른 플레이어가 접속하면 앞서 플레이어의 수에 대항해 자기 턴을 행사한 뒤 나가고, 또 다음 차례의 플레이어가 들어오고 하는 식으로 반복했다.

모바일 비동기 멀티플레이어 게임의 예로 〈워즈 위드 프렌즈(Words with Friends)〉(2009)를 들 수 있다. 한편 기술 면에서 볼 때 비동기 네트워크 게임은 실시간 네트워크 게임보다 구현하기가 쉬운 편이다. 특히 모바일의 경우 플랫폼 API* 단에서 이미 비동기 통신 수단을 구비하여 제공하기 때문에 훨씬 더 수월하다. 사실 예전 모바일 게임에서 비동기 모델을 채택한 건 별다른 도리가 없던 측면도 있는데, 유선망에 비하면 무선망의 품질이 형편없었기 때문이다. 하지만 오늘날엔 와이파이를 사용할 수 있는 환경이 확산되고, 모바일 네트워크도 그 자체로 발전하면서 실시간 네트워크를 지원하는 게임이 속속 등장하고 있다. 실시간 네트워크의 장점을 활용한 게임의 예로 〈하스스톤: 워크래프트의 영웅들(Hearthstone: Heroes of Warcraft)〉(2014)이 있다.

---

* **역주** Platform API(Application Programming Interface), 하드웨어나 OS 기능을 함수 라이브러리 형태로 정리한 것

1.2 〈스타시즈: 트라이브스〉

〈스타시즈: 트라이브스(Starsiege: Tribes)〉는 1998년 말에 출시된 SF 장르 FPS다. 빠른 템포의 전투와 당시 기준으로 대규모 접속 인원을 지원하여 발매와 더불어 호평받은 바 있다. 최대 128명까지 접속 가능한 게임 모드를 제공하여 랜이나 인터넷으로 플레이할 수 있었다. 당시 기술로 이 인원을 수용한다는 것은 실로 엄청나게 어려운 일이었는데, 단적인 예로 대부분 플레이어가 인터넷을 전화 접속으로 하던 시절이다. 전화 접속용 모뎀의 속도는 기껏해야 56.6kbps밖에 되지 않았는데, 〈트라이브스〉는 심지어 28.8kbps 모뎀을 가진 유저도 플레이할 수 있었다. 요즘 기준으로 보면 끔찍하게 느린 속도가 아닐 수 없다. 또 한가지 전화 연결에 있어 애로 사항은 레이턴시가 높다는, 즉 응답 지연이 크다는 것으로, 수백 밀리초대 레이턴시면 양호한 편일 지경이었다.

지금에 와서 이 게임처럼 낮은 대역폭에 최적화하여 네트워크 모델을 설계한 게임을 다루는 게 무슨 의미가 있나 싶기도 하겠지만, 〈트라이브스〉를 만드는 데 사용된 네트워크 모델은 여전히 상당 부분 유용하다. 그러므로 이 절에서는 〈트라이브스〉의 네트워킹 모델을 간단히 살펴보기로 한다. 더 깊이 있는 내용을 원한다면 프론메이어(Frohnmayer)와 기프트(Gift)가 쓴 논문을 이 장 마지막의 **1.6 더 읽을거리(40쪽)** 절에서 찾아 읽어보면 유익할 것이다.

이 절에서 다룰 내용이 당장 이해가 안 가는 부분이 있더라도 크게 신경 쓸 필요 없다. 우리의 목적은 네트워크 멀티플레이어 게임의 전체 아키텍처를 높은 수준에서 조망해 보고, 당면할 여러 가지 기술적 과제와 결정 사항을 올바로 이해하는 데 있다. 어차피 이 절에서 언급된 내용 하나하나를 장차 책 전반에 걸쳐 자세히 설명해 나갈 터이다. 그리고 이 책 내용 내내 만들어 갈 예제 게임인 〈로보캣 액션(RoboCat Action)〉도 궁극적으론 〈트라이브스〉의 네트워킹 모델을 따라 설계하였으니 참고하자.

네트워크 게임을 설계할 때 가장 먼저 정해둘 것은 통신 프로토콜이다. 여기서 프로토콜이란 두 대의 컴퓨터 사이에 어떤 데이터가 오고 갈지를 정해둔 규약이다. **2장 인터넷(41쪽)**에서 인터넷의 동작 원리와 인터넷에 주로 사용되는 프로토콜을 다룬다. **3장 버클리 소켓(93쪽)**에선 이들 프로토콜을 제어하는데 가장 널리 쓰이는 라이브러리인 버클리 소켓을 자세히 살펴본다. 일단, 〈트라이브스〉는 효율성 문제로 비신뢰성 프로토콜을 사용한다는 정도만 알아두자. 이 말인즉슨 네트워크로 보낸 데이터가 수신자에게 반드시 도착한다는 보장이 없다는 뜻이다.

그렇지만 게임에 참여한 모든 플레이어에게 중요한 정보까지도 모조리 비신뢰성 프로토콜로 보내면 문제가 야기될 수 있다. 따라서 개발할 때 데이터의 종류에 따라 어떻게 보낼지를 구분해 두어야 한다. 〈트라이브스〉를 개발하는 과정에선 크게 다음 네 가지 종류로 데이터 전송의 요구 사항을 구분했다.*

1. **전달 미보장 데이터.** 말 그대로 게임에 있어 그다지 중요하지는 않은 데이터를 지칭한다. 대역폭이 고갈되면 게임 시스템은 이런 종류의 데이터부터 생략해 버린다.

2. **전달 보장 데이터.** 수신이 보장되어야 하며 나아가 데이터가 보낸 순서대로 도착하는 것도 보장되어야 하는 데이터이다. 게임에 있어 매우 중요하다고 판단되는 데이터로, '플레이어가 총을 발사했다'는 이벤트가 그 예이다.

3. **최신 상태 데이터.** 최신 상태가 아니면 전달할 의미가 없는 성격의 데이터이다. 예를 들면 특정 플레이어의 체력 수치가 그렇다. 지금 현재 HP를 알고 있다면 5초 전의 HP가 얼마였는지는 굳이 전달할 필요가 없다.

4. **특급 전달 보장 데이터.** 최우선으로 보내야 하며 아울러 전달이 보장되어야 하는 데이터가 여기에 속한다. 플레이어 위치 정보가 그 예로, 시간이 지체될수록 정보의 가치가 급격히 떨어지므로 최대한 빨리 전달해야 한다.

〈트라이브스〉가 사용한 네트워킹 모델에선 이들 네 종류의 데이터 성격에 따라 여러 세부사항을 결정했다.

또 한 가지 중요한 결정사항은 바로 피어-투-피어(peer-to-peer, 이하 P2P 모델) 대신 클라이언트-서버 모델(client-server, 이하 CS 모델)을 채택한 것이다. CS 모델에서는 모든 플레이어가 중앙 서버 하나에 접속하는 데 반해, P2P 모델에선 각각의 플레이어가 모든 플레이어와 연결을 유지해야 한다. **6장 네트워크 토폴로지와 예제 게임(205쪽)**에서 더 논의하겠지만, P2P 모델은 $O(n^2)$의 대역폭이 필요하다. 이는 사용자 수의 제곱에 비례하여 대역폭이 소모된다는 뜻이다. 이 경우 n, 즉 사용자 수가 128이라면 P2P 연결 시 각각의 플레이어는 주어진 대역폭을 n 제곱인 16,384로 나눠 써야 하는 셈이다. 이 같은 문제를 피하고자 〈트라이브스〉에선 CS 모델을 채택했다. 클라이언트-서버로 구성하면 각 플레이어에 할당되는 대역은 상수로 고정되며, 서버만 $O(n)$ 대역폭을 처리하면 된다. 그렇지만 이는 곧 서버가 들어오는 연결을 모두 받아줄 수 있을 정도로 강력해야 함을 뜻하는데, 당시 그 정도의 회선은 기업이나 대학만이 보유할 법한 사양이었다.

이제 〈트라이브스〉에서 네트워크를 어떻게 여러 계층으로 나누었는지 살펴보자. 〈트라이브스〉의 네트워킹 모델은 '시루떡처럼 쌓아 올린' 모양, 즉 스택(stack)이라 보면 되는데, 그림 1-1에 그러한 모양을 묘사했다. 이후 내용으로 이들 각 계층이 어떻게 구성되는지 설명하고자 한다.

---

* 역주 〈트라이브스〉에 국한된 내용이나 참고로 원문을 소개하면 각각 1. Non-guaranteed, 2. Guaranteed, 3. Most recent state, 4. Guaranteed quickest이다.

▼ 그림 1-1 〈트라이브스〉 네트워킹 모델의 주요 구성 요소

게임의 시뮬레이션 계층			
고스트 관리자	이동 관리자	이벤트 관리자	기타 ...
스트림 관리자			
연결 관리자			
플랫폼 패킷 모듈			

1.2.1 플랫폼 패킷 모듈

패킷(packet)이란 네트워크로 보내기 위해 데이터를 묶어 놓은 한 단위를 말한다. 〈트라이브스〉 모델 최하위 계층은 플랫폼 패킷 모듈(platform packet module)이다. 이 모듈은 여러 계층 중 유일하게 플랫폼 종속적인 계층이기도 하다. 이 계층은 본질적으론 표준 소켓 API를 래핑(wrapping) 즉, 감싸 둔 것에 불과한데, 다양한 패킷 형식을 조립하고 전송하려는 목적으로 래핑한 것이다. 그래서 그 구현 내용을 보면 **3장 버클리 소켓**(93쪽)에 소개될 시스템과 유사하다.

〈트라이브스〉는 비신뢰성(unreliable) 프로토콜을 사용하므로, 전달이 보장되어야 하는 데이터 처리를 위해 몇 가지 메커니즘을 추가할 필요가 있었다. **7장 레이턴시, 지터링, 신뢰성**(241쪽)에서도 비슷하게 풀어갈 테지만, 〈트라이브스〉 개발자들은 신뢰성(reliable) 계층을 직접 구현하기로 했다. 그렇다고 이 처리를 플랫폼 패킷 모듈에서 다 하는 건 아니다. 보다 상위 계층의 고스트 관리자, 이동 관리자, 이벤트 관리자가 신뢰성 관련된 처리를 나누어 담당한다.

1.2.2 연결 관리자

연결 관리자(connection manager)의 역할은 두 컴퓨터 사이의 연결을 추상화하는 것이다. 윗단의 스트림 관리자가 내려주는 데이터를 받아 아랫단인 플랫폼 패킷 모듈로 전달한다.

연결 관리자 수준에서도 여전히 신뢰성을 보장하지 않는다. 데이터를 책임지고 전달해 주지는 않는다는 것이다. 대신 연결 관리자는 DSN(Delivery Status Notification, 배달 상태 통지)을 보장하는데, 쉬운 말로 하자면 맡긴 패킷이 전달되었는지 여부까지만 연결 관리자가 확실히 알려준다는 뜻이다. 이러한 상태 통지를 확인하면 상위 계층 관리자(스트림 관리자)는 특정 데이터가 무사히 전달되었는지 판단할 수 있다.

배달 상태 통지는 수신 측의 확인응답(acknowledge)에 따라 비트 필드를 이용한 슬라이딩 윈도(sliding window) 기법으로 구현된다. 〈트라이브스〉의 네트워킹 모델을 서술한 원논문에선 연결 관리자를 구현하는 상세한 내용은 다루지 않았지만, 우리는 **7장 레이턴시, 지터링, 신뢰성(241쪽)**에서 이 같은 시스템을 구현해 보기로 한다.

1.2.3 스트림 관리자

스트림 관리자(stream manager)가 주로 하는 일은 다른 여러 상위 관리자를 대신하여 데이터를 연결 관리자에 보내는 것이다. 이때 중요한 처리는 바로 허용 최대 데이터 전송률을 조절하는 것이다. 전송률은 인터넷 연결 품질에 좌우된다. 〈트라이브스〉의 논문에선 사용자가 28.8 kbps 모뎀을 쓰는 경우 초당 10 패킷에 패킷당 200바이트, 곱하면 대략 초당 2킬로바이트 정도로 패킷 전송률을 잡는 예를 들고 있다. 최대 전송 빈도와 크기는 서버에 접속할 때 클라이언트가 알려주는데, 서버가 데이터를 너무 많이 보내 과부하를 주지 않도록 하기 위함이다.

여러 시스템이 각자 스트림 관리자에 데이터 전송을 요청하므로, 이들 요청의 우선순위를 관리하는 것도 스트림 관리자의 역할이다. 대역폭이 제한된 상황에선 이동 관리자, 이벤트 관리자, 고스트 관리자의 요청이 최우선으로 처리된다. 스트림 관리자는 어떤 데이터를 보낼지 결정한 다음 패킷을 꾸려 연결 관리자에 내려보낸다. 이어서 스트림 관리자는 전송을 요청했던 상위 관리자들에게 각자의 데이터가 잘 전달되었는지를 알려준다.

전송 주기와 패킷 크기를 스트림 관리자가 결정하므로, 한 패킷에 여러 종류의 데이터를 섞어 보내는 경우가 다반사이다. 이를테면 패킷 하나를 열었을 때 이동 관리자의 데이터가 일부, 이벤트 관리자의 데이터도 일부, 거기에 고스트 관리자의 데이터도 약간, 이런 식이다.

1.2.4 이벤트 관리자

이벤트 관리자(event manager)는 게임 시뮬레이션 중 발생하는 이벤트의 대기열을 관리한다. 이들 이벤트는 일종의 간이 RPC(Remote Procedure Call, 원격 프로시저 호출)로 여기면 된다. RPC란 호출 시 원격 머신에서 실행되는 함수 또는 프로시저를 뜻한다. RPC에 대한 상세한 내용은 **5장 객체 리플리케이션(175쪽)**에서 다룬다.

예를 들어 플레이어가 총을 쏠 때 관련 시스템이 player_fired라는 이벤트를 이벤트 관리자에 보낸다. 그러면 관리자가 서버에 해당 이벤트를 보내는데, 서버는 이를 받아 검증한 후 실제 사격을 처리한다. 이벤트의 우선순위를 매기는 것은 이벤트 관리자의 권한으로, 가장 우선순위가 높은 이벤트부터 기록해 나가다가 특정 조건이 되면 처리를 중단한다. 구체적으로는 패킷이 꽉 차거나 이벤트 큐가 비었을 때 혹은 현재 계류 중인 이벤트가 너무 많은 경우가 여기에 해당한다.

이벤트 관리자는 각 이벤트의 전송 기록을 추적하여 이벤트의 확실한 전달을 보장한다. 이때 전달을 보장하는 방법은 아주 간단하다. 보장하려는 이벤트의 확인응답이 없으면 대기열 맨 앞에 해당 이벤트를 다시 한번 끼워 넣어 보내면 된다. 물론 전달을 군이 보장할 필요가 없는 이벤트도 있을 텐데, 이런 이벤트는 아예 전송 기록 추적조차 하지 않는다.

1.2.5 고스트 관리자

고스트 관리자(ghost manager)야말로 128인 멀티플레이를 실현하는 데 있어 가장 중요한 시스템이라 하겠다. 상위 수준에서 고스트 관리자가 하는 일은 바로 특정 클라이언트에게 유의미하다고 여겨지는 동적 객체를 복제 혹은 '고스트' 사본을 만드는 것이다. 무슨 뜻이냐면 클라이언트가 서버에서 받아둔 여러 객체 정보를 일컬어 클라이언트상 서버 객체의 '고스트'라 칭하는데, 이 고스트를 전송 또는 수신하는 것이 고스트 관리자의 역할이다. 클라이언트에 객체 정보를 보낼 때 고스트 관리자는 그 클라이언트에 딱 필요한 정보만 걸러서 보낸다. 클라이언트가 어떤 내용을 '반드시 파악'하고 있어야 하는지, 그리고 어떤 내용을 '알아 두어야' 할지는 게임의 시뮬레이션 계층이 책임지고 판단한다. 이에 따라 게임 객체에 고유한 우선순위가 부여되는데, '반드시 파악'해야 하는 객체는 높은 우선순위로, '알아 두어야'하는 정도라면 후순위로 부여된다. 어떤 객체가 클라이언트의 인지 범위에 포함되는지, 즉 스코프(scope)에 포함되는지 여부를 판정하는 데는 몇 가지 서로 다른 접근 방법이 있다. **9장 규모 확장에 대응하기**(301쪽)에서 이들 방법에 대해 다루지만, 대체로 판정법은 게임마다 매우 상이한 편이다.

어떤 방식으로든 유의미한 객체 집합을 일단 계산하고 난 다음에 고스트 관리자가 하는 일은 서버에서 클라이언트로 가능한 많은 객체 상태를 전송하는 것이다. 모든 클라이언트가 가장 최신의 상태로 업데이트되어 있게끔 보장하는 것은 고스트 매니저의 중요한 책무이다. 고스트의 최신 상태가 왜 중요하냐면 클라이언트가 내려받은 서버 객체에 대한 '고스트'에는 체력, 무기, 탄환 개수 등 그 정보가 최신이 아니면 쓸모없는 종류의 데이터가 포함되기 때문이다.

어떤 객체가 스코프에 포함되면(또는 '연관성(relevancy)'이 생기면'), 고스트 관리자는 고스트 레코드라는 그럴싸한 이름의 부가 정보를 객체에 할당하는데, 이는 고유 ID, 상태 마스크, 우선순위, 상태 변경 여부(객체가 스코프에 진입/이탈하였는지 여부) 등 항목으로 구성된다.

고스트 레코드의 전송 순서는 일차로 객체의 상태가 변경된 것 먼저, 그다음으로 레코드 자체의 우선순위에 따른다. 객체의 전송 여부가 결정되면 이들 데이터를 내보낼 패킷에 추가하는데, 그 방식은 대체로 5장 객체 리플리케이션(175쪽)에서 다룰 방법과 유사하다.

1.2.6 이동 관리자

이동 관리자(move manager)의 역할은 플레이어의 이동 데이터를 최대한 빨리 전송하는 것이다. 템포가 빠른 멀티플레이어 게임을 즐겨본 독자라면, 이러한 장르의 게임에서 정확한 이동 정보가 치명적 요소라는데 충분히 공감할 것이다. 적 플레이어의 위치 정보가 더디게 수신되면 아무리 정조준해서 사격해도 목표의 현재 위치 대신 과거 위치에 대고 사격하는 꼴이며, 이는 실제로 겪어보면 그저 황당할 따름이다. 레이턴시를 줄여 플레이어가 지연을 느끼지 못할 정도로 이동 정보를 빠르게 갱신해 줘야 한다.

이동 관리자는 초당 30프레임*의 빠른 속도로 입력 캡처를 수행하여 데이터를 생성하는데, 이 데이터에는 높은 우선순위가 부여된다. 1초에 30건씩 입력 정보가 쌓이므로, 이 중에서 가장 최신의 정보를 가능한 한 빨리 보내줘야 하기 때문이다. 이동 데이터를 내려보내면 스트림 관리자는 다른 것보다 가장 먼저 이동 데이터를 챙겨 내보낼 패킷 앞에 끼워 보내는데, 이동 데이터의 우선순위가 가장 높기 때문에 이렇게 동작하는 것이다. 각 클라이언트의 이동 관리자는 이 같은 방식으로 각자 자신의 이동 정보를 서버에 송신해야 한다. 아울러 서버는 수신한 정보를 게임 시뮬레이션에 반영하고, 클라이언트에게 이동 정보를 잘 받았다고 확인응답해 주어야 한다.

1.2.7 기타 시스템

〈트라이브스〉 모델에는 그 밖의 시스템도 몇몇 있는데, 전체 비중으로 볼 때 그다지 중요치는 않은 것들이다. 데이터블록 관리자(datablock manager)가 그 예인데, 비교적 정적인 편에 속하는 게임 객체의 전송을 취급한다. 이와 구별하여 보다 동적인 객체는 고스트 관리자가 담당한다. 포탑이 바로 정적인 객체의 좋은 예로, 실제 이동하는 일은 없으므로 동적인 객체로 구분하지는 않지만, 플레이어가 상호작용하여 상태 갱신이 일어나는 객체다.

---

* **역주** 프레임 빈도는 게임마다 다르게 잡는다. 동체 시력을 가진 유저를 위한 격투 게임은 60프레임도 모자랄 지경이다.

1.3 〈에이지 오브 엠파이어〉

〈트라이브스〉와 비슷한 시기에 RTS(real-time strategy, 실시간 전략) 게임인 〈에이지 오브 엠파이어(Age of Empires)〉가 1997년에 출시되었다. 동시기에 출시되다 보니 〈에이지 오브 엠파이어〉 또한, 비슷한 대역폭 문제와 인터넷 전화 접속의 레이턴시 문제를 안고 있었다. 〈에이지 오브 엠파이어〉는 결정론적 락스텝(deterministic lockstep)* 모델을 채택했는데, 이 모델에선 컴퓨터 하나하나가 P2P 방식으로 다른 모든 컴퓨터에 연결하는 방식을 채용했다. 결정론이 보장되는 게임에선 모든 피어가 각각 동시에 병행하여 시뮬레이션을 진행한다. 그리고 게임이 진행되는 내내 모든 피어의 동기화를 맞추기 위해 통신에 락스텝을 사용한다. 〈트라이브스〉의 사례와 유사하게, 결정론적 락스텝 모델도 오랫동안 여러 게임에서 사용됐고, 최신 RTS 게임에서도 여전히 쓰이는 기술이다. 이 책에서 같이 만들어 볼 〈로보캣 RTS〉 게임도 결정론적 락스텝 모델로 구현해 보겠다.

RTS 멀티플레이어 게임을 네트워킹으로 구현하는 데 있어 FPS와 비교해 가장 큰 차이점은 플레이어의 가시권에 포함되는 유닛의 개수가 많다는 점이다. 〈트라이브스〉의 경우 128명을 꽉 채워 플레이한다 해도 어느 시점에 특정 클라이언트 하나에 보여지는 플레이어의 수는 비교적 적은 수에 불과하기 마련이다. 〈트라이브스〉에서 고스트 매니저가 한 번에 처리할 고스트의 숫자는 20에서 30건 정도가 고작이다.

이를 〈에이지 오브 엠파이어〉 같은 RTS 게임과 비교해 보자. 한 번에 접속하는 플레이어 수는 훨씬 적지만(원작 게임에서는 동시에 최대 8명까지였다), 각 플레이어는 저마다 많은 수의 유닛을 운용한다. 방을 만들고 게임을 막 시작하는 시점엔 플레이어마다 50마리씩 만들 수 있고, 게임 후반으로 가면 최대 200마리까지 만들 수 있다. 50마리라 해도 8명이 참가하는 큰 판에선, 최대 400 유닛이 게임 내에서 돌아다니는 셈이다. 가시권 판정을 절묘하게 하는 알고리즘이 있어서 동기화할 유닛의 숫자를 효율적으로 다룰 수 있다 치더라도, 최악의 경우를 따져볼 필요가 있다. 만일 게임 후반 플레이어 8명이 모두 그간 쌓아둔 유닛을 총동원해 한 장소에서 격돌하면 어떻게 될까. 그러면 한 번에 천 단위 숫자의 유닛이 동시에 가시권에 들어오게 될 것이다. 유닛당 정보를 아무리 최소화하더라도 이렇게 많은 유닛의 정보를 동기화하기는 매우 어려운 일이다.

이 같은 문제를 해결하기 위해 〈에이지 오브 엠파이어〉 개발자들은 개별 유닛을 하나하나 동기화하는 대신 플레이어가 입력한 명령을 동기화하기로 했다. 얼핏 작은 차이처럼 보이지만 이는 매우

---

* [역주] '결정론적'이라 함은 현재 그리고 앞으로 모든 것이 한 치의 오차도 없이 예측대로 진행된다는 뜻이다. 한편 '락스텝'은 열병식에서 군인들이 발을 척척 맞추는 밀집 행진법을 의미한다. 이제 횡대로 늘어선 군인(피어)들이 서로 한 치의 오차도 없이(결정론적으로) 동시에 발맞추어 행진하는(락스텝) 모습을 상상해 보자. 이것이 바로 결정론적 락스텝으로, 과연 전략 게임의 이미지와 잘 맞아떨어진다 하겠다.

중요한 설계상 결정이다. RTS 프로게이머라 하더라도 분당 300회 이상의 명령을 내리기는 어렵다.* 다시 말해 아무리 극단적인 경우라도 게임 시스템이 플레이어마다 초당 몇 회 정도의 명령만 전송할 수 있으면 충분하다. 이 정도면 수백 유닛의 정보를 보내는 것보단 대역폭 관리가 훨씬 수월한 분량이 된다. 그렇지만 유닛 정보를 네트워크를 통해 보내지 않으므로 모든 플레이어의 게임 인스턴스는 명령을 받으면 그 명령대로, 스스로 게임 시뮬레이션을 진행해야 한다. 게임 인스턴스마다 시뮬레이션을 독자적으로 수행하게 되므로 각 인스턴스를 다른 인스턴스와 정확히 동기화할 수 있는지가 극도로 중요해진다. 결정론적 락스텝 모델을 구현하는 데 있어 가장 어려운 과제가 바로 이것이다.

1.3.1 턴 타이머

각 게임 인스턴스마다 독립적으로 시뮬레이션을 수행하므로 P2P 형태의 토폴로지가 잘 어울린다. **6장 네트워크 토폴로지와 예제 게임(205쪽)**에서 논의하겠지만, P2P 모델에선 컴퓨터 사이에 데이터가 비교적 빠르게 오갈 수 있다는 장점이 있다. 서버가 중간에서 데이터를 중개할 필요가 없기 때문이다. 하지만 각 플레이어가 각자의 정보를 서버 하나에 보내는 데 그치지 않고 다른 모든 플레이어에게 전송해야 한다는 단점이 있다. 이런 예를 들 수 있는데, 플레이어 A가 공격 명령을 내릴 때 다른 모든 인스턴스가 이 공격을 인지할 수 있게끔 플레이어 A의 피어는 다른 모든 피어에 정보를 보내야 하고, 모두 정확히 같은 시점에 이 명령을 처리해야 한다. 그렇지 않으면 각 인스턴스의 시뮬레이션이 그 시점부터 발이 안 맞기 시작한다.

그렇지만 여기서 한 가지 중요한 점을 간과해선 안 되는데, 각 플레이어의 게임은 저마다 다른 프레임 레이트로 구동되고, 접속 환경도 품질이 서로 차이가 날 수밖에 없다는 점이다. 앞서 플레이어 A가 공격 명령을 내리는 시나리오의 문제점을 고려해 개선해 보자. A가 명령을 내릴 때 곧바로 적용해 버리는 대신, 명령을 잠깐 대기시켜 둔 채로 일단 B, C, D에 보내어 모두가 준비되었을 때 비로소 동시에 적용하는 것이다. 하지만 여기에도 골치 아픈 문제가 있다. 플레이어 A의 공격 명령이 너무 오랫동안 처리되지 않으면 게임이 매우 지척거리는 응답 속도를 보인다는 것이다.

이에 대한 해결책은 바로, 턴 타이머(turn timer)를 추가하여 일정 기간마다 명령을 쌓아두는 것이다. 턴 타이머 방식으로 구현하기 위해선 먼저 턴의 길이를 정해 두어야 한다. 〈에이지 오브 엠파이어〉의 경우 턴의 기본 길이를 200밀리초로 잡았다. 이 200밀리초 동안 모든 명령은 대기열 버퍼에 쌓인다. 200밀리초가 지나면 턴이 완료되어 그동안 대기열에 쌓아둔 그 플레이어의 모든 명령이 다른 플레이어들에게 전송된다. 여기서 핵심은 수신 측이 명령 대기열을 받는 즉시 처리하지

않고, 이후 두 번의 턴이 지난 다음에 처리한다는 것이다. 예를 들어 50번째 턴에 내려진 명령들을 인스턴스가 저마다 받아서 가지고 있다가 52번째 턴에 실행하는 식으로 말이다. 200밀리초짜리 타이머의 경우 인풋 랙(input lag), 즉 입력 후 화면에 반영하기까지 지연시간이 모두 합쳐 최대 600밀리초가 되는 셈이다. 하지만 지연시간에도 불구하고 딱 두 턴만 기다려 주면 모든 플레이어가 명령을 받아 동시에 그 턴을 처리하는 데 큰 문제가 없게 된다. 이처럼 명색이 '실시간'인 RTS 게임이 알고 보니 턴제로 구현된다는 점이 역설적으로 느껴질지 모르지만, 턴 타이머 기법은 이미 〈스타크래프트 II〉 등 여러 RTS 게임에서 널리 검증된 기법이다. 물론 요즘 게임은 90년대 후반에 비해 대역폭과 레이턴시 면에서 우수한 네트워크 환경을 넉넉하게 활용 가능하므로 더 짧은 간격의 턴 타이머를 구동할 수 있다.

턴 타이머 방식에서 고려해야 할 마지노선이 있다. 플레이어 한 명에게 심한 랙이 발생하여 200밀리초 타이머조차도 따라가지 못하는 경우엔 어떻게 처리해야 할까. 어떤 게임은 시뮬레이션을 잠시 중단하여 랙을 극복할 기회를 준다. 해당 플레이어가 지속적으로 랙을 유발하여 게임 진행에 지장을 준다면 플레이어를 내보내도록 처리할 수도 있다. 〈에이지 오브 엠파이어〉는 이 같은 경우가 발생하는 것을 최소화하기 위해 렌더링 프레임 레이트를 때에 따라 동적으로 조절하는 메커니즘을 채택했다. 즉, 인터넷 연결이 느린 컴퓨터에선 네트워크 데이터 수신에 시간을 더 할애하고, 그래픽 렌더링의 품질을 저하시키기도 하는 것이다. 턴 타이머를 동적으로 조절하는 상세한 기법은 1.6 더 읽을거리(40쪽) 절에서 베트너(Bettner)와 터래노(Terrano)의 논문을 참고하자.

이렇게 클라이언트가 입력한 명령을 모아 보내는 방식엔 또 한 가지 장점이 있다. 경기 진행 내내 처리된 모든 입력을 모아 저장해 두더라도 메모리 용량이나 그 처리 부담이 적다는 점이다. 덕택에 〈에이지 오브 엠파이어 II〉에는 경기 진행 리플레이를 저장하는 기능을 추가할 수 있었다. RTS 장르에서 리플레이 기능은 인기가 높은 편인데, 플레이어들이 경기 내용을 돌려보고 전략을 깊이 분석해 볼 수 있기 때문이다. 명령 대신 유닛 정보를 일일이 담는 방식이었다면 리플레이를 저장하는 데 훨씬 많은 메모리가 필요하고 오버헤드도 심했을 것이다.

1.3.2 동기화

턴 타이머만으로는 각 피어 사이의 동기화를 확실하게 보장하기 어렵다. 각 머신이 명령을 받아 독립적으로 처리하므로, 이들 기기가 항상 같은 결과로 수렴토록 보장하는 장치가 절대적으로 중요하다. 베트너와 터래노가 논문에 다음과 같이 기술한 내용을 참고해 보자.

"동기화가 어긋나는 오류를 찾기 어려운 이유는 피어마다 미세한 오차가 누적될 수 있다는 데서 비롯된다. 무작위로 생성한 맵에 배치된 사슴의 위치가 미세하게 어긋난 경우를 가정해 보자.

몇 분 뒤 마을 주민이 사슴을 사냥하러 쫓아갈 때 그 오차로 인해 경로가 약간 달라질 수 있는데, 이때문에 각 피어에서 똑같이 창을 던져도 어떤 피어에선 범위를 아슬아슬하게 빗나가 사냥에 실패하고 따라서 그 피어만 식량 확보에 실패하는 식으로 연쇄 반응이 이어질 수 있다."

대부분 게임은 행동의 결과에 약간의 임의성을 부여하는 경우가 많다. 이 점을 고려하여 생각해 볼 예제가 있는데, 게임 내 궁수가 보병을 명중시킬지 여부를 난수로 검사한다고 치자. 만일 플레이어 A의 인스턴스에선 궁수가 보병을 명중시켰는데, 플레이어 B의 인스턴스에선 명중하지 않았다면 즉각 플레이어의 눈에 띌 것이다. 이 문제를 해결하기 위해 유사 난수 발생기(pseudo-random number generator, PRNG)의 동작 원리에 주목해 보자. 유사 난수 발생기는 완벽한 난수가 아니라 어디까지나 난수와 '유사한' 값을 도출하는데, 난수를 도출할 때 어떤 형태이건 시드(seed) 값, 즉 난수의 씨앗이 되는 값에서 유도하여 도출하므로 모든 게임 인스턴스의 시드 값만 똑같이 맞춰 주면 플레이어 A와 B 모두에서 같은 난수 결과가 도출되도록 보장할 수 있다. 단, 이때 명심할 점은 시드 값을 통일해 두어도 단 한 번이라도 서로 다른 횟수로 호출하면 더 이상 회차마다 같은 값이 나오지 않게 된다는 점이다. 그러므로 시드 값을 동기화하는 것도 중요하지만, 각 게임 인스턴스가 서로의 난수 발생기를 같은 횟수로 호출해야 한다는 것 또한 중요하다. 그러지 않으면 난수 결과가 서로 어긋나 동기화가 깨지게 된다. P2P 환경에서 유사 난수 발생기를 사용해 동기화하는 기법에 대해선 **6장 네트워크 토폴로지와 예제 게임(205쪽)**에서 더 알아보자.

동기화를 검사할 때 잠재적인 이점이 하나 있다. 치트를 쓰기가 원천적으로 어려워진다는 것이다. 예를 들어 어떤 플레이어가 추가 자원 500을 치트로 획득하면 다른 인스턴스가 이를 즉각 알아챌 수 있는데, 치트로 인해 게임 상태의 동기화가 깨지기 때문이다. 이렇게 치트를 쓰는 플레이어를 일단 감지하면 쉽게 게임에서 쫓아낼 수 있다. 한편으론 반대급부도 있는데, 동기화 시스템은 보여주어선 안 될 정보를 드러내 버리는 종류의 치트에는 무방비하다는 단점이 있다. 소위 '맵핵(map hack)'이라 불리는 치트 프로그램은 맵 전체를 다 훔쳐볼 수 있게 해 주는데, 이는 RTS 게임에 있어 오늘날에도 흔한 골칫거리이다. 이를 비롯해 여러 보안 관련 사항에 대해서는 **10장 보안(315쪽)**에서 더 살펴본다.

1.4 요약

네트워크로 연결된 멀티플레이어 게임의 역사는 오래된 편이다. 메인프레임 컴퓨터 간 네트워크에서 플레이 가능한 게임이 먼저 등장하였는데, PLATO 네트워크에서 돌아간 〈엠파이어(Empire, 1973)〉 같은 게임이 초기 네트워크 게임의 예이다. 이는 훗날 텍스트 기반 머드, 즉 멀티 유저 던전 게임으로 발전하는데, 머드 게임은 나중에 BBS로 포팅되어 게이머들이 전화선으로 연결해 즐길 수 있었다.

1990년대 초반엔 〈둠(Doom, 1993)〉 같은 랜 게임이 게임계를 강타했다. 플레이어들은 근처에 놓인 여러 컴퓨터를 연결하여 서로 협동하거나 대적하여 전투를 즐겼다. 1990년대 후반 인터넷이 도입되면서 〈언리얼(Unreal, 1998)〉 같은 온라인 게임이 인기를 끌었다. 2000년대 초반에는 콘솔 게임에도 온라인이 도입되기 시작했다. MMO 게임은 온라인 게임의 일종으로 수백 혹은 수천수만의 플레이어가 하나의 게임 세션에 동시에 접속하여 즐길 수 있다.

〈스타시즈: 트라이브스(Starsiege: Tribes, 1998)〉를 구현할 때 사용한 네트워크 아키텍처는 오늘날 액션 게임을 구현할 때도 애용된다. 이는 클라이언트-서버 모델의 토폴로지로, 모든 플레이어가 게임을 관장하는 서버 하나에 접속해서 플레이한다. 가장 밑단의 플랫폼 패킷 모듈은 네트워크상 패킷 전송 작업을 추상화한다. 그 위의 연결 관리자는 플레이어와 서버 사이의 연결을 관리하며 배달 여부 통지 또한 발행한다. 스트림 관리자는 상위 수준 여러(이벤트, 고스트, 이동 등) 관리자의 데이터를 받아서 각각을 우선순위에 따라 처리하여 내보낼 패킷을 가공한다. 이벤트 관리자는 '플레이어가 사격함' 등의 중요 이벤트를 관할하여 관련 시스템이 이를 반드시 받을 수 있게 보장한다. 고스트 매니저는 객체 상태의 업데이트를 처리하며 특정 플레이어에게 유의미한 객체 집합이 어떤 것인지 판별한다. 이동 관리자는 각 플레이어의 가장 최신 이동 정보를 송신한다.

〈에이지 오브 엠파이어(Age of Empires, 1997)〉는 결정론적 락스텝 모델을 구현했다. 게임에 참여하는 모든 컴퓨터는 다른 모든 컴퓨터에 P2P, 즉 피어-투-피어 토폴로지로 연결된다. 이 방식의 게임에선 개개의 유닛에 대한 정보를 네트워크로 보내는 대신 명령들을 각 피어로 보낸다. 각 피어는 받은 명령을 서로 독립적으로 실행한다. 여러 기기를 같은 상태로 동기화하기 위해, 내려지는 명령을 즉시 보내지 않고 일정 시간 동안 턴 타이머를 이용해 모아 두었다가 보낸다. 이들 명령은 두 번의 턴이 지나고 나서야 수행된다. 이 정도 시간이면 각 피어가 턴 명령을 송수신하는데 충분한 시간이 확보된다. 추가로 중요한 사항은 각 피어가 결정론적으로 시뮬레이션을 진행해야 한다는 점으로, 이를 위해 유사 난수 발생기를 피어 간에 동기화시키는 등 방법을 써야 한다.

1.5 / 복습 문제

1. 로컬 멀티플레이어 게임과 네트워크 멀티플레이어 게임의 차이는 무엇인가?

2. 로컬 네트워크 연결의 세 가지 예를 들어보자.

3. 랜에서 동작하는 게임을 인터넷에서도 동작하게 하려면 어떤 점을 주로 고려해야 하는가?

4. 머드 게임이란 무엇이며 추후 어떤 장르로 발전하게 되는가?

5. MMO 게임이 일반적인 온라인 게임과 구별되는 점은 무엇인가?

6. 〈트라이브스〉 모델에서 신뢰성이 보장되는 시스템은 어떤 것들이 있는가?

7. 패킷이 누락되었을 때 〈트라이브스〉의 고스트 관리자는 어떻게 최소한의 동작으로 송신을 재시도하는지 설명해 보자.

8. 〈에이지 오브 엠파이어〉의 P2P 모델에서 턴 타이머를 사용하는 이유는 무엇인가? 네트워크상 다른 피어에 전달하는 정보는 어떤 것인가?

1.6 / 더 읽을거리

Bettner, Paul and Mark Terrano. "1500 Archers on a 28.8: Network Programming in Age of Empires and Beyond." Presented at the Game Developer's Conference, San Francisco, CA, 2001.

Frohnmayer, Mark and Tim Gift. "The Tribes Engine Networking Model." Presented at the Game Developer's Conference, San Francisco, CA, 2001.

Koster, Raph. "Online World Timeline." Raph Koster's Website. Last modified February 20, 2002. http://www.raphkoster.com/gaming/mudtimeline.shtml.

Kushner, David. Masters of Doom: How Two Guys Created an Empire and Transformed Pop Culture. New York: Random House, 2003.

Morningstar, Chip and F. Randall Farmer. "The Lessons of Lucasfilm's Habitat." In Cyberspace: First Steps, edited by Michael Benedikt, 273–301. Cambridge: MIT Press, 1991.

Wasserman, Ken and Tim Stryker. "Multimachine Games." Byte Magazine, December 1980, 24–40.

2^장

인터넷

이 장에서는 TCP/IP 스택 및 인터넷 통신에 필요한 프로토콜과 표준에 대해 살펴본다. 그중 특히 멀티플레이어 게임 프로그래밍에 관련이 깊은 요소를 중점적으로 다룬다.

2.1 패킷 스위칭의 기원

오늘날 우리가 알고 있는 인터넷은 1969년 후반 노드 네 개를 연결한 네트워크에서 시작하여 현재에 이르기까지 천양지차로 발전해 온 것이다. 원래 명칭은 미국 ARPA(Advanced Research Projects Agency)에서 만들었다 하여 ARPANET이며, 당초 개발 목적은 지리적으로 떨어져 설치된 컴퓨팅 자원에, 서로 다른 장소에서 일하는 여러 과학자가 접근하기 위한 연결 수단의 제공이었다.

ARPANET의 목적을 달성하기 위해 패킷 스위칭(packet switching)이라는 신기술이 필요했다. 그 전까지 장거리 통신 시스템에선 서킷 스위칭(circuit switching)이라는 방식으로 정보를 전송했다. 서킷 스위칭 시스템은 정보를 송수신하는 과정에서 송수신 단말 사이에 회로(circuit) 연결을 해두고 정보 전달을 수행하는데, 이때 이 회로는 보다 작은 단위의 회선(line)을 길게 짜 맞추어 연결한 것으로 송수신이 일어나는 동안 연결이 유지되는 방식이었다. 예를 들어 전화 통화 시 발생하는 큰 뭉치의 데이터를 뉴욕에서 로스앤젤레스까지 서킷 스위칭으로 보내려면 그 사이에 있는 여러 도시의 단거리 회선들을 해당 통신 전용으로 연결해야 한다. 이렇게 여러 회선을 서로 이어 길게 연결된 하나의 회로로 만들고, 데이터 송수신이 끝날 때까지 계속 이 연결 상태를 유지한다. 아래 그림 2-1을 보면 뉴욕에서 시카고, 시카고에서 덴버, 덴버에서 로스앤젤레스 사이의 회선을 전용 연결로 할당했다. 실제로 각 회선은 앞서 언급한 도시보다 더 작은 단위의 인접 도시 사이의 더 짧은 회선으로 이루어진다. 어쨌든 이들 회선은 모두 송수신이 끝날 때까지 그 연결 전용으로만 사용해야 한다. 통신이 끝나면 회선 사이의 연결을 모두 끊은 뒤 다른 정보를 송수신하기 위해 각각 다른 회선과 다시 연결한다. 이렇게 전체 경로에 걸쳐 전용 회선을 할당하므로 정보 전달을 매우 높은 품질로 할 수 있다. 하지만 그림 2-1에 묘사된 것처럼 한 번에 하나의 통신 전용으로만 회선을 사용해야 하므로 가용성 면에서 이 방식은 제한적일 수밖에 없다.

▼ 그림 2-1 서킷 스위칭

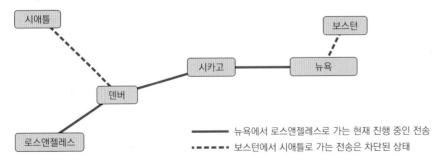

이에 반해 패킷 스위칭은 하나의 송수신에 회선을 전용으로 할당해야 할 필요가 없으므로 가용성을 한층 높일 수 있다. 회선 자체는 공유하되, 송수신 내용을 패킷이라는 작은 뭉치로 나눈 뒤 저장 후 전달(store and forward) 절차를 사용해 보내기에 가능한 일이다. 네트워크의 각 노드(node)는 같은 네트워크의 여러 노드에 연결되는데, 연결된 회선으로 노드 사이에 패킷을 주고받을 수 있다. 각각의 노드는 수신한 패킷을 저장하고 이후 목적지에 가까운 다른 노드로 이를 전달한다. 예를 들어 뉴욕에서 로스앤젤레스까지 전화 통화를 할 때, 통화 내용을 매우 짧은 단위의 데이터 패킷으로 쪼개어 둔다. 먼저 뉴욕에서 시카고로 패킷을 보내고, 시카고 노드가 패킷을 받으면 노드는 패킷의 목적지를 확인하고 덴버로 패킷을 전달한다. 이 절차는 패킷이 로스앤젤레스에 도착하여 최종적으로 받는이의 전화기에 전달될 때까지 계속된다. 서킷 스위칭과 비교해 가장 중요한 차이점은 같은 회선을 이용해 여러 전화 통화가 동시에 진행될 수 있다는 점이다. 뉴욕에서 로스앤젤레스로 한 번에 여러 명이 걸어도 각각의 패킷이 같은 회선을 따라 동시에 전달되고, 보스턴에서 시애틀로, 혹은 어느 도시 사이에서건 같은 회선을 동시에 이용할 수 있다. 한 번에 많은 송수신 패킷을 처리할 수 있으므로 가용성이 증대되는데, 그림 2-2를 보면 이 과정을 좀 더 쉽게 이해할 수 있을 것이다.

▼ 그림 2-2 패킷 스위칭

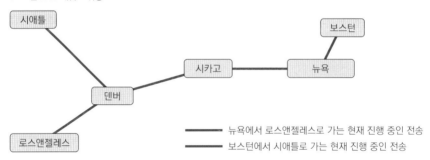

━━━ 뉴욕에서 로스앤젤레스로 가는 현재 진행 중인 전송

━━━ 보스턴에서 시애틀로 가는 현재 진행 중인 전송

패킷 스위칭 자체는 추상화된 개념에 불과하므로, 이를 구체화하기 위해 네트워크의 각 노드가 어떻게 데이터 패킷을 꾸릴지, 어떻게 패킷을 네트워크를 통해 보낼지를 정형화해 둔 프로토콜이 필요하다. ARPANET엔 'BBN 1822호 보고서' 또는 '1822 프로토콜'로 알려진 논문에 이들 프로토콜 집합을 정의해 두었다. 많은 시간이 흘러 ARPANET은 끊임없이 확장되어 오늘날 거대한 인터넷의 일부가 된다. 긴 세월 동안 1822호 보고서도 계속 진화하여 오늘날 인터넷의 근간이 되는 프로토콜로 변모한다. 이렇게 발전한 여러 프로토콜을 통칭해 TCP/IP 스택(stack)*이라 부른다.

---

* **역주** TCP/IP suite라고 하기도 한다.

2.2 / TCP/IP 스택의 계층 구조

TCP/IP 스택은 일견 우아해 보이기도 하지만 가까이서 보면 여기저기 땜질한 자국도 많이 보인다. 먼저 우아한 면은, 목적에 따라 여러 프로토콜을 갈아 끼울 수 있게 계층을 추상화하여 나누고, 각 계층이 저마다의 소임에 충실할 수 있게끔 설계하여, 이처럼 각기 독립된 계층이 다른 계층을 뒷받침하고 데이터를 적절히 연계할 수 있다는 면이다. 지저분한 면은 기껏 이렇게 추상화를 잘해놓고선 프로토콜 작성자마다 성능이니 확장성이니 하는 핑계로, 쓸모 있긴 하지만 설계 철학에 반하는 복잡한 예외사항으로 범벅을 해 두었다는 면이다.

멀티플레이어 게임 프로그래머로서 우리는 TCP/IP 스택의 이처럼 우아하면서도 지저분한 일면을 바르게 이해하여, 우리 게임이 제대로 동작하고 또한 효율적으로 동작하게 만들어야 한다. 게임 제작에는 주로 TCP/IP의 상위 계층을 주로 다루게 되지만, 최적화를 위해서는 하위 계층이 어떻게 동작하는지, 그리고 윗단과 어떤 식으로 상호작용하는지도 알아두면 좋다.

인터넷 통신의 계층 간 상호작용을 설명하는 모델에는 여러 종류가 있다. 초기 인터넷 호스트 요구 사항을 정의한 RFC 1122에선 링크 계층, IP 계층, 전송 계층, 응용 계층, 이렇게 네 개의 계층으로 구분한다. 한편 'OSI 7 계층'이라 하여 OSI(Open Systems Interconnection) 모형에서는 물리 계층, 데이터 링크 계층, 네트워크 계층, 전송 계층, 세션 계층, 표현 계층, 응용 계층, 이렇게 일곱 계층으로 구분한다. 이 책에선 게임 개발과 관련이 있는 것으로 몇몇을 묶어 그림 2-3과 같이 다섯 계층으로 구분하여, 물리 계층, 링크 계층, 네트워크 계층, 전송 계층, 응용 계층으로 하겠다. 각 계층은 저마다 자기 윗단 계층을 지원하기 위해 수행해야 하는 역할이 있다. 대표적인 것을 들면 다음과 같다.

- 윗단 계층에서 데이터 블록을 수신한다.
- 계층 헤더(header)를 추가해(필요하면 푸터(footer)도 추가해) 패킷을 꾸린다.
- 데이터를 아랫단 계층으로 전달해 송신 과정을 계속해 나간다.
- 아랫단 계층에서 수신된 데이터를 받는다.
- 헤더를 제거하여 수신된 데이터의 패킷을 푼다.
- 수신된 데이터를 윗단 계층으로 전달해 수신 처리를 계속해 나간다.

그렇지만 각 계층이 구체적으로 어떤 식으로 역할을 수행해야 하는지 정해져 있는 것은 아니다. 각 계층마다 다양한 프로토콜(protocol)이 있어 그중 하나로 역할을 수행하는데, 개중엔 TCP/IP처럼 오래된 것도 있고 또 어떤 건 최근 새로 발명된 것도 있다. 객체 지향 개념에 익숙하다면 계층을 인터페이스라 여기고, 각 프로토콜이나 프로토콜 집합은 그 인터페이스를 구체화한 구현물이라 생각해도 좋다. 계층 하나의 구현 방식에 대한 상세한 내용을 추상화하여 그 윗단에서 볼 필요 없도록 감춰두는 것이 이상적일 터이지만, 현실이 그렇지 않다는 것을 이미 언급한 바 있다. 앞으로 이 장 내내 각 계층을 개략적으로 살펴보고 가장 널리 이용되는 일반적인 프로토콜은 무엇인지 알아보고자 한다.

▼ 그림 2-3 게임 개발 관점에서 나눈 TCP/IP 계층

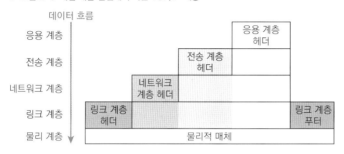

2.3 물리 계층

계층 구조의 최아래에는 가장 기본적인 하드웨어 전송을 지원하는 계층이 있다. 바로 물리 계층 (physical layer)이다. 물리 계층의 역할은 네트워크로 연결된 컴퓨터, 즉 호스트 사이의 물리적 연결을 책임지는 것이다. 물리적으로 연결된 매체가 있어야 정보를 주고받을 수 있다. TP CAT-6 케이블,* 전화선, 동축 케이블, 광섬유 케이블 등이 물리 계층에서 연결에 이용되는 매체의 예이다.

물리적인 연결이라 하여 반드시 눈에 보이는 것일 필요는 없다. 휴대 전화, 태블릿, 노트북을 써보았다면 대번 떠오르듯 전파 역시 정보를 전송하는 데 유용한 물리 매체로 활용된다. 머지않아 양자 얽힘 현상을 이용한 매체가 등장하여 엄청나게 먼 거리 너머로 순식간에 정보를 전달할 날이 올지도 모른다. 그때가 오면 양자 매체를 물리 계층으로 삼아 얼마든지 인터넷의 여러 계층을 그 위에 쌓아 올릴 수 있을 것이다.

---

* **역주** 사무실이나 가정에서 흔히 쓰는 '랜 선'을 뜻한다. Twisted Pair Category 6의 약자이다.

2.4 / 링크 계층

전자기학을 벗어나 컴퓨터학이 본격적으로 적용되는 곳은 링크 계층(link layer)부터이다. 그 역할은 물리적으로 연결된 호스트 사이의 통신 수단을 제공하는 것이다. 다시 말해 송신 호스트가 정보를 꾸려 물리 계층을 통해 정보를 보낼 수 있는 수단, 그리고 수신 호스트가 높은 확률로 그 정보를 수신하여 안에 담긴 정보를 꺼낼 수 있게 하는 수단을 링크 계층이 제공한다는 뜻이다.

링크 계층의 송수신 단위는 프레임(frame)이라 한다. 각 호스트는 링크 계층을 통해 서로에게 프레임을 주고받는다. 링크 계층의 역할을 좀 더 나눠 보면 다음과 같다.

- 특정 목적지에 주소를 부여해서 각 프레임에 기재토록 하여 호스트를 식별할 수단 제공
- 수신 측 주소와 데이터를 담을 수 있는 프레임 포맷 정의
- 한 번에 데이터를 얼마까지 보낼 수 있는지 윗단 계층에서 알 수 있게끔 프레임의 최대 길이를 정의
- 물리 계층을 거쳐 전달된 신호를 의도된 호스트가 수신할 수 있게 프레임을 물리적인 전기 신호로 변환하는 방법을 정의

의도된 호스트에 프레임이 전달될지 아닐지는 확률적으로 결정되며 항상 보장되는 것은 아니라는 점에 유념하자. 전기 신호를 훼손하지 않고 목적지까지 전달하는 데에는 많은 변수가 있어 영향을 끼친다. 전기적 간섭 혹은 장비의 고장 등 물리적 매체에 장애가 발생한 경우 프레임이 누락되어 아예 전달되지 않을 수도 있다. 링크 계층에서 프레임이 도착하였는지 확인하거나 실패하였을 때 다시 보내는 등 시도를 전혀 하지 않는다. 이 같은 이유로 링크 계층을 비신뢰성(unreliable) 통신이라 일컫는다. 보다 상위 프로토콜에서 데이터의 전송을 보장하려면, 즉 신뢰성(reliable) 통신을 구축하려면 다시 보내는 등의 적절한 메커니즘을 직접 구현하여야 한다.

물리 계층을 구현하고자 하는 물리적 연결 매체마다, 대응되는 하나 이상의 프로토콜이 링크 계층에 존재한다. 예를 들어 랜 선으로 연결된 호스트 사이에선 1000BASE-T 같은 이더넷 계열 프로토콜로 통신한다. 전파로 연결된 호스트 사이에선 단거리 와이파이 프로토콜(802.11g, 802.11n, 802.11ac) 혹은 장거리 무선 프로토콜인 3G나 4G로 통신한다. 표 2-1에 널리 이용되는 물리적 연결 매체와 링크 계층 프로토콜의 조합을 정리했다.

▼ 표 2-1 물리 매체와 그에 대응하는 링크 계층 프로토콜

물리적 매체	링크 계층 프로토콜
TP 케이블(소위 랜 선)	이더넷 10BASE-T, 이더넷 100BASE-T, 이더넷 1000BASE-T
Twisted copper wire	구리선 이더넷 통신(Ethernet over copper, EoC)
2.4GHz 전파	802.11b, 802.11g, 802.11n
5GHz 전파	802.11n, 802.11ac
850MHz 전파	3G, 4G
광케이블	FDDI(fiber distributed data interface, 광섬유 분산 데이터 인터페이스), 이더넷 10G BASE-SR, 이더넷 10G BASE-LR
동축 케이블(Coaxial cable)	동축 이더넷(Ethernet over coax, EoC), DOCSIS(data over cable service interface specification)

링크 계층의 구현물과 물리 계층의 연결 매체가 서로 밀접하게 연관되어 있다 보니 일부 모형에선 이 두 가지를 합쳐 하나의 계층으로 묘사하기도 한다. 하지만 하나 이상의 링크 계층 프로토콜을 지원하는 물리적 연결 매체도 있으므로, 서로 다른 계층으로 구별해 두는 편이 좋다.

서로 떨어진 두 호스트 사이에 인터넷 연결을 하고자 할 때, 꼭 한 벌의 물리적 연결 매체와 링크 계층 프로토콜 조합만 쓰는 건 아니다. 다른 계층에 대해 설명할 때 다시 다루겠지만, 한 뭉치의 데이터를 보내는 과정에서도 데이터가 서로 다른 여러 매체와 링크 프로토콜을 거쳐 갈 수도 있다. 즉, 네트워크 컴퓨터 게임을 하면서 발생하는 데이터를 송신하는 과정에서, 위의 표에 등장한 다양한 링크 계층 프로토콜이 두루 이용될 수 있다. 다행히 TCP/IP 스택은 추상화가 잘 되어 있으므로 구체적으로 어떻게 링크 계층을 타고 갈지 게임 시스템이 알아야 할 필요는 없다. 그런 고로 여기서는 여러 링크 프로토콜의 내부 동작 방식을 일일이 다루지는 않으려 한다. 하지만 프로토콜 중 이것 하나 정도는 알아두는 편이 좋은데, 링크 계층 프로토콜의 기능을 잘 보여주는 것이기도 하며 또한 네트워크 게임 프로그래머로서 살다 보면 거의 반드시, 라고 해도 좋을 만큼 마주치게 되는 프로토콜이기 때문이다. 바로 이더넷* 프로토콜이다.

---

* **역주** 이더넷(Ethernet)이라는 말은 19세기 과학자들이 빛의 매질로써 존재한다고 믿었던 에테르(ether)를 그 어원으로 한다. 여기에 착안해 '에테르넷'이 등장하는 스팀펑크류 RPG를 만든다면 뭔가 대단히 그럴싸하지 않을까?

2.4.1 이더넷/802.3

앞서 프로토콜 중 하나라 하였지만 사실 이더넷은 프로토콜 하나가 아니라 이더넷 블루북 표준에 근거한 프로토콜 그룹이라 해야 옳다. 이더넷 표준은 1980년도 DEC, 인텔, 제록스가 공동으로 제창하였으며 오늘날 이더넷 프로토콜은 IEEE 802.3 표준으로 정의하고 있다. 광섬유, TP 케이블, 동축 케이블 등 매체마다 상응하는 이더넷 파생 프로토콜이 있다. 또한, 속도에 따라 파생되는 프로토콜도 있는데, 이 책의 집필 시점에서 대부분 데스크톱 컴퓨터가 기가비트 이더넷을 지원하며, 10기가 이더넷 표준도 있어 점차 대중화되고 있다.

여러 호스트를 식별하기 위해 이더넷에선 매체 접근 제어 주소(Media Access Control address, MAC address), 줄여서 MAC 주소를 사용한다. MAC 주소는 이론상 고유한 48비트 숫자로서 이더넷 네트워크에 연결 가능한 장비 하나하나마다 고유한 값으로 부여된다. 이러한 장비를 통칭 네트워크 인터페이스 컨트롤러(network interface controller), 줄여서 NIC라 부른다. 예전엔 NIC를 확장 카드 형태로 만들었지만, 오늘날 인터넷 사용이 기본이 되면서 최근 십여 년 전부터는 아예 메인보드에 내장하여 출시한다. 요즘음에도 NIC 확장 카드가 출시되긴 하는데, 호스트가 한 네트워크 위에서 둘 이상의 연결을 해야 할 때나, 여러 네트워크에 연결하고 싶을 때 확장 카드를 장착하면 된다. 이때 이 호스트는 NIC마다 하나씩, 여러 개의 MAC 주소를 갖게 된다.

MAC 주소는 범용 고유 식별자(universally unique identifier, UUID)*의 일종으로, 기기마다 고유한 값을 부여해야 하므로 NIC 제조업체는 하드웨어 제조 과정에서 MAC 주소를 기기에 새겨 넣는다. 첫 24비트는 OUI(organizationally unique identifier), 즉 제조업체 식별 코드로 IEEE가 제조사마다 고유한 번호를 할당해 준다. 나머지 24비트를 고유하게 할당하는 일은 제조업체의 책임으로, 제조사는 자신이 생산하는 하드웨어 하나마다 고윳값을 부여해야 한다. 이 같은 방식으로 제조된 NIC는 각각 그 주소로써 하드코드된 고유 식별자를 사용하는 셈이다.

이더넷만 MAC 주소를 쓰는 건 아니다. 와이파이나 블루투스 등 대부분 IEEE 802 링크 계층 프로토콜이 MAC 주소를 사용하고 있다.

> **Note ≡** MAC 주소는 그 등장한 이래로 크게 두 가지 측면에서 변화를 거쳤다. 첫째, MAC 주소는 더 이상 고유 하드웨어 식별자가 아니다. 여러 NIC 하드웨어에서 MAC 주소를 소프트웨어적으로 마음대로 바꿀 수 있기 때문이다. 둘째, 산적한 여러 가지 문제를 처리하고자 IEEE는 새로 64비트 MAC 주소 체계를 제안하였는데 이를 확장 고유 식별자 또는 EUI-64라 한다. 필요하면 기존 48비트 MAC 주소의 OUI 바로 뒤에 2바이트 0xFFFE를 삽입하여 EUI-64로 변경할 수 있다.

---

* [역주] 유니버설이란 말에서 전 세계, 나아가 전 우주에 있어 고유한 값을 부여하고자 하는 코즈믹한 기상이 느껴지지만, 사실 고유성이 완벽히 보장되지는 않는다. 다만 실 사용 시 중복될 가능성이 거의 없다, 정도로 이해하면 좋겠다.

송수신 호스트에 각각 고유 MAC 주소를 부여하였을 때, 그림 2-4와 같은 형식으로 이더넷 링크 계층 프레임을 감싸는 이더넷 패킷이 구성된다.

▼ 그림 2-4 이더넷 패킷 구조

바이트	0		4		
0–7		프리앰블(Preamble)			SFD
8–13	목적지 MAC 주소				
14–21	발신지 MAC 주소			길이/종류	
22–...	페이로드(46–1500 바이트)...				
...	프레임 체크 시퀀스				

모든 이더넷 패킷은 0x55 7개에 0xD5 1개 총 8바이트의 16진수, 즉 55 55 55 55 55 55 55 D5로 시작하며 이를 프리앰블(preamble)과 SFD(start frame delimiter)라 한다. 밑단 하드웨어는 이러한 이진수 패턴을 체크하여 동기화를 맞추고 새 프레임을 받을 준비를 한다. 프리앰블과 SFD는 보통 NIC 하드웨어가 걸러내며, 프레임을 구성하는 나머지 바이트 열을 이더넷 모듈에 넘겨 처리한다.

SFD 뒤에 따라붙는 6바이트는 프레임의 수신자로 설정된 기기의 MAC 주소를 나타낸다. 브로드 캐스트 주소라는 특수 MAC 주소도 있는데, FF:FF:FF:FF:FF:FF로 나타내며 LAN상 연결된 모든 호스트에 전달하고자 할 때 사용한다.

길이/종류 필드는 오버로드하여 길이나 종류 둘 중 하나로 사용한다. 길이 필드로 사용하는 경우, 프레임에 포함된 페이로드의 길이를 바이트 단위로 나타낸다. 만일 종류 필드로 사용한 경우, 이더타입(EtherType) 고유 식별자 값을 기록해 페이로드 내 데이터를 어떻게 해석해야 하는지 표시한다. 이더넷 모듈이 이 필드를 처리할 때 정확하게 해석할 수 있게, 이더넷 표준은 페이로드의 최대 길이를 1,500바이트로 정의해 두었다. 이를 최대 전송 유닛(maximum transmission unit) 혹은 MTU 라 하며, 한 번 전송에 최대한 담을 수 있는 데이터의 양을 뜻한다. 이더넷 표준은 또한 이더타입의 최솟값을 0x0600, 즉 10진수로는 1536으로 정해 두었다. 따라서 길이/종류 필드 값이 1500 이하인 경우엔 '길이'로 해석하면 되고, 1536 이상인 경우엔 프로토콜 '종류'로 판단하면 된다.

Note ≡ 표준에 정의된 건 아니지만 오늘날 이더넷 NIC는 1,500바이트를 넘어서는 점보 프레임을 지원하기도 한다. 점보 프레임은 최대 9,000바이트까지 MTU를 갖게 되는데, 이를 지원하는 NIC는 프레임 헤더에 특정 이더타입 값을 기록하여 밑단 하드웨어에서 수신된 데이터에 따라 프레임의 크기를 계산한다.

페이로드(payload)란 프레임에 담겨 전송되는 데이터 그 자체를 뜻한다. 대개 원하는 호스트로 전달하고 싶은 네트워크 계층 패킷이 담겨 있다.

프레임 체크 시퀀스(frame check sequence, FCS)는 CRC32 값*으로, 이는 여러 값에 걸쳐 연산하여 얻은 체크섬 값으로, 연산에 포함되는 것은 발신자와 수신자 주소 각각, 길이/종류 필드, 페이로드, 그리고 패딩값 등이다. 이더넷 하드웨어가 데이터 수신 시 이 값을 검사하여 전송된 데이터가 손상되었는지 판단하고, 만일 손상된 경우 프레임을 폐기해 버린다. 이더넷이 비록 데이터 전송을 보장해 주지는 못하지만 적어도 훼손된 값이 전달되지 않도록 최소한의 노력은 하는 셈이다.

사실 이더넷 패킷이 구체적으로 어떻게 물리 계층을 통과하여 매체를 타고 전달되는지는 멀티플레이어 게임 프로그래밍과 큰 관련은 없는 사항이다. 네트워크상 호스트 중 하나가 해당 프레임을 받으면 호스트가 프레임을 읽어보고 그 수신자가 마침 자신일 때, 길이/종류 필드의 값에 따라 페이로드에서 데이터를 꺼내어 처리한다, 라는 정도로 간략하게 이해하고 있어도 충분하다.

> **Note ☰** 초기엔 소규모 이더넷 네트워크에선 허브(hub)라는 장비로 여러 호스트를 한데 묶어 연결했다. 보다 구식 네트워크에선 기다란 동축 케이블을 컴퓨터 사이에 늘어뜨려 연결했다. 이런 식으로 연결된 네트워크에선 이더넷 패킷의 전기 신호가 문자 그대로 네트워크상 모든 호스트에 전달되었는데, 그 패킷이 자기 것인지 아닌지 여부는 각 호스트가 스스로 판단해야 했다. 네트워크 규모가 확장될수록 이 같은 방식은 효율이 저하될 수밖에 없었다. 하드웨어 제조 비용이 감소하면서 오늘날 최신 네트워크에선 스위치(switch)라는 장비로 여러 호스트를 연결한다. 스위치의 포트에 호스트를 연결해두면 스위치는 그 호스트의 MAC 주소, 혹은 IP도 같이 기억해 두었다가 그 주소로 패킷을 전달할 일이 있을 때, 연결된 여러 호스트에 일일이 보내지 않고도 해당 호스트를 특정하여 최단 경로로 보낼 수 있다.

2.5 네트워크 계층

링크 계층 정도면 주소가 부여된 호스트 사이에 데이터를 주고받기에 충분할 텐데, 어째서 TCP/IP 같은 부가적인 계층이 필요한지 의아할 수도 있겠다. 그러나 다음과 같은 링크 계층의 부족한 점을 살펴보면 상위 계층이 요구되는 이유를 파악할 수 있다.

- MAC 주소가 하드웨어에 각인되어 유연성이 떨어진다. 웹 서버를 하나 열었는데 인기를 끌어 매일 수천 명의 사용자가 이더넷으로 방문한다고 상상해 보자. 링크 계층만 써서 서비스를 하면 서버에 접속하기 위해 이더넷 NIC 장비의 MAC 주소를 사용자들이 알아야 한다. 어느 날 과부하를 견디지 못하고 NIC 카드가 불꽃을 튀기며 고장나버렸다 치자. 이제 카드

---

* 역주 32-bit cyclic redundancy checksum의 약자

를 새로 장착해야 하는데 새 카드의 MAC 주소는 이전과 다를 테니 사용자는 더 이상 이전 주소로 접속할 수 없게 된다. 따라서 확실히 뭔가 쉽게 설정할 수 있는 주소 체계가 MAC 주소 위에 병행하여 필요하다.

- 링크 계층으론 인터넷을 보다 작은 네트워크망으로 나눌 수 없다. 전체 인터넷이 링크 계층 으로만 되어 있다 치면, 모든 컴퓨터가 단일망에 연결되어 있어야 한다. 이더넷에선 각 프레 임을 네트워크상 모든 호스트에 전달해야 하고, 전송자가 애초 의도한 수신자가 바로 자신 인지 여부는 호스트 스스로 판단해야 한다는 점을 상기해 보자. 인터넷의 연결 수단으로 이 러한 이더넷만 사용한다면, 프레임 하나하나를 보낼 때마다 지구상 연결된 모든 호스트로 일일이 전달해야 할 것이다. 이런 방식으로 구축된 인터넷으로는 패킷 몇 개 보내는 것조차 버거울 터이다. 또한, 네트워크망을 지역마다 서로 다른 보안 영역으로 구분해 둘 수단이 없 는 것도 단점이다. 같은 사무실 내 호스트에만 메시지를 브로드캐스트하거나, 집 안에 있는 컴퓨터 사이에서만 파일을 공유할 수 있는 수단이 있으면 좋겠지만, 링크 계층만으로는 역 부족이다.

- 링크 계층에는 한 종류의 링크 프로토콜을 그와 다른 링크 프로토콜로 번역하는 방법이 정 의되어 있지 않다. 여러 종류의 물리 계층과 링크 계층 프로토콜을 두는 까닭은 바로 서로 상이한 네트워크 사이에서 용도에 가장 알맞은 최적의 구현을 각자 선택하게끔 하자는 근본 철학에서 비롯된다. 그러므로 링크 계층 위에 별도의 주소 체계를 두어, 하나의 링크 프로토 콜과 다른 링크 프로토콜이 서로 통신할 방법을 규정할 필요가 있다.

네트워크 계층의 역할은 링크 계층 위에 논리 주소 체계 인프라를 구축하는 것이다. 이렇게 하면 주소 걱정 없이 쉽게 호스트 하드웨어를 교체할 수 있고, 여러 호스트를 그룹으로 묶어 서브네트 워크(subnetwork)로 격리하거나, 멀리 떨어진 서브네트워크 사이에 링크 계층 프로토콜이나 물리적 매체가 각기 다르더라도 서로 통신할 수 있다.

2.5.1 IPv4

오늘날 네트워크 계층에 필요한 기능을 구현하는 데 가장 널리 이용되는 프로토콜은 바로 인터넷 프로토콜 버전 4, 줄여서 IPv4이다. 네트워크 계층의 역할 수행을 위해 IPv4에선 논리 주소 체계 로 각 호스트마다 개별적인 주소를 부여하며, 서브넷(subnet) 체계로 주소 공간의 논리적 부분 집합 을 나누어 물리적 서브네트워크를 정의하는 데 사용한다. 아울러 라우팅 체계로 서브넷 사이에서 데이터를 서로 전달한다.

2.5.1.1 IP 주소와 패킷 구조

IPv4의 핵심은 바로 IP 주소이다. IP 주소는 32비트 숫자로, 주로 사람이 알아볼 수 있게 네 개의 8비트 숫자를 마침표로 구분하여 표시한다. 예를 들어 www.usc.edu의 IP 주소는 128.125.253.146이고 www.mit.edu의 주소는 23.193.142.184이다. 큰 소리로 읽어줄 땐 주로 "일이팔 점 일이오 점 이오삼 점 일사육" 이렇게 읽고 영어로는 "one twenty eight, one twenty five, two fifty three, one fourty six" 식으로 읽는다.* 인터넷상 호스트마다 고유한 IP 주소를 부여해 두면, 발신 호스트가 패킷을 보낼 때 패킷 헤더에 목적 호스트의 IP 주소를 기록하기만 하면 된다. IP 주소의 고유성을 따질 때 예외 사항이 있는데, 이는 나중의 2.8 NAT(82쪽) 절에서 다룰 것이다.

IPv4에선 IP 주소를 정의함과 동시에 IPv4 패킷 구조도 정의하고 있다. 패킷에는 우선 헤더 자리를 마련해 네트워크 계층 기능에 필요한 데이터를 담아 두고, 그 뒤에 윗단 계층의 데이터를 전송할 페이로드가 붙는다. 그림 2-5에 IPv4 패킷의 구조를 묘사했다.

▼ 그림 2-5 IPv4 헤더 구조

비트	0			16	
0–31	버전	헤더 길이	서비스 종류	길이 총합	
32–63	분열 식별자			플래그	분열 오프셋
64–95	TTL		프로토콜	헤더 체크섬	
96–127	발신지 주소				
128–159	목적지 주소				
160–...	옵션				

버전(4비트): 이 패킷이 지원하는 IP 종류를 표시한다. IPv4라면 이 숫자는 4가 된다.

헤더 길이(4비트): 헤더의 길이를 32비트 워드로 표시한다. IP 헤더 뒷부분에 옵션 필드가 여럿 붙을 수 있으므로 헤더의 길이는 가변적이다. 따라서 길이 필드에 정확히 어디서 헤더가 끝나고 이어 포장된 실제 데이터가 시작되는지 나타내 주어야 한다. 헤더 길이 필드는 4비트에 불과하므로 최대 15까지 값을 가질 수 있는데, 이때 15라는 숫자는 헤더가 열다섯 개의 32비트 워드, 즉 60바이트로 되어 있음을 뜻한다.** 헤더에는 반드시 20바이트의 필수 정보가 포함되어야 하므로, 이 값이 5보다 작은 경우는 없다.

서비스 종류(8비트): 혼잡 제어나 서비스 식별자 등 다양한 용도로 사용한다. 자세한 내용은 2.11 더 읽을거리(91쪽) 절에서 RFC 2474 및 RFC 3168을 참고하자.

---

* [역주] 0은 'zero'로 읽으며, 쉼표로 쉬는 자리에 'dot'으로 확실히 구분해 읽어줘도 좋다. 십자리 단위로 안 묶고 그냥 'one two eight' 식으로 읽는 사람도 있다. 기술지원차 화상 회의할 때 이걸 몰라 '원헌드레드트웬티에잇 피리어드...' 어쩌고 하며 애먹은 적이 있었다!

** [역주] 쉽게 말해 15에 곱하기 4를 하면 된다.

패킷 길이(16비트): 전체 패킷의 길이를 바이트 단위로 표시한다. 길이는 헤더와 페이로드를 더한 것이다. 16비트로 나타낼 수 있는 최대 숫자가 65535이므로, 최대 패킷의 길이 역시 65,535바이트로 제한된다. IP 헤더의 최소 길이는 20바이트이므로, IPv4 패킷에서 페이로드가 담을 수 있는 최대 길이는 65,515바이트로 환산된다.

분열 식별자(16비트), 분열 플래그(3비트), 분열 오프셋(13비트)[*]: 분열된, 즉 조각난 패킷을 다시 조립하는 데 사용하며 나중의 2.5.1.4 패킷 분열(63쪽) 절에서 다시 설명한다.

TTL(time to live)**(8비트):** 패킷을 전달할 수 있는 횟수 제한을 나타낸다. 이후 2.5.1.3 서브넷과 간접 라우팅(56쪽) 절에서 다룬다.

프로토콜(8비트): 페이로드 내용을 해석하는 데 어떤 프로토콜을 써야 하는지 나타낸다. 윗단 계층이 데이터를 어떻게 다루는지 나타낸다는 점에서 이더넷 프레임의 이더필드와 비슷하다.

헤더 체크섬(16비트): IPv4 헤더의 무결성을 검증하는 데 사용하는 체크섬을 기록한다. 헤더 부분만 계산해 둔 것임에 유의하자. 페이로드의 무결성을 검증하는 건 윗단 계층의 몫이다. 그다지 쓸모가 없는 편이기도 한데, 링크 계층 프로토콜에서 이미 체크섬으로 프레임 전체의 무결성 검사를 하는 경우가 많기 때문이다. 예를 들어 이더넷 헤더의 FCS 필드가 그렇다.

발신지 주소(32비트), 목적지 주소(32비트): 패킷 발신지와 목적지의 IP 주소를 나타낸다. 목적지의 경우 특수 주솟값을 쓰면 여러 호스트에 동시에 패킷을 보낼 수 있다.

> **Note** ☰   헤더 길이의 단위를 32비트 '워드'로 나타내는 것이 언뜻 헷갈릴 수 있다. 게다가 또 패킷 길이는 8비트 워드로 표현하고 있으니 더욱 그렇다. 하지만 이는 대역폭을 줄이기 위한 노력의 일환이다. 모든 패킷 헤더는 4바이트의 배수 길이가 되어 4로 나누어떨어진다. 따라서 바이트 길이의 마지막 2비트는 항상 0이 된다. 이 점을 이용해 헤더 길이를 32비트 워드 단위로 표시하면 2비트를 절약할 수 있다. 이처럼 대역폭을 늘 아끼려는 자세야말로 네트워크 프로그래밍의 황금률인 것 같다.

2.5.1.2 직접 라우팅과 주소 결정 프로토콜(ARP)

서로 다른 링크 계층 프로토콜로 연결된 네트워크 사이에서 IPv4로 어떻게 패킷을 전달하는지 이해하려면, 먼저 단일 링크 계층 프로토콜의 단일 네트워크에서 패킷이 전달되는 방식부터 이해해야 한다. IPv4 프로토콜은 IP 주소로 패킷의 목적지를 지정한다. 링크 계층이 패킷을 전달케 하려면 먼저 IP 주소를 링크 계층이 이해할 수 있는 주소 형태로 바꿔 프레임에 포함해 주어야 한다. 그림 2-6과 같은 네트워크에서 호스트 A가 호스트 B로 데이터를 보내는 상황을 가정해 보자.

---

[*]   각각 fragment identification, fragment flag, fragment offset

그림 2-6에 나온 예제 네트워크엔 세 대의 호스트가 있고, 각 호스트는 NIC를 하나씩 장착하여 이더넷에 연결되어 있다. 호스트 A가 호스트 B로 네트워크 계층 패킷을 보내려면, 발신지 IP 주소는 18.19.0.1이고 목적지 IP 주소는 18.19.0.2인 IPv4 패킷을 먼저 준비한다. 이론상으로는 네트워크 계층에서 패킷을 링크 계층으로 전달하면 실제 전달이 일어나야겠지만, 유감스럽게도 이더넷 모듈은 IP 주소만으로는 패킷을 전달할 수 없다. IP 주소는 링크 계층이 아닌 네트워크 계층의 개념이기 때문이다. 링크 계층은 IP 주소 18.19.0.2를 이에 대응하는 MAC 주소로 변환하는 방법을 알고 있어야 한다. 다행히도 링크 계층에 주소 결정 프로토콜(address resolution protocol, ARP)이 있어 이러한 변환을 수행한다.

> Note ☰   ARP는 기술적으로는 링크 계층 주소를 직접 사용하는 링크 계층 프로토콜로서 네트워크 계층이 제공하는 라우팅을 필요로 하지 않는다. 그렇지만 IP 주소를 포함하는 등 네트워크 계층의 추상화를 침범하는 부분이 있으므로 전적으로 링크 계층 프로토콜로만 보기보다는 두 계층 사이의 다리 역할을 한다고 이해하면 좋다.

ARP는 두 부분으로 구성되어 있다. 하나는 NIC가 어느 MAC 주소에 대응되는지 질의하는 패킷 구조이고, 또 하나는 짝을 이루는 여러 NIC와 MAC 주소 쌍을 정리해둔 표이다. 표 2-2는 ARP 테이블의 예이다.

▼ 표 2-2 IP 주소를 MAC 주소로 매핑하는 ARP 테이블

IP Address	MAC Address
18.19.0.1	01:01:01:00:00:10
18.19.0.3	01:01:01:00:00:30

IP를 구현한 모듈이 링크 계층을 거쳐 어떤 호스트에 패킷을 보내고자 할 때, 먼저 수신자의 IP 주소에 대응하는 MAC 주소를 ARP 테이블에서 찾아본다. 테이블에서 MAC 주소를 찾았다면 IP 모듈은 해당 MAC 주소를 포함한 링크 계층 프레임을 만들어 이를 링크 계층 모듈에 전달하여 발신한다. 테이블에서 찾지 못한 경우, ARP 모듈이 링크 계층 네트워크에서 도달 가능한 모든 호스트에 그림 2-7과 같은 ARP 패킷을 발신하여 올바른 MAC 주소를 찾고자 시도하게 된다.

▼ 그림 2-7 ARP 패킷 구조

바이트	0		4		
0–7	하드웨어 종류	프로토콜 종류	하드웨어 주소 길이	프로토콜 주소 길이	오퍼레이션
8–15	발신지 하드웨어 주소				발신지 프로토콜 주소…
16–23	…발신지 프로토콜 주소	목적지 하드웨어 주소			
24–31	목적지 프로토콜 주소				

하드웨어 종류(16비트): 링크 계층이 호스트된 하드웨어 종류를 정의한다. 이더넷의 경우 1이다.

프로토콜 종류(16비트): 네트워크 계층 프로토콜의 이더타입 값과 일치한다. 예를 들어 IPv4라면 0x0800과 같다.

하드웨어 주소 길이(8비트): 링크 계층 하드웨어 주소의 길이를 바이트로 나타낸다. 대부분 경우 MAC 주소는 6바이트이다.

프로토콜 주소 길이(8비트): 네트워크 계층 논리 주소의 바이트 길이다. IPv4의 IP 주소 길이는 4바이트이다.

오퍼레이션(16비트): 1 또는 2의 값으로, 이 패킷이 정보 요청인지(1) 아니면 응답인지(2)를 지정한다.

발신지 하드웨어 주소(가변 길이), 발신지 프로토콜 주소(가변 길이): 각각 패킷 발신지의 하드웨어 주소 및 네트워크 계층 주소를 나타낸다. 이들 주소의 길이는 패킷 앞부분에 명시된 길이 필드와 일치해야 한다.

목적지 하드웨어 주소(가변 길이), 목적지 프로토콜 주소(가변 길이): 각각 패킷 목적지의 하드웨어 주소 및 네트워크 계층 주소를 나타낸다. 주소 질의를 요청하는 경우, 목적지 하드웨어 주소는 알 수 없는 상태이므로 패킷을 받는 측에선 이 내용을 무시한다.

앞서 예제를 계속해 보면, 호스트 A가 아직 호스트 B의 MAC 주소를 모르는 경우 ARP 요청 패킷을 만드는데, 오퍼레이션 필드는 1로, 발신지 프로토콜 주소 필드는 18.19.0.1로, 발신지 하드웨어 필드는 01:01:01:00:00:10, 목적지 프로토콜 주소 필드는 18.19.0.2로 각각 설정한다. 다음 이 패킷을 이더넷 프레임에 감싸 이더넷 브로드캐스트 주소 FF:FF:FF:FF:FF:FF로 발신한다. 브로드캐스트 주소를 사용하면 네트워크상 모든 호스트가 이 프레임을 받아 살펴보게 된다.

호스트 C는 패킷을 받아도 응답을 하지 않는다. 왜냐하면, IP 주소가 패킷상 목적지 프로토콜의 주소와 다르기 때문이다. 하지만 호스트 B는 IP가 일치하므로 자신의 ARP 패킷을 하나 만들어 응답하는데, 이때 자기 주소를 발신지로, 그리고 호스트 A의 주소를 목적지로 한다. 호스트 A가 패킷을 받으면 새로 받은 주소로 ARP 테이블의 호스트 B에 대한 MAC 주소를 갱신하고, 이를 기다리던 IP 패킷을 이더넷 프레임에 포함하여 호스트 B의 MAC 주소로 보낸다.

> **Note ≡** 호스트 A가 ARP 요청을 네트워크상 모든 호스트에 처음 브로드캐스트할 때, 호스트 A 자신의 MAC 주소와 IP 주소를 포함해서 보낸다. 이렇게 하면 네트워크에 연결된 다른 호스트들이 호스트 A의 정보로 미리 ARP 테이블을 갱신해 둘 수 있다. 아직은 호스트 A의 정보가 필요 없다고 해도, 미리 갱신해 두면 나중에 통신할 필요가 생겼을 때 ARP 요청부터 보내지 않아도 되므로 요긴하다.
>
> 한편으론 이 시스템으로 인해 흥미로운 보안상 약점 또한 노출되는 것을 간파할 수 있을 것이다. 악성 호스트가 모든 IP를 자기 것인 양 조작한 ARP 패킷을 뿌릴 수 있다. ARP 정보가 검증된 것인지 확인할 방도가 없다면, 스위치 장비가 의도치 않게 모든 패킷을 악성 호스트에 전달해 바치는 결과가 나타날 수 있다. 이렇게 되면 패킷을 훔쳐보는 데 그치지 않고, 응당 전달되어야 할 패킷이 전달되지 못하여 네트워크 전체의 트래픽 혼란에 빠지게 된다.

2.5.1.3 서브넷과 간접 라우팅

알파 주식회사와 브라보 주식회사라는 큰 회사가 둘 있다고 가정하자. 각 회사는 대규모 내부망을 구축하고 있는데, 이를 네트워크 알파, 네트워크 브라보라고 하자. 네트워크 알파에 100대의 호스트가 있어 이를 A1~A100, 네트워크 브라보 역시 100대의 호스트 B1~B100이 연결되어 있다. 양사는 서로의 네트워크를 연결하여 메시지를 주고받길 원하는데, 그렇다고 단순히 이더넷 케이블을 링크 계층 네트워크에 연결해 버리는 것 만으론 여러 문제가 발생한다. 이더넷 패킷이 네트워크상 모든 호스트를 거쳐야 한다는 점을 상기하자. 네트워크 알파와 브라보를 링크 계층 수준에서 연결하면 이제껏 100대의 호스트에 전달되던 이더넷 패킷이 이제 200대의 호스트로 전달되어, 전체 네트워크 트래픽이 두 배로 증가하게 된다. 보안상 문제도 있는데, 네트워크 알파의 패킷을 네트워크 브라보의 특정 호스트에만 전달하고 싶어도 패킷이 브라보의 다른 호스트를 두루 거치게 되고 만다.

알파사와 브라보사가 네트워크를 효율적으로 연결하려면, 링크 계층 수준에선 직접 연결되지 않은 호스트 사이에서도 서로 패킷을 주고받을 수 있게 네트워크 계층에서 라우팅할 필요가 있다. 애초에 인터넷은 미국 전역에 흩어진 여러 작은 네트워크를 소수의 장거리 회선으로 묶는 연합체 개념으로 출발했다. 인터넷의 '인터(inter)' 접두사는 이처럼 네트워크와 네트워크 '사이'의 통신이라는 의미에서 따 온 것이다. 네트워크 사이의 이 같은 상호작용을 실현하는 것이 네트워크 계층의 역할이다. 그림 2-8에 네트워크 알파와 브라보 사이의 네트워크 계층 연결을 묘사했다.

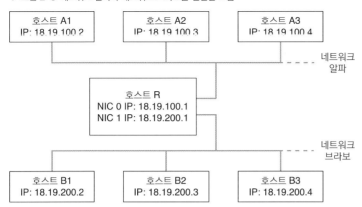
▼ 그림 2-8 네트워크 알파와 네트워크 브라보를 연결한 모습

호스트 R은 라우터라 불리는 특수 형태의 호스트이다. 라우터 한 대에 NIC가 여러 개 장착되며, 각 NIC마다 고유 IP 주소가 배정되어 있다. 이 경우 네트워크 알파용으로 하나가 연결되어 있고, 다른 하나는 네트워크 브라보에 연결되어 있다. 네트워크 알파의 모든 IP 주소의 공통 접두사는 18.19.100이고, 브라보의 공통 접두사는 18.19.200으로 되어있음을 잘 살펴보자. 서브넷과 서브넷 마스크의 개념을 이해하고 나면, 왜 이렇게 해 두었는지 그 이유를 알 수 있다.

서브넷 마스크(subnet mask)는 32비트 숫자로서, IP 주소와 동일하게 숫자 네 개를 마침표로 구분하여 쓴다. 어느 두 호스트의 IP 주소를 각각 서브넷 마스크와 비트 AND 연산하여 그 결과가 같으면, 두 호스트는 같은 서브넷에 있다고 친다. 예를 들어 서브넷 마스크가 255.255.255.0인 서브넷이 있을 때, 18.19.100.1과 18.19.100.2는 해당 서브넷에서 유효한 IP 주소이다(표 2-3 참고). 반면 18.19.200.1은 같은 서브넷에 있지 않은데, 서브넷 마스크과 비트 AND한 값이 다르기 때문이다.

▼ 표 2-3 IP 주소와 서브넷 마스크의 예

호스트	IP 주소	서브넷 마스크	IP 주소와 서브넷 마스크를 비트 AND한 값
A1	18.19.100.1	255.255.255.0	18.19.100.0
A2	18.19.100.2	255.255.255.0	18.19.100.0
B1	18.19.200.1	255.255.255.0	18.19.200.0

이진수 형태로 보면, 서브넷 마스크는 먼저 1만 연달아 나온 뒤 0이 주욱 이어지는 꼴이다. 이렇게 이진수로 바꿔 보면 맨눈으로도 쉽게 형태를 알아볼 수 있고 AND 연산을 암산으로 해 볼 수도 있다. 표 2-4에 대표적 서브넷 마스크와 해당 서브넷에 가능한 고유 호스트 개수를 나열했다. 서브넷마다 두 개의 주소는 예약되어 있어 호스트에 할당할 수 없음에 유의하자. 하나는 네트워크

주소로, 서브넷 내 유효 IP 주소를 마스크와 비트 AND 연산한 값이다.[*] 또 하나는 브로드캐스트 주소로, 서브넷 마스크의 보수를 네트워크 주소와 비트 OR 연산한 값이다. 즉, 네트워크 주소상 서브넷 마스크 영역 외의 비트를 모두 1로 한 값이다.[**] 서브넷 내에서 브로드캐스트 주소로 지정된 패킷은 해당 서브넷의 모든 호스트에 전달되어야 한다.

▼ 표 2-4 서브넷 마스크의 몇 가지 예

서브넷 마스크	서브넷 마스크 이진수 형태	상위 비트 수	가능한 호스트 개수
255.255.255.248	11111111 11111111 11111111 11111000	29	6
255.255.255.192	11111111 11111111 11111111 11000000	26	62
255.255.255.0	11111111 11111111 11111111 00000000	24	254
255.255.0.0	11111111 11111111 00000000 00000000	16	65534
255.0.0.0	11111111 00000000 00000000 00000000	8	16777214

서브넷이란 말의 정의 자체가 '서브넷 마스크로 비트 AND 연산 시, 같은 값이 나오는 IP 주소로 할당된 호스트의 그룹'이므로, 서브넷 마스크와 네트워크 주소만 있으면 특정 서브넷을 지칭할 수 있다. 예를 들어 네트워크 알파의 서브넷은 네트워크 주소 18.19.100.0과 마스크 255.255.255.0 으로 정의된다.

이를 간단히 줄여 쓰는 법이 있는데 CIDR(classless inter-domain routing) 표기법이라 한다. 서브넷 마스크를 이진수로 쓰면 1이 n개 나온 뒤 0이 (32 − n)개 붙는 형식이다. 따라서 서브넷을 표기할 때 먼저 네트워크 주소를 쓰고 슬래시(/)로 구분한 뒤 서브넷 마스크의 1인 비트 개수를 적는 식으로 쓸 수 있다. 예를 들어 그림 2-8의 네트워크 알파 서브넷을 CIDR 표기법으로 쓰면 18.19.100.0/24 가 된다.

> **Note ≡** CIDR의 'classless', 즉 클래스가 없다는 용어에서 '클래스'란, 도메인 간 라우팅과 주소 블록 할당에 사용하던 특정 서브넷 마스크의 네트워크 클래스에서 비롯되었다. 클래스 A 네트워크의 서브넷 마스크는 255.0.0.0, 클래스 B 네트워크는 255.255.0.0, 클래스 C 네트워크는 255.255.255.0이다. CIDR의 변천 내역에 대해선 **2.11 더 읽을거리**(91쪽) 절에서 RFC 1518을 살펴보자.

IPv4 명세서는 서로 다른 네트워크의 호스트 사이에서 패킷을 주고받는 수단으로 서브넷을 정의하고 있다. 각 호스트의 IP 모듈은 라우팅 테이블을 보유하여 서브넷 간 패킷 전달에 이용한다. 보다

---

[*] 역주 C++ 코드로 표현하면: networkAddress = ipAddress & subnetMask;

[**] 역주 C++ 코드로 표현하면: broadcastAddress = networkAddress | (~subnetMask);

구체적으로, 원격 호스트에 IP 패킷을 보내도록 어떤 호스트의 IPv4 모듈에 요청하면 먼저 IP 모듈은 ARP 테이블을 써서 직접 라우팅할지, 아니면 간접 라우팅할지부터 결정해야 한다. 이를 위해 라우팅 테이블을 참조하는데, 라우팅 테이블엔 도달 가능한 목적지 서브넷마다 패킷을 어떻게 전달할지에 대한 정보가 한 줄씩 기록되어 있다. 그림 2-8의 네트워크의 호스트 A1, B1, R에 대한 라우팅 테이블은 대략 표 2-5, 2-6, 2-7과 같은 모습이다.

▼ 표 2-5 호스트 A1의 라우팅 테이블

행 번호	목적지 서브넷	게이트웨이	NIC
1	18.19.100.0/24		NIC 0(18.19.100.2)
2	18.19.200.0/24	18.19.100.1	NIC 0(18.19.100.2)

▼ 표 2-6 호스트 B1의 라우팅 테이블

행 번호	목적지 서브넷	게이트웨이	NIC
1	18.19.200.0/24		NIC 0(18.19.200.2)
2	18.19.100.0/24	18.19.200.1	NIC 0(18.19.200.2)

▼ 표 2-7 호스트 R의 라우팅 테이블

행 번호	목적지 서브넷	게이트웨이	NIC
1	18.19.100.0/24		NIC 0(18.19.100.1)
2	18.19.200.0/24		NIC 1(18.19.200.1)

목적지 서브넷 열은 대상 IP 주소가 포함된 서브넷을 가리킨다. 게이트웨이 열은 다른 서브넷의 링크 계층으로 패킷을 전달하기 위해 거쳐야 할 현재 서브넷상 다음 호스트의 IP 주소를 가리킨다. 게이트웨이 호스트는 직접 라우팅으로 도달 가능해야 한다. 게이트웨이 란이 비어 있으면, 목적지 서브넷 전체가 직접 라우팅으로 도달 가능하다는 뜻으로, 링크 계층으로 직접 패킷을 보낼 수 있다. 마지막의 NIC 열은 패킷을 전달하는 데 사용할 NIC가 어느 것인지 가리킨다. 이런 메커니즘으로 링크 계층 네트워크 한쪽에서 다른 쪽으로 패킷을 전달할 수 있다.

18.19.100.2에 위치한 호스트 A1이 패킷을 18.19.200.2의 호스트 B1에 전달할 때 다음 과정을 거친다.

1. 호스트 A1이 발신자 주소 18.19.100.2, 수신자 주소 18.19.200.2로 IP 패킷을 만든다.

2. 호스트 A1의 IP 모듈은 라우팅 테이블을 한 줄씩 위에서 아래로 훑어가다. IP 주소 18.19.200.2를 포함하는 목적지 서브넷 항목 중 첫 번째 것을 찾는다. 이번 경우엔 제2행이

될 것이다. 같은 주소가 동시에 여러 항목에 대응될 수 있으므로, 테이블상 항목의 순서가 중요하다는 것을 알아두자.

3. 제2행에 등록된 게이트웨이 주소는 18.19.100.1이다. 따라서 호스트 A1은 ARP와 이더넷 모듈을 이용해 패킷을 이더넷 프레임으로 꾸려, IP 주소 18.19.100.1에 해당하는 MAC 주소를 가진 호스트로 발신한다. 이 패킷은 곧 호스트 R에 도착한다.

4. 호스트 R의 NIC 0번, 곧 IP 주소가 18.19.100.1인 이더넷 모듈은, 프레임을 받아 그 페이로드가 IP 패킷임을 감지하고 IP 모듈에 올려보낸다.

5. 호스트 R의 IP 모듈은 패킷 주소가 18.19.200.2인 것을 확인하고 해당 IP로 패킷 전달을 시도한다.

6. 호스트 R의 IP 모듈은 18.19.200.2를 포함하는 서브넷 항목을 라우팅 테이블에서 찾는다. 이번 경우에 제2행이 해당된다.

7. 제2행엔 게이트웨이가 없으므로, 이 서브넷은 직접 도달 가능하다. 그런데 이번엔 NIC 칼럼이 IP 주소 18.19.200.1인 NIC 1을 가리키고 있다. 이 NIC는 네트워크 브라보에 연결되어 있다.

8. 호스트 R의 IP 모듈은 NIC 1에서 구동 중인 이더넷 모듈에 패킷을 넘겨준다. IP 모듈은 ARP와 이더넷 모듈을 이용해 패킷을 이더넷 프레임으로 꾸려 IP 주소 18.19.200.2에 해당하는 MAC 주소를 가진 호스트로 발신한다.

9. 호스트 B1의 이더넷 모듈이 프레임을 받아, 그 페이로드가 IP 패킷임을 감지하고 IP 모듈에 올려보낸다.

10. 호스트 B1의 IP 모듈은 수신자 IP 주소가 자기 것임을 확인한다. 이제 상위 계층에서 계속 처리할 수 있게 페이로드의 내용을 윗단 계층으로 올려보낸다.

위의 예제를 통해, 올바르게 설정된 네트워크 사이에서 간접 라우팅으로 통신하는 과정을 살펴보았다. 만일 이들 네트워크에서 인터넷으로 패킷을 보내려면 어떻게 해야 할까. 이 경우엔 먼저 인터넷 서비스 공급자(internet service provider, ISP)로부터 공인 IP와 게이트웨이를 제공받아야 한다.

우리 예제를 확장하여, ISP로부터 공인 IP 주소 18.181.0.29, 게이트웨이 18.181.0.1을 제공받았다 치자. 네트워크 관리자는 호스트 R에 NIC를 추가로 설치하고 그 IP를 제공받은 공인 IP로 설정해야 한다. 그다음 호스트 R을 포함해 네트워크에 연결된 모든 호스트의 라우팅 테이블을 갱신해 주어야 한다. 그림 2-9에 새로운 네트워크 연결도를 그려보았다. 아울러 표 2-8, 2-9, 2-10에 라우팅 테이블을 갱신해 두었다.

Note ≡ ISP가 무슨 특수 기관이거나 한 것은 아니다. 그냥 IP 주소 블록을 큼직큼직하게 할당받은 대형 조직이다. 이렇게 할당받은 IP 주소를 서브넷으로 나누어, 각 서브넷을 다른 조직이 쓸 수 있게 대여해 주는 게 그 주된 역할이라는 정도는 눈여겨볼 만하다.

▼ 그림 2-9 인터넷에 연결된 네트워크 알파와 브라보

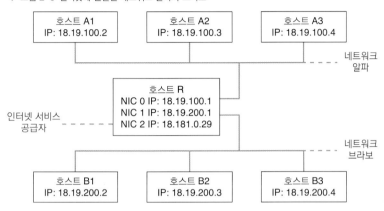

▼ 표 2-8 인터넷 접근이 가능한 호스트 A1의 라우팅 테이블

행 번호	목적지 서브넷	게이트웨이	NIC
1	18.19.100.0/24		NIC 0(18.19.100.2)
2	18.19.200.0/24	18.19.100.1	NIC 0(18.19.100.2)
3	0.0.0.0/0	18.19.100.1	NIC 0(18.19.100.2)

▼ 표 2-9 인터넷 접근이 가능한 호스트 B1의 라우팅 테이블

행 번호	목적지 서브넷	게이트웨이	NIC
1	18.19.200.0/24		NIC 0(18.19.200.2)
2	18.19.100.0/24	18.19.200.1	NIC 0(18.19.200.2)
3	0.0.0.0/0	18.19.200.1	NIC 0(18.19.200.2)

▼ 표 2-10 인터넷 접근이 가능한 호스트 R의 라우팅 테이블

행 번호	목적지 서브넷	게이트웨이	NIC
1	18.19.100.0/24		NIC 0(18.19.100.1)
2	18.19.200.0/24		NIC 1(18.19.200.1)
3	18.181.0.0/24	18.181.0.1	NIC 2(18.181.0.29)
4	0.0.0.0/0	18.181.0.1	NIC 2(18.181.0.29)

목적지 서브넷 주소 0.0.0.0/0은 기본 주소(default address)라 하는데, 모든 IP가 이 서브넷에 포함되기 때문이다. 호스트 R이 패킷을 받았는데 그 대상 주소가 1열부터 3열까지 어느 것에도 해당하지 않는 경우라도, 마지막의 기본 주소에는 항상 대응된다. 그러면 그 패킷은 새로 장착한 NIC를 거쳐 ISP의 게이트웨이로 전달되며, 거기서 다른 여러 게이트웨이를 잇는 경로를 거쳐, 패킷이 원래 의도한 목적지에 언젠가 도착할 수 있을 것이다. 마찬가지로 호스트 A1과 B1에도 인터넷 패킷을 호스트 R로 전달하게끔 기본 주소를 새 항목으로 추가해 두었는데, 이렇게 하면 이들 호스트가 보내는 인터넷용 패킷을 호스트 R을 거쳐 ISP로 라우팅할 수 있다.

게이트웨이가 패킷을 받아 전달할 때마다, IPv4 헤더의 TTL 필드 값이 하나씩 차감된다. TTL 값이 0이 되면, 패킷이 어디에 체류 중이었건 상관없이 마지막으로 차감했던 호스트의 IP 모듈이 패킷을 폐기한다. 혹시 반복 순환되도록 라우팅된 경로가 있을지 모르니, 이렇게 해야 패킷이 인터넷을 영원히 떠돌아다니는 걸 방지할 수 있다. TTL 값을 변경하면 헤더 체크섬도 다시 계산해야 하는데, 이 때문에 호스트가 패킷을 처리하고 전달하는 데 약간의 지체가 발생한다.

패킷이 누락되는 데에는 TTL이 0이 되는 것 말고 다른 이유도 있다. 예를 들어 많은 양의 패킷이 라우터의 NIC에 소화할 수 없을 정도로 쏟아져 들어오면 NIC가 패킷을 그냥 무시해 버릴 수도 있다. 또는 NIC가 여러 개 장착된 라우터에 패킷이 들어오는데, NIC 중 하나가 이들 패킷 전부를 외부로 전달하여야 하는 경우, 그 NIC가 처리를 감당할 수 있을 정도로 빠르지 않다면 패킷 중 일부가 누락될 수 있다. 이처럼 IP 패킷이 발신지로부터 목적지까지 이동하는 와중에 누락될 수 있는데, 이외에도 누락의 이유엔 여러 가지가 있을 수 있다. 그런 고로 IPv4를 포함, 네트워크 계층의 모든 프로토콜은 비신뢰성 프로토콜로 취급한다. 이는 IPv4 패킷이 발신되었다 하여 목적한 바 수신자에게 반드시 전달된다는 보장이 없다는 뜻이다. 패킷이 도착한다 해도, 원래 보낸 순서대로 도착한다는 보장도 없고, 단 한 번만 전달된다는 보장도 없다. 네트워크가 혼잡하다 보면 라우터가 패킷 하나는 이쪽 경로로 라우팅하고, 같은 목적지의 다른 패킷은 다른 쪽 경로로 라우팅할 수 있다. 경로는 저마다 길이가 다를 것이고 그러다 보니 나중에 보낸 패킷이 먼저 도착할 수도 있다. 어떤 경우엔 똑같은 패킷이 여러 경로로 동시에 전달될 수도 있는데, 그중 하나가 먼저 도착하고 나머지가 나중에 또(!) 도착하는 경우도 생긴다. 즉, 비신뢰성 프로토콜은 전달 여부 및 전달 순서를 보장해주지 않는다.

중요 IP 주소

꼭 알아두어야 할 두 개의 특수 IP 주소가 있다. 첫 번째는 127.0.0.1인데, 루프백(loopback) 또는 **로컬호스트** 주소(localhost address)라 한다. 패킷을 127.0.0.1로 보내려 하면 IP 모듈은 외부로 패킷을 내보내지 않는다. 대신 IP 모듈은 이 패킷을 고스란히 다시 받은 것처럼 만들어 윗단 계층이 처리하게 올려보낸다. 기술적으로 127.0.0.0/8 주소 블록 전체가 루프백이긴 하지만 일부 운영체제는 방화벽 기본 설정으로 정확히 127.0.0.1을 정확히 주소로 사용해야만 패킷을 루프백하게 되어 있다.

두 번째는 255.255.255.255로, 제로 네트워크 브로드캐스트 주소(zero network broadcast address)라 한다. 패킷을 현재 로컬 링크 계층 네트워크의 모든 호스트로 브로드캐스트하지만, 라우터를 거쳐 외부로 나가지는 못하게 한다는 의미이다. 구현은 대개 링크 계층 프레임으로 감쌀 때 브로드캐스트 MAC 주소 FF:FF:FF:FF:FF:FF로 대체하는 식으로 되어 있다.

2.5.1.4 패킷 분열

앞서 다루었듯이 MTU 혹은 최대 페이로드 크기는 이더넷 프레임에서 1,500바이트이다. 또한, IPv4 패킷의 최대 크기는 위에서 본 대로 65,535바이트이다. 여기서 드는 궁금증은, IP 패킷을 하단 링크 계층 프레임으로 감싸서 보내야 한다면 어떻게 링크 계층의 MTU 보다도 큰 패킷을 처리할 수 있을까 하는 것이다. 이에 대한 해답은 바로 패킷을 분열하는 것(fragmentation)이다. IP 모듈이 목표 링크 계층의 MTU 보다 큰 패킷을 송신해야 할 때, IP 모듈은 패킷을 MTU 크기의 여러 조각으로 패킷을 분열한다.

분열된 IP 패킷은 보통의 IP 패킷과 외견상 차이가 없지만, 헤더의 몇몇 필드에 특정 값이 지정된다. 분열에 사용되는 헤더 필드로는 분열 식별자, 분열 플래그, 분열 오프셋 필드가 있다. IP 모듈이 IP 패킷을 여러 조각으로 쪼갤 때, 쪼갠 조각마다 패킷을 만들고 필드 값을 적절히 채워 넣는다.

분열 식별자 필드(16비트): 분열된 조각이 원래 어느 패킷에 있었는지 나타내는 숫자이다. 즉, 한 패킷에서 쪼개져 나온 모든 조각은 이 필드의 값이 같다.

분열 오프셋 필드(13비트): 오프셋을 8바이트 블록 단위로 나타내며, 원래 패킷의 시작 지점부터 따졌을 때 이 조각의 위치를 가리킨다. 각 조각의 숫자는 서로 모두 달라야 한다. 바로 다음에 설명할 분열 플래그의 3비트를 제하고 13비트로 오프셋을 표현해야 하는데, 최대 65,535바이트*까지 오프셋을 가리킬 수 있어야 하므로, 다소 계산하기 복잡하지만 8바이트 블록 단위로 표기한다. 따라서 여기에 적힌 값은 항상 8로 곱해서 사용해야 하며, 결과적으로 8의 배수가 아닌 값은 오프셋으로 지정할 수 없다.

---

* **역주** 실제로는 0~8191이 되므로 오프셋의 최댓값은 8191×8 = 65528이다.

분열 플래그 필드(3비트): 마지막 조각을 제외한 모든 조각에 0x04로 지정한다. 이 숫자를 MF 플래그 (more fragments flag)라 하는데, 아직 남은 조각이 더 있다는 뜻이다. 이 플래그가 켜진 패킷을 받은 호스트는 남아있는 다른 조각을 모두 받을 때까지 처리를 미뤄두었다가 다 받은 후에서야 패킷을 다시 조립해 윗단 계층으로 넘겨야 한다. 맨 마지막 조각에는 이 플래그가 필요치 않다. 왜냐하면, 분열 오프셋 필드 값이 0이 아니기 때문이다. 오프셋이 0이 아니므로 굳이 플래그를 쓰지 않아도 분열된 패킷의 일부라는 것을 알 수 있다. 오히려 마지막 조각의 플래그는 항상 꺼져 있어야 하는데, 그래야 원래 패킷에 더 이상 남은 조각이 없다는 걸 수신 측에 알려줄 수 있다.

> **Note ≡** 분열 플래그 필드에는 다른 용도도 있다. IP 패킷의 원 발신자가 이 값을 0x02로 정하면 DF(don't fragment), 즉 분열 금지 플래그가 된다. 분열 금지는 어떤 상황에서건 패킷을 분열해선 안 된다는 뜻이다. 패킷 크기보다 MTU 크기가 작은 링크로 패킷을 전달하려 하면 IP 모듈은 DF 플래그가 설정된 패킷의 경우 분열하는 대신 그냥 걸러버린다.[*]

표 2-11에 커다란 IP 패킷을 이더넷 링크로 전달하기 위해 세 개의 패킷으로 분열했을 때, 헤더가 어떤 모양이 되는지 예를 들었다.

▼ 표 2-11 IPv4 패킷의 분열 예제

필드	원래 패킷의 값	첫 번째 조각의 값	두 번째 조각의 값	세 번째 조각의 값
버전	4	4	4	4
헤더 길이	20	20	20	20
길이 총합	3020	1500	1500	60
분열 식별자	0	12	12	12
분열 플래그	0	0x04	0x04	0
분열 오프셋	0	0	185	370
TTL	64	64	64	64
프로토콜	17	17	17	17
발신지 주소	18.181.0.29	18.181.0.29	18.181.0.29	18.181.0.29
목적지 주소	181.10.19.2	181.10.19.2	181.10.19.2	181.10.19.2
페이로드	3,000바이트	1,480바이트	1,480바이트	40바이트

---

[*] **역주** RFC 791 명세에 따르면 분열 플래그는 세 개의 비트로 나누어져 하위부터 0번 비트: (항상 0), 1번: DF, 2번: MF 식으로 되어 있다. 이 경우 DF와 MF가 동시에 설정된 0x06 등의 값도 가능하긴 하다.

분열 식별자 필드 값은 모두 12로, 세 조각이 모두 같은 패킷에서 비롯되었음을 나타낸다. 12라는 숫자 자체는 임의로 정한 것이지만, 아마도 이 호스트가 쪼갠 패킷 중 12번째라는 뜻일 가능성이 크다. 첫 번째 조각에 MF 플래그가 설정되어 있고 분열 오프셋은 0으로, 원래 패킷 첫 부분의 데이터임을 나타낸다. 이때 패킷의 길이 필드 값이 1500이라는데 주목하자. 대개 IP 모듈은 조각 수를 줄이기 위해 조각을 나눌 때 가능한 한 크게 나눈다. IP 헤더가 20바이트이므로 조각 데이터에 총 1,480바이트를 담을 수 있다. 이는 곧 다음 조각 데이터의 오프셋이 1480에서 시작해야 한다는 뜻도 내포한다. 그런데 분열 오프셋 필드는 8바이트 블록 단위로 기재해야 하므로, 1480 나누기 8은 185, 즉 실제 기록되는 값은 185가 된다.* 두 번째 조각에도 MF 플래그가 설정되어 있다. 마지막 세 번째 조각은 오프셋 370에 MF 플래그가 꺼져 있어, 이것이 마지막 조각임을 나타낸다. 세 번째 조각의 길이 필드 값 60은 어떻게 나온 값인지 계산해 보자. 원래 패킷에서 헤더를 제외한 데이터 길이가 3,000바이트인데 이를 쪼개면 첫 번째 조각이 1,480바이트, 두 번째가 또 1,480바이트, 세 번째 조각에 남은 데이터가 40바이트이고, 이 40바이트에 헤더 20바이트를 붙이면 60바이트가 된다.

이들 패킷 조각을 보내고 나서도, 그중 일부 또는 전부가 더 쪼개질 수 있겠거니 짐작될 것이다. 목적지 호스트로 가는 경로에 MTU가 더 작은 링크를 거쳐야 한다면 그럴 수 있다.

수신자가 패킷을 받아 올바르게 처리하려면, 패킷 조각 하나하나가 최종 호스트까지 전달되어 원래의 쪼개지기 전 패킷으로 재조립되어야 한다. 네트워크 혼잡이나 라우팅 테이블 변동 또는 기타 이유로, 패킷 조각이 순서대로 도착하지 않고, 그 호스트나 여타 호스트가 보낸 완전히 다른 내용의 패킷과 뒤섞여 올 가능성도 있다. 패킷 조각 중 어떤 것이든 처음 도착할 때, 수신자의 IP 모듈이 그 분열 필드를 살펴보면 이것이 완전한 패킷이 아니라 조각임을 확인할 수 있다. 패킷 조각은 MF 플래그가 설정되어 있거나 분열 오프셋 필드 값이 0이 아닐 터이다. 이렇게 패킷 조각을 받으면, 수신자 IP 모듈은 64kB(IP 패킷의 최대 크기) 버퍼를 만들고 조각의 데이터를 버퍼상 정확한 오프셋 위치에 복사해 넣는다. 버퍼에는 발신자의 IP 주소와 분열 식별자 번호를 붙여두어, 이후 추가로 패킷 조각을 받으면 조각의 발신자와 식별자를 토대로 해당하는 버퍼를 끄집어내어 새로 받은 데이터를 복사해 나간다. MF 플래그가 꺼져 있는 조각을 받으면 원래 패킷의 길이를 계산할 수 있는데, 조각의 길이에 조각의 오프셋을 더하면 된다. 패킷 하나를 온전히 조립해내도록 모든 데이터 조각을 받으면, IP 모듈은 조립된 패킷을 윗단 계층에 넘겨 계속 처리하게 한다.

---

* **역주** 1500−20=1480은 우연히도(?) 8의 배수인지라, 정확히 나누어 떨어진다.

Tip★ IP 패킷 분열을 이용하면 거대한 패킷을 보내는 것이 가능하긴 하지만 두 가지 비효율적인 면이 있다. 첫째, 네트워크로 실제 보내는 데이터양이 증가한다. 표 2-11의 3,020바이트짜리 패킷은 두 개의 1,500바이트 패킷과 60바이트 패킷으로 쪼개지는데, 이를 합치면 3,060바이트가 된다. 이 정도가 당장 엄청난 양은 아니지만, 쌓이면 꽤 부담이 될 수 있다. 둘째, 조각 중 하나라도 잃어버리면 다른 조각 전체를 몽땅 버려야 한다. 조각 수가 많은 커다란 패킷일수록 잃어버릴 확률이 높다. 이런 이유로, 대개의 경우 아예 분열 기능 자체를 쓰지 않는 것이 좋다. 대신 IP 패킷의 크기를 링크 계층 MTU보다 작게 잡는 편이 낫다. 하지만 그게 쉬운 일은 아니다. 호스트 사이에 다양한 종류의 링크 계층 프로토콜이 놓여 있기 때문이다. 패킷이 뉴욕에서 일본으로 간다고 상상해 보자. 패킷이 거쳐 가는 링크 계층 중 적어도 하나는 이더넷일 테니, 게임 설계 시 전체 패킷 경로의 최소 MTU를 1,500바이트로 잡아야 한다. 이 1,500바이트를 전부 IP 페이로드에 쓸 수 있는 것도 아니고 20바이트는 IP 헤더에, 또 몇 바이트는 VPN이나 IPSec 등 여타 프로토콜이 필요로하는 데이터와 나눠 써야 한다. 그러므로 IP 페이로드는 1,300바이트 내외로 잡아야 안전하다.

기왕 그렇다면 패킷 크기 한도를 아예 작게 잡아서, 한 100바이트 정도로 잡아버리면 어떨까. 1,500바이트 정도가 쪼개지지 않고 통과한다면, 100바이트라면 훨씬 더 안전하지 않겠냐는 것이다. 확실히 그렇긴 하지만 패킷마다 20바이트 헤더가 필요하다는 점을 떠올려보자. 최대 100바이트 길이로 패킷을 보내는 게임은 대역폭의 20%를 오로지 IP 헤더에만 낭비하는 셈으로 매우 비효율적이다. 반면 1,500바이트 중 20바이트는 대역폭의 1.3%로, 앞서 20%보다는 훨씬 효율이 좋다. 이 같은 이유로 최소 MTU를 1500 정도로 잡는 것이 합리적이라 하겠는데, 일단 이렇게 정했다면 헤더를 절약하기 위해 패킷 크기를 1500에 가능한 한 가깝게 맞추어야 할 것이다.

2.5.2 IPv6

IPv4는 32비트 주소 체계로 약 42억 개의 고유 IP 주소를 배당할 수 있다. 사설망과 네트워크 주소 변환 덕에(이 장 뒷부분에 다룸) 그보다 조금 더 많은 수의 호스트를 인터넷에 연결할 수 있다. 그럼에도 불구하고 IP 주소를 배당하는 방식의 비효율성 그리고 PC, 모바일 기기, 사물 인터넷 등 무수히 많은 수요로 인해 32비트 고유 IP 주소는 이미 고갈된 지 오래다. 이처럼 IPv4 보급 이래로 오랜 시간 동안 드러난 주소 고갈 문제 및 비효율성 해소*를 위해 IPv6가 고안되었다.

그렇다 해도 앞으로 몇 년간은 게임 개발에 있어 IPv6의 중요성이 그다지 부각되지 않을 것이다. 2014년 7월 기준 구글 리포트에 따르면, 대략 4%의 사용자만이 IPv6로 사이트에 접속하고 있다고 한다. 이 수치는 아직 일반 사용자 중 IPv6로 인터넷에 접속하는 비율이 저조함을 잘 보여준다. IPv4에 여러 가지 괴상하고 유별난 문제가 쌓여 있어 이를 해소하려 IPv6를 고안해 냈다지만, 아직은 IPv4의 문제를 제대로 다룰 수 있게 게임을 만들어야 한다. 그래도 Xbox One 같은 차세대 플랫폼이 많이 보급되면 언젠가 IPv6로 대체할 날이 올테니** IPv6가 어떤 것인지 한 번 다루어보는 정도는 괜찮겠다.

IPv6의 가장 두드러지는 특징은 바로 IP 주소의 길이가 128비트라는 점이다. IPv6 주소는 여덟

---

* 역주 게이머로서 직접 체감할 수 있는 IPv6의 가장 큰 이점은 뒤에 다룰 골치 아픈 NAT 관련 문제에서 해방된다는 것이다.

** 역주 또 다른 차세대 플랫폼인 PS4는 이 책의 번역 시점에서도 IPv6를 공식 지원하고 있지 않아 요원할 듯하다.

묶음의 네 글자 16진수로 표현하며, 묶음마다 콜론으로 구분한다. 표 2-12에 대표적으로 쓰이는 IPv6 주소의 세 가지 형태를 예시했다.

▼ 표 2-12 IPv6 주소 형식 예제

형식	주소
줄여 쓰지 않음	2001:4a60:0000:08f1:0000:0000:0000:1013
각 묶음(hextet)의 앞자리 0을 생략	2001:4a60:0:8f1:0:0:0:1013
연달아 나오는 0 묶음을 생략	2001:4a60:0:8f1::1013

IPv6를 적을 때, 각 16진수 묶음(hextet)의 앞자리 0은 생략해도 된다. 그리고 0만 있는 묶음은 통째로 생략해 콜론 두 개로 쓰면 된다.* 주소가 항상 16바이트이므로, 빠진 숫자에 0을 채워 넣으면 간단히 원래 모양으로 돌려놓을 수 있다.

첫 64비트는 보통 네트워크를 나타내며 네트워크 접두사(network prefix)라 칭한다. 나머지 64비트는 개별 호스트를 나타내어 인터페이스 식별자(interface identifier)라 한다. 서버로 쓰려는 등 IP 주소를 같은 값으로 계속 유지해야 할 때는 네트워크 운영자가 인터페이스 식별자를 수동으로 지정해 주면 된다. 이는 IPv4에서 수동으로 지정하던 것과 유사하다. 그럴 필요가 없는 호스트라면 식별자를 그때그때 랜덤 생성해서 네트워크에 공시해도 된다. 64비트 공간에선 주소 충돌이 날 확률이 낮기 때문이다. 가장 보편적으론 인터페이스 식별자를 NIC의 EUI-64와 같은 값으로 두는데, EUI-64가 이미 고유한 값으로 보장되기 때문이다.

기존 ARP에서 하던 역할은 IPv6의 NDP(neighbor discovery protocol, 인접 노드 발견 프로토콜)가 대체하는데, NDP는 뒤에서 다룰 DHCP의 기능도 일부 포함하고 있다. NDP를 이용해, 라우터는 네트워크 접두사와 라우팅 정보를 선전하고, 호스트는 각자의 IP 주소와 링크 계층 주소를 질의하고 공시한다. 보다 자세한 정보는 2.11 더 읽을거리(91쪽) 절에서 RFC 4861을 참고하자.

라우터 레벨에서는 패킷 분열을 더 이상 지원하지 않는 것도 IPv6의 개선 사항 중 하나다. 이로써 모든 분열 관련 필드를 IP 헤더에서 제거하여, 패킷의 대역폭을 절약할 수 있게 되었다. 어떤 링크 계층 라우터가 받은 IPv6 패킷이 처리하기에 너무 크다면, 그 라우터는 패킷을 버리고 발신자에게 패킷이 너무 커서 걸러버렸다고 답해준다. 만일 그런 응답을 받으면 발신자는 더 작은 패킷으로 보내거나 하는 식으로 대응하면 된다.**

IPv6에 대한 상세한 정보는 2.11 더 읽을거리(91쪽) 절의 RFC 2460에서 찾아볼 수 있다.

---

* 역주 그러나 서로 떨어져 있는 두 묶음 이상의 더블 콜론이 있으면, 생략된 부분이 무엇인지 애매해지므로 허용하지 않는다.

** 역주 가장 작은 MTU를 예상하여 미리 제약을 두지 않고, 충분히 큰 것으로 보내 본 다음, 이건 너무 크다는 응답이 있을 때만 작게 보내면 되므로 한층 유연하고 효율적이다.

2.6 / 전송 계층

네트워크 계층의 역할이 원격 네트워크상 서로 멀리 떨어진 호스트 사이의 통신을 촉진하는 것이라면, 전송 계층(transport layer)의 역할은 이들 호스트상 개별 프로세스 사이의 통신을 가능케 하는 것이다. 호스트 한 대에 여러 프로세스가 동시에 구동 가능하므로, 그저 호스트 A에서 호스트 B로 IP 패킷을 보냈다, 라는 정도로는 불충분하다. 호스트 B가 IP 패킷을 받았을 때 이를 어느 프로세스에 넘겨야 계속 처리할 수 있는지 알아야 한다. 전송 계층에선 이를 위해 포트(port)라는 개념을 도입한다. 포트는 16비트 부호 없는 숫자로서 특정 호스트의 통신 종단점을 나타낸다. IP 주소가 거리의 건물 주소라면, 포트는 건물 내 입주한 사무실 번호에 비유할 수 있다. 각 프로세스가 입주자라 생각하고 전송 계층 모듈이 이들 각자에게 택배를 전달하는 장면을 상상해 보자. 어떤 프로세스가 특정 포트를 바인딩(binding)해 두면, 전송 계층 모듈은 이후 그 포트로 전달되는 모든 택배를 그 프로세스에 전달해 준다.

미리 언급했듯 모든 포트는 16비트 숫자이다. 이론상 프로세스는 어떤 포트에든 바인딩하여 자신이 의도하는 어느 용도로든 사용할 수 있다. 그렇지만 같은 호스트의 두 프로세스가 서로 같은 포트에 바인딩하려 하면 문제가 야기된다. 웹 서버 프로그램과 이메일 프로그램이 동시에 20번 포트에 바인딩했다 치자. 전송 계층 모듈이 20번 포트로 들어온 데이터를 받았을 때, 둘 다에게 전달하면 어떤 일이 벌어질까. 웹 서버는 이메일 데이터를 웹 요청으로 착각하여 해석하려 들 것이고, 이메일은 반대로 웹 요청을 이메일로 착각할 터이다. 결과적으로 웹 브라우저도, 이메일 클라이언트도 혼란에 빠지게 된다. 이러한 이유로 대부분의 운영체제에서 여러 프로세스가 같은 포트에 바인딩하려 할 때 특별한 플래그를 설정해야만 이를 허용한다.

포트를 둘러싼 혼선을 미연에 방지하고자 IANA 기구 산하 ICANN* 부서에선 포트 번호 등록제를 운영하여 여러 프로토콜과 애플리케이션 개발자가 각자 필요로하는 포트를 등록하여 사용하게 권장한다. 전송 계층 프로토콜 하나당 오로지 하나의 포트만 등록할 수 있다. 포트 번호 1024부터 49151까지는 사용자 포트(user port) 또는 등록 포트(registered port)라 하는데, 프로토콜 개발자 또는 응용프로그램 개발자는 공식으로 IANA에 이 범위 내의 포트 번호를 요청할 수 있다. 그러면 IANA는 검토 절차를 거쳐 포트 등록을 승인한다. 사용자 포트 번호 중 하나가 IANA에 다른 프로토콜이나 응용프로그램용으로 이미 등록된 상태라면, 다른 용도로 쓰는 것은 바람직하지 않다. 그렇다고 해서 전송 계층의 구현 수준에서 이를 차단하는 건 아니다.

---

*   역주   IANA – Internet Assigned Numbers Authority, ICANN – Internet Corporation for Assigned Names and Numbers

포트 번호 0부터 1023까지는 시스템 포트(system port) 또는 예약 포트(reserverd port)라 한다. 사용자 포트와 일견 유사하지만, 더 까다롭고 많은 검토 단계를 거쳐야 IANA에 등록할 수 있다. 운영체제는 이들 포트를 특별히 취급하여 오직 루트 레벨 프로세스만 시스템 포트에 바인딩할 수 있고, 따라서 높은 보안 등급을 확보해야만 사용할 수 있다.

나머지 포트 번호 49152부터 65535를 가리켜 동적 포트(dynamic port)라 한다. 동적 포트는 IANA 관할 밖이며 어느 프로세스가 쓰던 제약이 없다. 프로세스를 구현할 때 동적 포트에 바인딩을 시도했다가 이미 사용 중인 걸 알게 되면, 이를 원만히 처리하여 비어 있는 포트를 찾을 때까지 다른 동적 포트에 바인딩을 시도해야 한다. 멀티플레이어 게임을 만드는 단계에선 동적 포트만 써서 개발하다 나중에 필요한 시점에 IANA에 등록 포트를 요청하는 것이 인터넷 개발에 있어 모범이라 하겠다.*

응용프로그램이 사용할 포트를 정하면 이후 전송 계층 프로토콜을 통해 실제 데이터를 보낸다. 주요 전송 계층 프로토콜과 그에 해당하는 IP 헤더상 프로토콜 번호 몇 가지를 표 2-13에 정리했다. 게임 개발에는 주로 UDP와 TCP를 사용한다.

▼ 표 2-13 전송 계층 프로토콜의 예

이름	약자	프로토콜 번호
전송 제어 프로토콜(transmission control protocol)	TCP	6
사용자 데이터그램 프로토콜(user datagram protocol)	UDP	17
데이터그램 혼잡 제어 프로토콜(datagram congestion control protocol)	DCCP	33
스트림 제어 전송 프로토콜(stream control transmission protocol)	SCTP	132

Tip★ IP 주소와 포트를 콜론으로 결합해 완전한 수/발신 주소를 나타낸다. 예를 들면 IP 주소 18.19.20.21의 80번 포트는 18.19.20.21:80 식으로 적는다.

2.6.1 UDP

UDP(user datagram protocol)는 경량 프로토콜로서 데이터를 포장하여 호스트의 어떤 포트에서 다른 호스트의 또 어떤 포트로 전달하는 데 쓴다. UDP 데이터그램은 페이로드 앞에 8바이트 헤더를 붙여서 만든다. 그림 2-10에 UDP 헤더의 형태를 그려보았다.

---

* 역주 번거롭게 ICANN에 요청을 넣을 필요까지야 없을 것 같아 보이지만, 너도나도 사용자 포트 대역을 멋대로 사용하면, 출시하고 나서 공교롭게도 다른 게임 혹은 서비스와 포트가 겹치거나 하는 경우가 전혀 없다고 장담하긴 어렵다.

▼ 그림 2-10 UDP header

비트	0	16
0–31	발신지 포트	목적지 포트
32–63	길이	체크섬

발신지 포트(16비트): 데이터그램의 출처가 되는 포트 번호를 기재한다. 수신자가 발신자에게 응답하고자 할 때 유용하다.

목적지 포트(16비트): 데이터그램의 목적지가 되는 포트 번호를 기재한다. UDP 모듈은 이 포트에 바인딩해 둔 프로세스에 데이터그램을 전달한다.

길이(16비트): UDP 헤더와 페이로드의 합친 길이를 나타낸다.

체크섬(16비트): UDP 헤더와 페이로드, 그리고 IP 헤더 몇몇 필드를 엮어 계산한 체크섬 값으로, 필수 사항은 아니다. 계산하지 않을 경우 0으로 채워 둔다. 보통 밑단 계층에서 자체적으로 체크섬을 돌리므로 이 필드는 잘 쓰지 않는 편이다.

UDP는 군더더기 없는 프로토콜이다. 각 데이터그램은 자체로 완결된 것으로, 두 호스트 간 어떤 공유 상태에도 의존하지 않는다. 우체통에 일단 집어넣으면 신경 쓰지 않아도 되는 엽서에 비유해도 되겠다. 다만 UDP는 네트워크가 지척거린다고 트래픽을 제한해 주지도 않고, 데이터를 순서대로 전달해 주지도 않고, 데이터의 전달을 보장해 주지도 않는다. 이와는 대조적으로, 다음에 살펴볼 TCP는 이러한 메커니즘을 모두 제공한다.

2.6.2 TCP

UDP로 호스트 사이에 불연속적인 데이터그램만 주고받을 수 있다면, TCP(transmission control protocol)로는 양쪽의 호스트 사이에 연결을 계속 유지한 채로 신뢰성 있게 데이터의 스트림을 주고받을 수 있다. 여기서 핵심은 신뢰성 있다는(reliable) 것이다. 앞서 다룬 여러 프로토콜과는 달리, TCP는 의도된 수신자에게 모든 데이터를 순서대로 전달하려 최선을 다한다. 이를 위해 UDP에 비해 큰 헤더가 필요하며, 연결된 호스트마다 간단치 않은 연결 상태 추적 메커니즘이 돌아간다. 덕분에 수신자는 데이터를 받았는지 여부를 발신자에게 ACK(acknowledgment, 확인응답)* 할 수 있으며, 발신자는 ACK가 없는 부분의 데이터를 다시 보낼 수 있다.

---

* 역주 보통 '애크'라 읽는다.

TCP의 데이터 전송 단위를 일컬어 TCP 세그먼트(segment)라 한다. 세그먼트, 즉 '마디'라는 의미에서 유추할 수 있듯이, TCP는 긴 스트림 데이터를 보내는 용도로 설계되었으며, 이 스트림으로 이어진 여러 마디 중 하나를 잘라 하위 계층의 패킷으로 포장한 것이 세그먼트이다. 세그먼트엔 TCP 헤더가 먼저 오고 그다음에 세그먼트 데이터가 이어진다. 그림 2-11에 TCP 헤더의 구조를 그려보았다.

▼ 그림 2-11 TCP 헤더

비트	0	4	7	16	
0–31	발신지 포트			목적지 포트	
32–63	시퀀스 번호				
64–95	ACK 번호				
96–127	데이터 오프셋	(예약됨)	제어 비트	수신 윈도	
128–159	체크섬			긴급 포인터	
160–...	옵션				

발신지 포트(16비트), 목적지 포트(16비트): 전송 계층 포트 번호이다.

시퀀스 번호(32비트): 단조 증가하는 식별 번호이다. 개념상 TCP로 보내는 각 바이트마다 시퀀스 번호가 식별자로 부여된다. 발신자와 수신자는 데이터 전송 중도에 답신을 위한 표식으로 이 번호를 사용한다. 대개 세그먼트의 시퀀스 번호는 세그먼트에 포함된 데이터 첫 바이트의 시퀀스 번호이다. 처음 연결을 맺을 때는 예외적으로 다른 번호가 부여되는데, 이는 2.6.2.2 3-웨이 핸드셰이킹(73쪽) 절에서 알아보자.

ACK 번호(32비트): 발신자가 응답받기를 기다리는 다음 시퀀스 번호이다. TCP는 데이터를 모두 순서를 지켜 전송하므로 호스트가 매번 기다리는 시퀀스 번호는 그전에 받은 번호에 항상 1을 더한 값이 된다. 수신자가 ACK 번호를 보내면 그 ACK 번호에 해당하는 시퀀스뿐만 아니라 그 아래 모든 시퀀스를 받았다는 뜻이므로 주의하자.

데이터 오프셋(4비트): 헤더의 길이를 32비트 워드로 지정한다. TCP 헤더와 데이터 사이에 옵션 헤더를 최대 44바이트까지 집어넣을 수 있다. 데이터 오프셋은 옵션 헤더가 끝나고 데이터가 시작되는 지점을 가리키며, 헤더 시작을 기준으로 20~64 사이의 값이 된다.

제어 비트(9비트): 헤더의 메타 정보 플래그를 포함한다. 뒤에 자세히 다루겠다.

수신 윈도(16비트): 발신자가 데이터 전송에 사용하는 버퍼 용량이 얼마나 남아있는지 알려주는 역할이다. 나중에 다루겠지만, 흐름 제어에 사용된다.

긴급 포인터(16비트): 세그먼트 데이터 시작 위치를 기준으로 긴급 데이터의 위치를 나타낸다. 제어 비트에 URG 플래그가 설정된 경우에만 유용하다.

2.6.2.1 신뢰성

그림 2-12는 TCP가 대략 어떤 식으로 두 호스트 사이에서 신뢰성 있게 데이터를 주고받는지 나타낸 순서도이다. 요약하면 고유하게 식별할 수 있는 패킷을 발신 호스트가 수신 호스트에 보내놓고 확인응답, 즉 ACK를 기다리며, 수신 호스트는 ACK를 기재한 패킷으로 응답한다. 한참 동안 ACK가 오지 않으면, 송신 호스트는 원래 패킷을 다시 보내 본다. 모든 데이터를 보내고 ACK를 받을 때까지 이 절차를 반복한다.

▼ 그림 2-12 TCP 신뢰성 데이터 전송 순서도

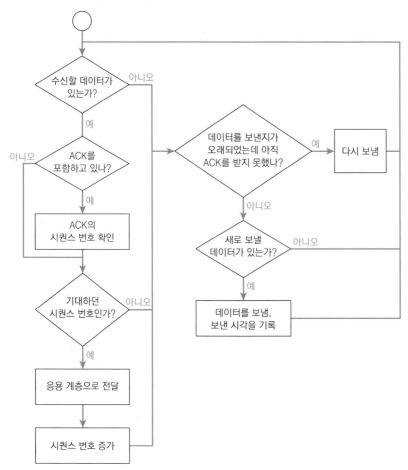

전송 절차의 세부적 내용은 약간 더 복잡하지만 자세히 알아두는 편이 좋은데, 나중에 신뢰성 데이터 전송 시스템을 직접 구현할 때를 대비해 좋은 학습 재료이기 때문이다. TCP가 신뢰성 전달을 하기 위해 채택한 구현 전략에선 시퀀스 번호 추적과 데이터 재전송이 필요하므로, 각 호스트는 열려 있는 모든 TCP 연결에 대해 상태 변수를 유지해야 한다. 표 2-14에 이들 주요 상태 변수와 그 표준 약칭을 RFC 793의 정의에 따라 정리했다. 상태 초기화 절차는 두 호스트 사이의 3-웨이 핸드셰이킹으로 시작된다.

▼ 표 2-14 TCP 상태 변수

변수	약자	정의
송신 다음 번호	SND.NXT	호스트가 보낼 다음 세그먼트의 시퀀스 번호
송신 미확인 번호	SND.UNA	아직 ACK를 받지 않은 데이터의 가장 앞 시퀀스 번호
송신 윈도	SND.WND	호스트가 보낼 수 있는 데이터의 현재 용량(미확인 데이터에 대해 ACK를 받으면 최대 용량으로 리셋)
수신 다음 번호	RCV.NXT	호스트가 받을 것으로 예측되는 시퀀스 번호
수신 윈도	RCV.WND	호스트가 받을 수 있는 데이터의 현재 용량(수신 버퍼를 초과하지 않도록)

2.6.2.2 3-웨이 핸드셰이킹

그림 2-13은 호스트 A와 B 사이의 3-웨이 핸드셰이킹(three-way handshaking) 절차를 도식화한 것이다. 그림에선 호스트 A가 첫 번째 세그먼트를 보내 연결을 시작한다. 이 세그먼트에는 SYN 플래그가 설정되어 있고, 초기 시퀀스 번호를 1000으로 골라 두었다. 이것은 호스트 A가 앞으로 시퀀스 번호 1000부터 시작하는 TCP 연결을 시작했으면 한다는 것을 호스트 B에게 인지시켜주는 것이며, 호스트 B는 이에 따라 연결 상태 유지에 필요한 자원을 할당해야 한다.

▼ 그림 2-13 TCP 3-웨이 핸드셰이킹

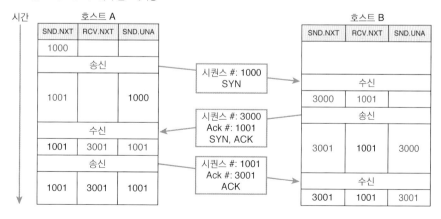

호스트 B가 연결을 받아줄 수 있는 상황이면, SYN 플래그와 ACK 플래그 둘 다 켜진 패킷으로 응답한다. 이때 응답 패킷의 ACK 번호는 호스트 A가 처음 보내준 시퀀스 번호 더하기 1로 한다. 1000번 세그먼트는 잘 받았으니 이제 그 뒤의 세그먼트를 호스트 B가 기다리겠노라는 뜻이다. 호스트 B가 A로 보내는 스트림의 첫 번째 시퀀스 번호는 호스트 B가 임의로 고르는데, 이 예제에선 3000번으로 했다. 호스트 A와 B 사이의 연결에 두 개의 스트림이 한 쌍으로 존재하는데, 하나는 A에서 B로, 또 하나는 B에서 A로 가는 스트림이다. 여기서 각 스트림의 시퀀스 번호 체계가 서로 다르다는 점을 유념하자. A에서 B로 가는 스트림은 호스트 A가 랜덤으로 정하고, 반대쪽은 호스트 B가 정한다.

세그먼트에 SYN 플래그가 켜져 있다는 건 "이봐! 이제 스트림으로 데이터를 보내기 시작할게. 이 시퀀스 번호 더하기 1을 기준으로 바이트의 순서를 매기도록 해"라는 의미이다. 두 번째 세그먼트에 보면 SYN외에도 ACK 플래그와 ACK 번호가 포함되어 있는데, 이는 "아까 보내준 데이터 중 이 ACK 번호까지는 다 받았어. 그러니 그 이후 세그먼트를 보내주는 걸로 알고 있을게"라는 뜻이다. 호스트 A가 B에게서 이 세그먼트를 확인응답으로 받고나면 지금 당장은 더 보낼 데이터가 없으므로, 호스트 B가 보내준 첫 번째 시퀀스 번호를 잘 받았다고 응답만 해주면 된다. 따라서 SYN 플래그는 끄고 ACK만 켜서 호스트 B가 보내준 시퀀스 번호에 1을 더한 3001을 ACK 번호로 하여 응답한다.

> **Note** ≡ TCP 세그먼트에 SYN이나 FIN 플래그가 들어가면, 플래그 자체를 한 바이트로 쳐서 시퀀스 번호를 하나 더 올려준다. 이를 가리켜 TCP 팬텀 바이트(TCP phantom byte)라 부르기도 한다.

신뢰성 확보를 위해서는 여러 상황을 가정하여 데이터를 보내고 응답을 받아야 한다. 시간이 초과되어 호스트 A가 SYN-ACK 세그먼트를 받지 못한 경우, 호스트 A는 두 가지를 가정할 수 있다. 첫째 호스트 B가 SYN 세그먼트를 못 받았던지, 둘째 B가 응답은 보냈지만 이를 못 받았을 것이다. 두 경우 모두 호스트 A는 처음 세그먼트를 다시 보낸다. 만일 후자, 즉 B가 응답을 했는데 A가 못 받은 경우라면 B는 SYN 세그먼트를 두 번 받을 텐데, 이때 B는 A가 SYN-ACK를 받지 못해서 다시 보낸 것으로 유추할 수 있으므로 SYN-ACK 세그먼트를 다시 보낸다.

2.6.2.3 데이터 전송

데이터를 전송하려면 호스트가 각 세그먼트를 내보낼 때마다 페이로드를 실어야 한다. 각 세그먼트에는 데이터의 첫 바이트를 가리키는 시퀀스 번호가 붙어 있다. 바이트마다 연속적인 시퀀스 번호가 붙어 있으므로, 세그먼트의 시퀀스 번호는 이전 세그먼트 번호 더하기 데이터 길이와 같다. 한편 수신자는 세그먼트를 받을 때마다 ACK 패킷에 그 ACK 필드 값을 다음번 받아야 할 시퀀스 번호로 기재하여 응답한다. 이 값은 곧 가장 마지막으로 받은 세그먼트 번호 더하기 데이터 길이와 같다. 그림 2-14는 세그먼트가 누락되지 않은 경우의 단순한 전달 과정을 보여준다. 호스트 A가 첫 세그먼트로 100바이트를 보내고, 호스트 B는 ACK과 함께 자신의 데이터 50바이트를 같이 보낸다. 다음 호스트 A가 200바이트를 더 보내면, 호스트 B는 새로 받은 200바이트에 대한 ACK를 보낸다. 마지막에 B는 보낼 데이터가 없어서 0을 길이로 보냈다.

▼ 그림 2-14 TCP 패킷 손실이 없는 상황에서 전달 과정*

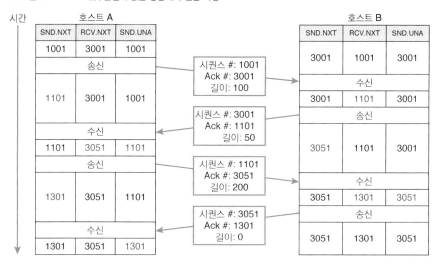

▼ 그림 2-15 TCP 패킷 손실 발생 시 재전송

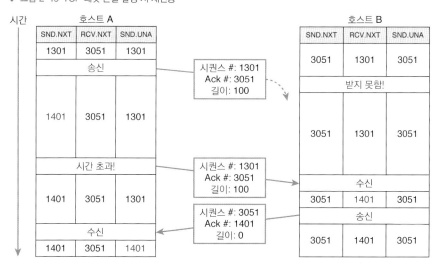

---

* **역주** 편집이 곤란해서 나누어 졌지만, 그림 2-13, 2-14, 2-15는 이어지는 그림이다.

세그먼트가 누락되거나 순서가 뒤바뀌면 조금 번거로워진다. 그림 2-15를 보면, 호스트 A가 보낸 세그먼트 1301이 사라졌다. 호스트 A는 보내놓고 나서 1301이상의 ACK 번호 패킷이 오길 기다리고 있을 것이다. 시간이 초과하도록 ACK를 못 받으면 그제야 뭔가 잘못되었다는 걸 알게 되는데, 세그먼트 1301이 전달되지 못하고 사라졌던지, 호스트 B가 받기는 했는데 그 확인응답이 오던 도중 사라졌던지 둘 중 하나일 것이다. 어느 쪽이든 ACK를 받을 때까지 세그먼트 1301을 다시 보내야 하는 게 분명하다. 다시 보내려면 원래 데이터의 사본을 들고 있어야 하는데, TCP 동작에서 매우 중요한 부분이 바로 이것이다. TCP 모듈은 데이터를 모두 보낸 것을 확인응답받을 때까지 그 데이터를 한 바이트도 빠트리지 않고 들고 있다. 세그먼트를 잘 받았다는 ACK를 받은 후에야 이 데이터를 메모리에서 제거할 수 있다.

TCP는 데이터가 순서대로 도착하는 것도 보장한다. 기다리던 시퀀스 번호와는 다른 패킷을 호스트가 받을 경우 두 가지 처리 방법이 있다. 간단한 방법으로 순서가 안 맞는 패킷은 그냥 소각해 버리면서 원래 순서의 패킷이 도착하길 기다리는 것이다. 다른 방법은 일단 버퍼에 저장해 놓지만 ACK도 주지 않고, 응용 계층에 넘기지도 않고 그대로 갖고 있는 것이다. 이때 시퀀스 번호를 토대로 로컬 스트림 버퍼상 저장할 위치를 계산할 수 있다. 비어있던 앞쪽 세그먼트를 빠짐없이 모두 받았다면 그때 비로소 맨 마지막 세그먼트로 ACK를 날리고 통째로 응용 계층에 넘겨 계속 처리하게 한다. ACK는 그 앞의 데이터를 모두 받았다는 뜻이므로, 발신자는 마지막 ACK만 받았다고 해서 앞의 내용을 다시 보낼 필요가 없다.

이 예제에서 호스트 A는 세그먼트를 한 번 보내고 나서 마냥 ACK가 올 때까지 기다린다. 그렇지만 이것은 이해하기 쉽도록 꾸며본 시나리오에 불과하다. 실제로는 세그먼트를 보낼 때마다 ACK가 올 때까지 호스트 A가 전송을 멈추고 기다려야 한다거나 하는 제약이 전혀 없다. 그런 게 있다면 TCP는 장거리에서는 사용하기 힘든 프로토콜이 되어버릴 것이다.

이더넷의 MTU가 1,500바이트라는 점을 떠올려 보자. 거기서 IPv4 헤더가 최소 20바이트를 차지하고 TCP 헤더가 또 적어도 20바이트를 가져가면, 분열이 없다는 전제하에 이더넷을 거쳐 TCP 세그먼트 하나에 실어 보낼 수 있는 데이터는 1,460바이트가 된다. 이 숫자를 MSS(maximum segment size, 최대 세그먼트 길이)라 한다. TCP 연결 도중 한 세그먼트 보낸 뒤 ACK를 받아야만 다음 세그먼트를 보내야 한다는 제약이 있다면 대역폭이 심각하게 제한되고 말 것이다. 그런 시나리오에서 대역폭을 계산해 보기 위해 시간을 한번 따져 보자. 발신자가 세그먼트를 보내 수신자가 받는데 걸리는 시간, 그리고 수신자가 ACK를 보내 발신자가 받는 시간을 더한 것을 왕복 시간(round trip time), 줄여서 RTT라 하는데, 북미 대륙 횡단에 필요한 왕복 시간은 대략 30밀리초 내외이다. MSS를 RTT로 나누면 대역폭이 나오는데, 1500바이트/0.03초=50kbps가 된다. 아무리 고속의 회선을 깔아도 중간에 이더넷 링크가 하나 끼어 있다면 고작 1993년 당시 모뎀 속도밖에 나오지 않게 되는 셈이다.

이 문제를 피하기 위해, TCP는 연결 중에 ACK 없이도 여러 세그먼트를 한꺼번에 보낼 수 있다. 그렇다고 무제한으로 보내면 또 문제가 발생한다. 전송 계층의 데이터가 호스트에 도착하면 해당 포트에 바인딩한 프로세스가 데이터를 소비할 때까지 버퍼에 머무르게 된다. 호스트에 메모리가 아무리 많아도, 버퍼 자체는 고정된 크기로 만들어진다. 따라서 느린 CPU에서 돌아가는 복잡한 프로세스가 있으면 데이터를 소비하는 속도가 도착하는 속도를 따라가지 못하는 경우가 발생한다. 이렇게 되면 버퍼가 곧 가득 차서 추가로 수신되는 데이터는 버려진다. 그러면 송신 측 TCP 호스트는 이들 세그먼트에 대한 ACK를 받지 못해, 버려진 데이터를 빠른 속도로 다시 보내게 된다. 하지만 그래 봤자 수신 측 호스트는 여전히 느린 CPU에 복잡한 프로세스를 돌리느라 기껏 다시 받은 데이터를 또 버릴 것이고, 이 같은 악순환이 계속 이어지고 만다. 그 결과 엄청난 체증이 유발되어 막대한 인터넷 자원을 낭비하게 될 터이다.

이 같은 참사를 방지하고자, TCP는 흐름 제어(flow control) 기법을 사용한다. 빠른 송신 호스트가 느린 수신 호스트를 압도하지 못하게 제어하는 기법이다. 각 TCP 헤더엔 수신 윈도(receive window) 필드가 있어 패킷을 보낸 호스트의 수신 버퍼 여유량을 기재하게 되어 있다. 이는 곧 상대 호스트에게 말하길 "내가 이만큼의 데이터를 받을 수 있으니 그 이상 보내려면 ACK를 기다렸다가 보내라"는 의미가 된다. 그림 2-16에 흐름 제어를 통해 빠른 호스트 A가 느린 호스트 B와 패킷을 주고받는 절차를 묘사했다.

이해하기 쉽도록 최대 세그먼트 길이를 100바이트라 임의로 설정했다. 호스트 B는 초기 SYN-ACK 패킷으로 응답하면서 수신 윈도 크기를 300바이트로 통지했다. 따라서 호스트 A는 100바이트짜리 세그먼트를 세 번 보내고 나면 호스트 B의 ACK를 기다려야 한다. 호스트 B가 첫 번째 ACK를 보낼 때, 버퍼에 100바이트를 저장해 놓고 프로세스가 소비하길 기다려야 되므로, 호스트 A에게 수신 윈도를 200바이트로 줄여달라고 요청한다. 호스트 A는 200바이트가 이미 전송 중인 걸 알고 있으므로 데이터를 더 보내지 않고 기다린다. 이제 호스트 A는 호스트 B가 ACK를 보낼 때까지 기다려야 한다. 호스트 B가 두 번째 ACK를 보낼 때, 버퍼의 데이터 중 50바이트가 소비되었다. 따라서 버퍼에 총 150바이트가 들어있고, 나머지 150바이트의 여유가 있다. 따라서 이번 ACK를 보낼 때는 수신 윈도가 150바이트라고 알려준다. 호스트 A가 이것을 받을 때 아직 100바이트가 전송 중이지만, 이제 수신 윈도가 150바이트가 되었으므로 추가로 50바이트 세그먼트를 호스트 B에 보낸다.

이런 식으로 흐름 제어가 계속되어, 호스트 B는 항상 데이터를 받을 수 있는 여유가 얼마나 있는지 호스트 A에게 알려주어, 버퍼에 담을 수 있는 이상으로 과도한 데이터를 보내지 못하게 한다. 이를 염두에 두고 TCP 데이터 스트림의 이론적인 대역폭 한도를 계산해 보자.

$$\text{대역폭 한도} = \frac{\text{수신 윈도}}{\text{왕복 시간}}$$

❤ 그림 2-16 TCP 흐름 제어

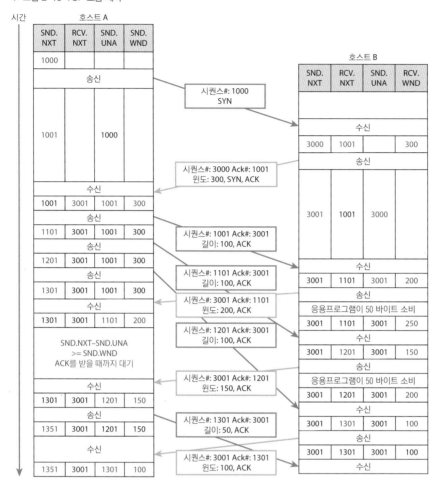

수신 윈도를 너무 작게 잡으면 TCP 송신에 병목 현상이 발생한다. 이를 피하려면 이론상 대역폭 최대치가 호스트 사이 링크 계층의 최대 전송률을 넘어서도록 수신 윈도를 충분히 큰 값으로 잡아야 한다.

그림 2-16을 보면 호스트 B가 나중에 연달아 두 개의 ACK 패킷을 보내는데, 이는 대역폭을 효율적으로 사용하지 못하는 예이다. 두 번째 ACK 패킷의 ACK 번호가 첫 번째 ACK를 내포하므로 앞의 것은 굳이 필요치 않기 때문이다. 이때 IP 헤더와 TCP 헤더만 합쳐도 40바이트가 낭비되고 있다. 링크 계층 프레임도 고려하면 더 많은 부분을 낭비하는 셈이다. 이렇게 비효율적으로 헤더에 낭비하는 것을 줄이고자 TCP에 지연 ACK(delayed acknowledgment)라는 규정을 두었다. 명세서에 따르면 TCP 세그먼트를 받는 호스트는 즉각 응답할 필요가 없으며 최대 500밀리초까지 기다려보고, 시간 내에 다음 세그먼트가 오지 않는 경우에만 ACK를 보내도 상관없다. 앞서 예제에 적

용해 보자. 세그먼트 1001번을 수신한 후 500밀리초 내에 세그먼트 1101번이 도착하면 1001번의 ACK는 생략하고 1101번에 대한 ACK만 보내면 되는 것이다. 많은 데이터를 보내는 스트림의 경우, ACK를 반 넘게 생략하는 효과가 있을뿐더러, 지연 시간 동안 호스트가 데이터를 소비할 여유가 약간 생겨 ACK와 같이 보낼 수신 윈도값도 결과적으로 넉넉해지는 장점이 있다.

흐름 제어를 통해 TCP가 느린 단말 호스트를 많은 데이터로 압도해 버리는 상황은 막을 수 있지만, 느린 네트워크나 라우터에 과부하가 걸리는 것은 어쩌지 못한다. 네트워크 체증이 발생하는 건 마치 고속도로 나들목이나 요금소에서 차가 막히는 것처럼, 패킷이 많이 거쳐 가는 라우터가 병목이 되는 경우에 흔하다. 불필요하게 네트워크 흐름이 한쪽으로 몰리는 것을 방지하고자, TCP엔 혼잡 제어(congestion control) 기법이 사용되는데, 이는 고속도로 진입로에 신호등을 두어 교통량을 통제하는 것과 유사하다. TCP 모듈은 혼잡을 줄이기 위해 ACK 없이 보낼 수 있는 데이터의 한도를 자발적으로 제한한다. 흐름 제어와 비슷한 듯하지만 수신 측의 윈도 크기에 따르는 것이 아니라, 송신자 자체적으로 패킷의 확인응답률 및 누락율을 집계하여 한도를 정하는 것이 차이점이다. 구체적인 알고리즘은 구현 내용에 따라 달라지지만, 대부분 합 증가/곱 감소*에서 파생된 기법을 사용한다. 이 방식에선 처음 연결을 맺을 때 TCP 모듈의 혼잡 임계치를 최대 세그먼트 길이의 낮은 배수 값으로 잡는데, 보통 두 배 정도로 한다. 이후 세그먼트의 ACK를 받을 때마다 임계치를 최대 세그먼트 길이 만큼 더해나간다. 망 속도가 무제한인 연결이 있다고 가정하면 매 왕복 주기마다 임계치에 육박하는 패킷과 ACK를 주고받으면서 임계치는 지속해서 두 배씩 늘어나게 된다. 그러나 만일 패킷이 하나라도 누락되면, TCP 모듈은 네트워크 혼잡을 우려하여 즉시 임계치를 절반으로 줄여버린다. 이런 식으로 조절해 나가면 점차 적절히 안정된 수치로 수렴하여, 체증으로 인해 패킷이 누락되지 않을 만큼의 적당한 빠르기로 패킷을 보낼 수 있게 된다.

패킷의 크기를 최대 세그먼트 길이에 가능한 한 가깝게 맞추어 네트워크 혼잡을 줄이는 기법도 있다. 각 패킷에 40바이트 헤더가 붙어야 하므로, 작은 세그먼트를 여러 개 보내는 것보다 큰 세그먼트 하나로 합쳐 보내는 편이 훨씬 효율적이다. 합쳐 보내려면 TCP 모듈에 송신 데이터용 버퍼를 설치해서 윗단 계층에서 넘겨주는 데이터를 쌓아둘 필요가 있다. 여러 운영체제에서 네이글 알고리즘(Nagle's algorithm)을 적용하여 세그먼트를 보내기 전 데이터를 쌓아두도록 규정한다. 알고리즘을 간략히 설명하면 이미 전송 중인(아직 ACK를 받지 못한) 데이터가 있을 때 이후 보낼 예정인 데이터는 쌓아두는데, 쌓인 양이 한계치를 넘어서면 그때 세그먼트로 만들어 보낸다. 이때 한계치는 최대 세그먼트 길이나 혼잡 제어 윈도 중 작은 것으로 한다.**

---

*　역주 additive increase/multiplicative decrease, AIMD
**　역주 부연하자면 최대 세그먼트 길이를 기준으로 데이터를 쌓아두는데, 그 크기가 혼잡 제어 임계치를 넘지 못하도록 한다는 뜻이다.

네이글 알고리즘은 TCP를 전송 계층 프로토콜로 하는 게임에 있어서는 그다지 달갑지 않은 존재이다. 대역폭은 절약해 주지만, 데이터를 보내는데 지연이 훨씬 커지기 때문이다. 게임의 경우 서버에 실시간으로 짧은 업데이트를 보내야 하는데, 최대 세그먼트 길이가 다 찰 때까지 몇 프레임씩 기다려야 하는 경우도 생긴다. 네트워크 상태는 양호한데 플레이어가 느끼는 랙이 심해서 원인을 찾아보았더니 네이글 알고리즘 때문이더라, 하는 경우가 많다는 뜻이다. 이 때문에 대부분 TCP 모듈엔 혼잡 제어를 아예 끄도록 하는 옵션이 마련되어 있다.

2.6.2.4 연결 해제

TCP 연결을 종료하려면 양측이 종료 요청 및 응답을 주고받아야 한다. 연결을 종료하기 원하는 호스트는 FIN 패킷을 보내 데이터 전송이 끝났다는 걸 알려준다. 이후 송신용 버퍼에 있는 모든 데이터를 비롯해 FIN 패킷까지 정상적인 절차로 전송하고, ACK를 받을 때까지 재전송도 통상과 같이 수행한다. 하지만 TCP 모듈은 더 이상 윗단 계층이 주는 데이터는 추가로 보내지 않는다. 또한, 상대편 호스트가 보내는 데이터를 받기는 하지만 모두 위에 넘기지 않고 그냥 ACK만 보낸다. 한편 상대편도 그쪽의 데이터를 다 보낸 뒤엔 마지막으로 FIN을 보낼 것이다. 연결을 해제하려는 호스트가 FIN을 보내어 그 ACK를 받고, 또 상대 호스트의 FIN도 받으면 비로소 연결이 완전히 종료되어 연결 상태가 모두 삭제된다. 혹은 ACK를 기다리다가 시간이 초과되면 마찬가지로 연결이 완전히 종료된다.

2.7 / 응용 계층

TCP/IP 스택 최상단에는 응용 계층이 자리 잡고 있다. 우리가 멀티플레이어 게임 코드를 작성할 때, 바로 이곳 응용 계층에 프로그래밍하는 것이다. 또한, 종단간 통신에 꼭 필요한 여러 인터넷의 기본 프로토콜이 응용 계층에 위치하여 전송 계층과 상호작용한다. 여기서 몇 가지를 살펴보기로 하겠다.

2.7.1 DHCP

사설 서브넷 망에 물린 여러 호스트의 고유 IPv4 주소를 일일이 할당하는 건 관리하는데 여간 고역이 아니다. 특히 노트북이나 스마트폰 등 모바일 기기를 추가해야 할 때는 더욱 그렇다.

DHCP(dynamic host configuration protocol, 동적 호스트 설정 프로토콜)를 사용하면 기기를 네트워크에 물리기만 하면 DHCP가 설정을 자동으로 관리해 준다.

DHCP 클라이언트가 설치된 호스트를 네트워크에 물리면, DHCP 클라이언트가 호스트의 MAC 주소를 DHCPDISCOVER 메시지에 담아 UDP 주소 255.255.255.255:67에 브로드캐스트한다. 서브넷상 모든 호스트에 메시지가 전달되므로, 이 중 DHCP 서버가 있다면 이 메시지를 받게 된다. 새 클라이언트에 할당해 줄 IP 주소가 있다면 DHCP 서버는 DHCPOFFER 패킷을 보내준다. 이 패킷에는 할당할 IP 주소와 해당 클라이언트의 MAC 주소가 기재되어 있다. 이때까지는 아직 클라이언트에 IP 주소가 할당된 상태는 아니므로 패킷을 직접 되돌려 줄 수는 없다. 대신 서버는 패킷을 전체 서브넷에 UDP 포트 68로 브로드캐스트한다. 그러면 모든 DHCP 클라이언트가 패킷을 받게 될 터인데, 각자 메시지의 MAC 주소를 확인하고 자신이 그 호스트인지 확인한다. 해당 클라이언트가 메시지를 받으면, 할당된 IP 주소를 확인하여 이 주소를 받아들일지 결정한다. 받아들이기로 했다면 DHCPREQUEST에 제공된 주소를 담아 다시 브로드캐스트한다. 아직 요청이 유용하다면 서버는 다시 브로드캐스트로 DHCPACK 메시지를 보낸다. 이 최종 메시지로 새 클라이언트의 IP가 확정되었음을 알리며, 아울러 이 메시지에 서브넷 마스크, 라우터 주소, 추천 DNS 서버 정보 등 부가 네트워크 정보도 같이 담아 보낸다.

DHCP 패킷의 정확한 형식과 확장 DHCP 정보에 대해서는 2.11 더 읽을거리(91쪽) 절에서 RFC 2131을 참고하자.

2.7.2 DNS

DNS(domain name system, 도메인 네임 시스템) 프로토콜은 도메인과 서브도메인 네임을 IP 주소로 해석하는 데 사용한다. 사용자들이 구글로 검색을 할 때 브라우저에 www.google.com이라고 입력하지 74.125.224.112 식으로 입력하지는 않을 것이다. 도메인 네임을 IP 주소로 해석하기 위해, 브라우저는 먼저 미리 컴퓨터에 설정된 네임 서버의 IP 주소로 DNS 질의를 날린다.

네임 서버(name server)는 여러 도메인 네임에 대응되는 IP 주소 목록을 가지고 있다. 예를 들어 네임 서버 중 하나에 www.google.com의 IP 주소가 74.125.224.112로 매핑되어 있을 것이다. 인터넷엔 수천수만 개의 네임 서버가 존재하는데, 대부분은 자신이 관할하는 영역의 도메인과 서브도메인의 주소만 가지고 있다. 네임 서버는 여러 다른 네임 서버에 대한 포인터를 가지고 있어서, 자신이 관할하지 않는 도메인을 요청받으면, 그쪽을 관할하는 네임 서버로 요청을 계속 전달해 가며 찾는다. 한 번 찾은 결과는 대개 캐싱해 두어, 다음번 같은 요청이 또 오면 여기저기 물어보지 않고 바로 답해준다.

DNS 요청과 응답은 보통 UDP 포트 53으로 주고받는다. DNS 형식은 2.11 더 읽을거리(91쪽) 절의 RFC 1035에 정의되어 있다.

2.8 / NAT

지금까지 살펴본 내용에서 모든 IP 주소는 공인 IP라 가정했다. 공인 IP(public IP)란 공개적으로 라우팅할 수 있다는 말로, 전 세계 인터넷상 어디서건 공인 IP로 패킷을 보내면 이 패킷이 인터넷의 여러 라우터를 거쳐 해당 호스트에 도달할 수 있다는 뜻이다. 이를 위해 공인 IP는 반드시 단 하나의 호스트에 고유하게 할당되어야 한다. 둘 이상의 호스트가 같은 IP 주소를 가지고 있으면 패킷 중 일부는 어떤 호스트로, 나머지는 다른 호스트로 가는 혼란이 야기된다. 호스트 중 하나가 웹 서버로 요청을 보냈더니, 엉뚱한 호스트가 요청에 대한 응답을 받을 수도 있는 것이다.

공인 IP 주소를 고유하게 배정할 수 있게, ICANN 및 그 산하 기구는 IP 주소 공간을 큰 단위의 블록으로 나누어 이를 대기업, 대학, 인터넷 서비스 공급자 같은 대형 조직에 할당한다. 그러면 이들 조직은 블록 내 주소를 회원이나 고객에게 나누어 서로 겹치지 않게 배정해 준다.

IPv4의 주소 공간이 32비트에 불과하므로, 할당할 수 있는 공인 IP는 모두 합쳐도 43억 개에 못 미친다. 오늘날 사용되는 네트워크 기기의 숫자는 이를 훨씬 상회하므로 ICANN이 배정하는 방식으론 한계가 있어 공인 IP는 이제 희귀한 자원이 되어버렸다. 그런데 실제 활용 시 공인 IP를 망내 호스트 개수만큼 갖추고 있어야 할 필요는 별로 없다. 예를 들어 우리 같은 게임 개발자는 데스크톱에 스마트폰에, 거기다 노트북이랑 콘솔 게임기 등 종류별로 하나씩 많은 네트워크 기기를 사용할 테지만, 인터넷은 하나만 가입하고 거기서 받은 공인 IP는 공유기에만 쓰는 경우가 대부분일 것이다. 기기마다 일일이 공인 IP를 부여받아야 한다면 얼마나 번거로울까. 포장을 새로 뜯은 기기를 인터넷에 연결하려면 인터넷 업체에 추가 회선을 요청해야 할 테고, 업체는 제한된 수의 공인 IP를 다른 업체와 경쟁해서 확보해야 하니 요금도 비싸질 터이다.

다행히도 인터넷 공유기 같은 장비가 있으면 서브넷 전체 호스트를 단 하나의 공인 IP로 연결할 수 있다. 이때 사용하는 기술이 네트워크 주소 변환(network address translation), 곧 NAT다.* 네트워크를 NAT로 구성하려면, 서브넷의 각 호스트마다 공인 IP 대신 사설 IP(private IP)를 할당해야 한

---

* **역주** 대개 '나트'라고 읽는다.

다. 표 2-15를 보면 IANA가 사설 IP로 사용하게 따로 챙겨둔 주소 대역이 나와 있는데, 이 범위의 주소는 결코 공이 IP로 사용되는 일이 없다. 따라서 사용자가 자신의 사설망에 이 범위의 IP 주소를 사설 IP로 사용하려 할 때, 외부망의 것과 혹시 겹치는 일이 없는지 걱정하지 않아도 된다. 다시 말해 서로 다른 사설망이라면, 각자의 IP가 서로 겹쳐도 문제없다는 뜻이다. 인터넷에 공개된 라우터가 사설 IP에 직접 접근하는 일은 없으므로, 예를 들어 네트워크 A와 네트워크 B가 모두 192.168.0.35라는 사설 IP를 자기 호스트에 배정해도 상관없다.

▼ 표 2-15 사설 IP 주소 블록

IP 주소 범위	서브넷
10.0.0.0 – 10.255.255.255	10.0.0.0/8
172.16.0.0 – 172.31.255.255	172.16.0.0/12
192.168.0.0 – 192.168.255.255	192.168.0.0/16

NAT의 동작 방식을 이해하기 위해, 게이머가 자기 집 네트워크를 그림 2-17처럼 꾸며놓았다고 가정해 보자. 게임기, 스마트폰, 노트북 모두에 고유한 사설 IP 주소를 할당해 두었는데, 이 주소를 배정할 때는 인터넷 업체의 허락을 받거나 할 필요가 전혀 없다. 그림에 보듯 공유기에는 NIC가 두 개 달려있다. 하나는 내부망으로 연결되는 사설 IP용이고, 또 하나는 업체가 깔아준 회선에 연결되는 인터넷용으로, 공인 IP는 업체가 할당해 준다.* 사설 IP를 사용하는 NIC는 로컬 네트워크에 연결되므로 LAN(Local Area Network) 포트라 하기도 한다. 인터넷용 NIC는 전 세계에 연결할 수 있으므로, 광역 네트워크 포트 또는 WAN(Wide Area Network) 포트라 한다.

▼ 그림 2-17 NAT로 구축한 사설망

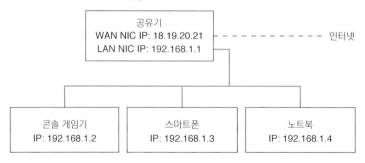

---

* **역주** 요즘엔 잘 쓰지 않지만, 일부 회선 상품은 공인 IP 대신 ISP 내부의 사설 IP를 제공하는 것도 있다. 이때는 표 2-15 대역의 IP가 공유기의 외부 IP로 뜬다. 인터넷 전화나 인터넷 TV 장비를 같이 쓰는 경우 공유기 대신 이들 장비가 공인 IP를 먹어버려서 이렇게 뜨는 경우도 있는데, 그러면 NAT를 이중으로 거치게 되어 게임 접속 품질이 떨어질 수 있다. 가능하면 공유기의 WAN 포트에 인터넷 회선을 직접 연결하고 재분배해서 거쳐야 할 NAT 수를 줄이도록 하자. 그게 곤란하면 공유기를 스위치 모드로 돌리거나 스위칭 허브로 교체하는 것도 방법이다.

위와 같은 설정에서, 공인 IP 12.5.3.2의 호스트엔 게임 서버가 200번 포트에 바인딩되어 있고, 사설 IP 192.168.1.2의 게임기엔 100번 포트에 바인딩되어 있다고 치자. 게임기는 UDP로 서버에 메시지를 보내야 하는데, 그림 2-18에 나온 것처럼 발신지는 192.168.1.2:100으로 목적지는 12.5.3.2:200으로 하여 데이터그램을 만든다.

먼저 공유기의 NAT를 꺼 두었다고 가정해 보자. 게임기가 보낸 데이터그램이 공유기의 랜 포트에 전달되면, 공유기는 WAN 포트를 거쳐 인터넷으로 보낸다. 패킷은 여차여차하여 서버에 도착할 것이다. 이제 서버가 응답할 차례인데, 여기서 문제가 생긴다. IP 패킷의 발신처가 192.168.1.2이므로, 서버는 응답 패킷을 보낼 수 없다. 192.168.1.2는 사설 IP 대역인데, 인터넷의 어떤 공개 라우터도 사설 IP에는 접근할 수 없다. 억지스러운 방법으로 라우터가 해당 IP에 접근하게 만들어 놔도, 전 세계 인터넷에 사설 IP 192.168.1.2를 쓰는 호스트는 무수히 많을 터이므로, 응답 패킷이 우리 게임기에 전달될 가능성은 거의 없다.

▼ 그림 2-18 NAT 해제 상태의 라우팅

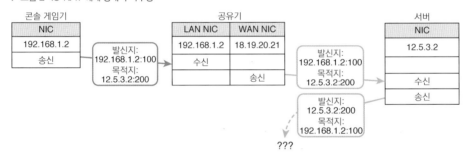

이 문제를 해결하기 위해 공유기의 NAT 모듈은 통과하는 IP 패킷 발신지의 사설 IP를 공유기 자신의 공인 IP 주소로 재기입한다. 위의 경우에 NAT를 켜 둔 상태라면 패킷의 사설 IP 192.168.1.2를 라우터의 공인 IP 18.19.20.21로 고쳐 쓰는 것이다. 이렇게 하면 일단 IP 문제는 해결되지만 아직 완전하진 않다. 그림 2-19에서 보다시피, 서버가 받은 데이터그램은 마치 공인 IP의 공유기가 직접 보낸 것처럼 보이는데, 서버가 응답 데이터그램을 그 공유기에게 보내면 앞서 사설 IP와 달리 잘 도착한다. 그러나, 애초에 데이터그램을 보낸 호스트가 누구인지 정작 공유기가 기억해 두지 않았다면, 응답을 어느 호스트에 전해야 할지 알 수 없다.

▼ 그림 2-19 NAT 라우터의 주소 재기입

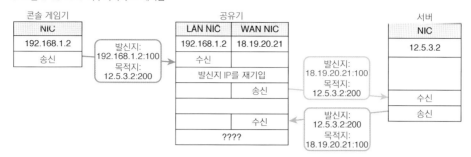

내부 호스트에 응답을 올바로 전달하려면, 외부에서 수신한 패킷을 어디로 전해줘야 할지 판단하는 메커니즘이 공유기에 있어야 한다. 매우 단순한 방법을 하나 생각해 보면, 매핑 테이블을 만들고 거기다가 발신지와 목적지 주소를 기록해 두면 어떨까. 이후 외부 IP 주소로 패킷을 받으면, 애초 그 주소로 보낸 발신지를 테이블에서 찾아 패킷의 주소를 정정하면 될 것 같다. 하지만 이 정도로도 부족한데, 여러 내부 호스트가 같은 외부 호스트로 패킷을 보내는 경우 또 문제가 생기기 때문이다. 외부 호스트 주소 하나에 여러 내부 호스트가 매핑되므로, 그중 어느 것인지 판단할 수 없다.

최신 공유기의 NAT 모듈은 네트워크 계층과 전송 계층의 추상화 경계를 넘나들며 이 문제에 대응한다. IP 헤더의 IP 주소뿐만 아니라, 전송 계층 헤더의 포트 번호까지 고쳐 쓰는 것이다. 이렇게 하면 앞서 매핑 메커니즘을 더 정교하게 만들 수 있다. 그림 2-20에 NAT 테이블에 이렇게 IP와 포트 둘 다 매핑하는 방식을 묘사하였는데, 이제 게임기는 서버로 보낸 패킷에 대한 응답을 무사히 받을 수 있다.

▼ 그림 2-20 NAT 라우터의 주소 및 포트 재기입

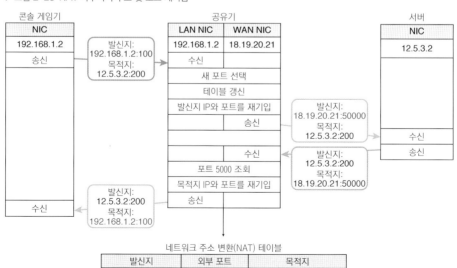

네트워크 주소 변환(NAT) 테이블

발신지	외부 포트	목적지
192.168.1.2:100	50000	18.19.20.21:200

게임기의 패킷이 외부로 나가기 전 공유기에 도달하면 NAT 모듈이 그 발신자 IP 주소와 포트 번호를 NAT 테이블에 새 항목으로 추가한다. 그런 다음 아직 사용한 적 없는 포트 번호 하나를 임의로 골라 금방 추가한 항목에 같이 기재해 둔다. 이 포트 번호는 외부 식별용으로 사용한다. 외부로 가는 패킷은 이제 공유기의 공인 IP와 식별용 포트 번호를 달고 밖으로 나간다. 발신자 주소가 재기입된 이 패킷이 서버에 도달하면 서버는 잠시 후 재기입된 주소와 포트로 응답 패킷을 보낸다. 이를 받은 NAT 모듈은 식별용 포트만 가지고도 NAT 테이블에서 원래 발신 호스트를 정확히 찾아 전달할 수 있다.

> **Note** ≡   보안을 보다 강화하기 위해, NAT 테이블에 수신자 IP 주소와 포트도 같이 기재해 두는 공유기가 많다. 이렇게 하면 NAT 모듈이 테이블을 참조할 때, 식별용 포트 번호로 일단 찾은 다음, 테이블에 기재된 수신자 IP 주소와 포트가 외부에서 받은 패킷에 기재된 송신자의 것이 맞는지도 점검할 수 있다. 만약 일치하지 않는다면, 뭔가 수상한 패킷으로 판단하여 전달하지 않고 폐기해 버린다.

2.8.1 NAT 투과

이처럼 NAT는 인터넷 사용자에게 있어 아주 환상적인 기능이다. 하지만 멀티플레이어 게임 개발자에겐 아주 골치 아픈 존재이기도 하다. 요즘 인터넷 사용자 중에 컴퓨터나 게임기를 NAT에 연결해 쓰지 않는 사람이 거의 없으므로, 그림 2-21과 같은 경우도 아주 흔하다. 여기서 플레이어 A가 NAT A에 연결된 호스트 A에 서버를 띄워두고 친구인 플레이어 B를 초대한다. 플레이어 B는 NAT B에 연결된 호스트 B로 접속하려는데, NAT 때문에 B가 호스트 A에 접속할 방법이 없다. 호스트 B가 패킷을 호스트 A에 보내 접속하려 하면 B의 정보가 A의 NAT 테이블에 없기 때문에, 그 패킷은 그냥 폐기처리 된다.

▼ 그림 2-21 게이머끼리 NAT을 거쳐 통신할 때 문제

소위 NAT 투과(NAT traversal)라 하여, 이를 해결하는 몇 가지 방법이 있다. 첫째는 플레이어 A가 직접 공유기를 건드려 포트 포워딩 설정을 해 주는 것이다. 이는 어느 정도 기술 지식이 있어야 하므로 일반 플레이어가 하기엔 어려울 수도 있다. 둘째는 훨씬 세련되고 교묘한 방법으로, 바로

STUN(simple traversal of UDP through NAT)*이라 부르는 기법이다.

STUN을 쓰려면 각 플레이어의 호스트는 공인 IP로 공개된 중개 호스트, 즉 Xbox 라이브나 플레이스테이션 네트워크 서버에 연결해야 한다. 중개 호스트는, 여러 호스트가 서로 직접 연결하기 위해 필요한 작업을 중개해 주는데, 이를테면 라우터 테이블에 항목을 개설하는 방법 등을 알려준다. 그 절차는 그림 2-22와 비슷한 순서로 진행되는데, 그림 2-23은 이 과정에서 오가는 패킷의 예제와 NAT 테이블의 모습을 보여준다. 우리 게임이 UDP 200번 포트에서 구동 중이라 게임 호스트 간 통신이 모두 200번 포트에서 이루어진다고 가정해 보자.

❤ 그림 2-22 STUN 데이터 흐름

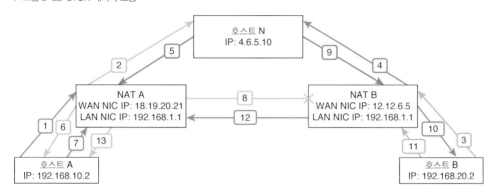

❤ 그림 2-23 STUN 패킷 상세 및 NAT 테이블

패킷 번호	패킷 전송자	발신지 주소	목적지 주소	패킷 수신자	결과
1	호스트 A	192.168.10.2:200	4.6.5.10:200	NAT A	NAT A가 테이블에 제1행을 만들고 패킷을 재기입
2	호스트 A	18.19.20.21:60000	4.6.5.10:200	호스트 N	호스트 N이 18.19.20.21:60000의 호스트 A를 게임 서버로 등록
3	호스트 B	192.168.20.2:200	4.6.5.10:200	NAT B	NAT B가 테이블에 제1행을 만들고 패킷을 재기입
4	호스트 B	12.12.6.5:62000	4.6.5.10:200	호스트 N	호스트 N이 12.12.6.5:62000의 호스트 B를 클라이언트로 등록
5	호스트 N	4.6.5.10:200	18.19.20.21:60000	NAT A	NAT A 테이블의 제1행과 대응하므로 패킷을 재기입
6	NAT A	4.6.5.10:200	192.168.10.2:200	호스트 A	호스트 A가 호스트 B의 공인 IP 주소를 알게 됨. 패킷을 보냄
7	호스트 A	192.168.10.2:200	12.12.6.5:62000	NAT A	NAT A가 테이블에 제2행을 만듦. 이때 제1행의 포트를 재사용. 패킷을 재기입
8	호스트 A	18.19.20.21:60000	12.12.6.5:62000	NAT B	NAT B가 아직 모르는 주소의 패킷이므로 패킷을 버림
9	호스트 N	4.6.5.10:200	12.12.6.5:62000	NAT B	NAT B 테이블의 제1행에 대응하므로 패킷을 재기입
10	NAT B	4.6.5.10:200	192.168.20.2:200	호스트 B	호스트 B가 호스트 A의 공인 IP 주소를 알게 됨. 패킷을 보냄
11	호스트 B	192.168.20.2:200	18.19.20.21:60000	NAT B	NAT B가 테이블에 제2행을 만듦. 이때 제1행의 포트를 재사용. 패킷을 재기입
12	NAT B	12.12.6.5:62000	18.19.20.21:60000	NAT A	NAT A 테이블의 제2행과 대응하므로 패킷을 재기입
13	NAT A	12.12.6.5:62000	192.168.10.2:200	호스트 A	호스트 B가 호스트 A와 교신하는 데 성공함

동작

NAT A 테이블

행	발신지	외부 포트	목적지
1	192.168.10.2:200	60000	4.6.5.10:200
2	192.168.10.2:200	60000	12.12.6.5:62000

NAT B 테이블

행	발신지	외부 포트	목적지
1	192.168.20.2:200	62000	4.6.5.10:200
2	192.168.20.2:200	62000	18.19.20.21:60000

---

* 역주 실무에선 STUN이라는 용어 대신 TCP에서 쓰는 홀 펀칭(hole punching)으로 묶어 부르기도 한다.

먼저 호스트 A는 게임 서버를 개설할 의도를 IP 4.6.5.10의 중개 서버(호스트 N)에 알리는 패킷을 보낸다. 패킷이 라우터 A를 거쳐 갈 때, 라우터 A는 NAT 테이블에 항목을 만들고 공인 IP를 발신자 주소로, 그리고 발신자 포트를 임의의 숫자 60000번으로 할당하여 재기입한다. 그다음 수정한 패킷을 호스트 N으로 보내는데, 호스트 N이 이걸 받으면 플레이어 A가 공인 IP 주소 18.19.20.21:60000의 호스트 A에 멀티플레이어 게임 서버를 띄워두었다는 사실을 기억해 둔다.

다음 호스트 B는 플레이어 A의 게임에 참가하고 싶다고 호스트 N에 알리는 패킷을 보낸다. 패킷이 라우터 B를 거쳐 갈 때, 라우터 B 역시 NAT 테이블을 갱신하고 패킷을 재기입하여 호스트 N에 보낸다. 호스트 N이 패킷을 받으면 공인 IP 12.12.6.5:62000의 호스트 B가 호스트 A에 접속하려 한다는 사실을 알게 된다.

이 시점에 호스트 N은 라우터 A를 거쳐 호스트 A에 전달하기 위한 공인 IP와 포트 정보를 알고 있는데, 이 정보를 호스트 B에 응답으로 보내면 호스트 B가 호스트 A에 직접 연결할 수 있을 것 같기도 하다. 하지만 앞서 언급한 바와 같이, 대부분 라우터는 패킷의 발신자를 검사하여 원래의 발신자가 아닌 경우에는 차단한다. 라우터 A는 이 포트를 통해 들어오는 패킷 중 오로지 호스트 N의 것만 통과시킨다. 호스트 B가 이 포트로 호스트 A에 접속하려 하면 라우터 A는 그 포트로 호스트 B와 통신한 적이 없으므로 패킷을 막아버린다.

다행히도 호스트 N은 라우터 B를 거쳐 호스트 B에 전달하기 위한 공인 IP와 포트 역시 알고 있다. 이 정보를 호스트 A에 보내면, 라우터 A의 NAT 테이블에 호스트 N이 있으므로 라우터 A는 이 패킷을 통과시킨다. 이제 호스트 A는 호스트 N이 공유해준 정보로 호스트 B에 패킷을 하나 보낸다. 이 부분이 좀 이상하게 여겨질 수 있다. 호스트 A는 게임 서버요 호스트 B는 클라이언트인데, 클라이언트가 서버에 접속하는 대신, 게임 서버가 클라이언트에 접속하다니 말이다. 게다가 라우터 B는 호스트 A를 아직 모르고 있으므로 패킷을 보내보았자 막혀버릴 것이 뻔하다. 쓸데없는 패킷을 왜 보내는 걸까. 이런 작업을 하는 이유는 바로 이 과정을 거치며 라우터 A가 테이블에 항목 하나를 만들기 때문이다.

패킷이 호스트 A를 출발해 호스트 B로 가는 동안 라우터 A를 거친다. 라우터 A의 NAT 테이블에는 이미 192.168.10.2:200 항목이 외부 포트 60000에 매핑되어 있다. 그래서 패킷을 내보낼 때 60000번 포트로 내보낸다. 그리고 그 항목에 추가로 호스트 B의 정보 12.12.6.5:62000 항목을 하나 더 매핑한다. 매핑 항목을 이렇게 추가하게 만드는 것이 이 기법의 핵심이다. 패킷은 비록 호스트 B에 도달하기 전 라우터 B에서 막혀버리지만, 이제 호스트 N이 호스트 B에게 18.19.20.21:60000으로 연결하라고 알려주어, 호스트 B가 그 주소로 패킷을 보내면 라우터 A는 B가 보낸 패킷을 순순히 통과시킨다. 앞서 호스트 B에게 보내면서 12.12.6.5:62000 항목을 기억해 둔 상태이기 때문이다. 라우터 A는 수신자를 192.168.10.2:200으로 재기입하여 호스트 A에 전달한다. 이제부터 호스트 A와 B는 중개 서버를 거치지 않고도 서로 공유한 공인 IP와 포트로 통신할 수 있다.

Note ☰   NAT에 관해 몇 가지 더 알아두어야 할 것이 있다. 첫째, 앞에서 설명한 기법이 모든 NAT에서 동작하는 건 아니다. 일부 NAT는 할당한 포트 번호를 계속 유지하지 않는 것도 있는데, 이를 대칭형 NAT(symmetric NAT)라 한다. 대칭형 NAT는 밖으로 나가는 요청마다 고유한 외부 포트를 할당한다. 해당 IP 주소와 포트가 이미 NAT 테이블에 있을 경우라도 그렇다. 이 때문에 STUN 메커니즘이 깨지는데, 라우터 A가 첫 패킷을 호스트 B에 보내려 할 때 새로운 외부 포트를 할당하기 때문이다. 호스트 N이 썼던 외부 포트로 호스트 B가 라우터 A와 접촉해 호스트 A에 접근하려 할 때, NAT 테이블에 해당 정보가 없으므로 패킷이 버려진다.

대칭형 NAT 중 보안이 강하지 않은 것도 있어 이들 NAT는 예측 가능한 순서로 외부 포트를 할당하는데, 이 점을 노려 포트 할당 예측(port assignment prediction)이라는 기법으로 STUN과 비슷한 트릭을 써서 대칭형 NAT를 투과하기도 한다. 보안이 강화된 NAT는 아예 임의로 포트를 할당하므로 쉽게 예측하기 어렵다.

STUN은 UDP에서만 동작한다. **3장 버클리 소켓**(93쪽)에서 설명하겠지만, TCP는 포트 할당 체계가 다르고 접속을 리스닝하는 포트와 데이터를 주고받는 포트가 다르므로 다른 방법을 써야 한다. TCP 홀 펀칭(TCP hole punching)이라는 기법을 쓰면 이를 지원하는 NAT 라우터를 투과할 수 있다. **2.11 더 읽을거리**(91쪽) 절의 RFC 5128에 이외에도 다양한 NAT 투과 기법을 소개하고 있으며, TCP 홀 펀칭도 찾아볼 수 있다.

마지막으로, NAT 라우터를 투과하는 데 많이 쓰는 방법이 또 있다. IGDP(Internet gateway device protocol)라는 방법으로, 일부 UPnP(Universal Plug and Play) 라우터가 채용하여 랜 호스트로 하여금 외부와 내부 포트 사이에 매핑을 수동으로 설정토록 하는 프로토콜이다. 항상 지원되는 것도 아니며 학술 가치도 덜하므로 굳이 여기서 다루진 않겠다. 구체적인 내용은 **2.11 더 읽을거리**(91쪽) 절을 참고하자.

2.9   요약

이 장에서는 인터넷의 내부 동작 원리에 대한 개요를 살펴보았다. 패킷 스위칭이 발명되면서 같은 선로를 공유하여 여러 데이터를 동시에 보낼 수 있게 되었고, 이를 토대로 ARPANET이 발전하여 현재의 인터넷으로 진화했다. TCP/IP 스택은 인터넷의 근간이 되는 프로토콜 계층 스택으로, 각 계층은 상위 계층을 위한 데이터 채널을 추상화하여 제공한다.

이 책에서는 TCP/IP를 다섯 계층으로 나누어 다루었는데, 먼저 물리 계층은 전기 신호가 흘러가는 매체로, 가끔 상위 계층인 링크 계층의 일부로 취급되기도 한다. 링크 계층은 연결된 호스트 사이의 통신 수단을 제공하는데, 각 호스트를 고유하게 식별할 수 있는 하드웨어 주소 체계, 한 덩어리로 전송할 수 있는 최대 전송 단위를 의미하는 MTU 등이 그것이다. 링크 계층 서비스를 제공하는 여러 프로토콜이 있지만, 이 장에서는 그중 이더넷을 심도 있게 살펴보았다. 게임 개발에 있어 가장 중요한 링크 프로토콜이기 때문이다.

네트워크 계층은 링크 계층의 하드웨어 주소 위에 논리 주소 체계를 구축하는데, 이 주소 체계로 여러 다른 링크 계층의 네트워크에 물려 있는 호스트들이 서로 통신할 수 있다. 오늘날 가장 중요한 네트워크 계층 프로토콜은 IPv4로, 직접/간접 라우팅 시스템 및 패킷 분열 기능 등을 제공한다. 패킷 분열이란 링크 계층에 넘기기에 너무 큰 패킷을 작게 쪼개는 기능이다. IPv6 역시 점차 중요성이 높아지는데, IPv4의 주소 공간 제약 문제를 해결할 수 있으며 아울러 IPv4 데이터 전송의 여러 가지 큰 병목을 제거할 수 있기 때문이다.

전송 계층은 '포트'라는 개념을 통해 원격 호스트 프로세스 사이의 종단 간 통신을 지원한다. TCP와 UDP가 전송 계층에서 가장 주요한 프로토콜인데, 이 둘은 근본적으로 다른 특성을 지닌다. UDP는 가벼운 대신 연결이 유지되지 않고, 패킷의 전송을 보장하지 않는다. 반면 TCP는 패킷의 덩치가 더 크지만, 상태 기반 연결 유지를 지원하여 패킷의 전송을 보장하는 데다 그 순서도 지켜준다. 또한, TCP는 흐름 제어 및 혼잡 제어 메커니즘도 탑재되어 있어 패킷의 손실을 최소화할 수 있다.

프로토콜 스택의 최상단에는 응용 계층이 있다. 응용 계층의 프로토콜로는 DHCP, DNS 등이 있으며 우리가 작성할 게임 코드 역시 응용 계층에 포함된다.

사설 네트워크를 구축할 때 필요한 관리 수고를 최소화할 수 있게, 공유기의 NAT 모듈은 공인 IP 주소 하나를 네트워크 전체가 공유하여 쓸 수 있게 해 준다. NAT의 단점은 미리 약속되지 않은 외부 연결 접속을 허용하지 않는다는 것인데, 서버를 구동하려면 외부 연결 접속 허용이 필수적이다. 따라서 STUN이나 TCP 홀 펀칭 같은 기법으로 이를 투과하기도 한다.

이 장에서 다룬 내용을 토대로 인터넷 동작 원리의 이론적 근간을 구축할 수 있다. **3장 버클리 소켓** (93쪽)에선 실제 호스트 사이의 통신 코드 작성에 사용하는 함수와 자료구조를 다루는데, 이번에 다룬 내용을 잘 익혀두면 버클리 소켓을 이해하는 데도 큰 도움이 될 것이다.

2.10 복습 문제

MULTIPLAYER GAME PROGRAMMING

1. TCP/IP 스택의 주요 다섯 계층을 나열하고, 각각의 역할을 기술해 보자. 다른 모형에서는 별도의 계층으로 취급하지 않는 것도 있는데, 어떤 계층이 그러한가.

2. ARP의 용도는 무엇이며 어떤 원리로 동작하는가?

3. 여러 NIC를 탑재한 호스트(예를 들면 라우터)가 어떻게 패킷을 서로 다른 서브넷 사이에 라우팅하는지 설명해 보자. 또한, 라우팅 테이블의 동작 원리를 설명해 보자.

4. MTU는 무엇의 약자이며 어떤 의미인가. 이더넷의 MTU는 얼마인가.

5. 패킷 분열이 동삭하는 방식을 설넝해 보사. 링크 세층의 MTU가 400이라 하고, 두 조긱으로 분열되어야 하는 패킷의 헤더를 예제로 하나 만들어보자. 그리고 분열된 두 조각의 각 헤더를 예제로 만들어 보자.

6. IP 계층에서 분열이 일어나지 않도록 피해야 하는 이유는 무엇인가?

7. 분열이 일어나지 않는 한 패킷의 크기를 가능하면 크게 해야 하는 이유는 무엇인가?

8. 신뢰성 데이터 전송과 비신뢰성 전송의 차이는 무엇인가?

9. 초기 접속을 진행하는 TCP 핸드셰이킹 절차를 묘사해 보자. 주고받는 데이터 중 중요한 것은 무엇이 있을까.

10. TCP가 어떻게 신뢰성 데이터 전송을 실현하는지 묘사해 보자.

11. 공인 IP와 사설 IP의 차이는 무엇인가?

12. NAT란 무엇인가? NAT를 사용할 때 이점은 무엇인가? 대신 감수해야 할 점은 무엇인가?

13. NAT 뒤의 클라이언트가 공인 IP 서버에 패킷을 보내고 받는 절차를 설명해 보자.

14. STUN이란 무엇인가? STUN이 필요한 이유는 무엇인가? 어떻게 동작하는 것인가.

2.11 더 읽을거리

MULTIPLAYER GAME PROGRAMMING

Bell, Gordon. (1980, September). The Ethernet—A Local Area Network. http://research.microsoft.com/en-us/um/people/gbell/ethernet_blue_book_1980.pdf. (2015년 9월 12일 현재)

Braden, R. (Ed). (1989, October). Requirements for Internet Hosts—Application and Support. http://tools.ietf.org/html/rfc1123. (2015년 9월 12일 현재)

Braden, R. (Ed). (1989, October). Requirements for Internet Hosts—Communication Layers. http://tools.ietf.org/html/rfc1122. (2015년 9월 12일 현재)

Cotton, M., L. Eggert, J. Touch, M. Westerlund, and S. Cheshire. (2011, August). Internet Assigned Numbers Authority (IANA) Procedures for the Management of the Service Name and Transport Protocol Port Number Registry. http://tools.ietf.org/html/rfc6335. (2015년 9월 12일 현재)

Deering, S., and R. Hinden. (1998, December). Internet Protocol, Version 6 (IPv6) Specification. https://www.ietf.org/rfc/rfc2460.txt. (2015년 9월 12일 현재)

Drom, R. (1997, March). Dynamic Host Configuration Protocol. http://tools.ietf.org/html/rfc2131. (2015년 9월 12일 현재)

Google IPv6 Statistics. (2014, August 9). https://www.google.com/intl/en/ipv6/statistics.html. (2015년 9월 12일 현재)

Information Sciences Institute. (1981, September). Transmission Control Protocol. http://www.ietf.org/rfc/rfc793.txt. (2015년 9월 12일 현재)

Internet Gateway Device Protocol. (2010, December). http://upnp.org/specs/gw/igd2/. (2015년 9월 12일 현재)

Mockapetris, P. (1987, November). Domain Names—Concepts and Facilities. http://tools.ietf.org/html/rfc1034. (2015년 9월 12일 현재)

Mockapetris, P. (1987, November). Domain Names—Implementation and Specification. http://tools.ietf.org/html/rfc1035. (2015년 9월 12일 현재)

Nagle, John. (1984, January 6). Congestion Control in IP/TCP Internetworks. http://tools.ietf.org/html/rfc896. (2015년 9월 12일 현재)

Narten, T., E. Nordmark, W. Simpson, and H. Soliman. (2007, September). Neighbor Discovery for IP version 6 (IPv6). http://tools.ietf.org/html/rfc4861. (2015년 9월 12일 현재)

Nichols, K., S. Blake, F. Baker, and D. Black. (1998, December). Definition of the Differentiated Services Field (DS Field) in the IPv4 and IPv6 Headers. http://tools.ietf.org/html/rfc2474. (2015년 9월 12일 현재)

Port Number Registry. (2014, September 3). http://www.iana.org/assignments/service-names-port-numbers/service-names-port-numbers.xhtml. (2015년 9월 12일 현재)

Postel, J., and R. Reynolds. (1988, February). A Standard for the Transmission of IP Datagrams over IEEE 802 Networks. http://tools.ietf.org/html/rfc1042. (2015년 9월 12일 현재)

Ramakrishnan, K., S. Floyd, and D. Black. (September 2001). The Addition of Explicit Congestion Notification (ECN) to IP. http://tools.ietf.org/html/rfc3168. (2015년 9월 12일 현재)

Rekhter, Y., and T. Li. (1993, September). An Architecture for IP Address Allocation with CIDR. http://tools.ietf.org/html/rfc1518. (2015년 9월 12일 현재)

Rosenberg, J., J. Weinberger, C. Huitema, and R. Mahy. (2003, March). STUN—Simple Traversal of User Datagram Protocol (UDP). http://tools.ietf.org/html/rfc3489. (2015년 9월 12일 현재)

Socolofsky, T., and C. Kale. (1991, January). A TCP/IP Tutorial. http://tools.ietf.org/html/rfc1180. (2015년 9월 12일 현재)

3

버클리 소켓

이 장에선 버클리 소켓을 다룬다. 버클리 소켓은 멀티플레이어 게임을 개발할 때 가장 널리 쓰이는 네트워크 라이브러리이다. 먼저 기본적인 소켓 생성, 제어, 소멸 기능을 살펴보고, 플랫폼별로 차이가 있는 부분을 확인한 뒤, 자료형 안전성이 확보된 C++ 래퍼 소켓 클래스를 만들어 보겠다.

3.1 소켓 만들기

버클리 소켓 API(Berkeley Socket API)는 원래 BSD 4.2 운영체제의 일부로 배포되었는데, 프로세스와 TCP/IP 스택의 여러 계층 사이에 표준 인터페이스로 쓰기 위해 제공되었다. 배포된 이후 여러 주요 운영체제 및 프로그래밍 언어로 포팅되어, 사실상 네트워크 프로그래밍의 표준으로 여겨지고 있다.

프로세스는 실행 도중 하나 이상의 소켓(socket)을 만들고 초기화하여 소켓 API로 제어하는데, 이렇게 만든 소켓을 통해 데이터를 읽고 쓰게 된다. 소켓을 만들려면 이름 그대로 socket( ) 함수를 호출한다.

```
SOCKET socket(int af, int type, int protocol);
```

af 파라미터는 주소 패밀리(address family)를 뜻하는데, 소켓에 사용할 네트워크 계층 프로토콜을 지정하는 데 쓴다. 사용할 수 있는 값은 표 3-1과 같다.

▼ 표 3-1 소켓 생성 시 지정할 수 있는 주소 패밀리

매크로	의미
AF_UNSPEC	지정하지 않음
AF_INET	인터넷 프로토콜(버전 4)
AF_IPX	IPX(Internetwork Packet Exchange: 예전 MS-DOS와 노벨 시절 많이 쓰던 네트워크 계층 프로토콜)
AF_APPLETALK	애플토크(Appletalk: 예전 구형 애플이나 매킨토시에서 사용하던 네트워크 스택)
AF_INET6	인터넷 프로토콜(버전 6)

요즘 게임을 만들 땐 대개 IPv4가 기준이므로, AF_INET을 쓰면 무난하다. IPv6 인터넷도 점차 보급되는 추세이므로, AF_INET6 소켓을 지원하는 것도 좋을 것이다.

소켓으로 주고받을 패킷의 종류는 type 파라미터로 지정한다. 이 값에 따라 소켓이 사용하는 전송 계층 프로토콜이 패킷을 처리하는 방식이 달라진다. 주로 사용되는 값을 표 3-2에 나열했다.

▼ 표 3-2 소켓 생성 시 지정할 수 있는 소켓 종류

매크로	의미
SOCK_STREAM	순서와 전달이 보장되는 데이터 스트림. 스트림의 각 세그먼트를 패킷으로 주고받음
SOCK_DGRAM	각 데이터그램을 패킷으로 주고받음
SOCK_RAW	패킷 헤더를 응용 계층에서 직접 만들 수 있음
SOCK_SEQPACKET	SOCK_STREAM과 유사하나 패킷 수신 시 항상 전체를 읽어 들여야 함

소켓 타입을 SOCK_STREAM으로 하면 운영체제가 소켓을 만들 때 상태유지형(stateful) 연결을 만들게 된다. 그러면 신뢰성 있고 순서가 보장되는 스트림으로 데이터를 처리할 수 있게 필요 리소스가 할당된다. 이는 TCP 프로토콜에 어울리는 소켓 형식이다. 반면 SOCK_DGRAM으로 하면 연결 상태를 유지할 필요가 없으므로 최소한의 리소스만 할당하여, 개별 데이터그램 단위로만 주고받을 수 있게 된다. 신뢰성을 신경 쓸 필요도, 패킷의 순서를 보장할 필요도 없는 이런 형태의 소켓 형식은 UDP 프로토콜에 어울린다.

protocol 파라미터는 소켓이 데이터 전송에 실제로 사용할 프로토콜의 종류를 명시하는 데 쓴다. 전송 계층 프로토콜 또는 각종 인터넷 유틸리티 네트워크 계층 프로토콜 중 하나를 선택할 수 있다. 보편적으로 protocol 파라미터에 지정한 값은 외부로 나가는 IP 헤더의 프로토콜 필드에 직접 기록된다. 그러면 수신 측 운영체제가 이 값으로 패킷에 포함된 데이터를 어떻게 해석해야 할지 판단하게 된다. 표 3-3은 protocol 파라미터에 사용할 수 있는 값의 목록이다.

▼ 표 3-3 소켓 생성 시 지정할 수 있는 프로토콜 값

매크로	필요 소켓 종류	의미
IPPROTO_UDP	SOCK_DGRAM	UDP 데이터그램 패킷
IPPROTO_TCP	SOCK_STREAM	TCP 세그먼트 패킷
IPPROTO_IP 또는 0	상관없음	주어진 소켓 종류의 디폴트 프로토콜을 사용

알아두면 편리한 것은 프로토콜을 0으로 지정하면 운영체제가 알아서 소켓 형식에 맞는 디폴트 프로토콜을 골라준다는 점이다. 즉, IPv4 UDP 소켓을 만들려면 다음과 같이 호출하면 된다.

```
SOCKET udpSocket = socket(AF_INET, SOCK_DGRAM, 0);
```

그리고 TCP 소켓은 이렇게 만든다.

```
SOCKET tcpSocket = socket(AF_INET, SOCK_STREAM, 0);
```

소켓의 종류에 상관없이 소켓을 닫으려면 closesocket( ) 함수를 호출한다.

```
int closesocket(SOCKET sock);
```

TCP 소켓을 해제할 땐 나가고 들어오는 잔여 데이터 전부가 전송이 완료되고 확인응답까지 마친 상태에서 끝내도록 하는 것이 중요하다. 먼저 소켓 밖으로 나가는 데이터 전송을 중단한 후, 이미 나간 데이터의 확인응답을 모두 받고, 들어오는 데이터를 모두 읽어 들일 때까지 기다린 후에 비로소 소켓을 닫도록 하면 최선이다.

소켓을 닫기 전에 전송과 수신을 중단하려면 shutdown( ) 함수를 호출한다.

```
int shutdown(SOCKET sock, int how);
```

how 파라미터로 SD_SEND를 넘겨 전송을 중단하며, SD_RECEIVE로 수신을 중단한다. 혹은 SD_BOTH를 써서 송수신을 모두 중단할 수 있다. SD_SEND를 지정하면 현재 전송 중인 데이터를 모두 전송한 뒤 FIN 패킷을 보내도록 하는데, 이로써 상대방에게 이제 연결을 안전하게 닫고자 한다는 걸 알려준다. 그러면 상대방도 FIN 패킷을 응답하게 될 것이다. 이렇게 FIN 패킷을 주고받고 나면 소켓을 실제로 닫아도 안전하다.

소켓을 닫으면 관련 리소스를 모두 운영체제에 반납한다. 사용을 마친 소켓은 반드시 닫아주도록 하자.

> **Note** ☰　대개의 경우, 패킷을 하나 보내면 운영체제가 거기에 IP 계층 헤더와 전송 계층 헤더를 만들어 붙인다. 그런데 소켓 형식을 SOCK_RAW로 하고 protocol에 0을 지정한 경우, 운영체제 대신 사용자가 직접 IP 및 전송 계층 헤더를 임의로 작성할 수 있다. 즉, 정상적인 방법으로는 수정할 수 없는 헤더 필드 값을 임의로 넣을 수 있는 것이다. 예를 들어 외부로 나가는 패킷의 TTL 값을 사용자가 원하는 대로 직접 기록할 수 있는데, Traceroute 유틸리티가 하는 일이 바로 이것이다. 여러 헤더 필드에 고의로 잘못된 값을 수작업으로 기입하고 싶다면 SOCK_RAW를 써야만 하는데, 서버에 퍼즈 테스트(fuzz test)를 하고자 할 때 이런 기법이 필요하다. 퍼즈 테스트에 대해선 **10장 보안**(315쪽)에서 언급한다.
>
> Raw 소켓으로 전송하면 헤더에 잘못된 값을 기록할 수 있으므로 이는 잠재적 보안 위험 요소가 된다. 따라서 대부분 운영체제에선 관리자 권한이 있어야만 이 같은 소켓을 만들 수 있게 제약을 두고 있다.

3.2 운영체제별 API 차이

여러 플랫폼에서 저수준 인터넷 인터페이스를 위해 버클리 소켓을 표준으로 이용할 수 있지만, API가 모든 운영체제에서 완전히 똑같은 것은 아니다. 플랫폼마다 특기 사항 및 차이점이 있으므로 크로스 플랫폼으로 소켓 개발을 시작하려면 미리 알아두고 가는 편이 좋을 것이다.

첫째 차이점은 소켓 자체를 나타내는 자료형이 무엇인가 하는 것이다. 앞에서 본 socket() 함수의 리턴 자료형은 SOCKET형인데, 이 자료형은 윈도 10이나 XBox 등 윈도 기반 플랫폼에서만 실체가 존재한다. 윈도 헤더 파일을 조금 파보면 SOCKET이 UINT_PTR에 대한 typedef인 것을 알 수 있는데, 이 포인터는 소켓의 상태와 데이터를 저장하는 메모리 영역을 가리키는 것이다.

반면, POSIX 기반 플랫폼인 리눅스, macOS, 플레이스테이션에선 소켓은 그냥 int 값 하나에 불과하다. 소켓이란 자료형이 실제로 존재하지 않으며 socket() 함수는 int 값 하나를 리턴할 뿐이다. 이 값은 현재 열려있는 파일과 소켓의 목록상 인덱스를 나타내는데, 이 목록은 운영체제 내부에 숨겨져 있다. 그런 면에서 소켓은 POSIX 파일 디스크립터(file descriptor)와도 매우 유사하다. 실제로 파일 디스크립터를 받는 운영체제 함수에 소켓 값을 대신 넘겨도 잘 동작한다. 소켓을 이렇게 사용하면 전용 소켓 함수보다 유연성은 좀 떨어지지만, 기존에 네트워크용으로 구현되지 않은 프로세스가 네트워크를 지원하도록 손쉽게 포팅할 수 있다. 다만 socket() 함수가 정수를 리턴하는 것에는 큰 단점이 하나 있는데, 자료형 안전성이 많이 부족하다는 것이다. 즉, 함수의 인자로 아무 정숫값이나(5×4 같이) 집어넣어도 컴파일러가 전혀 알아채지 못한다. 이는 버클리 소켓 API의 주된 약점 중 하나로, 이 장에서 구현할 여러 예제 코드에서 이를 보완해나갈 것이다.

구현하려는 플랫폼이 소켓을 int형으로 지원하건 SOCKET형으로 지원하건 상관없이, 소켓 라이브러리를 쓰기 위해선 항상 이 값을 함수에 넘겨야 한다.

둘째 큰 차이점은 라이브러리를 쓰기 위해 사용하는 헤더 파일이 다르다는 것이다. 윈도용 소켓 라이브러리는 Winsock2라 하는데, 소켓을 사용하려는 코드에선 WinSock2.h를 #include해야 한다. 그냥 Winsock이라는 구식 라이브러리도 있는데, 대부분 윈도 프로그램이 기본으로 인클루드하는 Windows.h에 자동으로 포함된다. 구식 Winsock 라이브러리는 기능도 부족하고 최적화도 덜되어있으므로 Winsock2를 사용하는 게 좋은데, 구식 헤더 파일에서 소켓 기본 함수의 이름을 선점해 버리므로 이름이 서로 충돌한다. Windows.h와 WinSock2.h를 같은 파일에서 인클루드하려 할 때 이 같은 충돌이 생긴다. 같은 이름의 함수를 여러 군데에서 선언하려 하므로 컴파일러가 에러를 마구 뱉어내는데, 위의 사실을 알지 못하면 문제가 무엇인지도 파악하기 어렵다. 이러한 혼란을 피하려면, Windows.h를 인클루드하기 전에 WinSock2.h를 먼저 #include하거나, Windows.h를 인클루드 하기에 앞서 WIN32_LEAN_AND_MEAN 매크로를 #define해야 한다. 이 매크로를 정의해 두면 전처리기가 Windows.h를 처리하는 와중에 Winsock 관련 내용 및 여러 문제 있는 다른 부분*을 포함하지 않게 할 수 있다.

WinSock2.h는 딱 소켓 자체에 관련된 함수와 자료형만 선언하고 있다. 부가적인 기능을 사용하려면 다른 파일도 인클루드해야 한다. 예를 들어 나중에 언급할 주소 변환 기능을 사용하려면 Ws2tcpip.h도 인클루드할 필요가 있다.

POSIX 플랫폼의 소켓 라이브러리 종류는 하나밖에 없으며 sys/socket.h를 인클루드하여 쓴다. IPv4 전용 기능을 사용하려면 netinet/in.h를 인클루드해야 할 것이다. 주소 변환기능을 쓰려면 arpa/inet.h를 인클루드하자. 네임 리졸루션(name resolution)을 수행하려면 netdb.h를 인클루드한다.

소켓 라이브러리를 초기화하고 마무리하는 방법도 플랫폼마다 다르다. POSIX 플랫폼에선 라이브러리가 항상 활성화 상태로, 소켓을 사용하기 위해 딱히 뭔가를 먼저 해 줄 필요가 없다. 하지만 Winsock2는 명시적으로 초기화와 마무리를 해 주어야 한다. 이때 어느 버전의 라이브러리를 사용할지도 지정해야 한다. 윈도에서 소켓 라이브러리를 활성화하려면 WSAStartup() 함수를 호출한다.

```
int WSAStartup(WORD wVersionRequested, LPWSADATA lpWSAData);
```

wVersionRequested는 2바이트 워드로 하위 바이트는 주 버전 번호, 상위 바이트는 부 버전 번호를 각각 나타내며, 이것으로 원하는 Winsock 구현 버전을 선택할 수 있다. 이 책이 출간되는 시점에서 가장 높은 버전은 2.2로, 보통 MAKEWORD(2, 2)를 인자 값으로 넘겨주면 된다.

lpWSAData는 윈도 전용 구조체로서, WSAStartup()이 활성화된 라이브러리에 대한 정보로 값을 채워준다. 여기에는 선택된 구현 버전 정보 등이 포함되는데 버전은 대개 요청한 그대로 선택되므로 이 데이터를 군이 체크해 볼 필요는 없다.

WSAStartup()은 성공 시 0을 리턴하거나 아니면 에러 코드를 리턴한다. 에러 코드를 확인하면 초기화에 실패한 이유를 알 수 있다. WSAStartup() 호출이 실패한 경우 이후 대부분의 Winsock2 함수가 제대로 동작하지 않으니 유의하자.

라이브러리 사용을 종료하고 마무리하려면 WSACleanup() 함수를 호출한다.

```
int WSACleanup();
```

---

* 역주 Windows에서 소켓뿐만 아니라 표준 C++로 뭔가 구현해 보려는데 자꾸 이상한 에러가 난다면, WIN32_LEAN_AND_MEAN을 정의해 두었는지 확인해 보자.

WSACleanup()에는 파라미터가 없고 리턴값은 에러 코드이다. 프로세스가 WSACleanup()을 호출하면 현재 진행 중이던 모든 소켓 동작이 강제 종료되고 소켓 리소스는 모두 소멸된다. 따라서 Winsock을 마무리할 때 모든 소켓이 닫혀있고 사용이 끝났는지 확실히 해 두는 것이 좋다. WSAStartup()은 레퍼런스 카운트되므로 WSAStartup()을 호출한 횟수만큼 WSACleanup()을 호출해야 실제 마무리 작업이 일어난다.

플랫폼마다 에러를 통보하는 방식이 조금씩 다르다. 모든 플랫폼에서 대부분 함수는 에러 시 -1을 리턴한다. 윈도에서는 매직 넘버 -1 대신 SOCKET_ERROR를 사용하면 된다. -1만 가지고는 정확한 에러를 알 수 없으므로 Winsock2의 WSAGetLastError() 함수를 써서 에러의 원인을 알려주는 추가 에러 코드를 확인해야 한다.

```
int WSAGetLastError();
```

이 함수는 현재 실행 중인 스레드에서 마지막으로 발생한 에러 코드만 저장해 두므로, 소켓 라이브러리 함수의 결과로 -1을 받으면 즉시 확인해야 한다. 소켓 함수 하나가 실패한 상태에서 다른 소켓 함수를 연이어 호출하면 앞서 함수가 실패해버렸기 때문에 이후 호출도 실패할 수 있다. 하지만 이때 두 번째 호출로 인해 WSAGetLastError()의 리턴 값이 달라져 버려 원래 에러의 이유를 알 수 없게 된다.

POSIX 호환 라이브러리에도 비슷하게 상세 에러 정보를 조회하는 기능이 있다. 다만 POSIX 소켓 라이브러리는 별도의 함수를 따로 두지 않고 C 표준 라이브러리의 errno 전역 변수를 같이 사용한다. 이 에러 값을 확인하려면 errno.h를 인클루드해야 한다. 그러면 errno를 보통의 다른 전역 변수처럼 읽을 수 있다. WSAGetLastError()처럼 errno는 다른 소켓 또는 C 표준 함수를 호출할 때 덮어 쓰일 수 있으므로 에러를 감지한 시점에 즉시 확인해야 한다.

> *Tip* 소켓 라이브러리에서 대부분 플랫폼 독립적인 함수 이름은 소문자로만 되어 있다. 이를테면 socket() 함수가 그렇다. 하지만 윈도 전용 Winsock2 함수는 대문자로 시작하고 어떤 경우엔 WSA를 접두사로 붙여 이것이 비표준 함수라는 걸 드러낸다. 윈도용으로 개발할 때, 대문자를 쓰는 Winsock2 함수를 쓰는 부분을 따로 분리해 두면 나중에 크로스 플랫폼화할 때 POSIX 플랫폼으로 포팅하기가 수월해진다.

Winsock2 전용 추가 함수 중에 POSIX 버전의 버클리 소켓 라이브러리에선 지원하지 않는 기능도 있다. POSIX 호환 운영체제 중에는 POSIX 표준 함수 외에 저마다 전용 네트워크 함수를 제공하는 것도 있다. 표준 소켓 기능 정도면 일반적인 멀티플레이어 네트워크 게임을 개발하는 데 지장이 없으므로 이후 내용에선 표준 크로스 플랫폼 기능만 살펴보기로 한다. 예제 코드는 윈도 운영 체제를 대상으로 개발했지만, 여기서 사용하는 Winsock2 전용 함수는 오로지 초기화, 마무리, 에러 검사밖에 없다. 혹시 플랫폼별로 다른 부분이 있다면 그 부분은 따로 언급하기로 하겠다.

3.3 소켓 주소

모든 네트워크 계층 패킷에는 발신지 주소와 목적지 주소가 필요하다. 전송 계층 패킷은 여기에 더해 발신지 포트와 목적지 포트가 필요하다. 이 주소 정보를 소켓 라이브러리와 주고받기 위해 API에 sockaddr 자료형이 정의되어 있다.

```
struct sockaddr
{
    uint16_t sa_family;
    char     sa_data[14];
};
```

sa_family는 주소의 종류를 나타내는 상숫값이다. 소켓 주소를 소켓에 사용하려면 sa_family 값이 소켓을 만들 때 썼던 af 파라미터와 일치해야 한다. sa_data 필드에는 주소 패밀리에 따라 다양한 포맷의 주소를 담을 수 있어야 하므로 바이트의 배열로 되어 있다. 기술적으론 바이트 값을 직접 수작업으로 채워 넣을 수 있겠지만, 다양한 주소 패밀리의 메모리 레이아웃을 알아야 한다는 단점이 있다. 이를 보완하고자 API엔 널리 쓰는 주소 패밀리에 딱 맞게 정의된 전용 자료형이 있다. 소켓 API는 클래스나 다형성, 상속 같은 객체 지향 개념이 도입되기 전에 개발되었으므로, 주소를 요구하는 소켓 API 함수에 이들 자료형을 넘기려면 sockaddr형으로 직접 캐스팅해 주어야 한다. IPv4 패킷용 주소를 만들려면 sockaddr_in형을 사용한다.

```
struct sockaddr_in
{
    short        sin_family;
    uint16_t     sin_port;
    struct in_addr sin_addr;
    char         sin_zero[8];
};
```

sin_family는 메모리 레이아웃상 sockaddr의 sa_family와 같은 위치이며 같은 기능을 한다.

sin_port는 포트값을 16비트로 나타낸다.

sin_addr는 4바이트의 IPv4 주소를 나타낸다. in_addr 자료형은 소켓 라이브러리마다 조금씩 다르다. 어떤 플랫폼에선 그냥 4바이트 정수이다. 하지만 IPv4는 보통 4바이트 정수로 쓰기보다는, 마침표로 구분된 각 숫자를 네 개의 바이트로 쓰는 경우가 많다. 이 때문에 여러 플랫폼에서 여러 구조체를 유니온으로 감싸둔 구조체로 값을 지정할 수 있게 해 놓았다.

```
struct in_addr
{
  union
  {
    struct
    {
      uint8_t s_b1,s_b2,s_b3,s_b4;
    } S_un_b;
    struct
    {
      uint16_t s_w1,s_w2;
    } S_un_w;
    uint32_t S_addr;
  } S_un;
};
```

S_un 유니온 중 S_un_b 구조체의 값 s_b1, s_b2, s_b3, s_b4 필드에 값을 넣으면 사람이 읽기 쉬운 형태로 주소를 지정할 수 있다.

sin_zero는 사용하지 않으며 sockaddr_in 구조체의 크기를 sockaddr과 맞추기 위한 패딩값이다. 일관성 유지를 위해 값을 0으로 모두 채워야 한다.

> *Tip* 보통 BSD 소켓 구조체 중 하나를 초기화할 땐 항상 그 멤버를 0으로 memset()해 두는 것이 좋다.* 이렇게 하면 어떤 플랫폼에선 사용하지 않는 값이 다른 플랫폼에서 사용되면서 발생할 수 있는 이상한 문제를 미연에 방지할 수 있다.

IP 주소를 4바이트 정수로 지정하거나 포트 번호를 지정할 때, 이렇게 여러 바이트를 묶어서 쓰려면 TCP/IP 스택과 호스트 컴퓨터의 바이트 순서 체계가 서로 다를 수도 있다는 점에 유의해야 한다. 4장 객체 직렬화(133쪽)에서 플랫폼마다 바이트 순서가 어떤 식으로 다를 수 있는지 자세히 알아보겠지만, 일단은 소켓 주소 구조체에서 여러 바이트로 된 숫자를 호스트의 순서가 아닌 네트워크의 순서 체계로 변환해야 한다는 것 정도만 알아두자. 이렇게 변환하려면 소켓 API에서 제공하는 htons()와 htonl() 함수를 사용한다.

```
uint16_t htons(uint16_t hostshort);
uint32_t htonl(uint32_t hostlong);
```

htons()는 부호 없는 16비트 정수를 받아 호스트의 네이티브 바이트 순서에서 네트워크 바이트 순서로 변환한다. htonl()은 같은 변환을 32비트 정수에 대해 수행한다.

---

* 역주 POD이므로 C++11식 초기화도 좋다. 예 sockaddr_in sin { };

호스트의 바이트 순서와 네트워크의 바이트 순서가 같은 플랫폼에선, 이들 함수가 아무런 동작도 하지 않는다. 최적화를 켜면 컴파일러가 이를 인지하여 아예 함수 호출 자체가 없는 것처럼 코드를 전혀 생성하지 않는다. 바이트 순서가 다른 플랫폼에선 주어진 값의 바이트가 뒤집혀서 리턴되는데, 순서가 바뀌었을 뿐 의미하는 값 자체는 똑같다. 이런 플랫폼에서 디버깅하다 보면, 값을 분명히 제대로 넣은 sockaddr_in 구조체의 sa_port 필드 값이 원래 지정한 포트 번호가 아닌 다른 값인 것처럼 보이는데, 이는 바이트 순서가 뒤집힌 채로 디버거가 십진수로 보여주기 때문이지, 틀린 값이 들어 있는 것은 아니니 혼동하지 말자.

패킷을 수신하는 등 몇몇 경우엔, 소켓 라이브러리가 sockaddr_in 구조체 내용을 채워 주는 경우도 있다. 이때 sockaddr_in의 각 필드는 아직 네트워크 바이트 순서로 채워져 있으므로, 이를 읽어서 올바른 값으로 사용하려면 ntohs()와 ntohl()를 호출해 도로 호스트 바이트 순서로 변환해 주어야 한다.

```
uint16_t ntohs(uint16_t networkshort);
uint32_t ntohl(uint32_t networklong);
```

이들 함수의 동작 원리는 반대 역할의 htons(), htonl()과 같다.

앞서 다룬 기술들을 한데 묶어 연습해 보면 코드 3-1처럼 소켓 주소를 만들고 IP 주소는 65.254.248.180, 포트는 80번으로 지정할 수 있다.

코드 3-1 sockaddr_in 구조체 초기화하기

```
sockaddr_in myAddr;
memset(myAddr.sin_zero, 0, sizeof(myAddr.sin_zero));
myAddr.sin_family = AF_INET;
myAddr.sin_port = htons(80);
myAddr.sin_addr.S_un.S_un_b.s_b1 = 65;
myAddr.sin_addr.S_un.S_un_b.s_b2 = 254;
myAddr.sin_addr.S_un.S_un_b.s_b3 = 248;
myAddr.sin_addr.S_un.S_un_b.s_b4 = 180;
```

Note ≡ 어떤 플랫폼은 sockaddr에 추가 필드를 두어 구조체의 길이를 지정하게 하는 것도 있다. 미래에 더 길어진 sockaddr 구조체를 사용하고자 하는 의도이다. 이런 플랫폼에선 그 필드에 구조체의 sizeof() 값을 담아주면 된다. macOS의 예를 들면, sockaddr_in myAddr이 있다고 할 때, myAddr.sin_len = sizeof(myAddr);로 해 주면 된다.*

---

* [역주] macOS에서 sockaddr_in은 여전히 16바이트인데, sin_len이 추가된 대신 sin_family가 1바이트로 줄었다. sockaddr 구조체도 마찬가지로 1바이트 sa_len이 추가된 대신 sa_family가 uint8이다.

3.3.1 자료형 안전성

소켓 라이브러리는 자료형 안전성(type safety)에 대해선 처음부터 별다른 고민 없이 구현된 상태이다. 따라서 소켓 기본 자료형과 함수를 객체 지향 형태로 감싸두도록 애플리케이션 수준에서 구현해 두면 유용하다. 또한, 이렇게 해서 특정 소켓 API에 고착되지 않도록 관련 코드를 게임에서 분리할 수 있으므로 훗날 소켓 라이브러리를 다른 네트워킹 라이브러리로 교체하고자 할 때도 도움이 된다. 이 책에서도 여러 구조체와 함수를 래핑(wrapping, 감싸두기)해 두는데, 올바른 API 사용법을 예시하는 한편으로 독자 여러분이 코드 작성에 활용할 수 있는 프레임워크를 보다 자료형 안전성이 확보된 형태로 제공하기 위함이다.

코드 3-2 자료형 안정성이 확보된 SocketAddress 클래스

```
class SocketAddress
{
public:
    SocketAddress(uint32_t inAddress, uint16_t inPort)
    {
        GetAsSockAddrIn()->sin_family = AF_INET;
        GetAsSockAddrIn()->sin_addr.S_un.S_addr = htonl(inAddress);
        GetAsSockAddrIn()->sin_port = htons(inPort);
    }

    SocketAddress(const sockaddr& inSockAddr)
    {
        memcpy(&mSockAddr, &inSockAddr, sizeof(sockaddr));
    }

    size_t GetSize() const { return sizeof(sockaddr); }

private:
    sockaddr mSockAddr;

    sockaddr_in* GetAsSockAddrIn()
    {
        return reinterpret_cast<sockaddr_in*>(&mSockAddr);
    }
};

using SocketAddressPtr = shared_ptr<SocketAddress>;
```

SocketAddress 클래스에는 생성자가 두 개 있다. 첫째 것은 4바이트 IP 주소와 포트 번호를 받아 이를 내부 sockaddr 구조체의 값으로 채운다. 생성자는 주소 패밀리를 AF_INET으로 항상 지정하는데, 인자 자체가 IPv4 주소 체계일 때만 의미 있는 것이기 때문이다. IPv6를 지원하려면 다른 생성자를 하나 더 만들어 거기서 해당 값을 지정하면 된다.

둘째 생성자는 네이티브 sockaddr 구조체를 받아 내부 mSockAddr 필드에 복사한다. 네트워크 API가 sockaddr을 리턴했는데 이를 SocketAddress 객체로 래핑하고 싶을 때 유용하다.

GetSize() 함수는 내부의 sockaddr 길이를 넘겨야 하는 함수에 일일이 sizeof 코드를 쓰지 않아도 되도록 도와주는 함수이다.

맨 마지막의 소켓 주소에 대한 shared_ptr를 using으로 별칭 선언해 두면 여러 곳에서 소켓 주소를 공유해서 써야 할 때 메모리 정리를 신경 쓸 필요가 없어서 편리하다. 여기에 구현한 SocketAddress 클래스는 최소한의 기능만 감싸둔 것이지만, 이것을 시작점으로 해서 이후 예제에서 필요로 하는 기능을 추가하며 점점 살을 붙여갈 것이다.

3.3.2 문자열로 sockaddr 초기화하기

소켓 주소 구조체에 IP 주소와 포트값을 하나씩 채워 넣는 것은 번거로운 작업이다. 특히 프로그램이 설정 파일이나 명령줄에서 문자열을 받아온 경우 더욱 그렇다. 문자열을 sockaddr로 변환해야 하는 경우 POSIX 계열 시스템은 inet_pton() 함수를, 윈도에선 InetPton() 함수를 쓰면 이 작업을 편하게 할 수 있다.*

```
int inet_pton(int af, const char* src, void* dst);
int InetPton(int af, const PCTSTR src void* dst);
```

두 함수 모두 주소 패밀리를 받는데, AF_INET이나 AF_INET6를 지정하면 된다. src에는 문자열로 된 IP 주소를 넘기며, 이는 널 종료 문자열로, 마침표로 구분된 주소이어야 한다. dst에는 변환된 sin_addr 주소 필드의 포인트를 넘겨야 한다. 성공 시 1이 리턴되며, 문자열을 해석할 수 없는 경우 0, 그 외에 시스템 에러인 경우 -1이 리턴된다. 코드 3-3에 InetPton() 함수**로 sockaddr을 초기화하는 예제를 실었다.

코드 3-3 InetPton으로 sockaddr 초기화하기

```
sockaddr_in myAddr;
myAddr.sin_family = AF_INET;
myAddr.sin_port = htons(80);
InetPton(AF_INET, "65.254.248.180", &myAddr.sin_addr);
```

---

* 역주 p-to-n은 presentation to network를 뜻한다.

** 역주 inet_pton 또는 InetPton은 Windows 비스타부터 지원하므로 주의하자. 아직도 XP를 지원해야 하는 경우, 구글링해보면 다행히 WSAStringToAddress로 대체 구현할 방법을 찾을 수 있다.

inet_pton() 함수는 사람이 읽을 수 있는 IP 주소 문자열을 이진 IP 주소로 변환해 주기는 하지만, 오직 IP 주소 형태의 문자열만 처리할 수 있다. 즉, 도메인 네임이나 DNS 조회(lookup) 등은 수행하지 않는다. DNS 질의(query)를 수행해 도메인 네임을 IP 주소로 변환하고 싶다면 getaddrinfo() 함수를 사용한다.

```
int getaddrinfo(const char* hostname, const char* servname,
    const addrinfo* hints, addrinfo** res);
```

hostname은 널 종료 문자열로 도메인 조회를 할 이름 문자열을 가리켜야 한다. 예를 들면 "live-shore.herokuapp.com" 같은 문자열이다.

servname엔 포트 번호 또는 서비스 이름을 널 종료 문자열로 지정해야 하는데, 예를 들어 "80"이나 "http"를 지정하면 포트 80번에 해당하는 sockaddr_in을 얻을 수 있다.

hints엔 호출자가 어떤 정보를 받고 싶은지를 기재해 둔 addrinfo 구조체의 포인터를 넘긴다. 원하는 주소 패밀리나 다른 요구 사항을 지정해 호출할 수 있으며, 그냥 모든 결과를 받으려는 경우엔 nullptr를 넘기면 된다.

결과는 res로 지정한 포인터 주소로 반환되는데, 여러 개의 결과가 있을 수 있으므로 연결 리스트로 반환되며 res는 그 첫째 원소가 된다. addrinfo 구조체에 DNS 서버의 조회 결과가 담겨 오는데 그 내용은 다음과 같다.

```
struct addrinfo
{
    int        ai_flags;
    int        ai_family;
    int        ai_socktype;
    int        ai_protocol;
    size_t     ai_addrlen;
    char*      ai_canon_name;
    sockaddr*  ai_addr;
    addrinfo*  ai_next;
};
```

ai_flags, ai_socktype, ai_protocol은 hint에 요구 사항을 정의할 때 사용한다. 결과에는 사용하지 않으며 무시해도 된다.

ai_family는 addrinfo에 관련된 주소 패밀리를 나타낸다. AF_INET이면 IPv4이고 AF_INET6이면 IPv6 주소가 된다.

ai_addrlen는 ai_addr이 가리키는 sockaddr의 길이 값이다.

ai_canonname은 리졸브된 호스트명의 대표 이름(canonical name, CNAME)을 담는다. 애초 호출 시 hints로 ai_flags 필드에 AI_CANONNAME 플래그를 설정하여 된 경우에만 사용된다.

ai_addr은 해당 주소 패밀리의 sockaddr을 담고 있다. 이 주소는 getaddrinfo() 호출 시 지정한 hostname과 servname, 즉 호스트명과 포트 조합이 가리키는 주소를 나타낸다.

ai_next는 연결 리스트상 다음 addrinfo를 가리킨다. 하나의 도메인 네임이 여러 IPv4 및 IPv6 주소를 가리킬 수 있으므로 원하는 sockaddr을 찾을 때까지 연결 리스트를 순회해야 한다. 이렇게 하는 대신 hint로 ai_family를 지정해 주면 원하는 주소 패밀리의 것들만 받을 수 있다. 마지막 항목의 ai_next는 nullptr가 되어 마지막임을 나타낸다.

getaddrinfo()가 addrinfo 구조체를 반환할 때, 자체적으로 메모리를 할당해 주므로, 반환된 연결 리스트의 내용을 다 꺼내 쓴 다음엔 호출자가 직접 freeaddrinfo()를 호출해 메모리를 해제해 주어야 한다.

```
void freeaddrinfo(addrinfo* ai);
```

이때 반드시 ai에 getaddrinfo()에서 받은 맨 첫 번째 addrinfo를 넘겨주어야 한다. 그래야 함수 내부에서 스스로 연결 리스트를 순회하며 모든 addrinfo 노드와 그에 관련된 버퍼를 해제해 준다.

호스트 네임을 IP 주소로 리졸브(resolve), 즉 해석하기 위해, getaddrinfo() 함수는 운영체제에 설정된 대로 DNS 프로토콜 패킷을 만든 다음 UDP나 TCP로 DNS 서버에 보내게 된다. 이후 응답받기를 기다렸다 파싱해서 addrinfo 구조체의 연결 리스트를 만들어 이것을 호출자에게 돌려준다. 이 과정에서 원격 호스트에 정보를 보내고 받는 단계가 포함되므로 시간이 많이 지체될 수 있다. 몇 밀리초 내에 끝나는 경우도 있지만, 대개의 경우 초 단위의 지연이 수반될 수 있다. getaddrinfo()에는 비동기 동작을 하게끔 하는 옵션이 없으므로 호출 스레드는 응답을 받을 때까지 마냥 블로킹되어야 있어야 한다. 이는 사용자 입장에서 바람직하지 않으므로 호스트네임을 IP 주소로 리졸브할 일이 있다면, getaddrinfo()가 메인 스레드를 붙잡고 있지 않도록 별도의 스레드에서 돌리는 방안을 생각해야 한다. 윈도에선 대신 전용 함수인 GetAddrInfoEx()를 쓸 수 있는데 여기에는 스레드를 따로 만들지 않아도 비동기식으로 동작하게 하는 옵션이 있다.

이제 코드 3-4와 같이 getaddrinfo() 기능을 SocketAddressFactory 클래스에 깔끔하게 캡슐화할 수 있다.

코드 3-4 SocketAddressFactory를 써서 네임 리졸루션하기

```
class SocketAddressFactory
{
public:
```

```cpp
static SocketAddressPtr CreateIPv4FromString(const string& inString)
{
    auto pos = inString.find_last_of(':');
    string host, service;
    if (pos != string::npos)
    {
        host = inString.substr(0, pos);
        service = inString.substr(pos + 1);
    }
    else
    {
        // 포트가 지정되지 않았으므로 디폴트를 사용함
        host = inString;
        service = "0";
    }
    addrinfo hint;
    memset(&hint, 0, sizeof(hint));
    hint.ai_family = AF_INET;

    addrinfo* result = nullptr;
    int error = getaddrinfo(host.c_str(), service.c_str(),
        &hint, &result);
    addrinfo* initResult = result;

    if (error != 0 && result != nullptr)
    {
        freeaddrinfo(initResult);
        return nullptr;
    }

    while (!result->ai_addr && result->ai_next)
    {
        result = result->ai_next;
    }

    if (!result->ai_addr)
    {
        freeaddrinfo(initResult);
        return nullptr;
    }

    auto toRet = std::make_shared<SocketAddress>(*result->ai_addr);

    freeaddrinfo(initResult);
    return toRet;
}
};
```

SocketAddressFactory엔 하나의 스태틱 멤버 함수가 있어 이것으로 주어진 문자열에 대한 SocketAddress를 생성할 수 있다. 이 문자열은 호스트 이름과 포트를 나타내는 것이다. 이 함수는 SocketAddressPtr를 리턴하는데 이름이 잘못되어 있는 등 경우엔 nullptr를 리턴하게 되어 있다. SocketAddress 생성자 대신 이렇게 별도의 스태틱 멤버 함수로 구현하면 이같이 잘못된 경우에 예외를 던지지 않고도 적절히 처리하는 것이 가능하다. 즉, CreateIPv4FromString()이 널이 아닌 포인터를 리턴한다면 이것은 확실히 유효한 SocketAddress 객체인 셈이며, 어떤 경우에도 잘못 초기화된 객체가 존재할 가능성이 없는 것이다.

이 함수는 우선 이름에서 콜론을 찾아 포트 번호를 분리한다. 다음 hint로 쓸 addrinfo 구조체를 만들어, IPv4 결과만 리턴되도록 한다. 이들 인자를 getaddrinfo()에 넘긴 뒤 리스트를 순회하여 널이 아닌 주소를 찾는다. 찾은 주소를 뽑아 SocketAddress의 적당한 생성자로 객체를 생성한 뒤 리스트는 해제한다. 중도에 문제가 생기면 널을 리턴한다.

3.3.3 소켓 바인딩하기

운영체제에 어떤 소켓이 특정 주소와 전송 계층 포트를 쓰겠다고 알려주는 절차를 일컬어 바인딩(binding)이라 한다. 소켓에 어떤 주소와 포트를 직접 바인딩하려면 bind() 함수를 호출한다.

```
int bind(SOCKET sock, const sockaddr* address, int address_len);
```

sock은 바인딩할 소켓으로, 앞서 socket() 함수로 만든 것이다.

address는 소켓을 바인딩할 주소이다. 이는 패킷을 보낼 주소와는 전혀 상관이 없음을 알아두자. 목적지를 가리키는 것이 아니라 이 소켓으로 보내는 패킷의 발신지, 즉 회신 주소를 밝혀 두는 것이라 생각하면 된다. 어차피 보내는 패킷의 회신 주소는 모두 이 호스트의 주소일 텐데 왜 군이 회신 주소를 정하는지 의아할 수도 있겠다. 그 이유는 바로 호스트에 여러 개의 네트워크 인터페이스가 장착되어 있는 경우도 있으며, 이들 각각 저마다의 IP 주소가 있기 때문이다.

바인딩 시 특정 주소를 지정하면 소켓이 어느 네트워크 인터페이스를 사용할지 명시할 수 있다. 이는 호스트가 라우터나 네트워크 사이의 브릿지로 사용되는 경우 유용하다. 인터페이스마다 연결된 네트워크가 완전히 다를 수 있기 때문이다. 그렇지만 멀티플레이어 게임 용도로 보면 네트워크 인터페이스가 어느 것인지는 대개 중요치 않고, 오히려 호스트에 장착된 모든 네트워크 인터페이스의 IP 주소의 해당 포트에 몽땅 바인딩하는 것이 바람직할 때가 많다. 이렇게 하려면 바인딩할 주소로 sockaddr_in의 sin_addr 필드에 INADDR_ANY 매크로 값*을 넣어주면 된다.

---

*   역주 IPv4 주소 0.0.0.0과 동일하다.

address_len에는 주소로 넘긴 sockddr의 길이를 넣어주어야 한다. bind() 함수는 성공 시 0을, 실패 시 -1을 리턴힌다.

소켓에 sockaddr을 바인딩하는 건 두 가지를 의미한다. 첫째, 운영체제가 이 주소와 포트를 목적지로 발신된 패킷을 수신하면 운영체제는 이제 이 소켓으로 넘겨준다. 둘째, bind()에서 지정한 주소 및 포트를 이 소켓을 통해 나가는 패킷의 네트워크 계층과 전송 계층 헤더의 발신 주소와 포트로 운영체제가 쓰게 된다.

일반적으로 주소와 포트 쌍 하나당 하나의 소켓만 바인딩할 수 있다. 이미 사용되고 있는 주소와 포트 조합에 바인딩을 시도하면 bind() 함수가 에러를 리턴할 것이다. 이 경우 아직 사용 중이지 않은 포트를 찾을 때까지 반복해서 여러 포트에 바인딩을 시도해 보아야 한다. 보다 효율적으로 하려면 bind() 호출 시 포트에 0을 지정하면 된다. 그러면 라이브러리가 자동으로 사용 중이지 않은 포트 하나를 골라 바인딩해 준다.

데이터를 전송하거나 수신하려면 반드시 소켓이 바인딩되어 있어야 한다. 만일 아직 바인딩되지 않은 소켓으로 데이터를 보내려 하면 네트워크 라이브러리는 먼저 자동으로 남아 있는 포트에 소켓을 바인딩해 준다. 따라서 주소와 포트를 확실히 고정해두려는 것이 아니라면 굳이 바인딩할 필요가 없다. 단, 외부에 공표한 주소와 포트로 패킷을 받아야 하는 서버를 만들 때는 바인딩이 필요할 것이다. 클라이언트를 만들 때는 굳이 바인딩할 필요가 없는데, 패킷을 처음 보낼 때 주소와 포트를 자동으로 운영체제가 선택해 주기 때문이다. 나중에 회신을 받을 때도 그 주소와 포트로 받게 된다.

3.4 UDP 소켓

UDP 소켓은 만든 즉시 데이터를 보낼 수 있다. 바인딩하지 않은 상태라면 네트워크 모듈이 동적 포트 범위에 남아 있는 포트를 자동으로 찾아 바인딩해 준다. 데이터를 보내려면 sendto() 함수를 사용한다.

```
int sendto(SOCKET sock, const char* buf, int len, int flags,
    const sockaddr* to, int tolen);
```

sock은 데이터그램을 보낼 소켓이다. 바인딩되지 않았다면 라이브러리가 자동으로 포트를 골라 바인딩해 준다. 바인딩한 주소와 포트는 외부로 나가는 패킷 헤더의 발신자 주소가 된다.

buf는 보낼 데이터의 시작 주소를 가리키는 포인터이다. char*형의 데이터만 보낼 수 있는 건 아니다. char*로 캐스팅할 수 있다면 어떤 것이든 데이터로 보낼 수 있다. 어쩌면 void*가 더 어울리는 인자형일 수 있겠다. 비슷한 인자형이 다른 함수에도 등장하는 데, 마찬가지로 이런 규칙으로 이해해 두기로 하자.

len은 데이터의 길이다. 기술적으로 UDP 데이터그램의 최대 길이는 8바이트 헤더를 포함해 65,535바이트인데, 헤더의 길이 필드가 16비트이기 때문이다. 그렇지만 분열 없이 보낼 수 있는 패킷의 최대 길이는 링크 계층의 MTU로 결정된다는 것을 상기하자. 이더넷의 MTU는 1,500바이트인데, 이조차도 전부 게임 데이터의 페이로드로 쓸 수 있는 건 아니고 여러 계층의 헤더와 여타 패킷 래퍼를 포함할 수 있게 공간이 필요하다. 따라서 분열을 피하려면 데이터그램의 길이는 1,300바이트 이내로 해야 한다는 걸 명심하자.

flags는 데이터 전송을 제어하는 비트 플래그이다. 대부분 게임 코드에선 0으로 둔다.

to는 수신자의 목적지를 가리키는 sockaddr이다. 여기의 주소 패밀리는 소켓을 만들 때 지정한 주소 패밀리와 일치해야 한다. 이 인자에 설정한 주소와 포트가 IP 헤더와 UDP 헤더로 복사되어 패킷의 IP 주소 및 UDP 포트가 된다.

tolen은 sockaddr의 길이를 지정한다. IPv4에선 그냥 sizeof(sockaddr_in)을 넣어준다.

동작이 성공하면 sendto() 함수는 송신 대기열에 넣은 데이터의 길이를 리턴한다. 이외의 경우 -1을 리턴한다. 양수 값이 리턴되었다 해서 데이터그램 전송이 완료되었다는 것은 아니며, 네트워크 모듈의 전송 대기열에 지금 막 등록되었다는 정도로 이해해야 한다.

UDP 소켓으로 데이터를 받으려면 별다른 절차 없이 recvfrom() 함수를 호출한다.

```
int recvfrom(SOCKET sock, char* buf, int len, int flags,
    sockaddr* from, int* fromlen);
```

sock은 데이터를 받으려는 소켓이다. 별다른 옵션을 설정하지 않은 경우, 소켓에 아직 수신된 데이터그램이 없으면 스레드가 블로킹되어 데이터그램을 수신할 때까지 기다린다.

buf는 수신한 데이터그램을 복사해 넣을 버퍼를 가리킨다. 별도 플래그를 설정하지 않는 한, 데이터그램이 recvfrom() 호출을 통해 버퍼에 복사되고 나면, 소켓 라이브러리는 그 사본을 따로 보관해 두지 않는다.

len에 buf 인자가 담을 수 있는 최대 바이트 길이를 지정한다. 버퍼 오버플로 에러를 방지하기 위해 recvfrom()은 여기에 지정된 숫자 이상의 바이트는 복사하지 않는다. 수신된 데이터그램 중 버퍼가 모자라 잘린 부분은 그냥 버려지므로, 예상되는 최대 길이로 버퍼 공간을 넉넉히 잡도록 하자.

flag는 데이터 수신을 제어하는 비트 플래그이다. 대부분 게임 코드에서 이 값은 0이면 충분하다. 가끔 쓸모 있는 플래그는 MSG_PEEK 플래그이다. 이 플래그를 지정하면 수신된 데이터그램을 buf에 복사한 다음 데이터그램을 입력 대기열에서 제거하지 않는다. 이렇게 하면 다음번 recvfrom( ) 호출에서 더 큰 버퍼를 할당해 같은 데이터그램을 다시 받아볼 수 있다.

from은 sockaddr 구조체의 포인터로, recvfrom( ) 함수가 데이터를 받았을 때 그 발신자의 주소와 포트를 채워줄 곳을 가리킨다. 이 구조체 값은 미리 초기화해 둘 필요가 없다. 이 부분을 오해하기 쉬운데, 여기에 주소를 넣어서 호출해도 그 주소에다 데이터를 보내 달라고 요청하는 것이 아니다. 그런 일은 가능하지 않다. UDP는 여러 발신자가 하나의 주소와 포트 조합에 패킷을 보낼 수 있으므로, 각각의 데이터그램이 어느 발신자로부터 수신되었는지 확인하는 용도로 이 파라미터에 주소와 포트를 채워 주는 것일 뿐이다.

fromlen은 위의 from 인자의 길이를 반환해 줄 정수 포인터이다. recvfrom( ) 함수가 from을 채울 일이 없었다면 fromlen 또한 채우지 않는다.

수행이 성공하면 recvfrom( ) 함수는 buf에 복사한 바이트의 길이를 리턴한다. 에러가 있었다면 −1을 리턴한다.

3.4.1 자료형 안전성을 보강한 UDP 소켓

코드 3-5에 자료형 안전성을 보강한 UDPSocket 클래스를 구현하였는데, 주소를 바인딩하고 데이터그램을 송수신하는 기능이 구현되어 있다.

코드 3-5 자료형 안전성을 보강한 UDPSocket 클래스

```
class UDPSocket
{
public:
    ~UDPSocket();
    int Bind(const SocketAddress& inToAddress);
    int SendTo(const void* inData, int inLen, const SocketAddress& inTo);
    int ReceiveFrom(void* inBuffer, int inLen, SocketAddress& outFrom);

private:
    friend class SocketUtil;
    UDPSocket(SOCKET inSocket) : mSocket(inSocket) {}
    SOCKET mSocket;
};

using UDPSocketPtr = shared_ptr<UDPSocket>;

int UDPSocket::Bind(const SocketAddress& inBindAddress)
```

```
{
    int err = bind(mSocket,
        &inBindAddress.mSockAddr, inBindAddress.GetSize());

    if (err == 0)
        return NO_ERROR;

    SocketUtil::ReportError(L"UDPSocket::Bind");
    return SocketUtil::GetLastError();
}

int UDPSocket::SendTo(
    const void* inData, int inLen,
    const SocketAddress& inTo)
{
    int byteSentCount = sendto(
        mSocket,
        static_cast<const char*>(inData),
        inLen,
        0, &inTo.mSockAddr, into.GetSize());

    if (byteSentCount >= 0)
        return byteSentCount;

    // 에러 코드를 음수로 리턴함
    SocketUtil::ReportError(L"UDPSocket::SendTo");
    return -SocketUtil::GetLastError();
}

int UDPSocket::ReceiveFrom(
    void* inBuffer, int inMaxLength,
    SocketAddress& outFrom)
{
    int fromLength = outFromAddress.GetSize();
    int readByteCount = recvfrom(
        mSocket,
        static_cast<char*>(inBuffer),
        inMaxLength,
        0, &outFromAddress.mSockAddr,
        &fromLength);

    if (readByteCount >= 0)
        return readByteCount;

    SocketUtil::ReportError(L"UDPSocket::ReceiveFrom");
    return -SocketUtil::GetLastError();
}

UDPSocket::~UDPSocket()
{
    closesocket(mSocket);
}
```

UDPSocket 클래스에는 세 개의 멤버 함수가 있다. Bind(), SendTo(), ReceiveFrom()이 그것이다. 각각 앞서 구현한 SocketAddress 클래스를 활용하고 있다. SocketAddress 내부에 private으로 선언된 sockaddr 멤버 변수에 접근하기 위해선 SocketAddress는 UDPSocket을 friend 클래스로 선언해 두어야 한다. 이 방식으로 구현하면 모듈 외부에서는 sockaddr을 직접 수정할 수 없지만 모듈 안에서는 자유롭게 이용이 가능하며, 구현도 편해지고 종속성이나 잠재적인 오류도 줄일 수 있어서 좋다.

객체 지향 래퍼 클래스의 장점 중 하나는 바로 소멸자를 만들 수 있다는 것이다. 여기서 ~UDPSocket() 소멸자는 내부 소켓을 자동으로 닫아주어 소켓이 누수되지 않도록 한다.

코드 3-5의 UDPSocket 코드는 오류 보고 용도로 SocketUtil 클래스를 사용한다. 이렇게 오류 보고 코드를 별개로 두어 사용하면 오류 처리 방식을 조정하기 쉬워지며, 플랫폼마다 서로 다른, 예를 들어 윈도의 WSAGetLastError()와 다른 플랫폼의 errno 등 에러 코드 체계를 통합하기 편해진다.

이 코드에는 사용자가 직접 UDPSocket을 만들 수 있는 함수가 없다. UDPSocket의 생성자는 private이다. SocketAddressFactory와 비슷한 패턴으로, 어떤 UDPSocket 객체가 있다면 그 mSocket은 반드시 살아 있는 것이게 된다.* UDPSocket을 만들려면 코드 3-6의 SocketUtil::CreateUDPSocket() 함수를 호출하여 만드는데, 이 함수는 내부의 소켓 생성 동작이 성공해야만 객체를 리턴해 준다.

코드 3-6 UDPSocket 객체 생성하기

```
enum SocketAddressFamily
{
    INET = AF_INET,
    INET6 = AF_INET6
};


UDPSocketPtr SocketUtil::CreateUDPSocket(SocketAddressFamily inFamily)
{
    SOCKET s = socket(inFamily, SOCK_DGRAM, IPPROTO_UDP);
    if (s != INVALID_SOCKET)
        return UDPSocketPtr(new UDPSocket(s));

    ReportError(L"SocketUtil::CreateUDPSocket");
    return nullptr;
}
```

---

* 역주 UDPSocket에 명시적인 Close() 함수가 없는 것도 같은 이유이다.

3.5 TCP 소켓

UDP는 내부 상태가 없고 연결을 유지하지 않으며 신뢰성을 보장하지 않는다. 따라서 호스트마다 하나의 소켓만 있으면 데이터그램을 보내고 받기를 다 할 수 있다. 반면 TCP는 신뢰성을 보장하며, 데이터를 주고받기 위해 두 호스트 사이에 연결을 맺어 두어야 한다. 추가로, 누락된 패킷을 재전송하기 위해 상태 정보를 유지하고 이를 어딘가 저장해 두어야 한다. 버클리 소켓 API에선 socket 자체에 그 연결 정보를 기록하는데, 이는 곧 호스트가 각 TCP 연결마다 별개의 독자적 소켓을 하나씩 유지해야 한다는 뜻이다.

TCP에서 클라이언트와 서버 사이에 연결을 초기 수립하려면 3-웨이 핸드셰이킹을 거쳐야 한다. 서버가 핸드셰이킹 첫 단계를 받으려면, 먼저 소켓을 만들어 두고 이 소켓을 특정 포트에 바인딩한 뒤 들어오는 핸드셰이킹을 리스닝(listening)해야 한다. socket( )으로 소켓을 만들고 bind( )로 바인딩 후, listen( )으로 리스닝을 시작한다.

```
int listen(SOCKET sock, int backlog);
```

sock은 리스닝 모드에 둘 소켓을 가리킨다. 소켓이 리스닝 모드에 있으면 외부에서 들어오는 TCP 핸드셰이킹 첫 단계 요청을 받아 이를 대기열에 저장해 둔다. 이후 프로세스가 accept( )를 호출하면 저장해 둔 연결 요청의 그다음 핸드셰이킹 단계를 속행한다.

backlog에는 들어오는 연결을 대기열에 둘 최대 숫자를 지정한다. 대기열이 가득 차면 그 이후로 들어오려는 연결은 끊어진다. 기본값을 사용하려면 SOMAXCONN을 넣어주자.

이 함수는 성공 시 0을, 에러가 있으면 -1을 리턴한다.

들어오는 연결을 받아 TCP 핸드셰이킹을 계속 진행하려면 accept( )를 호출한다.

```
SOCKET accept(SOCKET sock, sockaddr* addr, int* addrlen);
```

sock은 리스닝 모드의 소켓으로, 여기서 들어오는 요청을 받게 된다.

addr은 accept( ) 함수가 연결을 요청하는 원격 호스트의 주소를 채워줄 sockaddr 구조체 포인터이다. recvfrom( ) 함수 때와 마찬가지로 이 구조체는 미리 초기화해 줄 필요가 없으며 accept( )의 동작을 제어하는 기능도 없다. 수락된 연결의 주소를 받는 용도로만 사용된다.

addrlen은 addr 버퍼의 포인터 길이를 반환하는 용도로 사용된다. 역시 addr 내용이 채워질 때만 그 길이가 addrlen에 채워진다.

accept()가 성공하면 내부적으로 새 소켓이 만들어져 리턴되며 이 소켓은 이후 그 원격 호스트와 통신하는 용도로 쓸 수 있다. 새 소켓은 리스닝 소켓과 같은 포트에 바인딩된다. 한 포트에 여러 소켓이 바인딩되는 셈인데, 운영체제가 그 포트를 목적지로 하는 패킷을 받으면 그 발신자 주소와 포트를 보고 어느 소켓으로 보낼지 결정한다. TCP는 연결된 각 원격 호스트마다 소켓을 하나씩 가지고 있어야 한다는 사실을 기억해 두자.

accept()가 리턴한 새 소켓은 연결이 수립된 원격 호스트에 대응된다. 여기에 원격 호스트의 주소와 포트가 기록되어 있고, 이 호스트로 보내는 패킷 전부가 저장되어 있어 나중에 누락이 발생한 경우 재전송 용도로 사용된다. 해당 원격 호스트와 통신하려면 오로지 이 소켓을 이용해야 한다. 절대로 리스닝 모드에 들어간 원래 소켓을 데이터를 보내는 수단으로 사용해서는 안 된다. 어차피 보내지지도 않는데, 리스닝 소켓이 실제로 연결된 곳은 어디에도 없기 때문이다. 리스닝 소켓은 새로 들어오는 연결 요청을 마중하여 이를 전담해 줄 새로운 소켓을 만들어 주는 역할만 할 뿐이다.

디폴트로 accept()가 아직 받아줄 연결이 없는 상태라면, 호출 스레드를 블로킹 걸어 새 연결이 들어오거나 시간이 초과될 때까지 기다린다.

서버가 리스닝 및 연결을 처리하는 절차와 거기에 접속하는 클라이언트의 절차가 서로 일대일 대칭 관계는 아니다. 서버는 listen() 상태에서 accept()를 호출해 접속을 기다려야 하지만 클라이언트는 소켓을 만든 다음 connect()만 호출하면 된다. 그러면 바로 해당 원격 서버에 접속해 핸드셰이킹 절차를 시작하게 된다.

```
int connect(SOCKET sock, const sockaddr* addr, int addrlen);
```

sock은 연결에 사용하고자 하는 소켓이다.

addr은 연결하고자 하는 원격 호스트의 주소를 가리키는 포인터이다.

addrlen은 addr 인자의 길이이다.

성공 시 connect()는 0을 리턴하고 에러가 있는 경우 -1을 리턴한다.

connect()를 호출하면 최초 SYN 패킷을 대상 호스트에 전송하여 TCP 핸드셰이킹을 개시한다. 원격 호스트에 해당 포트로 바인딩한 리스닝 모드 소켓이 있는 경우, 서버 원격 호스트는 accept()를 호출해 이 핸드셰이킹을 처리한다. 별다른 옵션을 지정하지 않으면 connect() 호출 시 호출 스레드는 연결이 수락되거나 시간이 초과될 때까지 블로킹된다.

3.5.1 연결된 소켓으로 데이터 보내고 받기

연결된 TCP 소켓은 원격 호스트의 주소 정보를 간직하고 있다. 덕분에 호출자는 매 데이터 전송 시마다 주소 정보를 일일이 넘겨주지 않아도 된다. TCP 소켓으로 데이터를 전송할 때는 sendto( ) 대신 send( ) 함수를 호출한다.

```
int send(SOCKET sock, const char* buf, int len, int flags);
```

sock은 데이터를 보내는 데 사용할 소켓이다.

buf는 스트림에 기록할 데이터가 담긴 버퍼이다. UDP와 달리 buf는 데이터그램이 아니며 한 번에 전송된다는 보장이 없다. 그 대신 데이터는 소켓의 외부 전송용 버퍼에 추가되었다가 이후 소켓 라이브러리에 의해 적당한 시기에 전송된다. 2장에서 설명한 대로 네이글 알고리즘이 켜져 있으면 최대 세그먼트 길이를 가득 채우기 전까지 전송되지 않는다.

len은 전송할 데이터의 바이트 수이다. UDP와는 달리 이 값을 링크 계층의 MTU보다 작게 잡을 필요가 전혀 없다. 소켓의 전송 버퍼에 자리가 있는 한 네트워크 라이브러리는 데이터를 모두 보낼 수 있으며, 이를 위해 데이터를 적당한 크기의 덩어리로 잘라서 보내게 될 것이다.

flags는 데이터 전송을 제어하는 비트 플래그이다. 게임 코드에선 대개 0으로 둔다.

send( )는 호출이 성공하면 전송한 데이터의 길이를 리턴한다. 이 값이 len에 지정한 값보다 작다면, 소켓의 전송 버퍼가 전부 보내기에는 모자라서 여유 공간 만큼만 잘라 보냈다는 뜻이다. 공간이 아예 없다면 디폴트로 호출 스레드는 블로킹되어 시간이 초과되거나 혹은 패킷을 몇 개 보낸 결과 공간이 만들어질 때까지 기다린다. 에러가 있다면 send( )는 -1을 리턴한다. 양수 값이 리턴되었다 해서 데이터 전송이 완료되었다는 것은 아니며, 전송 대기열에 등록되었다는 정도로 이해해야 한다.

연결된 TCP 소켓으로 데이터를 받으려면 recv( ) 함수를 호출한다.

```
int recv(SOCKET sock, char* buf, int len, int flags);
```

buf는 데이터를 복사해 넣을 버퍼를 가리킨다. 데이터를 복사하고 나면 해당 데이터는 소켓 내부의 수신 버퍼에서 제거된다.

len은 버퍼에 넣을 수 있는 데이터 크기의 상한선이다.

flags는 데이터 수신을 제어하는 비트 플래그이다. recvfrom( )에 지정할 수 있는 플래그를 여기에도 쓸 수 있다. 일반적인 게임 코드에선 0으로도 충분하다.

recv() 호출이 성공하면 수신한 바이트의 길이를 리턴하는데, 이는 len보다 작거나 같은 값이 된다. send()를 한 번 호출해서 일정 길이의 바이트를 보냈을 때, 상대편이 recv()를 호출 시 똑같은 길이를 받는다고 보장할 수 없다. 보내는 측의 네트워크 라이브러리가 적당한 크기가 될 때까지 데이터를 모아두었다 한 번에 보낼 수도 있기 때문이다.

len에 0을 넣어 recv를 호출했는데 0이 리턴되면, 소켓에서 읽을 것이 있다는 뜻이다.* 읽기 작업에 버퍼를 할당하기 전 이 방법으로 소켓이 읽을 준비가 되었는지를 확인해 볼 수 있는데, 데이터가 있을 때만 버퍼를 할당하고 그 버퍼의 길이만큼 len을 잡아 recv()를 다시 호출하면 된다.

에러가 있으면 recv()는 -1을 리턴한다.

디폴트로 소켓의 수신 버퍼에 데이터가 아직 없는 경우, recv() 호출 시 호출 스레드가 블로킹되어 스트림상 다음 데이터 조각이 수신될 때까지, 혹은 시간이 초과될 때까지 기다린다.

> **Note** ☰   TCP로 연결된 소켓에 sendto()나 recvfrom()을 쓸 수도 있다. 하지만 호출자가 지정한 address 인자가 무시되어 헷갈릴 것이다. 이와 유사하게 어떤 플랫폼은 UDP 소켓에 connect()를 호출하는 걸 허용하기도 하는데, 이렇게 하면 원격 호스트의 주소와 포트를 소켓 내부의 연결 데이터에 각인시키는 효과가 있다. 그렇게 한다고 실제 신뢰성 연결이 이루어지진 않지만, 대신 send() 함수로 데이터를 보낼 때 매번 주소를 넘겨줄 필요가 없게 된다. 또한, 들어오는 데이터그램 중 connect()에 지정하지 않은 주소 포트 조합의 것은 무시하게 만드는 효과도 있다.

3.5.2 자료형 안전성을 보강한 TCP 소켓

TCPSocket 클래스도 UDPSocket 클래스 비슷하게 자료형 안정성을 보강한 것으로, TCP의 연결 지향(connection-oriented) 기능을 추가했다. 코드 3-7에 해당 구현이 있다.

코드 3-7 자료형 안전성을 보강한 TCPSocket 클래스

```
class TCPSocket;
using TCPSocketPtr = shared_ptr<TCPSocket>;

class TCPSocket
{
public:
    ~TCPSocket();
    int         Connect(const SocketAddress& inAddress);
    int         Bind(const SocketAddress& inToAddress);
    int         Listen(int inBackLog = 32);
    TCPSocketPtr Accept(SocketAddress& inFromAddress);
    int         Send(const void* inData, int inLen);
```

---

*   **역주** 이렇게 동작하는 플랫폼도 있지만 표준에는 정의되지 않은 동작이므로 추천하지 않는다.

```cpp
    int          Receive(void* inBuffer, int inLen);

private:
    friend class SocketUtil;
    TCPSocket(SOCKET inSocket) : mSocket(inSocket) { }
    SOCKET mSocket;
};

int TCPSocket::Connect(const SocketAddress& inAddress)
{
    int err = connect(mSocket, &inAddress.mSocketAddr, inAddress.GetSize());
    if (err >= 0)
        return NO_ERROR;

    SocketUtil::ReportError(L"TCPSocket::Connect");
    return -SocketUtil::GetLastError();
}

int TCPSocket::Listen(int inBackLog)
{
    int err = listen(mSocket, inBackLog);
    if (err >= 0)
        return NO_ERROR;

    SocketUtil::ReportError(L"TCPSocket::Listen");
    return -SocketUtil::GetLastError();
}

TCPSocketPtr TCPSocket::Accept(SocketAddress& inFromAddress)
{
    int length = inFromAddress.GetSize();
    SOCKET newSocket = accept(mSocket, &inFromAddress.mSockAddr, &length);

    if (newSocket != INVALID_SOCKET)
        return TCPSocketPtr(new TCPSocket(newSocket));

    SocketUtil::ReportError(L"TCPSocket::Accept");
    return nullptr;
}

int TCPSocket::Send(const void* inData, int inLen)
{
    int bytesSentCount = send(
        mSocket,
        static_cast<const char*>(inData),
        inLen, 0);

    if (bytesSentCount >= 0)
        return bytesSentCount;

    SocketUtil::ReportError(L"TCPSocket::Send");
```

```
    return -SocketUtil::GetLastError();
}

int TCPSocket::Receive(void* inData, int inLen)
{
    int bytesReceivedCount = recv(
        mSocket,
        static_cast<char*>(inData),
        inLen, 0);

    if (bytesReceivedCount >= 0)
        return bytesReceivedCount;

    SocketUtil::ReportError(L"TCPSocket::Receive");
    return -SocketUtil::GetLastError();
}
```

TCPSocket에는 TCP 전용 함수가 추가되어 있다. Send(), Receive(), Connect(), Listen(), Accept()가 그것이다. Bind()와 소멸자는 UDPSocket과 별반 다를 것이 없으므로 굳이 여기에 싣지 않았다. Accept()는 TCPSocketPtr를 리턴하므로 새 소켓이 더 이상 참조되는 곳이 없을 때 자동으로 닫히게 된다. Send()와 Receive()에는 주소 인자가 불필요한데, 연결된 소켓 내부에서 주소 정보를 자동으로 관리하기 때문이다.

UDPSocket와 비슷하게, TCPSocket의 신규 생성은 생성자 대신 SocketUtils의 CreateTCPSocket() 스태틱 멤버 함수로 한다.

3.6 블로킹 I/O와 논블로킹 I/O

소켓 관련 함수는 대부분 블로킹(blocking) 호출이다. 받을 데이터가 없을 때 스레드가 블로킹되어 데이터가 수신될 때까지 기다려야 한다. send(), accept(), connect() 함수 모두 블로킹 호출이다. 메인 스레드에서 패킷을 처리하려 한다면 이는 바람직하지 않다. 게임과 같은 실시간 응용프로그램에서 이렇게 블로킹되는 호출은 문제를 야기하는데, 프레임 레이트를 유지한 채로 네트워크를 처리할 수 없기 때문이다. 다섯 클라이언트가 TCP로 접속된 게임 서버를 상상해 보자. 서버가 소켓 중 하나에 recv()를 호출하고 해당 클라이언트가 새로 데이터를 보냈는지 체크하려면, 서버 스레드는 클라이언트가 진짜로 데이터를 보내기 전까지 멈추어 있어야 한다. 그동안 다른 소켓을 검사할 수도 없고, 리스닝 소켓에서 연결을 받을 수도 없으며, 게임 시뮬레이션을 진행할 수도 없다. 게임 서버가 이런 식이어서는 곤란할 것이다. 다행히도 세 가지 방법으로 이 문제를 해결할 수 있다. 바로 멀티스레딩, 논블로킹 I/O, select() 함수가 그것이다.

3.6.1 멀티스레딩

블로킹 I/O의 단점을 극복하는 한 가지 방법은 블로킹 가능성이 있는 각 함수의 호출을 별도의 스레드에서 수행하는 것이다. 앞서 예제에 적용하면 서버를 최소 7개의 스레드로 구성한다. 클라이언트마다 하나씩, 그리고 리스닝 소켓에 하나, 나머지 하나는 게임 시뮬레이션에 쓴다. 그림 3-1에 이 같은 구성에 따른 절차를 묘사했다.

▼ 그림 3-1 멀티스레딩 절차

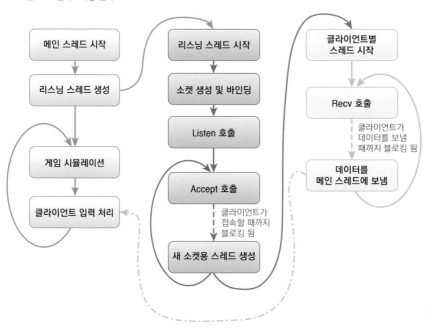

구동 직후 리스닝 스레드는 소켓을 만들고 바인딩한 다음, 리스닝을 걸고 accept()를 호출한다. accept()는 클라이언트가 접속하기 전까지 블로킹 상태에 빠진다. 클라이언트가 접속하면 accept() 함수는 새 소켓을 리턴하고 복귀한다. 서버 프로세스는 이제 새 소켓용으로 스레드를 하나 만드는데, 이 스레드는 반복해서 recv()를 호출한다. recv() 함수는 클라이언트가 데이터를 보내기 전까지 블로킹 된다. 클라이언트가 데이터를 보내면 recv()가 블로킹 상태를 빠져나와 스레드 수행을 재개하며, 일종의 콜백 메커니즘으로 수신된 데이터를 메인 스레드에 보내준 다음 루프를 재개하여 recv( )를 또 호출한다. 그동안 리스닝 소켓은 또 자기만의 블로킹 상태에서 다른 접속을 기다린다. 메인 스레드는 이와 상관없이 게임 시뮬레이션을 수행할 수 있다.

이렇게 구현하면 잘 돌아가기는 하지만 클라이언트마다 하나씩 스레드를 할당해야 한다는 단점이 있다. 그러면 클라이언트 수가 증가할수록 대처하기 힘들어진다. 또한, 클라이언트 데이터가 병렬적으로 한꺼번에 여러 스레드에서 들어올 수 있으므로 시뮬레이션에 데이터를 안전하게 전달하기 까다로운 문제도 있다. 마지막으로 스레드가 데이터를 받는 도중, 메인 스레드가 같은 소켓에 데이터를 보내려 하면 여전히 블로킹될 수밖에 없는 맹점이 있다. 이런 문제가 극복하기 그다지 어려운 문제는 아니지만 훨씬 간편한 대안이 있다.

3.6.2 논블로킹 I/O

앞서 언급한 대로 기본 설정상 소켓은 블로킹 모드로 동작한다. 하지만 소켓은 논블로킹(non-blocking) 모드도 지원한다. 소켓이 논블로킹 모드로 설정되면 블로킹을 거는 대신 즉시 리턴하며, 그 결과는 −1이 된다. 그리고 그 에러 코드는 플랫폼마다 errno에서 EAGAIN, WSAGetLastError( )에서 WSAEWOULDBLOCK이 된다. 이 코드의 뜻은 앞서 소켓 동작이 원래 블로킹되었어야 하는데 그러지 않고 빠져나왔다는 뜻이다. 에러 코드가 리턴되기는 했지만 실제 에러는 아니므로 다르게 처리해야 한다.

윈도에서 소켓을 논블로킹 모드로 만들려면 ioctlsocket( ) 함수를 사용한다.

```
int ioctlsocket(SOCKET sock, long cmd, u_long* argp);
```

sock은 논블로킹 모드로 두고 싶은 소켓이다.

cmd는 제어하고자 하는 소켓 파라미터이다. 여기선 FIONBIO를 지정한다.

argp는 파라미터에 설정하려는 값이다. 0이 아닌 값을 넣으면 논블로킹 모드가 되고, 0을 넣으면 블로킹 모드가 된다.

POSIX 호환 운영체제에선 fcntl( ) 함수를 사용한다.

```
int fcntl(int sock, int cmd, ...);
```

sock은 논블로킹 모드로 두고 싶은 소켓이다.

cmd는 소켓에 내리려 하는 명령이다. 구식 POSIX 시스템이 아니라면 먼저 F_GETFL로 소켓에 원래 저장된 플래그를 가져와서 거기에 O_NONBLOCK을 비트 OR한 뒤, 그 값을 다시 F_SETFL 명령으로 소켓의 플래그를 덮어씌워야 한다. UDPSocket 클래스에 논블로킹 모드를 제어하는 함수를 코드 3-8과 같이 추가할 수 있다.

코드 3-8 UDPSocket 클래스에 논블로킹 모드 추가하기

```
int UDPSocket::SetNonBlockingMode(bool inShouldBeNonBlocking)
{
#if _WIN32
    u_long arg = inShouldBeNonBlocking ? 1 : 0;
    int result = ioctlsocket(mSocket, FIONBIO, &arg);
#else
    int flags = fcntl(mSocket, F_GETFL, 0);
    flags = inShouldBeNonBlocking ?
        (flags | O_NONBLOCK) : (flags & ~O_NONBLOCK);
    fcntl(mSocket, F_SETFL, flags);
#endif

    if (result != SOCKET_ERROR)
        return NO_ERROR;

    SocketUtil::ReportError(L"UDPSocket::SetNonBlockingMode");
    return SocketUtil::GetLastError();
}
```

소켓을 논블로킹 모드로 설정하면 보통 땐 작업이 완료되기 전까지 블로킹을 걸던 함수들이 이제는 즉시 리턴한다고 가정하고 프로그램해도 된다. 논블로킹 소켓을 사용하는 게임 루프는 코드 3-9와 같이 구현할 수 있다.

코드 3-9 논블로킹 소켓을 사용하는 게임 루프

```
void DoGameLoop()
{
    UDPSocketPtr mySock = SocketUtil::CreateUDPSocket(INET);
    mySock->SetNonBlockingMode(true);

    while (gIsGameRunning)
    {
        char data[1500];
        SocketAddress socketAddress;

        int bytesReceived = mySock->ReceiveFrom(
            data, sizeof(data), socketAddress);
        if (bytesReceived > 0)
```

```
        ProcessReceivedData(data, bytesReceived, socketAddress);

        DoGameFrame();
    }
}
```

소켓을 논블로킹 모드로 두고 게임 루프에서 매 프레임 새로운 데이터가 있는지 체크한다. 데이터가 있다면 대기열 중 첫 데이터그램을 처리한다. 데이터가 없으면 기다리지 않고 즉시 다음 내용을 수행한다. 한 번에 여러 데이터그램을 처리하고 싶다면 루프문을 하나 더 추가해 최댓값으로 지정한 숫자 또는 전체를 처리할 때까지 루프를 돌려 읽어 들이면 된다. 이때 프레임당 처리할 데이터그램 개수에 제약을 꼭 두어야 한다. 그러지 않으면 서버가 처리할 수 있는 능력 이상으로 악성 클라이언트가 1바이트짜리 데이터그램을 반복해 쏟아부어 서버가 게임 시뮬레이션을 하지 못하게 만들 수 있기 때문이다.

3.6.3 select() 함수

논블로킹 소켓을 프레임마다 폴링하는 방식은, 간편하면서도 스레드를 블로킹하지 않고 데이터가 수신된 것이 있는지 확인할 수 있어 직관적인 방법이다. 하지만 폴링해야 할 소켓의 수가 상당히 많다면 이 방법도 효율이 떨어지게 된다. 이에 대한 대안으로 소켓 라이브러리에는 여러 소켓을 한꺼번에 확인하고 그중 하나라도 준비되면 즉시 대응할 수 있는 방법이 마련되어 있다. 바로 select() 함수가 그것이다.

```
int select(int nfds, fd_set* readfds, fd_set* writefds, fd_set* exceptfds,
    const timeval* timeout);
```

POSIX 플랫폼에선 nfds에 소켓 식별자를 넣는데, 확인하려는 소켓의 식별자 중 최고 높은 숫자여야 한다. POSIX에서 소켓 식별자는 그냥 정수에 불과하므로 함수에 넘기는 소켓의 값 중 최댓값을 넘기면 된다. 윈도에선 소켓이 정수형이 아니라 포인터형이므로 이 인자는 무시되며 아무 역할도 하지 않는다.

readfds는 소켓 컬렉션을 가리키는 포인터이며 fd_set형이다. 읽을 준비가 되었는지 확인하고 싶은 소켓을 여기에 넣어준다. 여러 소켓을 지정해 fd_set 집합을 만드는 법은 뒤에 설명할 텐데, readfds 집합에 포함된 소켓으로 패킷이 도착하면 select() 함수는 최대한 빨리 블로킹 상태에서 빠져나와 호출 스레드로 리턴한다. 리턴 시점이 되어서도 패킷을 수신하지 못한 소켓은 전부 집합에서 걸러진다. 따라서 select()가 리턴하였을 때 아직 readfds 집합에 남아있는 소켓은 읽을 데이터가 있는 상태이며, 여기서 데이터를 읽으면 블로킹되지 않고 읽을 수 있다. readfds에 nullptr를 넘기면 읽기 가능한 소켓이 있는지 체크하지 않고 넘어간다.

writefds는 쓰기용으로 체크하고 싶은 소켓을 담은 fd_set이다. select()가 리턴한 뒤 writefds 에 아직 남아있는 소켓은 쓰기 작업을 해도 호출 스레드가 블로킹 걸리지 않는다. nullptr를 넘기면 쓰기 가능한 소켓이 있는지 체크하지 않고 넘어간다. 소켓은 내부의 전송용 버퍼가 가득 차면 보통 블로킹 상태에 빠진다.

exceptfds는 에러를 점검하고자 하는 소켓을 담은 fd_set이다. select()가 리턴한 뒤 exceptfds 에 아직 남아있는 소켓은 에러가 발생한 것들이다. nullptr를 넘겨 에러 검사를 건너뛸 수 있다.

timeout에는 최대 제한 시간을 지정한다. readfds 중 읽을 수 있는 것이 없고, writefds 중 쓸 수 있는 것도 없으며, exceptfds에 에러난 것 또한 없는 상태로 시간이 초과되면, 모든 집합의 내용이 제거되고 select()는 호출 스레드로 리턴한다. 시간제한을 두고 싶지 않다면 nullptr를 넘기면 된다.

select() 함수는 리턴하는 시점에서 readfds, writefds, exceptfds에 남아있는 소켓의 개수를 리턴한다. 그러니까 세 집합에 남은 개수의 총합계가 되는 셈이다. 시간 초과인 경우엔 집합을 싹 비우므로 리턴값이 0이 된다.

fd_set을 초기화하려면 스택에 변수 하나를 선언하고 FD_ZERO 매크로를 써서 초기화한다.

```
fd_set myReadSet;
FD_ZERO(&myReadSet);
```

집합에 소켓을 추가하려면 FD_SET 매크로를 사용한다.

```
FD_SET(mySocket, &myReadSet);
```

리턴 후 집합에 특정 소켓이 포함되었는지 확인하려면 FD_ISSET 매크로를 쓴다.

```
FD_ISSET(mySocket, &myReadSet);
```

select()는 소켓 하나에 적용되는 기능이 아니므로 앞서 구현한 소켓 래퍼 클래스의 함수로 추가 하기엔 좀 어울리지 않는다. 그보다는 SocketUtils 클래스에 함수를 코드 3-10과 같이 추가하여 여러 TCPSocket 객체와 같이 사용할 수 있게 Select()를 구현했다.

코드 3-10 TCPSocket에 Select 사용하기

```
fd_set* SocketUtil::FillSetFromVector(
    fd_set& outSet,
    const vector<TCPSocketPtr>* inSockets)
{
```

```
        if (inSockets)
        {
            FD_ZERO(&outSet);
            for (const TCPSocketPtr& socket : *inSockets)
            {
                FD_SET(socket->mSocket, &outSet);
            }
            return &outSet;
        }
        else return nullptr;
    }

    void SocketUtil::FillVectorFromSet(
        vector<TCPSocketPtr>* outSockets,
        const vector<TCPSocketPtr>* inSockets,
        const fd_set& inSet)
    {
        if (inSockets && outSockets)
        {
            outSockets->clear();
            for (const TCPSocketPtr& socket : *inSockets)
            {
                if (FD_ISSET(socket->mSocket, &inSet))
                    outSockets->push_back(socket);
            }
        }
    }

    int SocketUtil::Select(
        const vector<TCPSocketPtr>* inReadSet,
        vector<TCPSocketPtr>* outReadSet,
        const vector<TCPSocketPtr>* inWriteSet,
        vector<TCPSocketPtr>* outWriteSet,
        const vector<TCPSocketPtr>* inExceptSet,
        vector<TCPSocketPtr>* outExceptSet)
    {
        // 받은 vector로 fd_set을 채움
        fd_set read, write, except;
        fd_set* readPtr = FillSetFromVector(read, inReadSet);
        fd_set* writePtr = FillSetFromVector(write, inWriteSet);
        fd_set* exceptPtr = FillSetFromVector(except, inExceptSet);
        int toRet = select(0, readPtr, writePtr, exceptPtr, nullptr);

        if (toRet > 0)
        {
            FillVectorFromSet(outReadSet, inReadSet, read);
            FillVectorFromSet(outWriteSet, inWriteSet, write);
            FillVectorFromSet(outExceptSet, inExceptSet, except);
        }
        return toRet;
    }
```

FillSetFromVector()와 FillVectorFromSet()은 도우미 함수로 소켓의 vector를 fd_set으로, 또는 역으로 상호 변환해 준다. 굳이 체크하지 않아도 되는 부분에는 vector에 널을 지정하면 되는데, 그러면 fd_set도 널이 된다. 이 함수를 쓰면 직접 fd_set을 설정하는 것보다 약간 비효율적일 수는 있겠지만 실제 성능상 영향은 미미하다. 그보다는 소켓을 블로킹하는데 워낙 긴 시간이 걸리기 때문이다. fd_set을 그대로 쓰지 않고 vector로 래핑하는 이유는 리턴된 집합 내에 포함된 소켓을 쉽게 순회하기 위해서다. 그런데 여기서는 주어진 vector의 소켓은 원래대로 두고, 나중에 별도의 vector로 리턴하는데, 원래 select() 함수와는 달리 호출 시 원본이 변조되지 않도록 하기 위해서다.*

코드 3-11은 TCP 서버를 개설하고 리스닝한 다음, 새로 구현한 Select()를 사용해 루프를 돈다. 클라이언트가 접속하면 이를 받는 동시에 기존 클라이언트의 데이터를 받기도 한다. 이 코드는 메인 스레드에서 구동해도 되고, 전용 스레드를 하나 따로 두어 구동해도 좋다.

코드 3-11 TCP 서버 루프 구동하기

```
void DoTCPLoop()
{
    TCPSocketPtr listenSocket = SocketUtil::CreateTCPSocket(INET);
    SocketAddress receivingAddres(INADDR_ANY, 48000);
    if (listenSocket->Bind(receivingAddres) != NO_ERROR)
        return;

    vector<TCPSocketPtr> readBlockSockets;
    readBlockSockets.push_back(listenSocket);
    vector<TCPSocketPtr> readableSockets;

    while (gIsGameRunning)
    {
        if (!SocketUtil::Select(&readBlockSockets, &readableSockets,
                nullptr, nullptr, nullptr, nullptr))
            continue;

        // readableSockets에 받은 패킷을 하나씩 순회한다.
        for (const TCPSocketPtr& socket : readableSockets)
        {
            if (socket == listenSocket)
            {
                // 리스닝 소켓에서 새 연결을 받는다.
                SocketAddress newClientAddress;
                auto newSocket = listenSocket->Accept(newClientAddress);
                readBlockSockets.push_back(newSocket);
```

---

* 역주 select()를 직접 써 보면 왜 이렇게 입력값을 건드려서 매번 다시 세팅해 주게 만들어 놨나, 하는 의문이 들 것이다.

```
            ProcessNewClient(newSocket, newClientAddress);
        }
        else
        {
            // 일반 소켓이므로 데이터를 수신한다.
            char segment[GOOD_SEGMENT_SIZE];
            int dataReceived =
                socket->Receive( segment, GOOD_SEGMENT_SIZE );
            if(dataReceived > 0)
                ProcessDataFromClient(socket, segment, dataReceived);
        }
    }
    }
}
```

루틴이 시작되면 먼저 리스닝 소켓을 만들고 그것을 읽기용으로 체크할 목록에 넣는다. 다음 게임이 끝날 때까지 루프를 도는데, 먼저 Select( )를 호출해 readBlockSockets의 소켓 중 하나에 패킷이 수신될 때까지 블로킹 상태에 빠진다. Select( ) 결과 readableSockets에는 실제 데이터가 수신된 소켓만 남게 된다. 이후 이들 읽을거리가 있는 소켓을 순회하여 데이터를 읽어 들인다.

만일 그중 하나가 최초의 리스닝 소켓이라면, 데이터를 수신했다는 뜻이 아니라 신규 클라이언트가 접속했다는 뜻이다.* 그러면 접속을 Accept( )로 받아들이고 새 소켓을 readBlockSockets에 추가한 다음, ProcessNewClient( )로 새 클라이언트가 접속하였음을 게임에 통지한다. 소켓이 다른 일반 소켓이라면 수신한 데이터를 Receive( )로 읽어 들이고 ProcessDataFromClient( )로 게임에 알려준다.

> Note ≡   여러 소켓으로 들어오는 데이터를 처리하는 다른 방법도 있지만, 플랫폼마다 구현이 제각각이라 위 방법처럼 범용적으로 사용하기는 어려운 것도 있다. 예를 들면 윈도의 IOCP(I/O Completion ports)가 그것인데, 동시 연결이 수천 개라도 거뜬히 처리할 수 있다. IOCP에 관해선 **3.10 더 읽을거리**(131쪽) 절을 참고하자.**

---

*   역주 리스닝 소켓에서 직접 데이터를 읽는지는 않지만 select()에 리스닝 중인 소켓을 읽기용으로 넘기면, 신규 접속이 새로 들어올 때 '읽을 것이 있음'으로 취급한다. 그러면 recv() 대신 accept()를 해 주면 되는 것이다.

**   역주 앞서 살펴본 세 방식은 모두 결국엔 폴링(polling) 방식인데, 위의 select() 예제에서 수천 개의 연결을 처리한다고 하면, 매 프레임마다 벡터에 수천 개씩 넣어서 폴링하고, 그 결과를 리턴하기 위해 또 수천 개씩 첨삭하는 작업을 반복해야 한다. 이에 반해 IOCP는 비동기식 이벤트 주도형이라는 것이 주된 차이점이다. IOCP는 어떤 소켓에 데이터가 오면 콜백으로 알려주므로, 애당초 데이터가 왔는지 매번 들여다볼 필요가 없다. IOCP와 유사한 것으로 macOS엔 kqueue나 GCD, 리눅스엔 e-poll 등이 있는데, 이렇게 운영체제마다 서로 다른 비동기식 I/O를 플랫폼 독립적으로 감싸주는 라이브러리도 있으니 참고하자.

3.7 소켓 부가 옵션

소켓의 송수신 동작을 다양한 옵션으로 제어할 수 있다. 소켓에 옵션을 지정하려면 setsockopt()를 호출한다.

```
int setsockopt(SOCKET sock, int level, int optname,
    const char* optval, int optlen);
```

sock은 옵션을 지정하려는 소켓이다.

level과 optname을 쌍으로 하여 옵션의 종류를 지정한다. 레벨은 옵션의 범주를 나타내는 정숫값이고, optname은 개별 옵션을 뜻한다.

optval은 옵션 값이 담긴 곳을 가리키는 포인터이다.[*]

optlen은 optval이 가리키는 데이터의 길이이다. 옵션이 정숫값이면 optlen은 4가 되어야 한다.

setsockopt() 함수는 성공 시 0을 리턴하고, 에러가 있으면 -1을 리턴한다.

표 3-4에 SOL_SOCKET 레벨의 유용한 옵션을 나열했다.

▼ 표 3-4 SOL_SOCKET 옵션

매크로	자료형(윈도/POSIX)	설명
SO_RCVBUF	int	이 소켓이 수신용으로 쓸 버퍼의 크기를 지정한다. 수신된 데이터는 모체 프로세스가 recv()나 recvfrom()을 호출할 때까지 이 버퍼에 쌓여있게 된다. TCP 대역폭은 수신 윈도의 크기에 좌우되며, 소켓의 수신 버퍼 크기보다 결코 커질 수 없으므로, 이 값을 바꾸면 대역폭에 큰 영향을 미치게 된다.
SO_REUSEADDR	BOOL/int	네트워크 계층이 다른 소켓에 이미 할당된 IP 주소와 포트 쌍에 중복하여 바인딩하는 것을 허용할지를 결정한다. 디버깅 또는 패킷 스니핑 프로그램을 만들 때 유용하다. 어떤 운영체제에선 관리자 권한이 있어야 이 옵션을 실행할 수 있다.

---

*   역주 옵션 값 자체가 아니다! 값이 담긴 곳을 가리키는 포인터이다. 게다가 그 포인터를 항상 const char*로 캐스팅해서 넘겨야 한다! 처음 접하면 무척 헷갈리므로 주의하자. 예를 들어 SO_REUSEADDR을 설정하려면 다음과 같이 호출해야 한다.
```
BOOL reuseAddr = 1;
setsockopt(sock, SOL_SOCKET, SO_REUSEADDR, (const char*)&reuseAddr, sizeof(reuseAddr));
```

매크로	자료형(윈도/POSIX)	설명
SO_RECVTIMEO	DWORD/timeval	수신 동작의 블로킹 호출 제한 시간을 설정한다. 윈도에선 밀리초 단위이다. 이 시간이 지나면 수신 호출이 블로킹을 멈추고 리턴해 버린다.
SO_SNDBUF	int	이 소켓이 송신용으로 쓸 버퍼의 크기를 지정한다. 송신 대역폭은 링크 계층에 좌우된다. 프로세스에서 데이터를 링크 계층이 수용할 수 있는 한도 이상으로 보내려 하면 소켓은 나머지 데이터를 일단 송신 버퍼에 넣어둔다. TCP 같은 신뢰성 프로토콜을 사용하는 소켓은 송신한 데이터의 확인응답을 받을 때까지 재전송용으로 패킷을 쌓아두는 데 역시 이 전송 버퍼를 사용한다. 전송 버퍼가 가득 차면, 자리가 날 때까지 send()나 sendto() 호출이 블로킹된다.
SO_SNDTIMEO	DWORD/timeval	송신 동작의 블로킹 호출 제한 시간을 설정한다. 윈도에선 밀리초 단위이다. 이 시간이 지나면 송신 호출이 블로킹을 멈추고 리턴해 버린다.
SO_KEEPALIVE	BOOL/int	TCP같이 연결 지향형 프로토콜에만 유용하다. 이 옵션은 소켓이 주기적으로 연결 유지(keep alive) 패킷을 상대편에 보낼지를 지정한다. 연결 유지 패킷이 확인응답을 받지 못하면 소켓 에러가 발생하여, 다음번 이 소켓으로 데이터를 보내려 시도하면 연결이 끊어졌다고 나온다. 이 옵션은 연결이 끊어졌는지 판단하는 데만 쓰는 것이 아니라, 주기적으로 패킷을 보내는 속성 때문에 연결에 시간제한을 두는 방화벽 또는 NAT 하에서 연결을 유지토록 만드는 데도 도움이 된다.

표 3-5는 IPPROTO_TCP 레벨의 TCP_NODELAY 옵션이다. 이 옵션은 TCP 소켓에만 지정할 수 있다.

▼ 표 3-5 IPPROTO_TCP 옵션

매크로	자료형(윈도/POSIX)	설명
TCP_NODELAY	BOOL/int	이 소켓에 네이글 알고리즘을 사용할지 여부를 지정한다. true로 지정하면 네이글을 사용하지 않도록 하여, 데이터 전송 요청 이후 실제 전송이 일어나기까지 지연 시간이 줄어든다. 단, 이때 네트워크 혼잡 가능성이 높아지는 점은 감수해야 한다. 네이글 알고리즘에 대한 상세한 내용은 2장 인터넷(41쪽)을 참고하자.

3.8 요약

버클리 소켓은 인터넷으로 데이터를 주고받는데 가장 널리 쓰이는 라이브러리이다. 플랫폼마다 라이브러리의 인터페이스가 조금씩 다르긴 하지만 핵심 요소는 같다.

라이브러리의 핵심 자료형은 sockaddr로, 이것으로 여러 네트워크 계층 프로토콜의 주소를 나타낼 수 있다. 발신자나 수신자의 주소를 지정할 필요가 있을 때 이것을 사용하면 된다.

UDP 소켓은 연결이 유지되지 않고 내부 상태도 없다. SOCK_DGRAM으로 socket() 함수를 호출해 UDP 소켓을 만들고 여기에 sendto()로 데이터그램을 보내면 된다. UDP 소켓에서 UDP 패킷을 받으려면 먼저 운영체제가 포트 하나를 배정해 주도록 bind() 함수를 호출한 다음, recvfrom()을 호출해 들어오는 데이터를 받으면 된다.

TCP 소켓은 내부 상태가 있으며, 데이터를 전송하기 전에 먼저 연결을 맺어야 한다. 연결을 맺으려면 connect() 함수를 호출한다. 연결을 받기 위해 리스닝하려면 listen() 함수를 호출한다. 리스닝 중인 소켓에 연결이 들어오면 accept() 함수를 호출해 새 소켓을 만들어 이쪽의 종단점으로 삼는다. 연결된 소켓에 데이터를 보내려면 send() 함수를, 읽으려면 recv() 함수를 호출한다.

소켓은 동작 중 호출 스레드를 블로킹할 수 있는데, 이는 실시간 응용프로그램에 있어 문제가 된다. 블로킹을 방지하려면 블로킹 호출을 모두 비실시간 스레드로 떠넘기거나, 소켓을 논블로킹 모드로 두던지, 아니면 select() 함수를 쓰면 된다.*

setsockopt() 함수로 소켓의 옵션을 지정해 동작하는 방식을 원하는 대로 제어할 수 있다.

소켓은 일단 제대로 만들어 설정해 놓고 나면, 네트워크 게임에 있어 든든한 가교 역할을 수행할 것이다. 지금까지 네트워크 일반론을 다루었는데, **4장 객체 직렬화**(133쪽)부터 본격적으로 게임 개발을 주제로 네트워크를 활용하는 방법을 알아볼 것이다.

---

* 역주 아울러 플랫폼마다 제각각이긴 하지만, Windows의 IOCP 같은 비동기식 I/O를 사용하는 방법도 있다.

3.9 복습 문제

1. 소켓 라이브러리는 POSIX 계열과 윈도 사이에 어떤 차이점들이 있는가.

2. 소켓으로 접근할 수 있는 TCP/IP 계층 두 가지는 무엇인가?

3. TCP 서버가 연결된 각 클라이언트마다 소켓을 따로 만드는 이유와 그 방법에 대해 설명해 보자.

4. 소켓에 포트를 바인딩하는 방법과 이것이 무엇을 뜻하는지를 설명해 보자.

5. SocketAddress와 SocketAddressFactory 예제를 IPv6 주소도 지원하게 개조해 보자.

6. SocketUtils 클래스가 TCP 소켓의 생성해 주는 스태틱 멤버 함수를 구현해 보자.

7. TCP를 써서 채팅 서버를 구현해보자. 우선 클라이언트 하나의 접속만 받아 이 클라이언트가 보낸 메시지를 그 클라이언트에게 릴레이 혹은 에코(echo), 즉 도로 보내도록 구현해 보자.

8. 이제 채팅 서버가 여러 클라이언트의 접속을 받을 수 있게 개량하자. 클라이언트에는 논블로킹 소켓을 사용해 보고, 서버에는 select()를 사용해 보자.

9. TCP 수신 윈도의 최대 크기를 코드로 제어하려면 어떻게 해야 하는지 설명해 보자.

3.10 더 읽을거리

Information Sciences Institute. (1981, September). Transmission Control Protocol. http://www.ietf. org/rfc/rfc793. (2015년 9월 12일 현재)

I/O Completion Ports. https://msdn.microsoft.com/en-us/library/windows/desktop/aa365198(v=vs.85). aspx. (2015년 9월 12일 현재)*

---

* 역주 IOCP에 관심 있다면, 오래된 글이지만 비교적 명쾌하고 예제도 이해하기 쉬운 관련 기사도 있다.
  Multithreaded Asynchronous I/O & I/O Completion Ports. http://www.drdobbs.com/cpp/multithreaded-asynchronous-io-io-comple/201202921
  단축 URL https://goo.gl/JS1dp4
  By Tom R. Dial, August 3, 2007

Porting Socket Applications to WinSock. http://msdn.microsoft.com/en-us/library/ms740096.aspx. (2015년 9월 12일 현재)

Stevens, W. Richard, Bill Fennerl, and Andrew Rudoff. (2003, November 24) Unix Network Programming Volume 1: The Sockets Networking API, 3rd ed. Addison-Wesley.

WinSock2 Reference. http://msdn.microsoft.com/en-us/library/windows/desktop/ms740673%28v=vs.85%29.aspx. (2015년 9월 12일 현재)

4장

객체 직렬화

멀티플레이어 게임이 네트워크 인스턴스 사이에 객체를 주고받으려면, 게임 객체의 데이터를 일정한 형식에 맞추어 전송 계층 프로토콜로 보내야 한다. 이 장에서는 견고한 직렬화 시스템이 왜 필요하고, 어떻게 사용하는지를 논의한다. 그 내용으로 자기참조적 데이터, 압축, 유지보수가 쉬운 코드를 구현하는 법, 또한 실시간 시뮬레이션에 걸맞은 런타임 성능을 확보하는 법 등을 다룬다.

4.1 직렬화가 필요한 이유

직렬화(serialization)란 어떤 객체가 랜덤 액세스(random access) 가능한 형태로 메모리상에 존재할 때, 이를 일련의 여러 비트로 변환하여 길게 나열하는 것을 말한다. 변환된 비트열을 디스크에 저장하거나 네트워크를 통해 전송하면 추후 원래 형태로 복원할 수 있다. 우선 로보캣 게임에서 플레이어의 RoboCat 객체를 다음 코드와 같이 정의하자.

```cpp
class RoboCat : public GameObject
{
public:
    RoboCat() : mHealth(10), mMeowCount(3) { }

private:
    int32_t mHealth;
    int32_t mMeowCount;
};
```

3장에서 언급한 대로, 버클리 소켓 API에선 send()와 sendto() 함수를 써서 다른 호스트로 데이터를 보낸다. 각 함수를 호출할 땐 전송할 데이터의 위치를 가리키는 포인터를 인자로 넣어준다. 별다른 직렬화 코드 없이 RoboCat 객체를 다른 호스트로 전송하는 가장 나이브한, 시쳇말로 단순 무식한 방법은 다음과 같다.

```cpp
void NaivelySendRoboCat(int inSocket, const RoboCat* inRoboCat)
{
    send(inSocket,
        reinterpret_cast<const char*>(inRoboCat),
        sizeof(*inRoboCat), 0);
}

void NaivelyReceiveRoboCat(int inSocket, RoboCat* outRoboCat)
{
    recv(inSocket,
        reinterpret_cast<char*>(outRoboCat),
        sizeof(*outRoboCat), 0);
}
```

NaivelySendRoboCat( )에선 RoboCat 객체를 char*로 캐스팅하여 send( )로 보낸다. 이때 버퍼 길이는 RoboCat 클래스의 크기만큼 잡아 주는데, 위의 클래스 정의에 따르면 int 필드가 두 개이므로 8바이트가 된다. 수신 함수인 NaivelyReceiveRoboCat( )에서도 역시 호출자에게 돌려줄 RoboCat 포인터를 char*로 캐스팅하는데, 이렇게 하면 수신할 구조체의 포인터 위치에 소켓 함수가 직접 데이터를 기록하게 된다. 두 호스트 사이에 TCP 소켓 연결이 된 상태에서 RoboCat 객체의 상태를 전송하는 절차는 다음과 같다.

1. 송신자는 전송할 RoboCat의 포인터를 NaiveSendRoboCat( )에 넘겨 호출한다.

2. 수신자는 상태를 갱신받을 RoboCat 객체를 하나 만들어 두거나 찾아 둔다.

3. 수신자는 2단계에서 확보한 포인터로 NaivelyReceiveRoboCat( )을 호출한다.

수신자는 2단계에서 RoboCat 객체를 찾아두거나 만들어 두어야 하는데 구체적인 방법에 대해선 5장 객체 리플리케이션(175쪽)에서 좀 더 자세히 다룬다. 일단 지금은 이런 일을 해 주는 시스템이 있어서 그것을 사용한다고 치자.

송수신 양측의 하드웨어 플랫폼이 같다면, 전송 절차가 끝나고 난 뒤 송신자의 RoboCat의 상태 데이터가 수신자의 RoboCat에 정확하게 복제될 것이다. 그 과정에서 RoboCat의 메모리 레이아웃 변화를 추적해 보면 표 4-1에 나타난 바와 같다. 이번처럼 간단한 클래스의 경우라면 단순 송수신 방식도 꽤 효율적인 편이다.

예제 시나리오에서 수신자의 RoboCat 생성자는 객체의 초기 상태로 mHealth는 10, mMeowCount는 3으로 초기화했다. 게임 플레이 도중 여러 과정을 통해 송신자가 RoboCat의 '냐옹'을 한 번 발사하고, 체력은 절반 잃어버렸다 치자. mHealth와 mMeowCount는 원시 자료형이므로, 나이브한 송수신 방식으로도 무리 없이 잘 동작한다. 이에 따라 수신자의 최종값은 송신자의 변경된 값과 같게끔 갱신된다.

▼ 표 4-1 메모리상 샘플 RoboCat 데이터의 변화

주소	필드	원본값	대상 초깃값	대상 최종값
바이트 0–3	mHealth	0x00000005	0x0000000A	0x00000005
바이트 4–7	mMeowCount	0x00000002	0x00000003	0x00000002

그러나 본격적으로 게임을 개발하다 보면, 핵심 데이터 요소들을 표 4-1의 RoboCat과 같이 간단히 표현할 수 있는 경우는 그다지 많지 않다. 다음과 같이 RoboCat 코드가 추가 개발되면, 더 이상 메모리 레이아웃에 의존하는 단순한 방식으로는 제대로 전송이 되지 않으므로 더욱 견고한 직렬화 시스템이 필요하게 된다.

```
class RoboCat : public GameObject
{
public:
    RoboCat() : mHealth(10), mMeowCount(3), mHomeBase(0)
    {
        mName[0] = '\0';
    }

    virtual void Update();

    void Write(OutputMemoryStream& inStream) const;
    void Read(InputMemoryStream& inStream);

private:
    int32_t             mHealth;
    int32_t             mMeowCount;
    GameObject*         mHomeBase;
    char                mName[128];
    std::vector<int32_t> mMiceIndices;
};
```

위에서 RoboCat 클래스에 추가된 내용이 어떻게 메모리에 저장되는지를 살펴보면, 직렬화가 꽤 골치 아플 것을 알 수 있다. 표 4-2에 전송 전/후의 메모리 레이아웃을 나타내었다.

▼ 표 4-2 복잡해진 RoboCat의 메모리 레이아웃

주소	필드	원본값	대상 초깃값	대상 최종값
바이트 0–3	vTablePtr	0x0A131400	0X0B325080	0x0A131400
바이트 4–7	mHealth	0x00000005	0x0000000A	0x00000005
바이트 8–11	mMeowCount	0x00000002	0x00000003	0x00000002
바이트 12–15	mHomeBase	0x0D124008	0x00000000	0x0D124008
바이트 16–143	mName	Fuzzy\0	\0	Fuzzy\0
바이트 144–167	mMiceIndices	??????	??????	??????

이제 RoboCat의 첫 4바이트는 가상 함수 테이블(virtual function table)을 가리키는 포인터가 되었다. 이것도 32비트 아키텍처일 때만 그렇고 64비트 아키텍처에서는 8바이트가 된다. RoboCat에 가상 함수 RoboCat::Update()가 추가되었으므로, 각 RoboCat 인스턴스는 자신의 가상 함수가 실제 구현된 지점을 가리키는 함수 포인터를 갖고 있어야 한다. 이 포인터 값을 나이브하게 송수신하면 제대로 동작하지 않는데 왜냐하면 실행되는 프로세스마다 가상 함수 테이블의 위치가 같다는 보

장이 없기 때문이다. 위의 경우에 수신자의 멀쩡하던 가상 함수 테이블 포인터 값 0x0B325080이 데이터가 리플리케이션, 즉 복제 전달되는 과정에서 엉뚱한 값으로 덮어 쓰이고 만다. 그 결과 수신자가 갱신 받은 RoboCat 객체의 Update()를 호출할 때, 운이 좋으면 메모리 접근 예외가 발생하고 끝나지만, 대개는 엉뚱한 위치의 코드를 실행하게 되어 훨씬 심각한 현상이 야기될 수 있다.

이번 예제는 가상 함수 테이블 포인터 외에 다른 포인터도 사용하고 있다. mHomeBase 포인터를 다른 프로세스로 복제할 때도 마찬가지로 의도치 않은 결과가 빚어진다. 포인터는 성격상 특정 프로세스의 메모리 공간의 한 주소를 가리키고 있다. 이러한 포인터를 다른 프로세스에 무작정 전송해 놓고선 그쪽 메모리에도 정확히 해당 위치에 같은 값이 있겠거니 기대해선 곤란하다. 포인터가 가리키거나 레퍼런스가 참조하는 데이터 전체를 동일하게 복제 전달해 주거나, 해당 데이터와 '동일하게' 취급되는 내용을 수신자 프로세스에서 찾아 연결해 주는 기능이 구현되어 있어야 견고한 리플리케이션 코드라 하겠다. 이 장 말미의 **4.3 참조된 데이터 처리**(153쪽) 절에서 이 기법에 대해 좀 더 자세히 다루자.

mName 필드를 복사할 때 매번 128바이트 전체를 복사해야 하는 것도 단순 구현에서 드러나는 또 다른 문제점이다. 선언된 배열은 128바이트까지 담을 수 있지만, 대개는 이름이 그렇게 길지 않고 샘플 RoboCat에서도 'Fuzzy' 다섯 글자만 쓰고 있다. 대역폭 절약은 네트워크 담당 프로그래머의 필수 덕목으로, 불필요한 데이터는 가능한 직렬화하지 않아야 좋은 직렬화 시스템이라 하겠다. 이번 예제에선 mName 필드가 C 표준 널 종료 문자열이므로 문자열을 널 표시까지만(표시 포함) 전송하면 대역폭을 절약할 수 있다. 이는 직렬화 중 런타임에 데이터를 압축하는 여러 기법 가운데 하나로, 이 장 말미의 **4.4 압축**(158쪽) 절에선 다른 기법도 살펴보겠다.

이번 예제에서 마지막으로 언급할 직렬화 이슈는 바로 새로 추가된 std::vector<int32_t> mMiceIndices이다. C++ 표준은 STL vector 클래스의 내부 구조를 명시하지 않는다. 따라서 나이브한 방식으로 이 필드를 다른 프로세스로 메모리 복제 전송하였을 때 안전한지 여부가 분명치 않다. 사실 대부분은 안전하지 않다고 보아야 한다. 아마도 하나 이상의 포인터가 vector 구조체 내부에 있어서 벡터에 내부의 다른 원소를 가리키고 있을 것이다. 또한, 이들 포인터 값을 바꿀 때 반드시 실행시켜 줘야 하는 코드도 있을 것이다. 따라서 vector를 단순히 복제하면 거의 100% 실패한다고 봐야 한다. 사실상 소위 블랙박스화된 대부분 데이터 구조체는 나이브하게 직렬화하는 것이 불가능하다. 구조체 내부에 무엇이 들어 있는지 명시되어 있지 않으므로 데이터를 비트 단위로 복제하는 것은 안전하지 않다. 그러므로 이렇게 복잡한 데이터 구조체를 제대로 직렬화하는 방법에 대해 계속 설명하고자 한다.

앞서 제기된 세 가지 문제점을 해결할 방법을 제시하자면, RoboCat 하나 분량의 데이터를 보내고자 할 때 각 필드를 제각기 직렬화하여 보내는 것이다. 이렇게 하면 각각을 정확하고 효율적으로 보낼 수 있다. 심지어 필드마다 패킷을 하나씩 보내는 방법도 있긴 하다. 필드의 값을 전송하는 전용의 함수를 필드마다 하나씩 만들어 호출하는 식으로 말이다. 그렇지만 이런 방식으론 패킷마다 불필요한 헤더를 무수히 전송하여 대역폭 낭비가 발생하는 데다 네트워크 연결에 부하를 주게 된다. 대신, 객체 하나를 전송할 때 그 객체와 관련된 데이터를 버퍼 하나에 모아두었다가 그 버퍼를 통째로 전송하는 게 낫다. 이제부터 설명할 스트림을 쓰면 이런 작업을 쉽게 처리할 수 있다.

4.2 스트림

컴퓨터학에서 정의하는 스트림(stream)이란 순서가 있는 데이터 원소의 집합을 캡슐화하여 유저가 그 데이터를 읽거나 쓸 수 있게 해 주는 자료구조이다.

스트림은 출력 스트림이거나 입력 스트림, 혹은 입출력 스트림 셋 중 하나이다. 출력 스트림은 배수구에 비유할 수 있는데, 사용자는 출력 스트림에 순서대로 데이터 원소를 부어 넣을 수 있지만 거기서 도로 읽어 들이지는 못한다. 반면 입력 스트림은 데이터 원본으로 사용되어 사용자가 데이터 원소를 순서대로 끄집어낼 수 있지만 데이터를 쓰는 기능은 제공하지 않는다. 입출력 스트림은 데이터 읽기 및 쓰기 기능을 모두 제공하는데, 읽고 쓰기를 동시에 할 수 있는 것도 있다.*

데이터 구조체나 컴퓨팅 자원을 내부에 감싸두고, 스트림을 이에 접근하는 인터페이스로 제공하는 경우도 많다. 예를 들어 파일에 기록할 때 파일 출력 스트림을 열면 사용자가 간단히 멤버 함수를 호출해 여러 가지 형식의 데이터를 디스크에 순서대로 기록할 수 있다. 또한, 네트워크 스트림으로 소켓의 send( )와 recv( ) 함수를 감싸두면 사용자에게 필요한 특정 자료형을 간편하게 읽거나 쓸 수 있다.

4.2.1 메모리 스트림

메모리 스트림은 메모리 버퍼를 감싸둔 것이다. 이때 메모리 버퍼는 힙(heap)에 동적으로 할당한다. 출력 메모리 스트림에는 순차적으로 버퍼에 기록하는 함수가 있는데, 기록된 내용을 나중에

---

* 〔역주〕 병행성(concurrency)을 보장하는 스트림은, 여러 스레드가 동시에 접근하여 읽고 쓸 수 있다. 하지만 입력 전용 또는 출력 전용 스트림에 비해 구현이 복잡하거나 성능상 불리한 점이 있을 수 있으므로 사용하려는 스트림의 병행성 지원 여부 및 제약 사항을 꼭 확인해 두자.

읽어볼 수 있게끔 접근하는 멤버 함수도 있다. 이를 버퍼 접근자(buffer accessor)라 하는데, 접근자를 호출하면 스트림에 쓰여진 내용을 전부 가져와 다른 시스템에 넘길 수 있다. 일례로 버퍼 접근자로 얻은 포인터를 소켓의 send( ) 함수에 넘겨 메모리 스트림에 기록된 내용을 전부 전송하게 할 수 있다. 코드 4-1에 출력 메모리 스트림 구현 예를 들었다.

코드 4-1 출력 메모리 스트림

```cpp
class OutputMemoryStream
{
public:
    OutputMemoryStream() :
        mBuffer(nullptr), mHead(0), mCapacity(0)
    { ReallocBuffer(32); }
    ~OutputMemoryStream()  { std::free(mBuffer); }

    // 스트림의 데이터 시작 위치 포인터를 구함
    const char* GetBufferPtr() const { return mBuffer; }
    uint32_t GetLength() const { return mHead; }

    void Write(const void* inData, size_t inByteCount);
    void Write(uint32_t inData) { Write(&inData, sizeof(inData)); }
    void Write(int32_t inData) { Write(&inData, sizeof(inData)); }

private:
    void ReallocBuffer(uint32_t inNewLength);

    char*    mBuffer;
    uint32_t mHead;
    uint32_t mCapacity;
};

void OutputMemoryStream::ReallocBuffer(uint32_t inNewLength)
{
    mBuffer = static_cast<char*>(std::realloc(mBuffer, inNewLength));
    // realloc 호출이 실패한 경우 처리
    // ...
    mCapacity = inNewLength;
}

void OutputMemoryStream::Write(const void* inData, size_t inByteCount)
{
    // 공간을 일단 충분히 확보
    uint32_t resultHead = mHead + static_cast<uint32_t>(inByteCount);
    if (resultHead > mCapacity)
        ReallocBuffer(std::max(mCapacity * 2, resultHead));

    // 버퍼의 제일 앞에 복사
    std::memcpy(mBuffer + mHead, inData, inByteCount);
```

```
    // mHead를 전진시켜 다음 기록에 대비
    mHead = resultHead;
}
```

스트림에 데이터를 보내려면 주로 write(const void* inData, size_t inByteCount)를 사용한다. Write()에는 여러 오버로드(overload) 형태가 있는데 이들을 쓰면 바이트 개수를 일일이 파라미터로 지정하지 않아도 된다. 좀 더 완성된 구현을 위해선 Write()를 템플릿으로 만들어 모든 자료형을 처리하게 할 수도 있는데, 이때 원시 자료형이 아닌 것은 직렬화하지 않도록 해야 한다. 원시 자료형이 아닐 경우 직렬화에 특수 처리가 필요함을 명심하자. 템플릿 Write()를 안전하게 작성하려면 자료형 특성 정보(type traits)를 이용한 정적 단언문을 쓰는 것도 한 방법이다.

```
template<typename T> void Write(const T& inData)
{
    // 원시 자료형인지 여부를 컴파일 타임에 검사
    static_assert(
        std::is_arithmetic<T>::value ||
        std::is_enum<T>::value,
        "Generic Write only supports primitive data types");

    Write(&inData, sizeof(inData));
}
```

어떤 방식이건 보조 함수를 만들어 자동으로 바이트 개수를 세어주도록 하면 사용자가 자료형의 바이트 개수를 잘못 넘겨서 발생할 오류를 줄이는 데 도움이 된다.

데이터를 기록하는 도중 mBuffer의 용량이 모자라게 되는 경우, 버퍼가 두 배 또는 기록에 필요한 만큼 확장된다. 이는 흔한 메모리 확장 기법으로, 몇 배수로 확장할지는 필요한 목적에 따라 달리한다.

> **Warning!** GetBufferPtr() 함수가 제공되어 스트림의 내부 버퍼의 포인트에 접근할 수 있지만, 이 버퍼의 소유권은 스트림이 갖고 있으니 주의하자. 다시 말해 스트림이 해제되면 이 포인터도 무효가 된다. 스트림을 해제하고 난 뒤에도 버퍼 포인터를 유지하고 싶다면 버퍼를 std::shared_ptr<std::vector<uint8_t>>로 구현하면 된다. 이는 이 장 마지막의 연습 문제로 남겨 두겠다.

이제 출력 메모리 스트림을 사용해 RoboCat 전송 함수를 보다 견고하게 구현할 수 있다.

```
void RoboCat::Write(OutputMemoryStream& inStream) const
{
    inStream.Write(mHealth);
    inStream.Write(mMeowCount);
    // TODO: mHomeBase : 아직 처리 불가
    inStream.Write(mName, 128);
    // TODO: mMiceIndices : 아직 처리 불가
}

void SendRoboCat(int inSocket, const RoboCat* inRoboCat)
{
    OutputMemoryStream stream;
    inRoboCat->Write(stream);
    send(inSocket, stream.GetBufferPtr(),
        stream.GetLength(), 0);
}
```

RoboCat에 Write()를 추가하면 이 멤버 함수는 내부 private 필드에 스스로 접근할 수 있으므로 직렬화 코드를 데이터 전송 코드와 분리하여 구현할 수 있다. 또 이런 방식으로 여러 클래스를 추상화하면 스트림에 여러 클래스의 데이터를 섞어서 전송하고자 할 때 서로 다른 인스턴스를 비슷한 방식으로 다룰 수 있게 되어 편리하다. 상세한 내용은 5장에서 설명한다.

이제 수신자 호스트가 RoboCat을 받으려면 위에서 구현한 출력 스트림에 대응하는 입력 메모리 스트림과 RoboCat::Read() 멤버 함수가 필요하다. 다음 코드 4-2를 보자.

코드 4-2 입력 메모리 스트림

```
class InputMemoryStream
{
public:
    InputMemoryStream(char* inBuffer, uint32_t inByteCount) :
        mCapacity(inByteCount), mHead(0)
    { }

    ~InputMemoryStream() { std::free(mBuffer); }

    uint32_t GetRemainingDataSize() const { return mCapacity - mHead; }

    void Read(void* outData, uint32_t inByteCount);
    void Read(uint32_t& outData) { Read(&outData, sizeof(outData)); }
    void Read(int32_t& outData) { Read(&outData, sizeof(outData)); }

private:
    char*    mBuffer;
    uint32_t mHead;
```

```
        uint32_t mCapacity;
};

void RoboCat::Read(InputMemoryStream& inStream)
{
    inStream.Read(mHealth);
    inStream.Read(mMeowCount);
    // TODO: mHomeBase : 아직 처리 불가
    inStream.Read(mName, 128);
    // TODO: mMiceIndices : 아직 처리 불가
}

const uint32_t kMaxPacketSize = 1470;

void ReceiveRoboCat(int inSocket, RoboCat* outRoboCat)
{
    char* temporaryBuffer =
        static_cast<char*>(std::malloc(kMaxPacketSize));
    size_t receivedByteCount =
        recv(inSocket, temporaryBuffer, kMaxPacketSize, 0);

    if (receivedByteCount > 0)
    {
        InputMemoryStream stream(temporaryBuffer,
            static_cast<uint32_t>(receivedByteCount));
        outRoboCat->Read(stream);
    }
    else std::free(temporaryBuffer);
}
```

ReceiveRoboCat() 함수는 임시 버퍼를 할당한 뒤 recv() 함수를 호출하여 소켓에 대기 중이던 내용으로 버퍼를 채운 후, 버퍼의 소유권을 입력 메모리 스트림에 넘긴다. 이제 스트림 사용자는 데이터 원소를 하나씩 쓰여진 순서대로 읽어 들일 수 있다. RoboCat::Read() 멤버 함수가 이런 일을 하는데, 스트림의 Read()를 호출하여 RoboCat의 각 필드를 채워 준다.

> Tip☆ 이 방법을 본격적인 게임 개발에 도입할 때 주의할 점은, 스트림용 메모리를 최대 가능한 용량으로 미리 할당해 두어야 한다는 것이다. 패킷이 도착할 때마다 메모리를 할당해선 안 된다. 메모리 할당 작업이 느린 경우도 있기 때문이다. 패킷이 도달하면 이렇게 미리 준비된 스트림의 버퍼에 부어 넣는다. 그런 다음 스트림에서 패킷의 데이터를 모두 읽어 들인 뒤, mHead를 0으로 초기화하여 다음 패킷이 도착할 때 같은 버퍼를 재사용하여 읽어 들이도록 한다.
>
> 이 경우 MemoryInputStream이 메모리를 직접 관리하게 하는 기능을 추가하는 것도 좋다. 최대 용량을 매개변수로 받는 생성자를 두어 내부의 mBuffer를 스트림이 직접 할당하게 하고, mBuffer에 액세스할 수 있게 접근자를 두어 사용자가 나중에 사용자가 recv() 함수에 버퍼 포인터를 직접 전달하게 해 준다.

이처럼 구현하면 스트림이 제공해야 할 기본적인 기능은 준비된 셈이다. 스트림을 사용해 버퍼를 간편히 만들고, 버퍼를 원본 객체의 각 필드로 채운 다음, 이를 통째로 원격 호스트에 보내면 수신 측은 이를 받아 값을 각각 순서대로 추출해, 대상 객체의 알맞은 필드를 골라 집어넣을 수 있다. 또한, 이 과정에서 대상 객체의 가상 함수 테이블 포인터처럼 그대로 두어야 할 부분은 건드리지 않고도 진행할 수 있다.

4.2.2 엔디언 호환성

여러 바이트로 이루어진 숫자를 저장할 때 시중의 모든 CPU가 같은 순서로 저장하는 것은 아니다. 어떤 플랫폼이 바이트를 어떤 순서로 저장하는지 그 방식을 일컬어 플랫폼의 엔디언(Endianness)이라 한다. 엔디언은 크게 리틀 엔디언(Little-endian), 빅 엔디언(Big-endian)으로 나뉜다. 리틀 엔디언 플랫폼에선 여러 바이트로 구성되는 숫자를 가장 작은 자리의 바이트부터 먼저 기재한다. 예를 들어 0x12345678을 값으로 하는 정수를 0x01000000 번지에 저장한다고 하면 그림 4-1처럼 된다.

▼ 그림 4-1 리틀 엔디언 0x12345678

바이트 값	0x78	0x56	0x34	0x12
메모리 주소	0x01000000	0x01000001	0x01000002	0x01000003

최하위 바이트* 0x78이 메모리 앞부분에 저장되었다. 이 부분이 숫자에서 가장 '작은' 부분이며 이 방식을 '리틀' 엔디언이라 부르는 이유가 바로 이 때문이다. 리틀 엔디언 플랫폼으로는 인텔의 x86, x64, 애플의 iOS 계열 하드웨어 등이 있다.

빅 엔디언은 반대로 최상위 바이트**를 가장 먼저 저장한다. 같은 숫자를 같은 번지에 기록할 때 그림 4-2와 같이 된다.

▼ 그림 4-2 빅 엔디언 0x12345678

바이트 값	0x12	0x34	0x56	0x78
메모리 주소	0x01000000	0x01000001	0x01000002	0x01000003

---

*   역주 The least significant byte, LSB로 줄여 쓴다.

** 역주 The most significant byte, MSB로 줄여 쓴다.

빅 엔디언 플랫폼으로는 IBM PowerPC가 대표적인 빅 엔디언 아키텍처이며, Xbox 360, Playstation 3도 빅 엔디언이다.[*]

대부분 플랫폼에 바이트 스와핑(byte swapping), 즉 순서 뒤집기용 알고리즘이 제공되며 전용 어셈블리 명령이 있는 경우도 있다. 직접 작성해야 한다면 코드 4-3의 바이트 스와핑 함수가 효율적이므로 참고하자.[**]

코드 4-3 바이트 스와핑 함수

```
inline uint16_t ByteSwap2(uint16_t inData)
{
    return (inData >> 8) | (indata << 8);
}


inline uint32_t ByteSwap4(uint32_t inData)
{
    return ((inData >> 24) & 0x000000FF) |
           ((inData >>  8) & 0x0000FF00) |
           ((inData <<  8) & 0x00FF0000) |
           ((inData << 24) & 0xFF000000);
}


inline uint64_t ByteSwap8(uint64_t inData)
{
    return ((inData >> 56) & 0x00000000000000FF) |
           ((inData >> 40) & 0x000000000000FF00) |
           ((inData >> 24) & 0x0000000000FF0000) |
           ((inData >>  8) & 0x00000000FF000000) |
           ((inData <<  8) & 0x000000FF00000000) |
           ((inData << 24) & 0x0000FF0000000000) |
           ((inData << 40) & 0x00FF000000000000) |
           ((inData << 56) & 0xFF00000000000000);
}
```

---

[*]   역주 Xbox One, Playstation 4에 와서는 모두 리틀 엔디언을 채택했다. 더불어 대부분 ARM 계열 안드로이드 디바이스도 리틀 엔디언을 채택하고 있다. 그러나 일부 플랫폼의 경우 CPU는 리틀 엔디언이나, 그래픽 API에서 텍스처를 다룰 때는 빅 엔디언을 쓰는 식으로 혼용하는 것도 있으니 잘 파악해 두자.

[**]   역주 또는 3장에서 다룬 htonl, ntohl 등도 활용할 수 있다. 다만 플랫폼이 네트워크 바이트 순서인지 반대인지를 알아두어야 할 것이다.

이들 함수는 주어진 크기의 부호 없는 정수만 뒤집을 수 있으며 이외에 float, double, 부호 있는 정수, 열거자 등은 취급하지 않는다. 이런 자료형도 처리하려면 다음과 같이 다소 위험하지만 자료형 별칭(type aliaser) 클래스를 만들어 쓴다.

```
template <typename tFrom, typename tTo>
class TypeAliaser
{
public:
    TypeAliaser(tFrom inFromValue) :
        mAsFromType(inFromValue) { }
    tTo& Get() { return mAsToType; }

    union
    {
        tFrom mAsFromType;
        tTo   mAsToType;
    }
};
```

이 클래스는 데이터를 특정 형, 이를테면 float로 받은 다음 이 데이터를 바이트 스와핑 함수에서 지원하는 형으로 바꿔 준다. 보조 함수 몇 가지를 템플릿으로 코드 4-4처럼 추가하면 모든 원시 자료형을 스와핑할 수 있다.

코드 4-4 바이트 스와핑 함수 템플릿화

```
template <typename T, size_t tSize> class ByteSwapper;

// 2바이트용 특수화
template <typename T>
class ByteSwapper<T, 2>
{
public:
    T Swap(T inData) const
    {
        uint16_t result =
            ByteSwap2(TypeAliaser<T, uint16_t>(inData).Get());
        return TypeAliaser<uint16_t, T>(result).Get();
    }
};

// 4바이트용 특수화
template <typename T>
class ByteSwapper<T, 4>
{
public:
    T Swap(T inData) const
```

4

객체 직렬화

```
    {
        uint32_t result =
            ByteSwap4(TypeAliaser<T, uint32_t>(inData).Get());
        return TypeAliaser<uint32_t, T>(result).Get();
    }
};

// 8바이트용 특수화
template <typename T>
class ByteSwapper<T, 8>
{
public:
    T Swap(T inData) const
    {
        uint64_t result =
            ByteSwap4(TypeAliaser<T, uint64_t>(inData).Get());
        return TypeAliaser<uint64_t, T>(result).Get();
    }
};

template <typename T>
T ByteSwap(T inData)
{
    return ByteSwapper<T, sizeof(T)>().Swap(inData);
}
```

템플릿으로 만든 ByteSwap() 함수를 호출하면 ByteSwapper 인스턴스를 만드는데, ByteSwapper
템플릿은 인수의 크기에 따라 결정된다. 이 인스턴스는 내부적으로 TypeAliaser를 써서 적당한
ByteSwap() 함수를 호출한다. 컴파일러가 최적화를 수행하고 나면 중간 호출이 모두 정리되고
소수의 기계어 코드만 남는데, 남은 코드는 레지스터 한 개만 가지고도 바이트 순서를 뒤집을 수
있을 정도로 최적화된 코드가 된다.

> **Note ≡** 플랫폼의 엔디언이 스트림과 다를 때, 바이트 스와핑을 해야 하는 경우가 있고 그렇지 않은 경우가 있다. 일례
> 로 MBCS나 UTF-16 이상 유니코드의 경우, 문자열의 각 문자마다 스와핑해야 하지만 단일 바이트 단위 문자열이면 그
> 럴 필요가 없다. 문자열 자체는 여러 바이트가 모여 이루어지지만 각각의 문자는 단일 바이트이기 때문이다. 원시 자료형
> 에 한하여 바이트 스와핑을 해야 하며 스와핑할 때는 항상 해당 자료형에 정확히 일치하는 크기로 해야 한다.[*]

Write()와 Read()를 템플릿으로 만들면, 여기서 ByteSwapper를 사용하여 엔디언이 서로 다른
런타임 플랫폼의 차이를 감지하고 지원할 수 있다.

---

[*]   uint16 네 개를 uint64 하나로 묶어 뒤집으면 빠를 것 같지만 틀린 결과가 나온다. uint16 단위로 하나씩 하나씩 네 번을 해야 한다.

```cpp
template<typename T> void Write(T inData)
{
    // 원시 자료형인지 여부를 컴파일 타임에 검사
    static_assert(
        std::is_arithmetic<T>::value ||
        std::is_enum<T>::value,
        "Generic Write only supports primitive data types");

    if (STREAM_ENDIANNESS == PLATFORM_ENDIANNESS)
    {
        Write(&inData, sizeof(inData));
    }
    else
    {
        T swappedData = ByteSwap(inData);
        Write(&swappedData, sizeof(swappedData));
    }
}
```

4.2.3 비트 스트림

앞 절에서 다룬 메모리 스트림은 최소 1바이트 단위로 읽고 써야 한다는 단점이 있다. 바이트의 절반 혹은 몇 비트만 쓰거나 할 수는 없는데, 네트워크 코드를 작성하다 보면 비트 수를 최대한 절약하는 것이 바람직하므로 비트 단위로 읽거나 쓰고 싶을 때가 있다. 이를 위해 메모리 비트 스트림을 구현해 두면 편리하다. 메모리 비트 스트림은 바이트 대신 비트 단위로 쪼개어 기록할 수 있는데, 코드 4-5에 출력 메모리 스트림의 코드가 있다.

코드 4-5 출력 메모리 비트 스트림 클래스

```cpp
class OutputMemoryBitStream
{
public:
    OutputMemoryBitStream()  { ReallocBuffer(256); }
    ~OutputMemoryBitStream() { std::free(mBuffer); }

    void WriteBits(uint8_t inData, size_t inBitCount);
    void WriteBits(const void* inData, size_t inBitCount);

    const char* GetBufferPtr() const { return mBuffer; }
    uint32_t GetBitLength() const { return mBitHead; }
    uint32_t GetByteLength() const { return (mBitHead + 7) >> 3; }

    void WriteBytes(const void* inData, size_t inByteCount)
    { WriteBits(inData inByteCount << 3); }
```

```
private:
    void ReallocBuffer(uint32_t inNewBitCapacity);

    char*    mBuffer;
    uint32_t mBitHead;
    uint32_t mBitCapacity;
};
```

비트 스트림의 인터페이스는 바이트 스트림과 비슷하지만, 바이트 개수가 아닌 비트 개수를 인자
로 지정한다는 차이가 있다. 생성자, 소멸자, 확장에 따른 재할당 등 나머지는 비슷하다. 새 기능
은 코드 4-6의 WriteBits() 두 벌에 걸쳐 구현한다.

코드 4-6 출력 메모리 비트 스트림의 구현

```
void OutputMemoryBitStream::WriteBits(
    uint8_t inData,
    size_t inBitCount)
{
    uint32_t nextBitHead = mBitHead + static_cast<uint32_t>(inBitCount);
    if (nextBitHead > mBitCapacity)
        ReallocBuffer(std::max(mBitCapacity * 2, nextBitHead));

    // 바이트 오프셋: 비트 헤드를 8로 나눔
    // 비트 오프셋 : 8에 대한 나머지
    uint32_t byteOffset = mBitHead >> 3;
    uint32_t bitOffset = mBitHead & 0x7;

    // 현재 처리 중 바이트에서 몇 비트를 남길지 계산
    uint8_t currentMask = ~(0xff << bitOffset);
    mBuffer[byteOffset] = (mBuffer[byteOffset] & currentMask)
        | (inData << bitOffset);

    // 기록할 바이트에 몇 비트가 아직 남아있나 계산
    uint32_t bitsFreeThisByte = 8 - bitOffset;

    // 공간이 모자라면 다음 바이트에 넘김
    if (bitsFreeThisByte < inBitCount)
    {
        // 다음 바이트에 나머지 비트를 기록
        mBuffer[byteOffset + 1] = inData >> bitsFreeThisByte;
    }

    mBitHead = nextBitHead;
}

void OutputMemoryBitStream::WriteBits(
    const void* inData,
    size_t inBitCount)
{
```

```
    const char* srcByte = static_cast<const char*>(inData);

    // 바이트를 하나씩 모두 기록
    while (inBitCount > 8)
    {
        WriteBits(*srcByte, 8);
        ++srcByte;
        INBITCOUNT -= 8;
    }

    // 아직 남은 비트를 기록
    if (inBitCount > 0)
        WriteBits(*srcByte, inBitCount);
}
```

비트를 스트림에 기록하는 내부 작업은 WriteBits(uint8_t inData, size_t inBitCount)에서
담당하는데, 바이트 하나를 매개변수로 받아 지정된 비트 수만큼 비트를 추출하여 스트림에 기록
한다. 동작 원리를 이해하기 위해 다음 코드가 실행될 때를 가정해 보자.

```
OutputMemoryBitStream mbs;

mbs.WriteBits(13, 5);
mbs.WriteBits(52, 6);
```

이렇게 하면 숫자 13을 5비트 기록한 뒤, 숫자 52의 6비트를 기록한다. 그림 4-3에 이 숫자를 각
각 이진수 형태로 그려보았다.

▼ 그림 4-3 13과 52의 이진수 표현

13:

비트 값	0	0	0	0	1	1	0	1
비트 번호	7	6	5	4	3	2	1	0

52:

비트 값	0	0	1	1	0	1	0	0
비트 번호	7	6	5	4	3	2	1	0

이제 코드가 실행되고 나면 mbs.mBuffer가 가리키는 메모리에 그림 4-4처럼 두 값이 기록된다.

▼ 그림 4-4 5비트 길이 13과 6비트 길이 62를 포함한 스트림 버퍼

비트 값	1	0	0	0	1	1	0	1	0	0	0	0	0	1	1	0
비트 번호	7	6	5	4	3	2	1	0	7	6	5	4	3	2	1	0
바이트 번호				0								1				

이것을 보면 숫자 13이 0번 바이트의 0~5번 비트를 점유하고, 숫자 52는 총 6비트 중 뒤쪽 3비트 '100'이 0번 바이트의 5~7번 비트에, 앞쪽 3비트 '110'은 1번 바이트의 0~2번 비트로 들어가 있다.

코드를 한 줄씩 짚어보면 동작 구조가 보다 잘 드러난다. 스트림을 지금 막 만들었다 치면 mBitCapacity는 256이고 mBitHead는 0이며 재할당 필요가 없도록 스트림에 넉넉한 공간이 있다. mBitHead는 다음번 스트림에 기록할 비트 위치를 나타내는 역할을 하는데, 먼저 mBitHead를 바이트 인덱스와 그 바이트에서의 비트 인덱스로 쪼갠다. 1바이트는 8비트이므로 mBitHead를 8로 나누면 바이트 인덱스를 얻을 수 있다. 나눗셈 대신 오른쪽으로 3 시프트해도 된다. 마찬가지로 한 바이트 내 비트 인덱스는 8에 대한 나머지, 또는 시프트하다 버려지는 3비트를 구하면 된다. 꽉찬 3비트를 나타내는 이진수는 '111', 즉 0x07이므로 mBitHead에 비트 AND 연산 0x07로 거르면 그 3비트를 얻을 수 있다. 첫 호출에서 13을 기록할 때 mBitHead는 0. 따라서 byteOffset과 bitOffset 둘 다 0이다.

코드 실행 중 byteOffset과 bitOffset을 구했으면, byteOffset을 mBuffer 배열에 대한 인덱스로 삼아 기록할 바이트 위치를 찾는다. 다음 그 안에 들어 있는 데이터를 bitOffset만큼 왼쪽으로 시프트한 뒤 사용자가 넘겨준 값과 비트 OR 연산으로 합친다. 처음 숫자 13을 쓸 때는 두 오프셋 모두 0이므로 그다지 어려울 게 없다. 이제 WriteBits(52, 6)을 호출할 때 스트림에서 어떤 동작이 일어나는지 그림 4-5를 통해 살펴보자.

▼ 그림 4-5 두 번째 WriteBits 호출 직후 스트림 버퍼

비트 값	0	0	0	0	1	1	0	1	0	0	0	0	0	0	0	0
비트 번호	7	6	5	4	3	2	1	0	7	6	5	4	3	2	1	0
바이트 번호				0								1				

이 시점에 mBitHead는 5가 된다. 즉, byteOffset은 0이고 bitOffset이 5가 된다.

숫자 52를 5비트 왼쪽으로 시프트하면 그림 4-6의 결과가 나온다.

▼ 그림 4-6 52를 왼쪽으로 5비트 시프트한 이진수 표현

비트 값	1	0	0	0	0	0	0	0
비트 번호	7	6	5	4	3	2	1	0

최상위 비트들이 밖으로 시프트되어 버려지고 하위 비트들이 이제 상위 비트가 되었음을 주목하자. 그림 4-7은 이 값을 버퍼의 0번 바이트에 비트 OR 연산한 결과이다.

▼ 그림 4-7 52를 왼쪽으로 5비트 시프트하여 스트림 버퍼에 비트 OR 연산

비트 값	1	0	0	0	1	1	0	1	0	0	0	0	0	0	0	0
비트 번호	7	6	5	4	3	2	1	0	7	6	5	4	3	2	1	0
바이트 번호				0								1				

0번 바이트가 이제 가득 찼다. 하지만 아직 6비트 중 3비트만 스트림에 기록되었고 나머지 3비트
는 왼쪽으로 시프트하다 오버플로, 즉 넘쳐버렸다. WriteBits() 코드의 이후 부분에서 이를 감지
하고 처리한다. 코드 실행 시 8에서 bitOffset를 빼면 대상 바이트에 기록하고 남은 비트 수가 몇
개인지 계산할 수 있다. 이 경우엔 3이 나오는데 실제 넣을 수 있었던 비트 수가 3이란 뜻이다. 남
은 비트 수가 기록할 비트 수보다 적은 경우, 오버플로 처리 분기를 실행한다.

오버플로 분기에선 목표를 갱신하여 다음 바이트로 전진한다. 목표가 된 바이트에 비트 내용을
OR하기 전에, 주어진 inData를 남은 비트 수만큼 오른쪽으로 시프트한다. 그림 4-8에 52를 오른
쪽으로 3비트 시프트한 결과가 있다.

▼ 그림 4-8 52를 오른쪽으로 3비트 시프트

비트 값	0	0	0	0	0	1	1	0
비트 번호	7	6	5	4	3	2	1	0

앞서 왼쪽으로 시프트할 때 오버플로 되어버렸던 상위 비트들이, 오른쪽으로 시프트하면 이제 하
위 비트가 된다. 이 하위 비트는 그다음 바이트, 즉 상위 바이트에 속한다. 오른쪽으로 시프트한
비트를 mBuffer[byteOffset + 1]에 OR 연산하면 우리가 기대한 최종 상태로 완성된다(그림
4-9).

▼ 그림 4-9 스트림 버퍼의 최종 완성 상태

비트 값	1	0	0	0	1	1	0	1	0	0	0	0	0	1	1	0
비트 번호	7	6	5	4	3	2	1	0	7	6	5	4	3	2	1	0
바이트 번호				0								1				

복잡한 작업은 단일 바이트용 오버로드 WriteBits(uint8_t inData, uint32_t inBitCount)가
다 처리해 주므로 배열용 오버로드 WriteBits(const void* inData, uint32_t inBitCount)가
할 일은 주어진 데이터를 각 바이트로 쪼개어 한 바이트씩 단일 바이트용 WriteBits()를 호출하
면 그만이다.

이제 출력 메모리 비트 스트림이 기능 면에서는 완성되었지만 아직 완벽한 건 아니다. 기록하려는 데이터마다 비트 수를 기재해 주어야 하기 때문이다. 대부분의 경우 비트 수의 상한선은 기록하려는 자료형에 따라 결정된다. 또한, 일부러 상한선보다 적은 수의 비트를 기록하는 경우는 흔하지 않다. 이런 이유로 기본 자료형에 다음과 같이 디폴트가 있는 매개변수를 추가하면 코드가 보다 명쾌해지고 유지보수도 쉬워진다.

```cpp
void WriteBytes(const void* inData, size_t inByteCount)
    { WriteBits(inData, inByteCount << 3); }

void Write(uint32_t inData, size_t inBitCount = sizeof(uint32_t) * 8)
    { WriteBits(&inData, inBitCount); }
void Write(int inData, size_t inBitCount = sizeof(int) * 8)
    { WriteBits(&inData, inBitCount); }
void Write(float inData)
    { WriteBits(&inData, sizeof(float) * 8); }
void Write(uint16_t inData, size_t inBitCount = sizeof(uint16_t) * 8)
    { WriteBits(&inData, inBitCount); }
void Write(int16_t inData, size_t inBitCount = sizeof(int16_t) * 8)
    { WriteBits(&inData, inBitCount); }
void Write(uint8_t inData, size_t inBitCount = sizeof(uint8_t) * 8)
    { WriteBits(&inData, inBitCount); }
void Write(bool inData)
    { WriteBits(&inData, 1); }
```

이렇게 구현하면 대부분 원시 자료형은 그냥 Write()에 넘기기만 하면 된다. 자료형에 맞게 비트 수가 디폴트 매개변수로 선택될 것이다. 적은 수의 비트를 쓰려면 이 매개변수에 비트 수를 명시적으로 지정하면 된다. 나아가 여러 개의 오버로드 대신, 자료형 특성 정보를 이용한 템플릿으로 구현하면 더욱 일반화할 수 있다.

```cpp
template<typename T>
void Write(T inData, size_t inBitCount = sizeof(T) * 8)
{
    // 원시 자료형인지 여부를 컴파일 타임에 검사
    static_assert(
        std::is_arithmetic<T>::value ||
        std::is_enum<T>::value,
        "Generic Write only supports primitive data types");

    WriteBits(&inData, inBitCount);
}
```

Write()를 템플릿으로 하더라도 특정 오버로드, 예를 들어 bool 같은 건 따로 구현해 두는 편이 좋은데 왜냐하면, bool의 비트 수를 위의 코드로 계산하면 sizeof(bool) * 8, 즉 8비트가 나오는데 bool은 1비트이지 8비트가 아니므로 틀린 계산이다.

> **Warning!** 여기서 구현한 Write()는 리틀 엔디언 플랫폼에서만 동작한다. 각 바이트를 주소에 할당하는 방법 때문이다. 이 함수를 빅 엔디언 플랫폼에도 동작하게 하고 싶다면 템플릿 Write()에서 데이터를 WriteBits()에 넘기기 전 바이트 스와핑을 하거나, 빅 엔디언 플랫폼에 맞는 주소 할당 방식을 새로 구현해야 한다.

입력 메모리 비트 스트림은 스트림에서 비트열을 반대로 읽어 들이는 것으로, 출력 메모리 비트 스트림과 동작 원리는 유사하다. 구현은 연습 문제로 남겨두었으나 보조 웹 사이트에서 코드를 받아볼 수도 있다.

4.3 참조된 데이터 처리

지금까지의 작업으로 직렬화 코드가 이제 모든 종류의 원시 자료형과 POD* 자료형을 처리할 수 있게 되었지만, 아직 포인터나 컨테이너 등 간접 참조 데이터는 처리하지 못한다. RoboCat 클래스를 다음 코드로 다시 살펴보자.

```cpp
class RoboCat : public GameObject
{
public:
    RoboCat() : mHealth(10), mMeowCount(3), mHomeBase(0)
    {
        mName[0] = '\0';
    }

    virtual void Update();

    void Write(OutputMemoryStream& inStream) const;
    void Read(InputMemoryStream& inStream);
```

---

* **역주** POD: plain old data. 순수하게 원시 자료형과 다른 POD로만 구성된 자료형. 멤버 함수가 있어도 상관없으나 포인터나 가상 함수가 있어선 안 된다. STL vector나 string은 POD가 아니므로 이런 것들이 포함되어선 안 된다. 예를 들면 Vector3 같이 주로 값만 담고 있는 자료형을 POD로 분류할 수 있겠다. POD는 메모리 레이아웃이 단순하므로 쉽게 복사할 수 있다.

```
private:
    int32_t             mHealth;
    int32_t             mMeowCount;
    GameObject*         mHomeBase;
    char                mName[128];
    std::vector<int32_t> mMiceIndices;

    Vector3             mPosition;
    Quaternion          mRotation;
};
```

현재 버전의 메모리 스트림 구현으로 아직 직렬화할 수 없는 복합 멤버 변수가 두 개 있는데, mHomeBase와 mMiceIndices가 그것이다. 이를 처리하기 위해서는 다음 절에서 논의할 다른 접근 방법이 필요하다.

4.3.1 임베딩(또는 인라이닝)

멤버 변수 중에는 자신이 참조하는 데이터를 다른 객체와 공유하지 않는 것이 있다. RoboCat의 mMiceIndices가 그 예제이다. 이 변수는 RoboCat이 추적하는 쥐들의 정수 인덱스를 vector에 담아 둔 것인데, std::vector<int>는 블랙박스이므로 표준 OutputMemoryStream::Write() 함수를 써서 std::vector<int>의 메모리 주소를 스트림에 복사해 넣으면 위험하다. 이렇게 하면 std::vector 안의 여러 포인터 값들을 무턱대고 직렬화해버려, 원격 호스트에서 복원하면 쓰레기 값을 가리키는 포인터가 되어버린다.

vector를 통째로 직렬화하기보다는, 커스텀 직렬화 함수를 작성해 vector에 저장된 데이터만 기록하게 해야 한다. 이 데이터의 실제 RAM상 위치는 RoboCat이 저장된 위치에서 멀리 떨어진 곳일 가능성이 크다. 하지만 커스텀 함수는 이 데이터를 스트림상 RoboCat의 다른 데이터와 연이어 중간에 박아 넣는데, 이렇게 독립적인 데이터를 다른 데이터 중간에 끼워 넣는 것을 임베딩(embedding) 또는 인라이닝(inlining)이라 한다. 예를 들어 std::vector<int32_t>를 직렬화하는 커스텀 함수를 작성하면 다음과 같은 형태가 된다.

```
void Write(const std::vector<int32_t>& inIntVector)
{
    size_t elementCount = inIntVector.size();
    Write(elementCount);
    Write(inIntVector.data(), elementCount * sizeof(int32_t));
}
```

이 코드는 먼저 벡터의 길이를 기록하고, 그다음 벡터에 들어 있는 모든 데이터를 기록하는 식으로 직렬화를 진행한다. Write()에서 먼저 벡터의 길이부터 기록하는 것에 유의하자. 그래야만 대칭되는 Read()에서 나중에 읽어 들일 때 적절한 길이의 벡터를 먼저 할당해 두고 내용물을 읽어 들일 수 있기 때문이다. 이 벡터는 정수, 즉 원시 자료형을 담고 있으므로 memcpy() 한 번으로 모두 직렬화할 수 있다. 더 복잡한 자료형을 지원하려면 std::vector용 Write()를 템플릿으로 작성해 각 원소를 하나씩 직렬화하게 구현해야 한다.

```
template<typename T>
void Write(const std::vector<T>& inVector)
{
    size_t elementCount = inVector.size();
    Write(elementCount);
    for (const T& element : inVector)
    {
        Write(element);
    }
}
```

여기서는 우선 길이부터 기록한 다음 vector의 각 원소를 하나씩 임베딩하며 기록해 나간다. 이렇게 하면 벡터의 벡터, 또는 벡터를 포함한 클래스의 벡터 등 복잡한 형태도 지원할 수 있다. 마찬가지로, 직렬화된 것을 복원하려면 다음과 같이 Read 함수를 구현한다.

```
template<typename T>
void Read(std::vector<T>& outVector)
{
    size_t elementCount;
    Read(elementCount);
    outVector.resize(elementCount);
    for (T& element : outVector)
    {
        Read(element);
    }
}
```

특수화된 Read()와 Write()를 더 추가하면 더욱 다양한 형태의 컨테이너, 또는 포인터로 참조된 데이터를 지원할 수 있다. 단 이 같은 방식은 원조 객체에 전적으로 포함되는, 즉 다른 객체와 공유되지 않는 데이터에 한해서만 적용할 수 있는 직렬화 기법이다. 데이터가 다른 객체와 공유되거나 포인터로 참조된다면 아래에 다룰 링킹이라는 더 복잡한 기법을 사용해야 한다.

4.3.2 링킹

어떤 데이터는 하나 이상의 포인터로 여러 곳에서 참조되는 경우가 있다. 예를 들어 RoboCat 변수 중 GameObject* mHomeBase를 보자. 두 개의 RoboCat 인스턴스가 같은 기지 객체를 참조하고 있다면 지금까지 만든 코드로는 이를 표현할 방법이 아직 없다. 임베딩 기법으로는 같은 기지 객체를 두 RoboCat이 제각기 복사하여 직렬화하게 된다. 원래 하나만 있어야 할 기지 객체가 복원 시 똑같은 내용으로 두 개 만들어지고 말 것이다![*]

또 다른 경우로는 데이터 구조 자체가 임베딩이 아예 불가능한 경우가 있다. 다음 HomeBase 클래스를 보자.

```
class HomeBase : public GameObject
{
    std::vector<RoboCat*> mRoboCats;
};
```

HomeBase 클래스에는 현재 활성화된 모든 RoboCat을 담는 목록이 있다. RoboCat을 임베딩 방식만 써서 직렬화하는 함수가 있다고 치자. 이 함수는 RoboCat을 직렬화하는 동안 RoboCat이 참조하는 HomeBase를 임베드해야 할 것이고, HomeBase를 임베딩하다가 모든 RoboCat을 또 임베딩해야 하는데, 이 중에는 앞서 직렬화 중이던 RoboCat도 포함되어 있을 것이다. 이런 식으로는 무한 재귀 호출로 스택 오버플로가 나기 십상이다. 그러므로 분명히 다른 솔루션이 필요하다.

그 해법은 바로 여러 번 참조될 법한 객체에 고유 식별자 혹은 ID를 부여해 두었다가 이들 객체를 직렬화할 때 오로지 식별자 값만 직렬화하는 것이다. 일단 수신자가 모든 객체 데이터를 복원한 뒤, 수정 루틴을 돌려 각 식별자에 대응되는 참조 객체를 찾아 적절한 멤버 변수에 끼워 넣는다. 이렇게 객체를 사후에 링크(link), 즉 연결해 주는 방식이므로 이 절차를 링킹(linking)[**]이라 부른다.

이후 5장에서 고유 ID를 각 객체에 할당하고 네트워크상에 전송하는 방법, 그리고 ID 대 객체의 매핑을 유지하는 법 등을 자세히 다룰 것이다. 그에 앞서 여기서는 일단 각 스트림에 코드 4-7의 LinkingContext가 연결되어 있다고 치자. 이 LinkingContext에 네트워크 ID 대 객체의 최신 매핑이 수록되어 있다고 가정한다.

코드 4-7 LinkingContext 클래스

```
class LinkingContext
{
public:
```

---

[*]   역주 또한 매번 직렬화를 거쳐 동기화될 때마다 계속해서 그 수가 늘어나게 될 것이다!

[**] 역주 C++ 코드를 컴파일할 때 링커(linker)가 바로 이러한 일을 수행한다.

```cpp
    uint32_t GetNetworkId(GameObject* inGameObject)
    {
        auto it = mGameObjectToNetworkIdMap.find(inGameObject);
        if (it != mGameObjectToNetworkIdMap.end())
            return it->second;
        else
            return 0;
    }
    GameObject* GetGameObject(uint32_t inNetworkId)
    {
        auto it = mNetworkIdToGameObjectMap.find(inNetworkId);
        if (it != mNetworkIdToGameObjectMap.end())
            return it->second;
        else
            return nullptr;
    }

private:
    std::unordered_map<uint32_t, GameObject*>mNetworkIdToGameObjectMap;
    std::unordered_map<GameObject*, uint32_t>mGameObjectToNetworkIdMap;
};
```

LinkingContext를 사용하면 메모리 스트림 내에서 간단한 링킹 시스템을 사용할 수 있다.

```cpp
void Write(const GameObject* inGameObject)
{
    uint32_t networkId = mLinkingContext->GetNetworkId(inGameObject);
    Write(networkId);
}

void Read(GameObject*& outGameObject)
{
    uint32_t networkId;
    Read(networkId);
    outGameObject = mLinkingContext->GetGameObject(networkId);
}
```

Note 筌 꼼꼼하게 구현하려면 링킹 시스템과 이를 사용하는 게임 코드 모두 객체가 (아직) 없는 네트워크 ID를 수신하는 경우를 처리할 줄 알아야 한다. 패킷이 중도에 누락되기도 하므로, 미처 수신하지 못한 객체를 참조하는 멤버 변수를 가진 객체를 게임이 받기도 한다. 여러 방법으로 처리할 수 있는데, 전체 객체를 무시하는 방법, 일단 받을 수 있는 건 모두 받아 참조 가능한 건 모두 연결시킨 뒤 빠진 걸 널(null)로 처리하는 방법 등이 있다. 좀 더 복잡한 시스템은 널로 연결한 멤버 변수를 추적하다가 나중에 그 네트워크 ID에 해당하는 객체가 수신되었을 때 복원시켜 주기도 한다. 게임의 설계에 따라 적절한 방법을 선택하면 될 것이다.

4.4 / 압축

이제 모든 종류의 데이터를 직렬화할 수 있는 도구를 갖추었으므로, 게임 객체를 네트워크로 전송하고 복원할 수 있게 되었다. 하지만 네트워크에 부여된 대역폭 내에서 동작할 만큼 효율적인 코드인지는 미지수이다. 멀티플레이어 게임 초창기엔 게임에 허용되는 대역폭이 초당 고작 2,400바이트 또는 그 이하에 불과했다. 오늘날 게임 엔지니어는 그보다 몇천 배나 빠른 고속 연결을 활용할 수 있으니 운이 좋은 편이긴 하지만 여전히 대역폭을 최대한 절약할 방법을 강구해야 한다.

게임 월드가 대형화되어 수백 개의 객체가 움직이는데, 이들 객체의 움직임을 낱낱이 데이터로 바꿔 수백 명의 플레이어에게 실시간으로 보내려면 현존 최고 품질의 연결망에서도 대역폭이 모자랄 지경이다. 따라서 이 책에서는 가용 대역폭을 최대한 활용할 수 있게 다양한 방법을 제시하고자 한다. 9장 규모 확장에 대응하기(301쪽)에선 누가 이 데이터를 보아야 하는지, 어떤 클라이언트에 어떤 객체 속성을 업데이트할지 판단하는 고급 알고리즘을 알아볼 것이다. 하지만 이 절에서는 우선 가장 저수준의, 즉 비트와 바이트 수준에서 데이터를 압축하는 기술에 대해 알아보자. 다시 말해 보낼 데이터 조각을 확보했을 때 가능한 적은 비트 수로 이를 보내는 방법에 대해 알아본다.

4.4.1 희소 배열(sparse array) 압축

데이터 압축의 왕도는 바로 네트워크상 보낼 필요가 없는 정보를 제거하는 것에 있다. 이렇게 쓸데없는 정보는 드문드문하거나 완전히 채워져 있지 않은 데이터 구조에서 흔히 보게 된다. RoboCat의 mName 필드를 보자. 어떤 이유에서인지 RoboCat의 원작자는 RoboCat의 이름을 담아 두는 최선의 방법으로 데이터 중간에 128바이트 문자 배열을 확보해 두는 게 좋다고 믿은 모양이다. 스트림의 멤버 함수 WriteBytes(const void* inData, uint32_t inByteCount)로 문자열 배열을 통째로 임베딩하면 되긴 하지만 보다 사려 깊게 구현하면 128바이트 전체를 기록하지 않고도 필요한 데이터만 직렬화할 수 있다.

여러 압축 알고리즘에서 쓰는 전략은 일반적인 경우를 상정해 보고 여기서 출발해 최적화할 때 취할 수 있는 이점을 이용하자는 것으로, 우리도 비슷한 전략으로 접근하고자 한다. 영어 문화권에서 많이 쓰이는 이름들, 그리고 로보캣의 게임 기획을 살펴보았더니 플레이어가 자신의 RoboCat 이름을 지을 때 128 글자를 모두 쓰지 않을 가능성이 매우 높다는 사실을 알게 되었다. 배열 길이가 얼마가 되건 마찬가지다. 최악의 경우를 상정하여 공간을 확보했다고 해서 직렬화 코드를 작성할 때 모든 사용자의 이름이 전부 최악의 경우에 해당된다고 가정할 필요는 없는 것이다. mName

필드를 살펴보고 실제 몇 글자를 이름으로 쓰고 있는지 세어보는 커스텀 직렬화 코드가 있다면 공간을 절약할 수 있다. mName이 널 종료 문자열이라면 그냥 std::strlen() 함수를 쓰면 된다. 이렇게 이름을 보다 효율적으로 직렬화하게 고친 예를 들면 다음과 같다.

```
void RoboCat::Write(OutputMemoryStream& inStream) const
{
    ... // 위에서 다른 필드를 직렬화함
    uint8_t nameLength = static_cast<uint8_t>(strlen(mName));
    inStream.Write(nameLength);
    inStream.Write(mName, nameLength);
    ...
}
```

벡터를 직렬화할 때와 마찬가지로 데이터 본체를 기록하기에 앞서 그 길이부터 기록하는 것에 주목하자. 수신자가 스트림에서 얼마나 데이터를 읽어야 할지 알려주려는 의도이다. 문자열의 길이를 구해(0~255 사이의 값을 담을 수 있는) 바이트 하나로 만들어 직렬화하는데, 본 예제에선 배열이 최대 128 문자까지 기록할 수 있기 때문에 일단은 안전하다.

사실 RoboCat의 데이터 중 이름 필드는 다른 것보다 자주 읽거나 쓸 필요가 없는 편이다. 그러므로 캐시 적중률 관점에서 최적화를 위해 객체의 이름을 std::string 같은 것으로 표현하는 게 훨씬 효율적이다. 그러면 128바이트 공간을 차지해야 할 때보다 캐시 메모리의 적은 분량만 차지하면 되므로 캐시 적중률이 높아질 것이다. 이렇게 하려면 std::string을 앞서 vector에 했던 것처럼 따로 직렬화해 주는 코드를 만들어 mName을 처리할 때 이 함수를 호출하면 된다. 본래 이렇게 하는 것이 맞겠지만, 이 예제에선 이해하기 쉽도록 일부러 128바이트 길이 배열에 넣은 의도도 있긴 하다. 실무에선 이처럼 내용을 다 채우지 못하는 컨테이너 같은 것들이 쉽게 건질 수 있는 최적화 대상이므로 압축하는 것을 고려해 보자.

4.4.2 엔트로피 인코딩

엔트로피 인코딩(entropy encoding)은 정보 공학 주제 중 하나인데, 데이터 압축에 있어 출현하는 데이터의 예측 가능성 정도가 얼마나 높고 낮은가에 따라 압축률이 달라진다는 이론이다. 이 이론에 따르면 기댓값에 가까운 값을 지닌 패킷일수록 그렇지 않은 패킷보다 적은 정보(엔트로피)만 포함한다고 한다. 이 때문에 예상에 보다 부합하는 값을 보내면 예상 밖의 값을 보낼 때보다 적은 수의 비트로 인코딩해 보낼 수 있다.

그렇지만 대개의 경우 CPU 자원은 실제 게임 시뮬레이션에 써야지, 압축을 최적화하겠답시고 패킷의 엔트로피 분석에 쓰는 건 바람직하지 않아 보인다. 그렇다 하더라도 간단한 방법으로 제법 효율적인 엔트로피 인코딩을 할 수 있는 경우가 있다. 특정 값이 다른 값보다 빈번하게 등장하는 멤버 변수를 직렬화할 때가 그렇다.

예를 들어 RoboCat의 mPosition 필드를 보자. X, Y, Z로 구성된 Vector3이다. X와 Z는 고양이의 지표면 기준 위치 값이고 Y는 높이 값이다. 위치를 직렬화하는 단순한 방법은 다음과 같을 것이다.

```
void OutputMemoryBitStream::Write(const Vector3& inVector)
{
    Write(inVector.mX);
    Write(inVector.mY);
    Write(inVector.mZ);
}
```

이대로라면 $3 \times 4 = 12$바이트를 써야 RoboCat의 mPosition을 네트워크로 전송할 수 있다. 하지만 이 코드는 고양이가 대부분의 경우 지면에 붙어있을 가능성이 크다는 지식을 활용하지 못하고 있다. 무슨 말이냐면 3D 벡터 mPosition의 Y 좌표가 보통은 0이라는 사실이다. 코드를 고치면 비트 하나에 mPosition이 보통의 값인 0인지, 아니면 다른 값인지 표시할 수 있다.

```
void OutputMemoryBitStream::WritePos(const Vector3& inVector)
{
    Write(inVector.mX);
    Write(inVector.mZ);

    if (inVector.mY == 0)
    {
        Write(true);
    }
    else
    {
        Write(false);
        Write(inVector.mY);
    }
}
```

X 값과 Y 값을 기록한 다음 지표면에서 높이가 0인지 아닌지를 검사한다. 0이면 단일 비트로 true를 기록하여 '그러함. 이 객체는 보통의 높이 0임'이라 표시한다. Y 값이 0이 아닌 경우 같은 비트에 우선 false를 기록하여 '아님. 높이가 0이 아니므로 다음 32비트에서 실제 높이를 읽어야 함'이라 표시한다. 이제 높이를 기록하는 데 있어 최악의 경우엔 1비트가 늘어 33비트를 써야 하는 경우도 있음을 주목하자. 늘어난 1비트는 이 값이 일반적인 경우를 나타내는 기댓값인지 그렇지 않은지 나타내는 플래그이며, 나머지 32비트는 특수한 경우에 실제 값을 표현하는 데 쓰인다. 얼핏 보기에는 전보다 직렬화에 필요한 비트 수가 늘었으므로 비효율적으로 여겨질 수 있다. 그렇지

만 실제 사용될 비트 수의 평균치는 고양이가 보통 땅에 있는 경우가 많은지 그렇지 않은지를 따져 계산해 보아야 알 수 있다.

게임 내 통계 추적을 통해 유저의 고양이가 바닥에 있는 경우가 얼마나 되는지 로그를 남겨 볼 수 있다. 집중 테스트실에서 테스터들이 플레이할 때 로그를 남기거나, 실제 유저들이 초기 버전 게임을 플레이할 때 게임 시스템이 인터넷으로 통계치를 전송하게 할 수도 있다. 이런 실험을 통해 얻은 결과로 플레이 타임의 90%를 바닥에 붙어있었다는 지식을 얻었다고 가정해 보자. 기초적인 확률 공식으로 높이를 나타내는데 필요한 비트 수의 기대치를 계산할 수 있다.

$$P_{(\text{바닥})} \times Bits_{(\text{바닥})} + P_{(\text{공중})} \times Bits_{(\text{공중})} = 0.9 \times 1 + 0.1 \times 33 = 4.2$$

위의 가정에 따르면 결과적으로 Y 값을 직렬화하는 데 필요한 기대 비트 수가 32비트에서 4.2로 줄었다. 위치 값 하나마다 약 3바이트꼴로 절약한 것이다. 32명의 플레이어가 초당 30회 정도 위치를 바꾼다면 Y 값 하나 최적화했을 뿐인데도 엄청난 절약이 가능하다는 결론에 이르게 된다.

압축 효율을 더 높일 수도 있다. 예를 들어 통계를 얻어본 결과 고양이가 바닥에 있는 경우가 아니라면 대개 천장에 매달려 있었다고 가정해 보자. 천장의 높이가 100이라면 직렬화 코드에 두 번째 기댓값 여부 검사를 넣어 천장에 매달린 경우의 위치를 압축할 수 있다.*

```cpp
void OutputMemoryBitStream::WritePos(const Vector3& inVector)
{
    Write(inVector.mX);
    Write(inVector.mZ);

    if (inVector.mY == 0)
    {
        Write(true);
    }
    else if (inVector.mY == 100)
    {
        Write(true);
        Write(false);
    }
    else
    {
        Write(false);
        Write(inVector.mY);
    }
}
```

---

* **역주** 이 코드에서는 간결한 설명을 위해 float 값을 등가 연산자로 직접 비교하는데, 부동소수점 포맷에 내포된 오차로 인해 상상도 못 한 버그가 생길 수 있다. 실전에서는 fabs(inVector.mY − 100.0f) 〈 0.001f 식으로 하는 것이 안전하다.

위 코드에서도 맨 앞에 비트 하나로 기댓값인지 아닌지 표시한다. 여기에 추가로 두 번째 비트를 두어 기댓값이라면 다시 바닥인지 천장인지 표시한다.* 여기서는 기댓값을 숫자로 하드코딩하여 넣었지만, 이런 식으로 계속 확장해 나가다 보면 코드가 엉망이 되곤 한다. 많은 경우를 처리하고 싶을 땐 기댓값에 대한 조회 테이블을 두고, 여러 개의 비트를 묶어 이 비트열이 뜻하는 숫자를 테이블에 대한 인덱스로 기록하는 식으로 간이 허프만 코딩(huffman coding)을 구현하면 될 것이다.

고양이가 두 번째로 많이 위치하는 곳이 천장이라 하여 이렇게 최적화하는 것이 효율적인지는 역시 의문이 드는 부분이다. 이 구현 방식이 꼭 효율적이라는 법은 없으므로 한 번 더 산수를 해 보아야 한다. 분석치를 가정하여 천장에서 고양이가 발견되는 확률이 7%라 하자. 이 경우 높이를 나타내는 기대 비트 수를 다음 공식으로 새로 계산할 수 있다.

$$P_{(바다)} \times Bits_{(바다)} + P_{(공중)} \times Bits_{(공중)} + P_{(천장)} \times Bits_{(천장)} = 0.9 \times 2 + 0.07 \times 2 + 0.03 \times 33 = 2.93$$

기대 비트 수는 2.93으로 앞서 최적화한 수치보다 1.3이 작다. 따라서 최적화는 유용하다.

엔트로피 인코딩에는 다른 형식도 많이 있다. 단순한 것으로는 위에서 시도해 본 하드코딩 방식에서부터, 복잡하게는 널리 쓰이는 허프만 코딩,** 산술 코딩(arithmetic coding), 감마 코딩(gamma coding), RLE 인코딩(run length encoding) 등이 있다. 게임 개발의 모든 면이 그렇지만, CPU 파워를 다른 곳에 비해 엔트로피 인코딩에 얼만치를 분배할지는 게임의 기획 내용에 달려 있다. 4.8 더 읽을거리(174쪽) 절에 다른 인코딩 기법에 대해 참고할 만한 자료를 적어두었다.

4.4.3 고정소수점

초고속 32비트 부동소수점 연산 능력이 최신식 컴퓨터의 주요 벤치마크 수단이 되곤 한다. 하지만 게임 시뮬레이션을 부동소수점으로 한다고 해서 float 하나를 나타내는 32비트 전부를 네트워크로 실어 보낼 필요는 없다. 흔히 쓰이는 유용한 방법으로, 보내려는 수치의 가능 범위 및 요구 정밀도를 파악한 다음 고정소수점 형식으로 변환하면 비트 수를 최소화하여 보낼 수 있다. 이를 위해 기획자나 게임 로직 프로그래머 옆에 앉아서 게임에 실제 쓰이고 있는 수치가 어떤지를 알아두어야 한다. 일단 파악해 두어야 여기에 가장 알맞게 최적화하여 구현할 수 있을 것이다.

그 예로 mLocation 필드를 다시 살펴보자. 직렬화 코드로 이제 Y 값은 제법 압축이 되지만, X나 Z 값에는 아무 최적화도 하지 않았다. 이 필드는 각기 32비트를 꽉 채워 사용하고 있다. 기획자와

---

* **역주** 이 경우에 false면 100, true이면 0이다.

** **역주** zip 혹은 zlib나 lz4 압축 또한 허프만 코딩의 일종이다. 역자의 경험에 따르면, 굳이 개별 필드를 하나하나 최적화하지 않고서도, 있는 그대로 직렬화한 스트림 버퍼를 통째로 lz4 압축하였더니 유지보수도 편하고 성능도 나쁘지 않은 경우도 있었다.

얘기해 보니 로보캣 게임에서 월드 크기는 4000×4000 단위 정도이며, 월드 중심이 좌표계의 원점 즉 (0, 0, 0)에 있다는 건 알아냈다. 이를 해석하면 X 및 Z 축의 최솟값은 −2000이고, 최댓값은 2000이라는 뜻이다. 논의를 더 진행하고 게임 플레이 테스트를 해 본 결과 클라이언트 측 좌표 이동은 0.1 단위 정도의 정밀도면 충분하다는 것도 알아냈다. 이때 클라이언트를 제어하는 서버상 객체의 위치 값이 정확할 필요가 없다는 얘기는 아니다. 받아서 표시하는 클라이언트 입장에서 0.1 단위 정밀도로 충분하다는 것이다.

이러한 조건들을 파악하고 나니 이 값을 직렬화하는 데 비트 수가 얼마나 필요한지 알게 되었다. 다음 공식으로 X 축에 가능한 값의 최대 개수를 산할 수 있다.

(최댓값 − 최솟값) / 정밀도 + 1 = (2000 − (−2000)) / 0.1 + 1 = 40001

이는 직렬화할 내용이 최대 40001가지의 값을 가질 수 있다는 뜻이다. 어떤 정수 하나를 부동소수점 하나에 대응하게 매핑할 수 있으면, 직렬화 코드에서 X와 Z 값을 정수로 취급하여 기록할 수 있을 것이다.

다행히 고정소수점(fixed point)라 불리는 숫자 체계가 있어 이를 이용하면 간단하다. 고정소수점 숫자는 정수처럼 보이지만 실제로는 미리 정해둔 상수로 나누어 쓰는 숫자이다. 이 경우엔 요구 정밀도를 그 상숫값으로 쓰면 된다. 고정소수점으로 만들고 나면 항상 40001보다 작은 정수에 필요한 비트 수만큼만 직렬화하면 된다. $\log_2 40001$은 15.3이므로, X와 Z에 각각 16비트만 있으면 직렬화할 수 있다. 이 내용을 종합해 코드로 구현해 보면 다음과 같다.

```
inline uint32_t ConvertToFixed(
    float inNumber, float inMin, float inPrecision)
{
    return static_cast<uint32_t> (
        (inNumber - inMin)/inPrecision);
}


inline float ConvertFromFixed(
    uint32_t inNumber, float inMin, float inPrecision)
{
    return static_cast<float>(inNumber) *
        inPrecision + inMin;
}


void OutputMemoryBitStream::WritePosF(const Vector3& inVector)
{
    Write(ConvertToFixed(inVector.mX, -2000.f, 0.1f), 16);
    Write(ConvertToFixed(inVector.mZ, -2000.f, 0.1f), 16);
    ... // Y 값을 여기서 기록함 ...
}
```

게임 코드는 벡터의 각 요소를 32비트 꽉 찬 부동소수점으로 갖고 있지만, 네트워크상 전송할 때는 직렬화 코드가 이를 0~40000 사이의 부동소수점으로 변환하여 단 16비트만 사용하여 보낸다. 이로써 X와 Z 둘을 합쳐 32비트를 추가로 절약하게 되어 원래 합계 96비트에서 이제 (약) 35비트까지 줄이는데 성공했다.

> **Note** ≡   일부 CPU, 예를 들어 Xbox 360이나 PS3는 부동소수점을 정수로 상호 변환하는데 수행 비용이 많이 들 수 있다. 그럼에도 대역폭이 절약되는 정도를 보면 충분히 감수 가능한 비용일지 모른다. 게임은 저마다 최적화 기준이 제각각이므로 득실 여부를 잘 저울질해보자.

4.4.4 기하 압축

고정소수점 압축은 특정 게임에서 오가는 정보의 두드러지는 특성을 이용해 비트 수를 절약하는 기법이다. 그런데 이것 또한 정보 공학 이론으로 설명할 수 있다는 점이 흥미롭다. 어떤 변수에 허용되는 값의 범위에 제약이 있다면, 더 적은 양의 비트로 그 정보를 표현할 수 있다. 이 기법은 어떤 자료형이든 그 내용에 대한 제약 사항을 알고 있으면 적용할 수 있다.

여러 가지 형태의 기하(geometry) 자료형이 이에 해당된다. 이 절에서는 특히 사원수(quaternion)와 변환 행렬(transformation matrix)에 대해 다루어 본다. 사원수는 네 개의 부동소수점 숫자로 구성된 자료형으로, 삼차원 공간에서 회전을 나타낼 때 유용하다. 사원수 사용법을 상세히 다루는 건 이 책의 내용을 벗어나지만, **4.8 더 읽을거리**(174쪽) 절에 참고할 만한 정보가 있다. 이 절에서 중요하게 볼 내용은 바로 사원수로 회전을 표현할 때 정규화한다는 것으로 즉, 각 성분이 −1에서 1 사이 값이고 또한 각 성분을 제곱하여 모두 더한 값이 1이라는 사실이다. 제곱하여 더한 값이 1로 고정 불변이므로, 사원수를 직렬화할 때는 네 성분 중 셋만 처리하고, 넷째 성분은 1비트로 부호만 표시하면 된다. 직렬화를 풀어 읽어 들일 때는 세 성분 값을 읽어 들여 제곱해 더한 다음, 더한 값을 1에서 빼면 넷째 성분을 살려낼 수 있다.

추가로, 모든 성분이 −1에서 1 사이 값이므로 고정소수점으로 표시하면 압축 효율을 더 높일 수 있다. 단 약간의 정밀도 손실이 수반되기는 한다. 대개 16비트의 정밀도면 납득할 만한 수준인데, −1에서 1 사이 값을 65535가지의 값으로 표현한다. 이로써 원래 네 성분으로 구성되어 128비트를 차지하는 사원수 하나를, 정밀도를 크게 훼손하지 않고도 단 49비트 만으로 직렬화할 수 있다.

```
void OutputMemoryBitStream::Write(const Quaternion& inQuat)
{
    float precision = (2.f / 65535.f);
    Write(ConvertToFixed(inQuat.mX, -1.f, precision), 16);
```

```
        Write(ConvertToFixed(inQuat.mY, -1.f, precision), 16);
        Write(ConvertToFixed(inQuat.mZ, -1.f, precision), 16);
        Write(inQuat.mW < 0);
}

void InputMemoryBitStream::Read(Quaternion& outQuat)
{
        float precision = (2.f / 65535.f);

        uint32_t f = 0;

        Read(f, 16);
        outQuat.mX = ConvertFromFixed(f, -1.f, precision);
        Read(f, 16);
        outQuat.mY = ConvertFromFixed(f, -1.f, precision);
        Read(f, 16);
        outQuat.mZ = ConvertFromFixed(f, -1.f, precision);

        outQuat.mW = sqrtf(1.f -
            (outQuat.mX * outQuat.mX +
            outQuat.mY * outQuat.mY +
            outQuat.mZ * outQuat.mZ));

        bool isNegative;
        Read(isNegative);

        if (isNegative)
            outQuat.mW *= -1;
}
```

아핀 변환 행렬을 직렬화할 때도 기하 압축을 적용하면 도움이 된다. 변환 행렬은 원래 float 16 개로 구성되지만, 아핀(affine) 행렬이라면 이동(translation) 3개, 회전(rotation) 사원수 1개, 스케일 (scale) 3개로 항상 쪼갤 수 있어야 하므로, 총 10개의 float만 사용하면 된다.[*] 행렬이 게임에서 실제 어떻게 사용되는지 부가 조건을 더 파악하면 엔트로피 인코딩 기법으로 대역폭을 더 줄일 수 도 있다. 예를 들어 행렬에서 스케일 성분을 쓰는(1이 아닌) 경우는 드문데, 그 여부를 비트 하나 로 표기하면 될 것이다. 스케일된 행렬일 경우엔 이것이 유니폼(uniform)[**]한지 그렇지 않은지를 추 가 비트로 표기하여, 유니폼한 경우 스케일의 세 성분 대신 하나만 직렬화하면 될 것이다.

---

[*]   역주 엄밀히 말하면 이것만으로는 아핀 변환 중 Shear를 표현할 수 없다.

[**] 역주 Uniform scale. 스케일의 세 성분이 모두 동일한 경우. 세 성분 중 하나라도 다르면 논유니폼(Non-uniform)하다고 한다. 논유니폼 스케일은 물리 엔진 적용 및 계층 구조에서 회전 시 골치 아픈 문제가 있어 피하는 편이다. 덕분에 엔트로피 인코딩에 좋은 대상이라 하겠다.

4.5 유지보수성

대역폭 절약에만 집착하다 보면 코드가 종종 더러워지는 곳이 생긴다. 이때는 효율성을 약간 희생하더라도 유지보수를 쉽게 하는 방법을 고민해 볼 가치가 있다.

4.5.1 직렬화 읽기와 쓰기를 하나로 합치기

앞 절에선 새로운 자료형을 추가할 때마다, 새로운 압축 기법을 구현할 때마다, 읽기와 쓰기 함수둘 다 수정해야 했다. 그래서 새 기능을 구현할 때 함수를 두 개씩 구현해야 할뿐더러, 쌍을 이루는 두 함수의 아귀가 잘 맞아야 한다. 멤버 변수를 기록하는 방식을 바꿨다면 읽어 들이는 방식도바꿔야 한다. 이렇게 꽉 짜여진 함수들을 각 자료형마다 유지하는 건 꽤 당혹스러운 경험일지 모른다. 자료형마다 읽기와 쓰기를 두 개의 함수로 나누는 대신 하나로 합쳐 관리할 수 있다면 더깔끔하지 않을까.

다행히도 상속과 가상 함수를 이용하면 이는 충분히 가능한 일이다. 구현 방법 중 한 가지는 OutputMemoryStream과 InputMemoryStream의 공통 상위 클래스 MemoryStream 클래스를 두어여기에 Serialize() 가상 멤버 함수를 추가하는 것이다.

```cpp
class MemoryStream
{
    virtual void Serialize(void* ioData,
        uint32_t inByteCount) = 0;

    virtual bool IsInput() const = 0;
};

class InputMemoryStream: public MemoryStream
{
    ... // 중간 생략
    virtual void Serialize(void* ioData, uint32_t inByteCount)
    {
        Read(ioData, inByteCount);
    }
    virtual bool IsInput() const { return true; }
};
```

```
class OutputMemoryStream: public MemoryStream
{
    ...// 중간 생략
    virtual void Serialize(void* ioData, uint32_t inByteCount)
    {
        Write(ioData, inByteCount);
    }
    virtual bool IsInput() const { return false; }
}
```

MemoryStream을 상속받은 InputMemoryStream과 OutputMemoryStream은 Serialize() 가상 함수를 오버라이딩하는데, 데이터를 가리키는 포인터와 데이터 크기를 인자로 받는다. 각 함수는 클래스에 따라 읽기와 쓰기를 수행하는데, 클래스의 IsInput() 역시 오버라이딩하여 스트림이 읽기용인지 쓰기용인지 구분해 준다. 하위 클래스의 가상 함수를 각각 잘 오버라이딩해 두고, 상위 클래스 MemoryStream에 템플릿 버전 Serialize()를 다음과 같이 추가한다.

```
template<typename T> void Serialize(T& ioData)
{
    static_assert(
        std::is_arithmetic<T>::value || std::is_enum<T>::value,
        "Generic Serialize only supports primitive data types");

    if (STREAM_ENDIANNESS == PLATFORM_ENDIANNESS)
        Serialize(&ioData, sizeof(ioData));
    else
    {
        if (IsInput())
        {
            T data;
            Serialize(&data, sizeof(T));
            ioData = ByteSwap(data);
        }
        else
        {
            T swappedData = ByteSwap(ioData);
            Serialize(&swappedData, sizeof(swappedData));
        }
    }
}
```

템플릿 버전 Serialize()는 데이터를 템플릿 매개변수로 받아 하위 클래스의 Serialize(), 즉 포인터와 길이를 받는 버전을 호출하여 읽기나 쓰기를 수행한다. 이로써 커스텀 Read()와 Write()를 각각 따로 만들지 않고 묶어서 하나의 Serialize() 가상 함수로 대체할 수 있게 되었다. 커스텀 Serialize() 함수는 MemoryStream만 받아 그 스트림의 가상 Serialize() 함수를 호출하면 된다. 이렇게 하면 커스텀 클래스가 추가될 때 하나의 멤버 함수로 읽기와 쓰기를 모두 처리하여 입력과 출력을 다루는 코드가 서로 어긋나는 실수를 방지할 수 있다.

> *Warning!* 이 구현 방식에선 가상 함수 호출이 일어나 앞서 방식보다 다소 비효율적일 수 있다. 가상 함수 대신 템플릿을 잘 쓰면 성능을 만회할 수도 있는데, 이는 연습 과제로 남겨두고자 한다.

4.5.2 데이터 주도 직렬화

대부분 직렬화 코드가 하는 일엔 공통된 패턴이 있다. 객체의 클래스에 선언된 각 멤버 변수마다 그 값을 하나씩 직렬화한다는 패턴이다. 최적화가 들어가면 조금씩 달라지긴 하지만 일반적인 코드 구조는 대개 이런 식이다. 사실 너무 비슷하다 보니 객체에 어떤 멤버 변수가 있는지 어떤 식으로든 런타임에 검출만 할 수 있다면, 미리 만들어둔 하나의 직렬화 함수만 있으면 대부분 직렬화가 가능할 정도이다.

C#이나 자바 같은 언어는 내장 리플렉션(reflection) 시스템이 있어서 런타임에 클래스 구조 정보를 조회할 수 있다. 그러나 C++에서는 클래스 멤버 정보를 런타임에 조회하는 것이 불가능하며, 관련 체계를 직접 구축해야 한다. 다행히도 코드 4-8처럼 기본적인 리플렉션 시스템을 만드는 게 엄청나게 어려운 일은 아니다.[*]

코드 4-8 기본적인 리플렉션 시스템

```
enum EPrimitiveType
{
    EPT_Int,
    EPT_String,
    EPT_Float
};

class MemberVariable
{
public:
    MemberVariable(const char* inName,
```

---
[*] 역주 대신 엄청나게 귀찮은 것이 문제. 하루빨리 C++에도 리플렉션이 도입되었으면 한다.

```
            EPrimitiveType inPrimitiveType, uint32_t inOffset) :
            mName(inName), mPrimitiveType(inPrimitiveType), mOffset(inOffset)
        { }

        EPrimitiveType GetPrimitiveType() const { return mPrimitiveType; }
        uint32_t GetOffset() const { return mOffset; }

private:
        std::string     mName;
        EPrimitiveType mPrimitiveType;
        uint32_t        mOffset;
};

class DataType
{
public:
        DataType(std::initializer_list<const MemberVariable&> inMVs) :
            mMemberVariables(inMVs)
        { }

        const std::vector<MemberVariable>& GetMemberVariables() const
        { return mMemberVariables; }

private:
        std::vector<MemberVariable> mMemberVariables;
};
```

EPrimitiveType으로 멤버 변수의 원시 자료형을 표기한다. 위의 구현에선 int, float, string, 이렇게 세 가지 원시 자료형만 지원하지만 원한다면 다른 자료형도 쉽게 추가할 수 있다.

MemberVariable 클래스는 복합 자료형에 들어 있는 하나의 멤버 변수를 나타낸다. 여기에 멤버 변수의 이름(디버깅용), 그 원시 자료형, 그리고 자신이 포함된 복합 자료형 위의 메모리 오프셋 정보를 저장해 둔다. 오프셋을 저장해 두는 게 아주 중요한데, 직렬화 코드가 이 오프셋 값을 주어진 객체의 기준 주소에 더해 멤버 변수가 위치한 메모리상 주소를 알아낼 수 있기 때문이다. 바로 이것이 멤버 변수의 값을 읽고 쓸 수 있는 비결이다.

이렇게 만든 모든 멤버 변수를 코드 마지막의 DataType 클래스에 모아둔다. 데이터 주도 직렬화가 필요한 클래스마다 이에 대응되는 DataType 인스턴스를 만들어야 한다. 리플렉션 기본 시스템이 준비되면 다음 코드로 예제 클래스의 리플렉션 데이터를 초기화한다.

```
#define OffsetOf(c, mv) ((size_t) & (static_cast<c*>(nullptr)->mv)))

class MouseStatus
{
public:
```

```cpp
    std::string mName;
    int mLegCount, mHeadCount;
    float mHealth;

    static DataType* sDataType;
    static void InitDataType()
    {
        sDataType = new DataType(
        {
            MemberVariable("mName",
                EPT_String, OffsetOf(MouseStatus,mName)),
            MemberVariable("mLegCount",
                EPT_Int, OffsetOf(MouseStatus, mLegCount)),
            MemberVariable("mHeadCount",
                EPT_Int, OffsetOf(MouseStatus, mHeadCount)),
            MemberVariable("mHealth",
                EPT_Float, OffsetOf(MouseStatus, mHealth))
        });
    }
};
```

이 예제 클래스는 RoboMouse의 상태 부분을 따로 저장하고 추적하기 위해 작성한 코드이다.[*]
우선 초기화할 때 적절한 시점에 InitDataType() 스태틱 함수를 호출해 sDataType 멤버 변수를 초기화해 주어야 한다. 이 함수는 MouseStatus를 나타내는 DataType 인스턴스를 만들고 그 mMemberVariables 목록을 채워준다. 여기서 OffsetOf() 매크로를 우리가 직접 정의하여 각 멤버 변수의 오프셋을 계산하는 데 사용하고 있음을 주목하자(대소문자 유의). C++ 표준 offsetof() 매크로를 쓰면 POD 클래스가 아닌 경우 오동작할 수 있다. 실제로 일부 컴파일러는 클래스에 가상 함수가 정의되거나 POD가 아닌 자료형이 멤버로 포함된 경우에 offsetof()를 쓰면 아예 컴파일 오류를 내기도 한다.[**] 이 책에서 작성한 매크로는 몇 가지 예외사항을 제외하고는 잘 동작하는데, 예외사항으로 클래스에 &(참조) 단항 연산자를 정의한 경우, 클래스가 가상 클래스를 상속받은 경우, 멤버 변수를 레퍼런스로 갖는 경우에는 동작하지 않는다. 한편으로는 이렇게 리플렉션 데이터를 초기화하는 코드를 손수 작성하는 것보단, C++ 헤더 파일을 분석하는 도구를 써서 여러 클래스의 리플렉션 데이터를 자동 생성하는 것이 이상적일 터이다.

여기까지 되었다면 간단한 직렬화 함수를 구현하는 작업은 그저 다음과 같이 DataType 인스턴스의 각 MemberVariable을 순회하는 것으로 마무리된다.

---

[*] 역주 POD 관련 제약사항으로 인해 복잡한 클래스를 처리하기 힘들 때, 이렇게 POD화할 수 있는 부분만 따로 떼어주면 처리하기 편하다.

[**] 역주 정확하게는 자료형이 standard layout을 충족해야 한다.

```
void Serialize(MemoryStream* inMemoryStream,
    const DataType* inDataType, uint8_t* inData)
{
    for (auto& mv : inDataType->GetMemberVariables())
    {
        void* mvData = inData + mv.GetOffset();
        switch (mv.GetPrimitiveType())
        {
            case EPT_Int:
                inMemoryStream->Serialize(*(int*) mvData);
                break;
            case EPT_String:
                inMemoryStream->Serialize(*(std::string*) mvData);
                break;
            case EPT_Float:
                inMemoryStream->Serialize(*(float*) mvData);
                break;
        }
    }
}
```

각 MemberVariable 객체의 GetOffset() 멤버 함수를 호출하면 주어진 객체의 데이터에서 멤버 변수의 위치를 가리키는 포인터를 계산할 수 있다. 이후 switch 문에서 GetPrimitveType()에 따라 분기하여 이 포인터 값을 적절한 자료형으로 캐스팅한 다음 Serialize() 함수에 넘겨 실제 직렬화 처리를 수행한다.

MemberVariable 클래스의 메타 정보를 확장하면 더 강력한 리플렉션을 구축할 수 있다. 예를 들어 각 변수의 정보를 생성할 때 사용할 비트 수도 지정하게 하고 그 값에 따라 자동으로 비트 압축을 처리하는 식이다. 추가로 엔트로피 인코딩도 지원하고 싶다면 멤버 변수의 기댓값을 지정할 수 있게 확장하는 것도 가능하다.

대체로 이와 같은 방법은 수행 성능을 약간 희생하여 유지보수를 편하게 하는 기법이라 하겠다. 개발 공정에는 여러 병목이 있기 마련이지만, 이러한 기법을 도입하면 조금이라도 코드를 작성하고 관리하는 노력을 줄일 수 있어 결과적으로는 오류가 덜 발생하게 된다. 부가적인 장점은 리플렉션 시스템이라는 게 비단 네트워크 직렬화 말고도 써먹을 데가 많다는 점이다. 예를 들어 디스크에 저장할 때나 가비지 컬렉션, GUI 편집기 등을 구현할 때도 도움이 된다.

4.6 요약

직렬화는 복잡한 데이터 구조를 받아 일련의 바이트 배열로 쪼개어 처리하는 과정이다. 이 바이트 열은 네트워크상 여러 호스트로 전송할 수 있다. memcpy()를 사용해 구조체를 배열로 복사해 넣는 단순한 방법도 있지만, 제한적인 경우에만 쓸 수 있다. 이를 극복하기 위해 스트림을 연장 삼아 복잡한 데이터 구조를 직렬화하는 데, 원시 자료형뿐만 아니라 다른 구조체에 대한 참조 또한 전송하여 추후 링킹 기법으로 연결 정보를 재구축할 수 있다.

데이터를 효율적으로 직렬화하는 여러 기법이 있다. 희소 데이터 구조체는 축약된 형식으로 직렬화할 수 있다. 엔트로피 인코딩을 쓰면 기댓값이 존재하는 멤버 변수를 손실 없이 압축할 수 있다. 기하 데이터 또는 이와 유사하게 데이터에 내제된 제약 조건을 활용하면 역시 손실 없는 압축을 구현할 수 있는데, 이러한 조건을 이용하면 필요하지 않은 정보를 제거해서 보내도, 받는 쪽에서 제거된 나머지 정보를 복원해낼 수 있다. 정밀도를 약간 손실해도 무방하다면, 부동소수점 숫자를 미리 파악된 범위 내의 고정소수점 숫자로 변환하여 필요한 만큼의 정밀도로 그 값을 전송할 수 있다.

효율성을 추구하다 보면 유지보수성이 떨어질 수 있는데, 때로는 유지보수성을 강화하는 쪽이 훨씬 가치 있는 경우도 있다. 데이터 구조체마다 Read()와 Write()를 따로 작성하기보다는 하나의 Serialize() 가상 함수로 묶어 스트림의 입출력 여부에 따라 알맞은 동작을 하게 만들고, 직렬화를 데이터 주도형으로 설계하여 자동 또는 수작업으로 작성된 메타 정보를 이용해 객체를 직렬화하면 구조체마다 읽기 쓰기 함수를 따로 작성할 필요성이 아예 사라진다.

이러한 도구를 이용하면 이제 객체의 내용을 포장해 원격 호스트로 충분히 전달할 수 있다. 다음 장에선 원격 호스트가 데이터를 풀어 넣기에 적절한 객체를 고르거나 생성하게끔 데이터의 틀을 짜는 방법, 그리고 직렬화 효율을 높이기 위해 객체 데이터 중 일부만 처리하는 부분 직렬화 기법에 대해 다룰 것이다.

4.7 복습 문제

1. 객체를 단순히 memcpy( )하여 바이트 버퍼에 넣어 원격 호스트에 보내면 안전하지 않은 이유는 무엇인가?

2. 엔디언은 무엇인가? 직렬화할 때 엔디언을 신경 써야 하는 이유는 무엇인가? 데이터를 직렬화할 때 엔디언 관련 문제를 처리하는 방법을 설명해 보자.

3. 희소 자료구조를 효율적으로 압축하는 방법을 설명해 보자.

4. 포인터가 포함된 객체를 직렬화하는 두 가지 방법을 제시해 보자. 어떤 경우에 각 방법이 잘 들어맞을지 예를 들어 보자.

5. 엔트로피 인코딩이란 무엇인가? 그 사용 방법의 간단한 예를 들어 보자.

6. 부동소수점 숫자를 직렬화할 때 대역폭을 절약하는 방법으로 고정소수점으로 변환하는 방법을 설명해 보자.

7. 이번에 설명한 WriteBits( ) 함수가 리틀 엔디언 플랫폼에서만 제대로 동작하는 이유가 무엇인지 전체적으로 설명해 보자. 그리고 빅 엔디언에서도 잘 돌아가도록 고쳐 보자.

8. MemoryOutputStream::Write(const unordered_map<int, int>&) 멤버 함수를 만들어 int에서 int로 매핑하는 map을 스트림으로 기록하는 기능을 구현해 보자.

9. 위에 대응하는 MemoryOutputStream::Read(unordered_map<int, int>&)도 만들어 보자.

10. 문제 9번에서 작성한 MemoryOutputStream::Read( ) 구현을 템플릿화하여 임의의 템플릿형 <tKey, tValue>를 매핑하는 unordered_map<tKey, tValue>를 직렬화하게 개선하자.

11. 아핀 변환 행렬을 효율적으로 읽고 쓰는 Read( )와 Write( )를 구현하는 데, 스케일이 보통은 1이며, 1이 아닐 경우 적어도 유니폼하다는 특성을 활용해 보자.

12. 템플릿화한 Serialize( ) 멤버 함수를 개선하여 가상 함수에 의존하지 않고 템플릿으로 모두 처리하게 수정해 보자.

4.8 / 더 읽을거리

Bloom, Charles. (1996, August 1). Compression: Algorithms: Statistical Coders. http://www.cbloom.com/algs/statisti.html. (2015년 9월 12일 현재)

Blow, Jonathan. (2004, January 17). Hacking Quaternions. http://number-none.com/product/Hacking%20Quaternions/. (2015년 9월 12일 현재)

Ivancescu, Gabriel. (2007, December 21). Fixed Point Arithmetic Tricks. http://x86asm.net/articles/fixed-point-arithmetic-and-tricks/. (2015년 9월 12일 현재)

5장

객체 리플리케이션

객체 데이터를 직렬화하는 것은 호스트 사이에 상태 정보를 주고받는 첫
단계에 불과하다. 이 장에서는 그다음 단계로 리플리케이션 프레임워크
를 알아보고 원격 프로세스 사이에서 리플리케이션으로 어떻게 월드 및
객체 상태를 동기화하는지 알아본다.

5.1 / 월드 상태

성공적인 멀티플레이어 게임이 되려면 플레이어들이 모두 같은 세상에 동시에 존재하고 플레이하는 것처럼 느낄 수 있어야 하는 것이 기본이다. 예를 들어 어떤 플레이어가 문을 열고 좀비를 물리칠 때, 범위 내의 모든 플레이어가 다 같이 그 문이 열리고 좀비가 작살나는 광경을 목격할 수 있어야 한다. 멀티플레이어 게임에선 이렇게 플레이어의 경험을 서로 공유할 수 있게, 호스트마다 월드 상태를 구축해 두고 이 상태가 호스트마다 서로 일관되게 유지되도록 정보를 주고받는다.

6장 네트워크 토폴로지와 예제 게임(205쪽)에서 더 자세히 다루겠지만 여러 원격 호스트의 월드 상태를 구축하고 상태의 일관성을 유지하는 방법은 게임의 네트워크 토폴로지에 따라 다양하다. 그중 널리 쓰이는 방법 하나는 바로 서버가 접속 중인 모든 클라이언트에게 서버의 월드 상태를 전송하는 것이다. 전송된 상태를 수신하면 클라이언트는 그에 맞추어 각자의 월드 상태를 갱신한다. 이렇게 하면 클라이언트 호스트를 조작하는 모든 플레이어가 결과적으로 서로 같은 월드 상태를 경험할 수 있게 된다.

월드 상태를 객체 지향적으로 표현한다면 그 월드에 존재하는 모든 게임 객체 상태의 집합이 곧 월드 상태가 된다. 고로 월드 상태를 전송하는 작업은 결국 각 게임 객체마다 상태를 전송하는 작업으로 귀결된다.

이 장에서는 여러 원격 호스트에서 일관된 월드 상태를 유지할 수 있게 호스트 간 객체 상태를 전송하는 작업에 대해 설명하고자 한다.

5.2 객체를 리플리케이션하기

객체의 상태를 한 호스트에서 다른 호스트로 복제 전달하는 행위를 일컬어 리플리케이션(replication)*
이라 한다. 4장 객체 직렬화(133쪽)에서 직렬화를 다루긴 했지만, 리플리케이션을 하기 위해서는
직렬화 말고도 필요한 것이 더 있다. 직렬화에 앞서 객체를 리플리케이션하기 위해 호스트가 취해
야 할 준비 절차는 다음과 같다.

1. 해당 패킷에 '객체 상태를 담은 패킷'이라 표시하기

2. 리플리케이션할 객체에 고유 식별자 부여하기

3. 리플리케이션할 객체의 클래스를 식별하기

먼저 객체 상태를 보내는 호스트는 그 패킷이 '객체 상태를 담은 것'이라고 표기해 줘야 한다. 호스
트는 객체 리플리케이션 외에 다른 용도로도 통신 채널을 사용할 수 있으므로, 모든 데이터그램이
객체 리플리케이션 데이터를 담고 있다고 가정하면 곤란하다. 그러므로 PacketType 열거자를 두
어 패킷의 종류를 확인할 수 있게 하자. 코드 5-1이 그 예이다.

코드 5-1 PacketType 열거자

```
enum PacketType
{
    PT_Hello,
    PT_ReplicationData,
    PT_Disconnect,
    PT_MAX
};
```

패킷을 하나씩 보낼 때마다 호스트는 맨 앞에 패킷의 종류를 PacketType형으로 메모리 스트림에
기록한다. 이렇게 하면 받는 호스트가 이 부분을 읽는 즉시 그 데이터그램이 어떤 종류의 패킷인
지 구별할 수 있고 그것에 맞게 처리할 수 있다. 관례로 호스트가 서로 접속하면 맨 처음에 일종
의 '인사' 패킷을 주고받는 것으로 통신을 시작한다. 아울러 인사 패킷을 통해 상태 정보를 할당하
고, 인증 절차도 개시하는 경우도 있다. 데이터그램의 첫 바이트가 PT_Hello면 이 패킷이 인사 패
킷임을 나타낸다. 마찬가지로 PT_Disconnect인 경우 연결 해제 절차를 요청한다고 해석할 수 있

---

* **[역주]** 흔히 레플리카(replica)라 부르는 것과 같은 어원이다. 정확한 발음은 '레플리케이션'에 가깝지만 '리플리케이션'으로 거의 굳어져 있다.
  복제와 비슷한 개념이지만 레플리카란 말과 복제품이란 말의 차이만큼, 미묘한 어감의 차이가 있다.

다. PT_MAX는 패킷 종류 열거형의 최댓값을 의미하는데, 나중에 나오는 코드에서 이 값을 사용한다. 객체를 리플리케이션하기 위해 호스트는 PT_ReplicationData를 패킷의 첫 바이트로 보내야한다.

다음, 송신 호스트는 직렬화해 보낼 객체를 수신 호스트가 식별할 방법을 제공해야 한다. 이렇게해야 수신 호스트가 이미 갖고 있는 객체인지 아닌지 알 수 있다. 갖고 있는 것이라면 새로 객체를만들지 않고 기존 내용을 갱신해 주면 될 것이다. 4장에서 이미 살펴본 것처럼, LinkingContext가 고유 식별자를 이러한 용도로 사용하고 있다. 이 식별자를 한 번 더 활용해 상태 리플리케이션용도로도 쓸 수 있다. 코드 5-2에선 이 점에 착안하여 LinkingContext 구현을 확장해 보았다. 만일 아직 가지고 있지 않은 객체의 경우엔 고유 네트워크 식별자를 할당해 준다.

코드 5-2 LinkingContext 코드 개량

```cpp
class LinkingContext
{
public:
    LinkingContext() : mNextNetworkId(1) { }
    uint32_t GetNetworkId(
        const GameObject* inGameObject, bool inShouldCreateIfNotFound)
    {
        auto it = mGameObjectToNetworkIdMap.find(inGameObject);
        if (it != mGameObjectToNetworkIdMap.end())
            return it->second;
        else if (inShouldCreateIfNotFound)
        {
            uint32_t newNetworkId = mNextNetworkId++;
            AddGameObject(inGameObject, newNetworkId);
            return newNetworkId;
        }
        else return 0;
    }

    void AddGameObject(GameObject* inGameObject, uint32_t inNetworkId)
    {
        mNetworkIdToGameObjectMap[inNetworkId] = inGameObject;
        mGameObjectToNetworkIdMap[inGameObject] = inNetworkId;
    }

    void RemoveGameObject(GameObject *inGameObject)
    {
        uint32_t networkId = mGameObjectToNetworkIdMap[inGameObject];
        mGameObjectToNetworkIdMap.erase(inGameObject);
        mNetworkIdToGameObjectMap.erase(networkId);
    }

    // ... 동일 내용 생략 ...
```

```
    GameObject* GetGameObject(uint32_t inNetworkId);

private:
    std::unordered_map<uint32_t, GameObject*> mNetworkIdToGameObjectMap;
    std::unordered_map<const GameObject*, uint32_t> mGameObjectToNetworkIdMap;
    uint32_t mNextNetworkId;
};
```

새로 추가된 멤버 변수 mNextNetworkId는 다음번에 할당할 네트워크 식별자 번호를 기억해 두며, 할당할 때마다 하나씩 증가된다. 4바이트의 부호 없는 정수이므로 오버플로는 왠만해서 발생하지 않는다고 여겨도 좋지만, 한 게임당 42억 건 이상의 고유 객체 할당이 일어날 수 있다고 판단되는 경우엔 더욱 정교한 번호 할당 체계가 필요할 것이다. 이 예제에선 그럴 필요까진 없다고 가정하자.

호스트가 inGameObject의 식별자를 객체 상태 패킷에 기록할 차례가 되면, 호스트는 mLinkingContext->GetNetworkId(inGameObject, true)를 호출하여, LinkingContext가 필요하면 네트워크 식별자를 생성할 수 있게끔 한다. 다음 이렇게 확보한 식별자를 PacketType에 연이어 써준다. 원격 호스트가 이 패킷을 받으면 식별자를 읽은 후 자신의 LinkingContext에서 참조된 객체를 조회한다. 수신 호스트에 객체가 이미 있다면 직렬화된 데이터를 그 안에다 풀어 넣는다. 객체를 찾을 수 없는 경우 새로 하나 생성한다.

원격 호스트가 객체를 생성하려면 객체의 클래스가 무엇인지 알 수 있는 정보가 필요하다. 송신 호스트는 객체 식별자 뒤에 일종의 클래스 종류 코드를 붙여서 이를 알려주어야 한다. 단순하게 동적 캐스팅으로 클래스를 하나씩 확인해 보고 하드코딩해 둔 클래스 식별자를 도출하는 방법이 있는데, 구현해 보면 코드 5-3처럼 된다. 그러면 수신 측에서 코드 5-4에서처럼 switch 구문을 써서 해당 클래스 식별자에 따른 클래스의 인스턴스를 생성한다.

코드 5-3 하드코드로 꽉 짜여진 클래스 식별

```
void WriteClassType(
    OutputMemoryBitStream& inStream,
    const GameObject* inGameObject)
{
    if (dynamic_cast<const RoboCat*>(inGameObject))
        inStream.Write(static_cast<uint32_t>('RBCT'));
    else if (dynamic_cast<const RoboMouse*>(inGameObject))
        inStream.Write(static_cast<uint32_t>('RBMS'));
    else if (dynamic_cast<const RoboCheese*>(inGameObject))
        inStream.Write(static_cast<uint32_t>('RBCH'));
}
```

```
GameObject* CreateGameObjectFromStream(
    InputMemoryBitStream& inStream)
{
    uint32_t classIdentifier;
    inStream.Read(classIdentifier);
    switch (classIdentifier)
    {
    case 'RBCT':
        return new RoboCat();
        break;
    case 'RBMS':
        return new RoboMouse();
        break;
    case 'RBCH':
        return new RoboCheese();
        break;
    }
    return nullptr;
}
```

이렇게 해 놓으면 어찌어찌 돌아는 가겠지만, 여러 면에서 문제가 있는 코드이다. 첫째 여기서
dynamic_cast를 사용하는데, 이를 위해선 C++의 내장 RTTI가 활성화되어 있어야 한다. RTTI
를 활성화하면 모든 다형성 클래스마다 약간의 추가 메모리 할당이 필요하므로 기피하는 게임
코드가 많다.* 더욱 문제 되는 건 여기서 게임 객체 시스템이 리플리케이션 시스템과 상호 종속
이 심화된다는 점이다. 게임 플레이 관련 클래스를 추가할 때마다 네트워크 코드를 열어 이곳
WriteClassType() 코드와 CreateGameObjectFromStream() 코드에 if 문과 switch 문을 추가
해 주어야 한다.** 구현하다 보면 추가하는 걸 깜박 잊어버리는 경우도 있는데, 그러면 이상하게
싱크가 맞지 않아 한참 디버깅에 시간을 낭비한 후에야 알아차리게 되곤 한다. 마지막으로 이 방
식으로는 유닛 테스트도 어렵다. 네트워크 유닛을 테스트하려면 전체 게임 플레이 유닛을 같이 로
딩해야 하기 때문이다. 일반적으로 게임 코드가 네트워크 코드에 종속되는 건 크게 문제 되지 않
지만, 반대로 네트워크 코드가 게임 코드에 종속되는 것만큼은 반드시 피해야 한다.

게임 플레이 코드와 네트워크 코드가 서로 종속되지 않게 하려면, 객체 식별 및 생성 루틴을 추상
화하여 리플리케이션 시스템이 객체 생성 레지스트리를 이용하게 만들면 깔끔해진다.

---

*   역주 뒤에 다룰 기법에서도 어차피 추가 메모리가 필요하므로 메모리가 큰 문제는 아니다. 그렇지만 성능 극대화라는 명분으로 C++ 게임 개
발자 사이에서 RTTI를 예외(exception)와 더불어 기피하는 경향이 있으므로, 그런 경향에 따라 만들어진 다른 미들웨어와 혼재하여 쓸 때
충돌이 나거나 하는 것이 문제이다.

**   역주 방치하다 보면 나중에는 if 문이 몇백 개씩 들어있는 함수를 유지보수해야 하는 상황이 올 수도 있다!

5.2.1 객체 생성 레지스트리

객체 생성 레지스트리*란 클래스 식별자를 해당 클래스의 객체 생성용 함수에 매핑해 둔 것이다. 네트워크 모듈은 이 레지스트리를 사용해 생성 함수를 id로 찾고, 찾은 함수를 호출해 원하는 객체를 생성할 수 있다. 게임에 리플리케이션 시스템이 있다면 아마 이런 시스템이 구비되어 있을 것이고, 없다고 해도 하나 만들기 어렵지 않다.

리플리케이션하고 싶은 각 클래스는 객체 생성 레지스트리에 호환되도록 미리 준비 작업이 되어 있어야 한다. 먼저 각 클래스에 고유 식별자를 부여하여 이를 정적 상수인 kClassId에 저장해 둔다. GUID를 할당하면 식별자가 서로 겹치는 일이 없겠지만, 여기서는 리플리케이션하려는 클래스 수가 그다지 많지 않으므로 GUID를 위해 128비트를 쓰는 건 조금 과한 감이 있다. 간편한 대안으로 클래스 이름을 약자로 써서 네 글자 리터럴**을 만들고, 클래스 등록 시 레지스트리에서 충돌 여부를 검사하게 하는 방법이 있다. 또 다른 대안으로 고유성이 보장되도록 컴파일 타임에 클래스 ID를 자동 생성하는 도구를 사용할 수도 있다.

> **Warning!**   네 글자 리터럴(four-character literal)은 플랫폼마다 구현이 다를 수도 있으니 주의하자. 네 개의 char 를 써서 'DXT5'나 'GOBJ'처럼 쓰면 구별이 쉬운 식별자를 간편하게 만들 수 있다. 이런 식의 식별자를 쓰면 패킷의 덤프 를 볼 때 한눈에 딱 들어오는 것도 편리한 점이다. 이런 이유로 언리얼이나 C4 엔진 같은 여러 서드 파티 미들웨어에서 이 를 마커나 식별자로 사용한다. 그렇지만 C++ 표준에선 구체적인 구현 방식을 플랫폼에 맡겨두고 있으므로, 컴파일러마다 문자열 리터럴을 정수로 표현하는 방법이 모두 동일하지는 않다. 사실 GCC나 비주얼 스튜디오 등 대부분 컴파일러가 같 은 표현 방법을 쓰긴 하지만 서로 상이한 플랫폼의 프로세스 사이에서 통신하게 네트워크 모듈을 작성하려면, 적어도 쓰려 는 플랫폼의 컴파일러들이 리터럴을 같은 방식으로 표현하는지 테스트를 해 두어야 할 것이다.

클래스마다 식별자를 부여했다면, GameObject 클래스에 GetClassId() 가상 함수를 추가한다. 각 서브클래스는 이를 오버라이드하여 앞서 부여해둔 클래스 자신의 식별자를 리턴한다. 마지막으로, CreateInstance()라는 이름의 스태틱 함수를 서브클래스마다 추가하여, 자신의 객체 하나를 새로 생성해 리턴하게 해준다. 레지스트리에 호환되도록 GameObject와 그 서브클래스 두 개에 다 준비 작업을 한 예제를 코드 5-5에 실었다.

---

*   역주 Object Creation Registry. 이 책에서 제시하는 디자인 패턴으로, Windows의 레지스트리와는 상관이 없다.

**   역주 C++에서 int a = 'HELO' 식으로 작은따옴표 안에 여러 글자를 쓸 수 있도록 허용하는데, 이를 멀티캐릭터 리터럴(multicharacter literal)이라 한다. 또한 대부분 C++ 컴파일러가 멀티캐릭터 리터럴에 4개의 문자를 쓰면 각 글자를 바이트로 취급하여 32비트 정수로 만들 어 주는데(표준화된 건 아니다), 이것을 이 책에서는 '네 글자 리터럴'이라 지칭한다.

```cpp
class GameObject
{
public:
    // ...
    enum { kClassId = 'GOBJ' };
    virtual uint32_t GetClassId() const { return kClassId; }
    static GameObject* CreateInstance() { return new GameObject(); }
    // ...
};

class RoboCat: public GameObject
{
public:
    // ...
    enum { kClassId = 'RBCT' };
    virtual uint32_t GetClassId() const { return kClassId; }
    static GameObject* CreateInstance() { return new RoboCat(); }
    // ...
};

class RoboMouse: public GameObject
{
public:
    // ...
    enum { kClassId = 'RBMS' };
    virtual uint32_t GetClassId() const { return kClassId; }
    static GameObject* CreateInstance() { return new RoboMouse(); }
    // ...
};
```

여기서 각 서브클래스가 GetClassId() 가상 함수를 구현해야 한다는 것에 주목하자. 얼핏 보면 같은 코드가 반복되는 것 같지만 실제 리턴되는 값은 다른데, kClassId 상수가 클래스마다 서로 다르기 때문이다. 하지만 클래스가 서로 비슷하므로 전처리 매크로를 써서 이 부분을 생성하고 싶은 개발자도 있을 것이다. 복잡하게 만들어 놓은 전처리 매크로를 보면 디버깅하기 힘들어서 대개 눈살이 찌푸려지지만, 잘만 쓰면 복사 붙여넣기를 하다가 생기는 오류를 줄일 수 있는 면도 있다. 그리고 만약 공통부분 코드를 고쳐야 할 필요가 있을 때, 전체 코드를 일일이 뒤져가며 고치는 대신 매크로 부분만 고쳐주면 되는 편리한 점도 있다. 코드 5-6에 매크로를 써서 축약하는 방법을 시연했다.

```
#define CLASS_IDENTIFICATION(inCode, inClass)\
enum { kClassId = inCode }; \
virtual uint32_t GetClassId() const { return kClassId; } \
static GameObject* CreateInstance() { return new inClass(); }

class GameObject
{
public:
    // ...
    CLASS_IDENTIFICATION('GOBJ', GameObject)
    // ...
};

class RoboCat: public GameObject
{
public:
    // ...
    CLASS_IDENTIFICATION('RBCT', RoboCat)
    // ...
};

class RoboMouse: public GameObject
{
public:
    // ...
    CLASS_IDENTIFICATION('RBMS', RoboMouse)
    // ...
};
```

매크로를 여러 행에 걸쳐 쓰고 싶을 때는 마지막 행을 제외한 각 행의 끝에 백슬래시(\)를 꼭 붙여줘야 컴파일러가 다음 줄과 이어준다는 걸 기억하자.

클래스 식별 시스템이 준비되었으므로 이제 ObjectCreationRegistry를 만들어 각 클래스의 식별자를 생성 함수에 매핑해 보자. 리플리케이션 시스템과 완전히 별개로 동작하는 게임 플레이 코드에서, 리플리케이션하고 싶은 클래스의 목록으로 레지스트리의 내용을 채울 수 있다. 코드 5-7의 RegisterObjectCreation() 함수가 그 예제이다. ObjectCreationRegistry 클래스를 꼭 싱글톤(singleton)으로 구현할 필요는 없으며, 게임 코드와 네트워크 코드 양쪽에서 접근할 수 있는 수단만 있으면 된다.

```cpp
using GameObjectCreationFunc = GameObject* (*)();

class ObjectCreationRegistry
{
public:
    static ObjectCreationRegistry& Get()
    {
        static ObjectCreationRegistry sInstance;
        return sInstance;
    }

    template<class T>
    void RegisterCreationFunction()
    {
        // 중복된 class id가 없어야 함
        assert(mNameToGameObjectCreationFunctionMap.find(T::kClassId) ==
            mNameToGameObjectCreationFunctionMap.end());
        mNameToGameObjectCreationFunctionMap[T::kClassId] =
            T::CreateInstance;
    }

    GameObject* CreateGameObject(uint32_t inClassId)
    {
        // 필요 시 에러 체크 추가
        // 현재는 없을 때 크래시가 날 것임
        GameObjectCreationFunc creationFunc =
            mNameToGameObjectCreationFunctionMap[inClassId];
        GameObject* gameObject = creationFunc();
        return gameObject;
    }

private:
    ObjectCreationRegistry() { }
    std::unordered_map<uint32_t, GameObjectCreationFunc>
        mNameToGameObjectCreationFunctionMap;
};

void RegisterObjectCreation()
{
    ObjectCreationRegistry::Get().RegisterCreationFunction<GameObject>();
    ObjectCreationRegistry::Get().RegisterCreationFunction<RoboCat>();
    ObjectCreationRegistry::Get().RegisterCreationFunction<RoboMouse>();
}
```

GameObjectCreationFunc형은 함수 포인터로, 앞서 각 클래스의 CreateInstance() 스태틱 멤버 함수와 일치하는 시그니처*를 가진다. RegisterCreationFunction() 템플릿 함수는 클래스

---

* **역주** signature. 함수/메서드의 인자형 및 인자 순서. 함수 이름이 같아도 시그니처가 다르면 다른 함수(오버로드)로 취급한다.

식별자와 생성 함수(creation funtion)가 서로 맞지 않는 것을 방지하기 위해 제공된다. 이 코드를 사용하려면 게임 시작 코드 적당한 위치에서 RegisterObjectCreation()을 호출하여 객체 생성 레지스트리에 식별자와 생성 함수로 채워주어야 한다.

이제 객체 레지스트리가 준비되었으므로, 송신 호스트가 GameObject의 클래스 식별자를 기록할 때 객체의 GetClassId()만 호출하면 식별자를 얻을 수 있다. 그 식별자에 해당하는 클래스의 인스턴스를 수신 호스트가 생성하고 싶다면 간단하게 객체 생성 레지스트리의 Create()에 식별자만 넣어주면 생성된 객체를 얻을 수 있다.

사실상 이 시스템은 C++ RTTI와 비슷한 기능을 수작업으로 구현한 것이라 할 수 있다. 우리가 직접 구현하였으므로, typeid 연산자 같은 C++ 내장 RTTI를 이용하는 것보다 메모리의 사용 형태나 식별자 크기, 또는 컴파일러 호환성 등 여러 측면에 좀 더 세밀한 제어가 가능하다.

Tip☆ 4.5.2 데이터 주도 직렬화(168쪽) 절에서 설명한 리플렉션 시스템을 구현해 두었다면, 그 시스템을 확장해 여기에 설명한 레지스트리 대신 쓸 수 있다. 각 GameObject에 GetDataType() 가상 함수를 두어 클래스 식별자 대신 그 객체의 DataType을 리턴하게 한다. 그다음 각 DataType마다 고유 식별자를 추가하고 마지막으로 생성 함수도 추가한다. 클래스 식별자를 생성 함수에 매핑하는 대신 자료형의 식별자를 DataType에 매핑하여, 결과적으로 '객체 생성 레지스트리'가 아닌 'DataType 레지스트리'가 될 것이다. 객체를 리플리케이션하려면 GetDataType()을 호출해 DataType을 얻은 다음, 그 식별자를 직렬화한다. 객체를 생성하려면 읽어 들인 식별자로 레지스트리에서 DataType을 찾은 뒤 그 생성 함수를 호출해 준다. 이러면 리플리케이션을 받는 쪽에서 이제 일반화된 직렬화 코드로 DataType을 읽어 들일 수 있다는 이점이 생긴다.

5.2.2 한 패킷에 여러 객체 실어 보내기

앞 장에서 언급했지만 패킷을 보낼 때는 최대한 MTU 크기에 맞춰 보내는 것이 효율적이다. 객체 데이터가 모두 그만큼 큰 것은 아니므로, 패킷 하나에 여러 객체를 묶어 보내면 효율을 높일 수 있다. 이를 위해 호스트가 패킷을 보낼 때 패킷에 PT_ReplicationData 표시를 한 다음, 아래 절차를 객체마다 반복해 주면 된다.

1. 네트워크 식별자를 기록

2. 클래스 식별자를 기록

3. 직렬화 데이터를 기록

수신 측이 직렬화된 객체 하나를 다 읽은 다음에도 패킷에 여전히 남아있는 데이터는 다른 객체를 위한 직렬화 데이터이다. 그러므로 이후의 데이터에 대해서도 객체를 읽어 들이는 절차를 반복한다.

5.3 초간단 월드 상태 리플리케이션

여러 객체를 한꺼번에 리플리케이션하는 코드가 준비되었으니, 이제 월드의 모든 객체를 하나씩 리플리케이션해서 모아 보내면 전체 월드를 통째로 리플리케이션하는 셈이다. 〈퀘이크 1〉처럼 게임 크기가 작은 편이라면, 심지어 전체 월드 상태를 패킷 하나에 다 실어 보낼 수도 있다. 코드 5-8은 이처럼 전체 월드 상태를 한꺼번에 리플리케이션해 주는 리플리케이션 관리자이다.

코드 5-8 월드 상태를 리플리케이션하기

```
class ReplicationManager
{
public:
    void ReplicateWorldState(OutputMemoryBitStream& inStream,
        const std::vector<GameObject*>& inAllObjects);

private:
    void ReplicateIntoStream(OutputMemoryBitStream& inStream,
        GameObject* inGameObject);

    LinkingContext* mLinkingContext;
};

void ReplicationManager::ReplicateIntoStream(
    OutputMemoryBitStream& inStream,
    GameObject* inGameObject)
{
    // 게임 객체의 id 기록
    inStream.Write(mLinkingContext->GetNetworkId(inGameObject, true));

    // 게임 객체의 클래스 (식별자) 기록
    inStream.Write(inGameObject->GetClassId());

    // 객체의 데이터 기록
    inGameObject->Write(inStream);
}

void ReplicationManager::ReplicateWorldState(
    OutputMemoryBitStream& inStream,
    const std::vector<GameObject*>& inAllObjects)
{
    // '리플리케이션용' 이라 표시
    inStream.WriteBits(PT_ReplicationData,
        GetRequiredBits<PT_MAX>::Value);

    // 각 객체를 하나씩 기록
```

```
    for (GameObject* go : inAllObjects)
    {
        ReplicateIntoStream(inStream, go);
    }
}
```

ReplicateWorldState()는 출력 스트림에 객체의 컬렉션을 리플리케이션해 주는 public 함수다. 먼저 패킷에 '이것은 리플리케이션용'이라 표시해 놓고, 각 객체 데이터를 private인 ReplicateIntoStream() 함수로 하나씩 직렬화해서 기록한다. ReplicateIntoStream() 함수는 LinkingContext를 사용해 객체의 네트워크 ID를 기록하고, GetClassId() 가상 함수로 객체의 클래스 식별자를 얻어 기록한다. 게임 객체의 실제 데이터를 직렬화하는 작업은 객체의 Write() 가상 함수에 위임한다.

열거자(enum)에 필요한 비트 수를 컴파일 타임에 얻기

비트 스트림으로 직렬화하면 각 필드의 값을 기록하는 데 필요한 비트 수를 최적화할 수 있다. 그렇지만 이 비트 수는 그 필드의 최댓값을 담을 수 있을 만큼 많아야 한다. 열거자를 직렬화할 땐 최적의 비트 수를 컴파일 타임에 결정할 수 있는데, 열거자에 나열된 원소를 추가하거나 삭제하면 컴파일러가 그 최댓값을 자동으로 판단할 수 있기 때문이다. 이를 위해 열거자의 맨 마지막 원소로 _MAX 같은 형태의 접미사를 붙인, 최대 개수 판단용 원소를 추가하는 것이 트릭이다. 예를 들어 PacketType 열거자에서 최댓값은 PT_MAX로 했다. 열거자 중간에 원소를 몇 개 추가하거나 삭제해도 _MAX 값이 자동으로 조정되므로, 이런 식으로 열거자의 최댓값을 손쉽게 추적할 수 있다.

ReplicateWorldState()는 GetRequiredBits() 템플릿 구조체에 PT_MAX를 인자로 넘겨 PacketType에 필요한 비트수를 계산한다. 컴파일 타임에 값을 계산하기 위해 여기선 템플릿 메타프로그래밍(template metaprogramming)이란 신묘한 기법을 사용하는데, C++ 템플릿이 하도 복잡하고 정교하다 보니 사실상 튜링 유니버설(turing universal)하다는 특징을 이용한 것이다. 이 말은 입력이 컴파일 타임에 결정되어 있기만 하면 템플릿으로 어떤 임의의 함수도 계산할 수 있다는 뜻이다. 위의 경우에 최댓값을 담을 수 있는 비트 수를 계산하는 코드는 다음과 같다.

```
template<int tValue, int tBits>
struct GetRequiredBitsHelper
{
    enum {
        Value = GetRequiredBitsHelper<(tValue >> 1), tBits + 1>::Value
    };
};
template<int tBits>
struct GetRequiredBitsHelper<0, tBits>
{
    enum { Value = tBits };
};
template<int tValue>
struct GetRequiredBits
{
    enum { Value = GetRequiredBitsHelper<tValue, 0>::Value };
};
```

템플릿 메타프로그래밍할 때는 루프를 명시적으로 사용할 수 없다. 그래서 반복 대신 재귀를 사용해야 한다. 그래서 GetRequiredBit 템플릿은 GetRequiredBitsHelper 템플릿에 의존하는데, GetRequiredBitsHelper는 재귀적으로 정의되어 있어 주어진 인자 값의 최대 비트를 찾을 수 있다. 이 템플릿은 매 주어진 tValue를 오른쪽으로 하나씩 시프트 하면서 tBits 값을 1씩 증가시키는데, tValue가 마침내 0이 되면 기저 조건의 특수화 정의가 선택되어 최종 tBits 값을 Value 열거자 값으로 결정해 준다.

C++11에는 constexpr 키워드가 추가되어 템플릿 메타프로그래밍을 조금 덜 복잡하게 할 수 있지만, 이 책을 쓰는 시점 에선 모든 신형 컴파일러가 아직 이를 지원하지는 않으므로(예: Visual Studio 2013), 더 많은 컴파일러를 지원하려면 재 귀 정의 방식으로 템플릿을 작성해야 한다.*

수신 호스트가 상태 리플리케이션용 패킷을 받으면, 호스트는 이것을 리플리케이션 관리자에 넘 긴다. 관리자는 패킷 내 직렬화된 각 게임 객체 데이터를 순회하여 처리하는데, 객체가 클라이언 트에 없으면 하나 새로 만들고, 이미 존재한다면 거기에 직접 풀어 넣는다. 패킷의 처리를 끝내는 시점에선 클라이언트에는 있지만, 패킷 내에 포함되어 있지 않은 객체들을 골라 삭제해 준다. 패 킷에 없었다는 것은 송신 호스트의 월드에 더 이상 존재하지 않는다는 의미이기 때문이다. 이와 같은 로직을 코드 5-9와 같이 구현하여 리플리케이션 관리자에 추가해 주면 이제 클라이언트 코 드가 리플리케이션용 패킷을 처리할 수 있게 된다.

코드 5-9 월드 상태를 리플리케이션하기

```cpp
class ReplicationManager
{
public:
    void ReceiveWorld(InputMemoryBitStream& inStream);

private:
    GameObject* ReceiveReplicatedObject(InputMemoryBitStream& inStream);

    std::unordered_set<GameObject*> mObjectsReplicatedToMe;
};

void ReplicationManager::ReceiveWorld(
    InputMemoryBitStream& inStream)
{
    std::unordered_set<GameObject*> receivedObjects;
```

---

* **역주** 이 책을 번역하는 시점에 Visual Studio 2015, GCC 4.6, XCode 7.2에선 constexpr이 지원되며, 아래와 같이 간결하게 작성할 수 있다. 다만 아직은 재귀 호출을 사용해야 하며, 변수나 루프를 쓰려면 C++14를 완벽히 지원하는 컴파일러를 써야 한다(Visual Studio 2015의 경우 아직 constexpr의 변수 및 루프를 지원하지 않는다. 하지만 요즘은 업데이트가 빠른 편이므로 그새 혹시 개선되었는지 한 번 확인해 보자).

```cpp
constexpr int GetRequiredBits(int value, int bits = 0)
{
    return value ? GetRequiredBits(value >> 1, bits + 1) : bits;
}
```

```
    while (inStream.GetRemainingBitCount() > 0)
    {
        GameObject* receivedGameObject = ReceiveReplicatedObject(inStream);
        receivedObjects.insert(receivedGameObject);
    }

    // 이제 mObjectsReplicatedToMe 집합을 순회하여,
    // 새로 리플리케이션 받은 집합에서 누락된 객체가 있으면 삭제
    for (GameObject* go : mObjectsReplicatedToMe)
    {
        if (receivedObjects.find(go) == receivedObjects.end())
        {
            mLinkingContext->Remove(go);
            go->Destroy();
        }
    }

    mObjectsReplicatedToMe = receivedObjects;
}

GameObject* ReplicationManager::ReceiveReplicatedObject(
    InputMemoryBitStream& inStream)
{
    uint32_t networkId;
    uint32_t classId;
    inStream.Read(networkId);
    inStream.Read(classId);

    GameObject* go = mLinkingContext->GetGameObject(networkId);
    if (!go)
    {
        go = ObjectCreationRegistry::Get().CreateGameObject(classId);
        mLinkingContext->AddGameObject(go, networkId);
    }

    // 객체를 스트림에서 읽어 들임
    go->Read(inStream);

    // 삭제 여부 추적을 위해 수신한 객체를 리턴함
    return go;
}
```

패킷을 수신하는 코드가 패킷 형식을 읽은 결과, 일단 이 패킷이 리플리케이션 데이터라고 판명되면
스트림을 ReceiveWorld()에 넘긴다. ReceiveWorld()는 각 객체마다 ReceiveReplicatedObject()
함수를 호출해 읽어 들이고, 수신된 객체의 포인터를 별도의 집합에 보관해 삭제되었는지 여부를
추적한다. 모든 객체를 수신하고 나면, 이전 패킷에선 받았지만 이번엔 받지 못한 객체를 삭제해
주어 월드 상태가 항상 동기화될 수 있게 한다.

월드 상태를 이렇게 보내고 받으면 간단하다는 장점은 있지만, 전체 월드 상태가 한 패킷에 들어갈 수 있을 만큼 작아야 한다는 제약이 생긴다. 보다 큰 월드를 지원하려면 다른 리플리케이션 방식을 써야 한다.

5.4 / 월드 상태의 변경

호스트마다 각자 월드 상태의 사본을 하나씩 가지고 있으므로 매번 전체 월드 상태를 단일 패킷으로 리플리케이션할 필요는 없다. 그 대신 송신 측이 월드 상태의 변경점을 기록한 패킷을 보내고, 수신 측은 이 변경 내역을 토대로 자신의 월드 상태를 갱신해 주면 될 것이다. 매우 커다란 월드라도 패킷을 여러 개 보내면 이 방식으로 원격 호스트 사이의 월드 상태를 동기화할 수 있다.

이 방식의 월드 상태 처리에서 각 패킷은 월드 상태의 델타(delta), 즉 변경치를 포함한다 할 수 있다. 월드 상태는 여러 객체 상태의 집합이므로, 월드 상태 델타는 여러 변경이 필요한 객체 상태의 델타를 포함하게 된다. 각 객체 상태 델타는 다음 세 가지 중 하나의 리플리케이션 동작을 나타낸다.

1. 객체를 생성
2. 객체를 갱신
3. 객체를 소멸

객체 상태 델타를 리플리케이션하는 것은 전체 객체 상태를 리플리케이션하는 것과 크게 다르지는 않은데, 객체마다 리플리케이션 동작의 종류를 패킷에 기록해 주는 정도의 차이는 있다. 이때 직렬화된 데이터 앞에 추가 정보를 붙여야 하므로 너무 복잡해지지 않도록 리플리케이션 헤더를 따로 뽑아주는 것이 좋다. 리플리케이션 헤더에는 객체의 네트워크 식별자, 리플리케이션 동작, 그리고 필요한 경우 클래스 식별자가 포함된다. 코드 5-10에 예제로 구현했다.

코드 5-10 리플리케이션 헤더

```
enum ReplicationAction
{
    RA_Create,
    RA_Update,
    RA_Destroy,
    RA_MAX
};
```

```
class ReplicationHeader
{
public:
    ReplicationHeader() { }

    ReplicationHeader(ReplicationAction inRA,
            uint32_t inNetworkId, uint32_t inClassId = 0) :
        mReplicationAction(inRA),
        mNetworkId(inNetworkId),
        mClassId(inClassId)
    { }

    ReplicationAction mReplicationAction;
    uint32_t          mNetworkId;
    uint32_t          mClassId;

    void Write(OutputMemoryBitStream& inStream);
    void Read(InputMemoryBitStream& inStream);
};

void ReplicationHeader::Write(OutputMemoryBitStream& inStream)
{
    inStream.WriteBits(mReplicationAction, GetRequiredBits<RA_MAX>::Value);
    inStream.Write(mNetworkId);

    if (mReplicationAction != RA_Destroy)
        inStream.Write(mClassId);
}

void ReplicationHeader::Read(InputMemoryBitStream& inStream)
{
    inStream.Read(mReplicationAction, GetRequiredBits<RA_MAX>::Value);
    inStream.Read(mNetworkId);

    if (mReplicationAction != RA_Destroy)
        inStream.Read(mClassId);
}
```

객체 데이터에 우선해 리플리케이션 헤더를 패킷의 메모리 스트림으로 기록해 주는데, 헤더를 쉽게 읽고 쓰도록 Read()와 Write()가 구현되었다. 객체 소멸 동작의 경우엔 클래스 식별자가 필요하지 않다는 것을 눈여겨보자.

송신 측에서 객체 상태 델타를 리플리케이션할 땐 먼저 메모리 스트림을 만들어 PT_ReplicationData 패킷이라 표시한 다음, ReplicationHeader를 직렬화하고 마지막으로 각 데이터의 변경점을 기록한다. 이를 위해 관리자 클래스에 세 가지 서로 다른 용도의 멤버 함수가 있어야 하는데, 각각 생성, 갱신, 소멸을 리플리케이션하는 함수다. 이 코드가 코드 5-11이다. 헤더 클래스는 이들 함수 내부에 캡슐화되어 외부에 노출되지 않은 채 생성 및 직렬화된다.

```
ReplicationManager::ReplicateCreate(OutputMemoryBitStream& inStream,
    GameObject* inGameObject)
{
    ReplicationHeader rh(RA_Create,
        mLinkingContext->GetNetworkId(inGameObject, true),
        inGameObject->GetClassId());

    rh.Write(inStream);
    inGameObject->Write(inStream);
}

void ReplicationManager::ReplicateUpdate(OutputMemoryBitStream& inStream,
    GameObject* inGameObject)
{
    ReplicationHeader rh(RA_Update,
        mLinkingContext->GetNetworkId(inGameObject, false),
        inGameObject->GetClassId());

    rh.Write(inStream);
    inGameObject->Write(inStream);
}

void ReplicationManager::ReplicateDestroy(OutputMemoryBitStream& inStream,
    GameObject* inGameObject)
{
    ReplicationHeader rh(RA_Destroy,
        mLinkingContext->GetNetworkId(inGameObject, false));

    rh.Write(inStream);
}
```

이제 수신 호스트가 패킷을 받으면 각 액션에 따라 적절하게 처리해야 한다. 코드 5-12에 관련
코드가 있다.

```
void ReplicationManager::ProcessReplicationAction(
    InputMemoryBitStream& inStream)
{
    ReplicationHeader rh;
    rh.Read(inStream);
    switch (rh.mReplicationAction)
    {
        case RA_Create:
        {
            GameObject* go =
                ObjectCreationRegistry::Get().CreateGameObject(rh.mClassId);
```

```
            mLinkingContext->AddGameObject(go, rh.mNetworkId);
            go->Read(inStream);
            break;
        }
    case RA_Update:
        {
        GameObject* go =
            mLinkingContext->GetGameObject(rh.mNetworkId);
        if (go)
            go->Read(inStream);
        else
            {
                // 생성 동작을 아직 받지 못한 것 같음
                // 그러므로 더미 객체를 만들어 읽은 다음 폐기함
                uint32_t classId = rh.mClassId;
                go = ObjectCreationRegistry::Get().CreateGameObject(classId);
                go->Read(inStream);
                delete go;
            }
            break;
        }
    case RA_Destroy:
        {
        GameObject* go = mLinkingContext->GetGameObject(rh.mNetworkId);
        mLinkingContext->RemoveGameObject(go);
        go->Destroy();
        break;
        }
    default:
        // 이 동작은 여기서 처리 안 함
        break;
        }
    }
}
```

패킷에 객체 상태가 포함되어 있다는 걸 확인하면 수신자는 각각의 헤더와 직렬화된 객체 데이터를 순회한다. 헤더가 생성을 지시하면 수신자는 아직 그런 객체가 없다는 전제하에 직렬화된 데이터로 객체를 새로 생성한다.

리플리케이션 헤더가 객체 갱신을 지시하면 수신자는 해당 객체를 찾아 그 객체에 직렬화 데이터를 풀어 넣는다. 네트워크상에는 여러 가지 비신뢰성을 일으키는 요소들이 있으므로, 수신자가 목표 게임 객체를 찾지 못할 가능성도 있다. 이 경우에도 수신자가 패킷의 해당 부분을 읽어줘야 다음 내용을 처리할 수 있으므로, 일단 메모리 스트림을 읽어 들여 적절한 분량만큼 스트림을 전진시켜야 한다. 이를 위해 임시 더미 객체를 만들어 직렬화된 데이터를 읽어서 거기에 풀어 넣은 다음 더미 객체를 삭제한다. 이 작업이 너무 비효율적이거나, 객체를 이런 식으로 생성 삭제하는 것이 바람직하지 않은 경우엔 객체 리플리케이션 헤더에 직렬화된 데이터의 크기를 미리 기록해주는 방법이 있다. 그렇게 하여 수신자가 찾지 못한 객체의 직렬화 데이터 분량에 대해서는 기록된 크기만큼 스트림의 현재 위치를 전진시켜 주면 된다.*

> **Warning!** 월드와 객체 상태를 부분적으로 리플리케이션하는 기법은 오로지 수신자의 월드 상태가 어떤지 전송자가 정확하게 파악할 수 있는 경우에만 제대로 동작한다. 부정확하다면 어떤 데이터를 리플리케이션해야 할지 결정할 수 없다. 인터넷은 본질적으로 신뢰성이 보장되지 않으므로, 수신자의 월드 상태가 항상 송신자가 마지막 보낸 패킷으로 업데이트되어 있다고 가정하기 어렵다. 확실히 하려면 신뢰성이 보장되도록 패킷을 TCP로 보내거나, 응용 계층 프로토콜을 UDP 위에 따로 설계하여 신뢰성을 확보해야 한다. 7장 레이턴시, 지터링, 신뢰성(241쪽)에서 이 주제에 대해 더 다루어 보기로 한다.

5.4.1 객체 상태 부분 리플리케이션

객체 상태의 갱신 내용을 보낼 때, 송신자가 일일이 객체의 모든 프로퍼티(property), 즉 속성을 전송할 필요는 없을 것이다. 송신자가 마지막으로 보낸 이후로 변경된 일부 속성만 추려서 직렬화할 수 있다면 좋을 터이다. 이렇게 하려면 직렬화할 속성이 어느 것인지 비트 필드로 지정하게 한다. 각 비트는 직렬화해야 하는 개별 속성 또는 속성 묶음을 나타낸다. 4장의 MouseStatus** 클래스에 이 기법을 적용하여, 코드 5-13처럼 속성을 가리키는 열거자를 만들어 보았다.

코드 5-13 MouseStatus 속성 열거자

```
enum MouseStatusProperties
{
    MSP_Name = 1 << 0,
    MSP_LegCount = 1 << 1,
    MSP_HeadCount = 1 << 2,
    MSP_Health = 1 << 3,
    MSP_MAX
};
```

열거자의 각 원소를 비트 OR 연산하면 여러 속성을 묶음으로 한꺼번에 지정할 수 있다. 예를 들어 mHealth와 mLegCount 값이 둘 다 변경된 객체 상태 델타에는 (MSP_Health | MSP_LegCount)를 지정하면 된다. 모든 비트가 1로 설정된 비트 필드는 모든 속성이 직렬화되어야 함을 의미한다.

---

* **역주** 이것이 가능하려면 스트림의 특정 위치에 데이터를 재기입하는 메커니즘이 필요하다. 직렬화 데이터의 크기를 미리 알아내기 어렵기 때문에 일단 기록이 끝난 후 크기를 알 수 있는데, 이렇게 알아낸 길이 값을 벌써 지나간 스트림 위치에 재기입해야 하기 때문이다.

** **역주** 여기서 마우스는 버튼 달린 마우스가 아니라 〈로보캣〉 게임에 등장하는 설치류이다.

이제 클래스의 Write()를 고쳐 속성 묶음 비트 필드를 기록하고, 비트가 설정된 경우에만 실제로 속성을 직렬화하게 만든다. MouseStatus 클래스를 고쳐보면 코드 5-14처럼 된다.

코드 5-14 속성 묶음 비트 필드를 써서 속성 기록하기

```cpp
void MouseStatus::Write(
    OutputMemoryBitStream& inStream,
    uint32_t inProperties)
{
    inStream.Write(inProperties, GetRequiredBits<MSP_MAX>::Value);

    if ((inProperties & MSP_Name) != 0)
        inStream.Write(mName);

    if ((inProperties & MSP_LegCount) != 0)
        inStream.Write(mLegCount);

    if ((inProperties & MSP_HeadCount) != 0)
        inStream.Write(mHeadCount);

    if ((inProperties & MSP_Health) != 0)
        inStream.Write(mHealth);
}
```

Write()는 속성을 기록하기 전에 inProperties를 먼저 스트림에 써 준다. 이렇게 해야 읽어 들이는 프로시저가 비트 필드부터 읽고 실제 읽어야 할 속성을 판단할 수 있기 때문이다. 그다음에 비트 필드의 각 비트를 검사하여 지정된 속성만 기록한다. 코드 5-15에는 이렇게 직렬화한 데이터를 읽어 들이는 절차를 구현했다.

코드 5-15 부분 직렬화된 객체 갱신 속성을 읽어 들이기

```cpp
void MouseStatus::Read(InputMemoryBitStream& instream)
{
    uint32_t writtenProperties;
    inStream.Read(writtenProperties, GetRequiredBits<MSP_MAX>::Value);

    if ((writtenProperties & MSP_Name) != 0)
        inStream.Read(mName);

    if ((writtenProperties & MSP_LegCount) != 0)
        inStream.Read(mLegCount);

    if ((writtenProperties & MSP_HeadCount) != 0)
        inStream.Read(mHeadCount);

    if ((writtenProperties & MSP_Health) != 0)
        inStream.Read(mHealth);
}
```

Read()는 먼저 writtenProperties 필드부터 읽어 들인다. 그러면 어느 속성을 읽어 들여야 할지 알 수 있다.

비트 필드 방식은 4.5.2 데이터 주도 직렬화(168쪽) 절에서 구현한 루틴과도 잘 어울린다. 그 루틴의 Serialize() 코드가 비트 필드를 지원하게 확장하면 코드 5-16과 같다.

코드 5-16 양방향, 데이터 주도형 부분 객체 갱신

```
void Serialize(MemoryStream* inStream,
    const DataType* inDataType,
    uint8_t* inData,
    uint32_t inProperties)
{
    inStream->Serialize(inProperties);

    const auto& mvs = inDataType->GetMemberVariables();
    for (int mvIndex = 0, c = mvs.size(); mvIndex < c; ++mvIndex)
    {
        if (((1 << mvIndex) & inProperties) != 0)
        {
            const auto& mv = mvs[mvIndex];
            void* mvData = inData + mv.GetOffset();
            switch (mv.GetPrimitiveType())
            {
                case EPT_Int:
                    inStream->Serialize(*reinterpret_cast<int*>(mvData));
                    break;
                case EPT_String:
                    inStream->Serialize(
                        *reinterpret_cast<string*>(mvData));
                    break;
                case EPT_Float:
                    inStream->Serialize(
                        *reinterpret_cast<float*>(mvData));
                    break;
            }
        }
    }
}
```

수작업으로 열거자를 써서 각 비트를 일일이 정의하는 대신, 데이터 주도형 접근 방법에선 직렬화할 멤버 변수의 인덱스를 비트의 인덱스로 사용한다. 한 가지 주목할 점은 Serialize() 함수에 inProperties 인자가 노출되어 있다는 것이다. 출력 스트림에선 이 값을 사용해 해당하는 비트 필드의 프로퍼티만 추려 스트림에 기록한다. 그런데 입력 스트림에선 기록되어 있는 값을 이 변수에 읽어 들이게 되어 있어, 바깥에서 호출할 때 전달한 인자 값은 무시되어 버린다. 조금 이상할 수 있지만, 이는 올바른 동작이니 신경 쓰지 말자. 입력 스트림을 처리할 때는 스트림에 적혀있는 대로 프로퍼티를 처리하지 않으면 안 되기 때문이다. 만약 처리할 프로퍼티가 32개를 넘는다면 uint64_t를 대신 써서 64비트 플래그로 바꿀 수 있겠다. 프로퍼티가 64개를 초과한다면 프로퍼티를 묶어 여러 프로퍼티를 한 비트로 지정하거나 클래스를 여러 개로 쪼개 주어야 한다.

5.5 직렬화 객체로 RPC 수행

복잡다단한 멀티플레이어 게임에선, 객체 상태 이외에도 다른 호스트에 보내주어야 할 정보가 많다. 폭발음을 들려주도록 다른 호스트에 지시하거나, 다른 호스트의 화면에 섬광탄을 터트려야 하는 경우를 생각해 보자. 이를 수행하는 최선의 방법은 원격 프로시저 호출(Remote Procedure Call), 줄임말로 RPC를 수행하는 것이다. 원격 프로시저 호출이란 한 호스트가 하나 이상의 다른 호스트에서 특정 프로시저가 원격 수행되도록 지시하는 행위이다. 이를 위해 고안된 텍스트 기반의 XML-RPC부터 바이너리 기반의 ONC-RPC등 기성 응용 계층 프로토콜도 많이 있다. 하지만 이 장에서 만들어 본 객체 리플리케이션 시스템이 이미 준비되어 있다면, 그 위에다가 간단히 RPC 계층을 만들어 올리면 된다.

각각의 프로시저 호출을 고유한 객체 하나로 생각해 볼 수 있는데, 이때 각 파라미터는 객체의 멤버 변수가 된다. 원격 호스트에서 RPC를 호출하려면, 호출 호스트가 적절한 타입의 객체에 멤버 변수를 잘 채워서 이를 리플리케이션으로 대상 호스트에 보낸다. 예를 들어 PlaySound()라는 함수의 예를 보자.

```
void PlaySound(
    const string& inSoundName, const Vector3& inLocation, float inVolume);
```

이 함수를 표현하기 위한 PlaySoundRPCParams 구조체는 다음과 같이 세 개의 멤버 변수를 가진다.

```
struct PlaySoundRPCParams
{
    string mSoundName;
    Vector3 mLocation;
    float mVolume;
};
```

원격 호스트에서 PlaySound()를 호출하려면, 호출자는 PlaySoundRPCParams 객체를 만들고 멤버 변수의 값을 설정한 다음, 이 객체를 상태 패킷으로 직렬화한다. 그런데 이런 식의 RPC 호출이 많아지면 아무래도 코드가 스파게티가 될 수밖에 없을 뿐만 아니라 RPC 수행 시마다 필요하지 않은 네트워크 식별자가 만들어지고 버려지는 문제도 있다. RPC 호출용 객체는 일회용이므로 어디 저장될 일이 없어 고유 식별자가 필요하지 않다.

좀 더 나은 방법은 RPC를 모듈형으로 구현하여 리플리케이션 시스템에 장착하는 방식이다. 이를 위해 먼저 RA_RPC라는 동작을 리플리케이션 종류 열거형에 추가한다. 이것으로 표시된 패킷은 그 직렬화된 데이터 내용이 'RPC 호출용'이라는 걸 나타내어, 수신 호스트가 이를 별도의 RPC 처리 모듈로 전달하게 해 주는 역할이다. 이 동작에는 네트워크 식별자가 필요하지 않으므로, 헤더를 직렬화하는 코드에서 RPC에 대해선 식별자를 직렬화하지 않도록 처리한다. 또한, ReplicationManager(이하 리플리케이션 관리자)의 ProcessReplicationAction()의 switch 문에 RA_RPC의 case 문을 추가하여, 패킷을 RPC 모듈로 전달하게 수정해 준다.

RPC 모듈은 각 RPC 식별자를 RPC 도우미 함수에 매핑해 주는 자료구조를 보유하고 있어야 한다. 이 도우미 함수는 직렬화된 데이터를 풀어(unwrap), 호출하려는 함수의 인자 값으로 넘겨주는 역할을 하므로 Unwrap이라는 접두사를 붙여보았다. RPCManager를 구현한 예제는 코드 5-17과 같다.

코드 5-17 RPCManager 구현 예제

```cpp
using RPCUnwrapFunc = void (*)(InputMemoryBitStream&);

class RPCManager
{
public:
    void RegisterUnwrapFunction(uint32_t inName, RPCUnwrapFunc inFunc)
    {
        assert(mNameToRPCTable.find(inName) == mNameToRPCTable.end());
        mNameToRPCTable[inName] = inFunc;
    }

    void ProcessRPC(InputMemoryBitStream& inStream)
    {
        uint32_t name;
        inStream.Read(name);
        mNameToRPCTable[name](inStream);
    }

    std::unordered_map<uint32_t, RPCUnwrapFunc> mNameToRPCTable;
};
```

이 예제에서 각 RPC는 네 글자 리터럴로 된 부호 없는 정수 식별자로 구별된다. 원한다면 RPCManager가 식별자 대신 문자열을 통째로 쓰도록 할 수도 있다. 문자열을 쓰면 더욱 많은 경우를 처리할 수 있지만, 대역폭을 더 사용하게 된다. 이 코드가 객체 생성 레지스트리와 어느 정도 비슷하다는 점에 주목하자. 해시 맵(hash map)으로 함수를 연결하는 방법은 시스템 사이의 종속성을 제거하는데 자주 쓰이는 방법이다.

리플리케이션 관리자가 RA_RPC 동작을 감지하면 수신한 메모리 스트림을 RPC에 넘겨 처리하게 하는데, 여기서는 도우미 함수를 호출하여 그 함수가 직렬화된 데이터를 인자 값으로 풀어 로컬 호스트의 올바른 함수를 호출하게 한다. 이를 위해 게임 코드는 사전에 RPC용 도우미 함수를 미리 등록해 두어야 한다. 코드 5-18은 PlaySound() 함수를 호출해 주는 도우미 함수 UnwrapPlaySound()를 구현한 예이다.

코드 5-18 RPC 도우미 함수 만들고 등록하기

```
void UnwrapPlaySound(InputMemoryBitStream& inStream)
{
    string soundName;
    Vector3 location;
    float volume;

    inStream.Read(soundName);
    inStream.Read(location);
    inStream.Read(volume);
    PlaySound(soundName, location, volume);
}

void RegisterRPCs(RPCManager* inRPCManager)
{
    inRPCManager->RegisterUnwrapFunction('PSND', UnwrapPlaySound);
}
```

UnwrapPlaySound()는 직렬화된 데이터를 풀어 PlaySound()의 인자 값으로 넘기는 작업을 처리한다. 여기서 PlaySound() 함수는 다른 곳에 구현되어 있다고 가정하자. 게임 코드는 RegisterRPC() 함수를 써서 RPCManager 중 하나에 미리 등록해 두어야 한다. 원하는 만큼 다른 RPC 함수를 RegisterRPC()로 등록해 둘 수 있다.

마지막으로, RPC를 호출하기 위해 호출자는 적당한 패킷을 만들어 주는 함수를 사용해야 하는데, 이 함수는 먼저 ObjectReplicationHeader를 만들어, 내보내는 패킷에 기록하고 인자 값들도 직렬화하여 써준다. 구현 내용에 따라 만든 즉시 패킷을 보내도록 할 수도 있고, 아니면 게임 코드나 네트워크 모듈에서 이미 비슷한 패킷이 송신 대기 중인지 체크하게 할 수도 있다. RPC 호출을 패킷으로 만들어 주는 함수 예제를 코드 5-19에 구현해 보았다.

```
void PlaySoundRPC(OutputMemoryBitStream& inStream,
    const string& inSoundName,
    const Vector3& inLocation, float inVolume)
{
    ReplicationHeader rh(RA_RPC);
    rh.Write(inStream);
    inStream.Write(inSoundName);
    inStream.Write(inLocation);
    inStream.Write(inVolume);
}
```

RPC를 하려고 매번 수작업으로 래핑(wrapping) 및 언래핑(unwrapping) 함수를 하나씩 만들고 또 그 것을 RPCManager에 등록하고, 코드 변경이 일어날 때마다 이들 함수의 인자 값을 수정해 주는 작업은 참 일이 많다. 그래서 대부분 RPC를 지원하는 엔진은 자동으로 도우미 함수를 만들어주 고 RPC 모듈에 등록해 주는 빌드 도구를 제공한다.*

Note ≡ 어떤 경우엔 호스트가 전역 함수 대신 특정 객체의 메서드를 원격 호출하고 싶은 경우도 있을 것이다. 이때 는 원격 메서드 호출(remote method invocation) 또는 RMI를 수행하는데, 원격 프로시저 호출과 원리는 비슷하지만 객체에 대해 수행하므로 다른 용어를 쓰는 것이다. 게임에서 RMI를 지원하려면 ObjectReplicationHeader에 RMI 호 출 대상 객체의 네트워크 식별자를 넣어주면 된다. 식별자가 0이면 글로벌 함수를 호출하는 RPC가 되고, 0 외의 값이 지정되면 해당 식별자의 객체를 대상으로 하는 RMI가 된다. RMI 말고 RPC도 하고 싶은데 불필요하게 RMI 식별자를 0으로 써서 대역폭을 낭비하는 것이 아깝다면, RA_RPC는 그대로 두고 별도의 리플리케이션 동작으로 RA_RMI를 추가하여 여기에서만 네트워크 식별자를 쓰도록 하면 되겠다.

5.6 리플리케이션 시스템 개조하기

이 책에서 구현하는 네트워크 엔진이 객체 리플리케이션이나 RPC 호출을 위한 도구를 제공하긴 하지만 언젠가 직접 리플리케이션 및 메시지 전달 코드를 작성해야 할 일이 생길 것이다. 어떤 원 하는 기능이 엔진에 빠져 있거나, 매우 자주 바뀌는 값을 처리해야 하는 경우, 프레임워크에서 제 공하는 일반적인 객체 리플리케이션 코드로는 너무 비대하거나 비효율적인 대역폭을 가지게 되

---

* 역주 다른 여러 언어에서 지원하는 리플렉션은 이런 부분에 있어 매우 유용하다.

는 경우 그렇다. 이 경우 ReplicationAction 열거자를 확장하고 ProcessReplicationAction() 코드의 switch 문에 추가 내용을 구현하면 된다. 이처럼 특별한 경우를 위해 코드를 개조하면 ReplicationHeader 직렬화 루틴에 네트워크 식별자나 클래스 식별자를 넣을지 말지 직접 결정할 수 있을 것이다.

만일 개조 범위가 리플리케이션 관리자의 견지를 넘어서면, PacketType 열거형을 확장하여 아예 완전히 새로운 패킷 형식을 추가하고 이를 따로 처리하는 관리자를 별도 구현하면 된다. ObjectCreationRegistry나 RPCManager에서 채택한 레지스트리 매핑 디자인 패턴을 활용하여, 하부 네트워크 시스템을 건들지 않고도 개조한 패킷을 처리할 수 있는 상위 수준 코드를 쉽게 구현해 넣을 수 있다.

5.7 요약

어떤 호스트에서 다른 호스트로 객체를 리플리케이션하는 것은 단순히 데이터만 직렬화한다고 되는 일이 아니다. 먼저 응용 계층 프로토콜에서 가능한 패킷 종류를 정의해 두어야 하고, 네트워크 모듈은 패킷을 만들 때 패킷 종류를 데이터에 앞서 명시해야 한다. 각 객체마다 고유 식별자를 부여해야 하는데, 수신 호스트가 받은 데이터를 해당 객체에 덮어쓰게 하기 위함이다. 마지막으로 각 게임 클래스마다 고유 클래스 식별자를 두어, 수신 호스트가 갖고 있지 않은 객체를 생성할 때 올바른 클래스를 선택할 수 있어야 한다. 네트워크 코드가 게임 플레이용 클래스에 종속되어서는 안 되므로, 간접 매핑 기법으로 리플리케이션 가능한 클래스와 생성 함수를 네트워크 모듈에 등록하는 기능 또한 필요하다.

소규모 게임의 경우엔 패킷 하나에 게임 월드 전체의 객체 상태를 리플리케이션해서 원격 호스트와 월드 상태를 공유할 수 있다. 게임이 대규모가 되면 패킷 하나에 모든 객체를 리플리케이션하기 위한 데이터를 담기 어려워지므로, 월드 상태의 델타를 전송하는 프로토콜을 고안할 필요가 있다. 각 델타는 객체를 생성, 갱신, 소멸하는 리플리케이션 동작으로 구성된다. 효율을 높이려면 객체를 갱신하는 동작을 수행할 때, 객체의 전체 프로퍼티를 직렬화하지 않고 그 일부만 직렬화하는 기능이 필요하다. 어느 부분을 직렬화할지 여부는 전체 네트워크 토폴로지 및 응용 계층 프로토콜의 신뢰성 정도에 따라 달리 결정해야 한다.

게임에선 객체 상태 데이터 말고도 리플리케이션해야 할 것이 있다. 호스트는 종종 상호 간에 원격 프로시저 호출을 해야 하는 경우가 있는데, 이런 RPC 호출을 지원하는 간단한 방법은 바로 RPC용 리플리케이션 동작을 추가하고 RPC 데이터를 리플리케이션 패킷에 넣어 보내는 것이다. 파라미터를 래핑 및 언래핑하고 로컬 호스트의 함수를 대신 호출해 주는 도우미 함수를 RPC 모듈에 미리 등록해 두고, 리플리케이션 관리자가 수신한 RPC 요청을 이 모듈에 넘겨 처리한다.

멀티플레이어 게임을 만들 때 객체 리플리케이션은 저수준의 구현에 있어 요긴한 도구로 사용된다. 또한, 6장에서 설명할 고수준 네트워크 토폴로지를 구축하는데에도 매우 중요한 기반이 된다.

5.8 복습 문제

1. 객체 상태를 리플리케이션하는 패킷에서 객체 직렬화 데이터 외에 중요한 세 가지 값은 무엇인가?

2. 네트워크 코드가 게임플레이 코드에 종속되면 곤란한 이유는 무엇인가?

3. 네트워크 코드를 게임플레이용 클래스에 종속시키지 않고 리플리케이션 받은 객체를 수신 호스트에서 생성하는 방법을 설명해 보자.

4. 다섯 개의 움직이는 게임 객체가 있는 간단한 게임을 구현해 보자. 이때 하나의 월드 상태 패킷에 객체들을 담아 원격 호스트로 초당 15회씩 리플리케이션하게 하자.

5. 4번 문제와 관련하여, 게임 객체의 수를 더 늘리면 어떤 문제가 발생하는가? 해결책은 무엇인가?

6. 원격 호스트 객체 상태를 갱신할 때 프로퍼티 중 일부만 업데이트하는 시스템을 직접 구현해 보자.

7. RPC는 무엇인가? 또 RMI는 무엇인가? 이 둘은 서로 어떻게 다른가.

8. 이 장에서 구현한 프레임워크를 가지고, SetPlayerName(const string& inName) 함수를 RPC로 구현해 보자. 이 함수는 로컬 플레이어의 이름을 원격 호스트에 알려주는 기능을 한다고 하자.

9. 플레이어가 지금 누르고 있는 키보드 키 조합을 리플리케이션하는 패킷 형식을 직접 구현해 보자. 이때 최대한 대역폭을 효율적으로 사용할 수 있게 하자. 그리고 이 장에서 구현한 리플리케이션 프레임워크와 이것을 어떻게 연동하면 좋을지 설명해 보자.

5.9 더 읽을거리

Carmack, J. (1996, August). Here Is the New Plan. http://fabiensanglard.net/quakeSource/johnc-log. aug.htm. (2015년 9월 12일 현재)

Srinivasan, R. (1995, August). RPC: Remote Procedure Call Protocol Specification Version 2. http:// tools.ietf.org/html/rfc1831. (2015년 9월 12일 현재)

Van Waveren, J. M. P. (2006, March 6). The DOOM III Network Architecture. http://mrelusive. com/publications/papers/The-DOOM-III-Network-Architecture.pdf. (2015년 9월 12일 현재)

Winer, Dave (1999, June 15). XML-RPC Specification. http://xmlrpc.scripting.com/spec.html. (2015 년 9월 12일 현재)

5

객체 리플리케이션

6^장

네트워크
토폴로지와
예제 게임

이 장에선 내용을 크게 두 부분으로 나누어, 앞에선 주로 클라이언트-서버(CS)와 피어-투-피어(P2P) 방식으로 나누는 네트워크 게임의 호스트 연결 방식에 대해 다루고, 뒤에선 지금까지 내용을 종합하여 두 종류의 예제 게임을 구현해 본다.

6.1 네트워크 토폴로지

1장부터 5장까지 두 대의 컴퓨터가 인터넷으로 서로 통신하는 법과 이를 네트워크 게임에 어울리는 형태로 구축하는 법 전반에 대해 다루었다. 물론 2인용 네트워크 게임도 있긴 하지만 사람들이 많이 즐기는 여러 게임에서 3인 이상의 플레이어를 지원하는 경우가 일반적이다. 한편 2인용 게임이라 하더라도 중요하게 다루어야 할 여러 문제가 있는데, 이를테면 플레이어 사이에서 게임 상태 갱신을 어떻게 처리하는 것이 좋을지 등이 그 예다. 이외에도 5장에서 살펴본 객체 리플리케이션까지 써야 할지, 아니면 입력 상태만 공유하고 말 것인지, 만일 컴퓨터 상호 간에 전달된 게임 상태가 어느 한쪽에서 올바르지 않다고 판단되면 어떻게 해야 할지 등 다양한 문제가 있으며, 제대로 된 네트워크 멀티플레이어 게임이라면 반드시 이들 문제를 해결하고 넘어가야 한다.

네트워크 토폴로지(network top ology)란 여러 컴퓨터가 네트워크상 연결되어 있는 양태를 말한다. 게임 분야에 한정하면 게임에 접속한 컴퓨터들을 어떤 구조로 연결할지 정해 그 플레이어들이 최신 상태를 공유하게끔 구조화하는 방식이라 하겠다. 프로토콜마다 장단점이 있는 것처럼 여러 토폴로지도 각자 장단점이 있다. 이번 절에선 게임에서 주로 쓰이는 두 가지 토폴로지, 즉 클라이언트-서버 그리고 피어-투-피어를 살펴보고 두 방식을 섞어 놓은 변종이 있다면 또 어떤 식일지도 알아보기로 하자.

6.1.1 클라이언트-서버

클라이언트-서버(이하 CS) 토폴로지에선 게임 인스턴스 하나를 서버로 두며 나머지 게임 인스턴스는 그 서버에 접속하는 클라이언트가 된다. 각 클라이언트는 오로지 서버하고만 통신하는데, 서버는 이들 모든 클라이언트와의 통신을 전담한다. 이러한 토폴로지를 그려보면 그림 6-1과 같다.

▼ 그림 6-1 클라이언트-서버 토폴로지

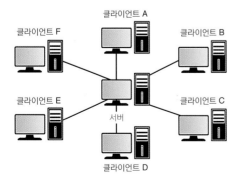

CS 토폴로지에서 n개의 클라이언트가 접속하면 총 O(2n)개의 연결이 존재하게 된다. 이는 비대칭적인 것으로, 서버의 연결 개수는 클라이언트당 하나로 O(n)이 되지만, 클라이언트는 서버에 난 하나의 연결만 유지하면 된다. 대역폭을 따져서 n개의 클라이언트가 있고 각 클라이언트가 초당 b 바이트의 데이터를 보낸다 하면 초당 b·n 바이트를 수신하는 데 부족함이 없도록 서버의 대역폭을 확보해야 한다. 마찬가지로 서버가 매초 c 바이트의 데이터를 각 클라이언트에 보내려면 초당 c·n 바이트를 서버가 처리할 수 있어야 한다. 반면 각 클라이언트는 내려받기에 초당 c 바이트만, 업로드에 초당 b 바이트의 대역폭만 확보하면 된다. 정리하면 클라이언트의 수가 증가함에 따라 서버가 필요로 하는 대역폭이 선형으로 늘어난다. 이론상 클라이언트가 필요로 하는 대역폭은 클라이언트가 많아진다고 달라지지 않을 것 같지만, 실제로는 더 많은 클라이언트가 접속하다 보니 게임 월드 내에 리플리케이션해야 하는 객체 수가 많아지므로, 각 클라이언트가 필요로 하는 대역폭도 다소나마 증가하게 된다.

대부분 CS로 구현되는 게임은 권한 집중형(authoritative)으로 서버를 구현하는 데, CS 토폴로지에선 별다른 대안이 없기 때문이다. 권한 집중이란 시뮬레이션을 동시에 여러 기계에서 진행할 때, 그중 어느 것이 올바른지 판단하는 권한을 서버에만 집중한다는 의미이다. 클라이언트는 자신의 시뮬레이션 내용이 서버와 다르다는 걸 발견하면 반드시 서버에 맞추어 자신의 게임 상태를 갱신해야 한다. 이 장의 뒷부분에서 만들어 볼 로보캣 액션 게임을 예로 들어 보겠다. 각 플레이어가 조종하는 고양이는 실뭉치를 던질 수 있는데, 권한 집중형 서버 모델에선 실뭉치가 다른 플레이어에 명중하는지 클라이언트 스스로 판단해선 안 된다. 대신 클라이언트가 실뭉치를 던지고 싶다고 서버에 알려주면 서버는 먼저 그 클라이언트가 실뭉치를 던질 수 있는지부터 판단하고, 실제로 실뭉치가 다른 플레이어에 명중하는지 아닌지에 대한 판단 역시 서버가 전담한다.

이렇게 서버에 심판 권한을 부여하다 보니, 클라이언트가 수행하려는 액션에 약간의 랙 또는 지연이 발생하는 것을 피할 수 없다. 지연 혹은 레이턴시에 대해서는 **7장 레이턴시, 지터링, 신뢰성**(241쪽)에서 자세히 알아보기로 하고, 여기선 간단히 설명하게 하겠다. 실뭉치를 던질 때 오로지 서버 인스턴스만이 발생할 사건에 대해 판정을 내릴 권한이 있다. 하지만 실뭉치를 던지고 싶다는 요청이 서버에 도달하는데 시간이 약간 걸리고, 서버가 여기에 대해 판정을 내린 후 그 결과를 모든 클라이언트에 보내는 데도 시간이 걸린다. 이 같은 지연에 한몫하는 요소 중 하나는 바로 RTT(round trip time, 왕복 시간)로, RTT란 패킷을 송신한 후 원래 컴퓨터에 응답이 돌아올 때까지 걸린 시간(통상 밀리초 단위)을 말한다.* RTT가 100밀리초 이하이면 나쁘지 않다고 보지만, 최신 인터넷망이라도 연결에 여러 가지 변수가 많아 이 정도 RTT를 확보하기 어려운 경우도 있다.

---

* **역주** 실무에선 줄여서 핑(ping)이라 부르기도 한다.

서버 한 대에 클라이언트 두 대(A와 B)가 연결된 게임이 있다고 치자. 게임 데이터를 보내는 건 서버의 몫이므로, 클라이언트 A가 실뭉치를 던지려면 '실뭉치 발사' 요청이 먼저 서버에 도착해야 한다. 서버는 이 요청을 처리한 뒤 그 결과를 클라이언트 A와 B에 보낸다. 이 시나리오에서 클라이언트 B에 발생할 수 있는 네트워크 지연의 최대치는, 클라이언트 A의 RTT 절반* + 서버의 처리 시간 + 클라이언트 B의 RTT 절반이 된다. 네트워크가 빠른 환경이라면 큰 문제가 되지 않겠지만, 실제 게임을 출시하려면 이러한 지연을 상쇄할 수 있게 다양한 기법을 활용해야 한다. 이러한 기법은 8장 레이턴시 대응 강화(279쪽)에서 자세히 다루겠다.

서버의 종류는 세분화할 수 있는데, 어떤 서버는 전용 서버(dedicated server)**로 구현되며, 전용 서버란 게임을 진행하고 클라이언트와 통신하는 용도로만 별도로 띄우는 서버를 뜻한다. 전용 서버 프로세스는 클라이언트 프로세스와 완전히 분리되며 보통 헤드리스(headless), 즉 화면에 그래픽 따위를 보여주지 않게 되어 있다. 이는 예산 규모가 큰 〈배틀필드〉 같은 게임에서 주로 쓰는 방식으로 강력한 머신 한 대에 여러 개의 전용 서버 프로세스를 띄우는 식으로 운영할 수 있다.

전용 서버 외에 리스닝 서버(listen server) 방식도 있다. 플레이어가 자신이 서버를 띄운 머신을 가지고 클라이언트로 직접 게임에도 참여하는 방식을 말한다. 리스닝 서버 방식의 장점은 배포 비용을 절감할 수 있다는 것인데, 데이터센터에 서버를 임대할 필요가 없어지기 때문이다. 플레이어는 그 대신 자기 머신을 서버 겸 클라이언트로 사용하게 된다. 단점으로는 플레이어의 머신이 강력하지 않으면, 또는 네트워크가 느린 경우엔 다른 여러 클라이언트의 접속을 감당해 내기 어렵다는 것이다. 리스닝 서버 방식이 피어-투-피어 방식과 혼동될 때도 있는데, 엄밀히 말하자면 피어 호스팅(peer hosting) 방식이라 하겠다. 피어-투-피어와 달리 서버가 엄연히 존재하며, 단지 게임에 참가하는 플레이어의 기기에서 서버가 구동되는 것일 뿐이므로 CS 토폴로지로 구분해야 한다.

권한 집중형 리스닝 서버에 있어 주의할 점 하나는 바로 서버가 게임 상태 전체를 항시 유지하고 있다는 것이다. 즉, 리스닝 서버를 운영하는 플레이어가 이 정보를 악용해 치트를 시도할 가능성이 있다. 게다가 클라이언트-서버 모델에선 모든 접속 클라이언트의 네트워크 주소를 알고 있는 건 서버 한 대밖에 없다. 이 때문에 네트워크 장애가 있거나 열 받은 방장이 게임을 나가는 등 이유로 서버의 연결이 끊어져 버리는 경우 골치 아픈 일이 벌어진다. 이를 보완하고자 호스트 마이그레이션(host migration) 개념을 리스닝 서버에 탑재하는 게임도 있다. 리스닝 서버의 연결이 끊어지면, 클라이언트 중 하나가 새로 서버 역할을 맡는 것이다. 하지만 이를 위해선 사전에 클라이언트끼리 미리 일정량 이상의 정보를 주고받은 상태여야 한다. 따라서 호스트 마이그레이션이 성사되려면 클라이언트-서버에 피어-투-피어 방식을 섞어 하이브리드 토폴로지로 구현해야 한다.

---

* 역주 1/2 RTT. 왕복 시간의 절반이므로 편도로 전달되는 시간이 되겠다. 편도 전달 시간을 측정하려면 두 컴퓨터의 시계가 매우 정확히 동기화되어야 하는데, 이것이 기술적으로 무척 어렵다. 이 때문에 편도 시간을 보통 RTT의 절반으로 어림잡아 계산한다.

** 역주 게이머들은 흔히 데디 서버라 부른다.

6.1.2 피어-투-피어

피어-투-피어(peer-to-peer, 이하 P2P) 토폴로지에선, 게임에 참여하는 머신이 동일 게임에 참여하는 다른 모든 머신과 서로 연결된다. 그림 6-2에 확연히 드러나듯, 이 같은 토폴로지에서는 많은 양의 데이터가 클라이언트 사이에 오고 가게 된다. P2P에서 연결의 개수는 클라이언트 수의 제곱에 비례한다. 즉, n개의 피어(peer)가 있을 때 각 피어는 O(n-1)의 연결을 맺어야 하고, 따라서 네트워크 전체에 O(n^2)의 연결이 존재하게 된다. 이 때문에 피어가 많이 접속할수록 요구되는 대역폭도 큰 폭으로 증가하게 된다. 클라이언트-서버와는 다르게 대역폭 요구 사항은 대칭적으로, 각 피어마다 올려보내거나 내려받는 데 필요한 대역폭의 양은 같다.

▼ 그림 6-2 피어-투-피어 토폴로지

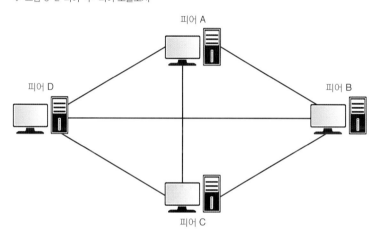

P2P 게임에선 판정 권한이 어디에 있는지가 불분명하다. 게임을 여러 부분으로 나누어 피어마다 권한을 가져갈 수도 있겠지만, 그런 시스템을 현실에서 구현하는 건 어려운 일이다. 보다 보편적인 P2P 게임 구현 방식은 각 피어마다 입력을 서로 공유하여 각자가 이들 입력을 스스로 시뮬레이션하는 것이다. 따라서 이러한 모델을 입력 공유 모델이라 하기도 한다.

P2P 토폴로지에서 입력 공유 모델이 보다 어울리는 이유 하나는 바로 지연이 상대적으로 덜하다는 것이다. 클라이언트 사이에 중개자를 두는 클라이언트-서버 모델과는 다르게, P2P 게임에선 모든 피어가 다른 피어와 직접 통신한다. 즉, 두 피어 사이의 지연은 기껏해야 RTT의 절반이 된다는 뜻이다. 하지만 여전히 레이턴시가 존재하므로 모든 피어의 동기화를 맞추기 까다로운데 이는 P2P 게임에서 가장 처치 곤란한 문제이기도 하다.

1장에서 언급한 결정론적 락스텝 모델을 상기해 보자. 〈에이지 오브 엠파이어〉를 구현할 때, 게임 진행은 각 200밀리초의 '턴'으로 잘게 나누어진다. 이 200밀리초 동안 입력된 명령들은 대기열에 쌓이며, 이 시간이 끝나면 모든 피어에 대기열의 전체 명령이 전송된다. 아울러 한 턴 간격의 추가 지연 시간이 발생하는데, 예를 들어 각 피어가 제1턴의 결과를 화면에 표시하는 와중에 대기열에 쌓인 명령들은 한 턴 건너 제3턴에 실행되는 식이다. 이 같은 형식의 턴제 동기화 방식은 개념상으로는 간단해 보이지만, 실제 구현하려면 훨씬 복잡한 세부 사항을 처리해야 한다. 이 장의 뒤에 나오는 로보캣 RTS 예제 게임을 대략 이러한 방식으로 구현해 보겠다.

또 한 가지 중요한 점은, 게임 상태가 모든 피어 사이에서 일관되어야 한다는 것이다. 이를 위해 게임 로직을 완벽히 결정론적으로 구현할 필요가 있다. 다른 말로, 일정하게 주어지는 입력 집합에서 항상 같은 결과가 도출되어야 한다는 것이다. 이에 따른 고려사항으로는 피어 간 게임 상태의 일관성 검사를 위해 체크섬을 도입하거나, 난수 발생기를 동기화하는 등 여러 가지가 있는데, 자세한 내용은 이 장의 뒷부분에서 다루기로 한다.

이외에도 신규 플레이어가 참가하려 할 때 어디에 접속해야 하는가의 이슈도 P2P에선 따져봐야 한다. 모든 피어가 다른 피어의 주소를 알고 있어야 하므로, 이론상 새로 참가하려는 플레이어는 이들 중 아무것에나 접속해도 될 것처럼 보인다. 하지만 매치 메이킹 서비스는 대개 하나의 주소만 받아 접속 가능 게임 목록에 보여주므로, 여기에 맞추려면 피어 하나가 소위 마스터 피어로 자신을 등록하고, 새 플레이어는 항상 마스터를 통해서만 참가하게 해야 한다.

마지막으로 클라이언트-서버 모델에서 이슈가 되었던 서버 연결 중단 문제를 보자면, P2P는 일단 서버가 없으므로 이런 문제는 없다고 볼 수 있다. 만일 피어 중 하나의 연결이 끊어지면 해당 피어가 제거될 동안 잠시 게임을 멈추면 된다. 피어의 접속 해제가 완전히 처리되고 나면 남은 피어들이 그냥 게임 시뮬레이션을 계속하면 된다.

6.2 클라이언트-서버 구현하기

지금까지 이 책에서 다룬 개념들을 종합하면 이제 네트워크 게임의 첫 번째 버전을 만들 수 있을 정도로 정리가 된다. 이 절에서는 〈로보캣 액션〉이라는 제목으로, 탑다운(top-down, 위에서 아래로 내려다보는) 시점으로 고양이가 돌아다니며 최대한 생쥐를 많이 잡는 그리고 다른 고양이에게 실뭉치(yarn)도 던져대는 그런 게임을 만들어 보기로 하자. 그림 6-3에 게임 스크린샷이 있다. 초기 버전 코드는 온라인 코드상 Chapter6/RoboCatAction 디렉터리에 있다.

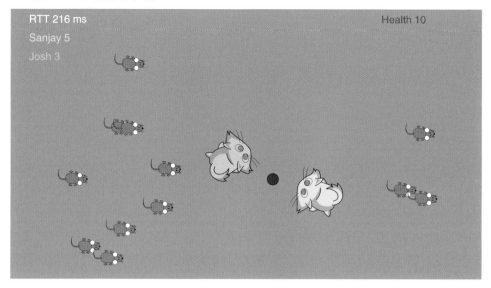

로보캣 액션의 조작 체계는 복잡하지 않다. D 키와 A 키로 시계/반시계 방향으로 회전하고, W 키와 S 키로 앞뒤로 움직인다. K 키로 실뭉치를 발사하여 다른 고양이에게 대미지를 줄 수 있다. 생쥐를 잡으려면 그 위치에 겹치도록 이동하면 된다.

초기 버전 코드 구현에선 중요한 부분을 몇 가지 생략할까 하는데, 우선 네트워크 레이턴시를 처리하지 않으며, 패킷이 손실되는 경우 역시 고려하지 않는다. 실제 네트워크 게임에선 분명히 이러한 부분을 구현해 주어야 하는데 여기에 대해선 7장 레이턴시, 지터링, 신뢰성(241쪽)에서 다시 다루기로 한다. 우선은 레이턴시나 패킷 손실 등 복잡한 내용에 대해선 걱정을 접어두고 기본적인 클라이언트-서버 게임 구현 원리를 확실히 이해하게 하자.

6.2.1 서버 코드와 클라이언트 코드 분리하기

권한 집중형 클라이언트 서버 모델을 구현하는 데 있어 기본 전제는 바로 서버에서 돌아가는 코드가 클라이언트에서 돌아가는 코드와는 다르게 해야 한다는 것이다. 로보캣 액션의 주인공 캐릭터인 로보캣을 예로 들어보자. 로보캣의 남은 체력을 mHealth 프로퍼티에 담아두는데, 고양이의 체력이 0이 되었을 때 부활시키려면(목숨이 최소 아홉 개는 되므로)* 서버가 이 프로퍼티를 추적해야 한다. 마찬가지로 클라이언트는 화면 우상단 구석에 체력 수치를 표시해 주어야 하므로 역시

---

* 역주 서양 미신. "A cat has nine lives. For three he plays, for three he strays, and for the last three he stays."

고양이의 체력을 알고 있어야 한다. 비록 서버 인스턴스의 mHealth만이 인증된 값이긴 하지만 각 클라이언트 또한 UI에 표시하기 위해 로컬에 값을 캐싱해 두어야 한다.

함수도 마찬가지다. RoboCat 클래스의 어떤 멤버 함수는 서버에서만 필요하고, 어떤 것은 클라이언트에서만 쓰고, 또 어떤 것은 둘 다 필요로 한다. 이런 까닭에 로보캣 액션을 구현하면서 상속과 가상 함수를 활용하기로 한다. 즉, RoboCat 기반 클래스를 위에 두고 이를 상속받아 두 개의 클래스를 만든다. RoboCatServer와 RoboCatClient가 그것이다. 이들 클래스로 기반 클래스의 함수를 오버라이드하거나 추상 함수의 내용을 구현할 것이다. 가상 함수는 성능 측면에서 다소 불리한 측면도 있긴 하지만 구현 편의성 면에선 상속 계층을 두는 편이 작성하기 용이할 것이다.

좀 더 나아가 컴파일을 통해 생성되는 목적 파일도 셋으로 나뉜다. 첫째 목적 파일은 RoboCat 라이브러리로, 서버와 클라이언트가 공유하여 쓰는 코드를 담고 있다. 여기에는 3장에서 구현한 UDPSocket 클래스나 4장의 OutputMemoryBitStream 등이 포함된다. 그리고 두 개의 실행 파일이 있는데, RoboCatServer는 서버를 구동하는 데 쓰고 RoboCatClient는 클라이언트를 구동하는 데 쓴다.

> **Note ≡** 서버와 클라이언트가 각각 별도의 실행 파일이므로, 로보캣 액션을 테스트하려면 두 실행 파일을 동시에 구동해야 한다. 서버는 명령줄 인자 하나를 받아, 접속을 받을 포트를 지정한다. 예를 들면 다음과 같다.
>
> ```
> RoboCatServer 45000
> ```
>
> 위와 같이 하면 45000번 포트에 서버를 띄워 클라이언트의 접속을 리스닝하게 된다.
>
> 클라이언트 실행 파일은 두 개의 명령줄 인자를 받는다. 서버의 전체 주소(포트 포함), 그리고 클라이언트의 이름이다.
>
> ```
> RoboCatClient 127.0.0.1:45000 John
> ```
>
> 이렇게 하면 클라이언트가 로컬호스트의 포트 45000번에 접속을 시도하며, 플레이어의 이름은 'John'으로 한다. 보통 서버 하나에 여러 클라이언트가 접속하게 되는데, 이 게임에선 리소스를 아주 많이 쓰거나 하진 않으므로 테스트 용도로 한 머신에 여러 인스턴스를 동시에 띄워도 상관없다.

RoboCat 클래스의 계층 구조상, 이들 세 클래스는 각자 서로 다른 목적 파일에 생성된다. RoboCat 기반 클래스는 공용 라이브러리에, 그리고 RoboCatServer는 서버 실행 파일에, RoboCatClient는 클라이언트 실행 파일에 들어간다. 이렇게 나누면 코드가 매우 깔끔해지며, 서버 또는 클라이언트에만 한정된 코드가 어느 것인지를 쉽게 구별할 수 있다. 이 구조를 한눈에 파악할 수 있게끔, 그림 6-4에 GameObject 클래스를 조상으로 하는 로보캣 액션 클래스 계층 구조를 그려보았다.

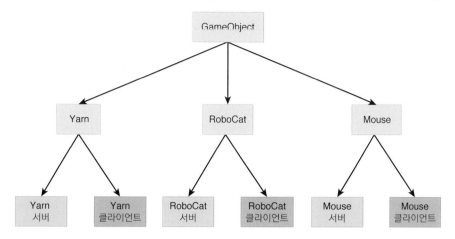

▼ 그림 6-4 로보캣 액션의 GameObject 클래스 계층 구조(금색은 공용 라이브러리, 녹색은 서버, 파란색은 클라이언트에 수록)

6.2.2 네트워크 관리자 및 신규 클라이언트 마중하기

NetworkManager 클래스와 이를 상속받은 NetworkManagerClient 및 NetworkManagerServer 클래스는 저마다 네트워크를 처리하는 여러 가지 임무를 담당한다. 예를 들어 수신된 패킷을 읽어 들여 나중에 처리할 수 있게 대기열에 집어넣는 코드는 기반 클래스인 NetworkManager에 전부 구현되어 있다. 패킷을 처리하는 코드 자체는 **3장 버클리 소켓**(93쪽)에서 다룬 것과 유사하므로, 여기서 다시 다루지는 않겠다.

NetworkManager의 또 다른 임무는 게임에 참가하려는 신규 클라이언트의 접속을 처리하는 것이다. 로보캣 액션의 멀티플레이어 세션은 중도 참가/이탈을 허용하게 설계되었으므로, 언제든 새 클라이언트가 대전에 참가할 수 있다. 여기서도 신규 클라이언트를 마중하는 데 있어 서버의 역할과 클라이언트의 역할이 다르므로, 기능의 구현도 NetworkManagerClient와 NetworkManagerServer에 분리한다.

코드를 깊이 파보기 전에, 연결 절차를 높은 수준에서 조망해 보는 것도 좋을 터이다. 근본적으로 연결은 네 단계의 절차로 구성된다.

1. 게임에 참가하려는 클라이언트는 서버에 'hello' 패킷을 보낸다. 이 패킷은 리터럴 'HELO'로 시작하는데, 이 리터럴은 패킷의 종류를 나타낸다. 패킷에는 플레이어의 이름을 나타내는 문자열이 직렬화되어 있다. 클라이언트는 서버가 응답할 때까지 지속해서 헬로 패킷을 보낸다.

2. 서버가 헬로 패킷을 받으면 플레이어 ID를 새 플레이어에 할당하고, 플레이어 ID와 그 SocketAddress를 매핑하여 따로 기억해 둔다. 그다음 서버는 'welcome' 패킷을 클라이언트에 보내는데, 이 패킷에는 'WLCM' 리터럴과 플레이어에게 할당된 ID가 들어있다.

3. 클라이언트가 웰컴 패킷을 받으면, 플레이어 ID를 저장해 두고 리플리케이션 정보를 서버와 주고받기 시작한다.

4. 이후 적절한 시점에 서버는 새 클라이언트용으로 스폰된 여러 객체의 정보를 기존 및 신규 클라이언트 전체에 보낸다.

만약 패킷 손실이 발생한다 해도, 위의 경우에 있어선 단순히 중복 전송하는 것만으로 손실을 극복할 수 있다. 클라이언트가 웰컴 패킷을 받지 못했다면, 서버에 계속해서 헬로 패킷을 보내면 된다. 반대로 서버에 이미 등재된 SocketAddress의 클라이언트가 계속 헬로 패킷을 보낸다면, 서버는 그쪽에 웰컴 패킷을 다시 보내주면 된다.

이제 코드를 좀 살펴보면, 패킷의 종류를 식별하기 위해 앞서 언급한 두 개의 리터럴을 정의한다. 그리고 이 리터럴은 NetworkManager 기반 클래스에 다음과 같이 상수로 초기화된다.

```
static const uint32_t kHelloCC = 'HELO';
static const uint32_t kWelcomeCC = 'WLCM';
```

클라이언트 측에 필요한 현재 클라이언트 상태는 NetworkManagerClient에 열거형으로 정의한다.

```
enum NetworkClientState
{
    NCS_Uninitialized,
    NCS_SayingHello,
    NCS_Welcomed
};
```

NetworkManagerClient가 초기화될 때 mState 멤버 변수는 NCS_SayingHello로 초기화된다. NCS_SayingHello 상태에선 클라이언트는 계속하여 헬로 패킷을 서버에 보낸다. 반면 클라이언트가 웰컴 패킷을 받은 이후로는 서버에 업데이트를 보내야 하는데, 이 경우 업데이트 내용은 클라이언트의 조작 입력 패킷이 된다. 이는 잠시 뒤에 다루겠다.

한편 클라이언트는 수신하는 패킷의 종류를 네 글자 리터럴로 확인한다. 로보캣 액션의 경우 수신하는 패킷이 두 종류밖에 없다. 웰컴 패킷과 상태 패킷이 그것인데, 상태 패킷은 리플리케이션 데이터를 담고 있다. 패킷을 보내고 받는 처리는 코드 6-1과 같이 상태 기계(state machine) 형태로 구현된다.

코드 6-1 패킷을 보내고 받는 클라이언트 코드

```
void NetworkManagerClient::SendOutgoingPackets()
{
    switch (mState)
    {
    case NCS_SayingHello:
        UpdateSayingHello();
        break;
    case NCS_Welcomed:
        UpdateSendingInputPacket();
        break;
    }
}

void NetworkManagerClient::ProcessPacket(
    InputMemoryBitStream& inInputStream,
    const SocketAddress& inFromAddress)
{
    uint32_t packetType;
    inInputStream.Read(packetType);
    switch (packetType)
    {
    case kWelcomeCC:
        HandleWelcomePacket(inInputStream);
        break;
    case kStateCC:
        HandleStatePacket(inInputStream);
        break;
    }
}
```

헬로 패킷을 보낼 때 클라이언트가 한 가지 신경 써야 할 것은 패킷을 너무 자주 보내지 않도록 해야 한다는 것이다. 이를 위해 마지막으로 헬로 패킷을 보낸 뒤 시간이 얼마나 지났는지를 검사한다. 패킷을 보내는 것 자체는 일사천리로, 클라이언트는 그저 'HELO' 리터럴과 플레이어 이름만 패킷에 써서 보내기만 하면 된다. 마찬가지로 웰컴 패킷의 페이로드는 단순히 플레이어 ID만 담고 있으므로, 클라이언트는 이 ID를 읽어 저장해 두기만 하면 된다. 이는 코드 6-2에 구현되어 있다. HandleWelcomePacket()은 올바른 상태에서만 패킷을 읽도록 먼저 검사를 수행하는데, 이 부분을 주목하자. 클라이언트가 이미 웰컴을 받았는데도 또 웰컴 패킷이 오는 경우에 버그가 생기지 않게끔 조치한 것이다. 비슷한 검사를 HandleStatePacket()에서도 수행한다.*

---

* 역주 UDP 패킷이므로 내용을 끝까지 읽어 들이지 않아도 상관없다. 반면 TCP처럼 연결 유지형 스트림인 경우엔 필요 없는 내용이라도 반드시 제 길이만큼 읽어 들이거나 건너뛰어 주어야 스트림이 꼬이지 않는다.

```
void NetworkManagerClient::UpdateSayingHello()
{
    float time = Timing::sInstance.GetTimef();

    if (time > mTimeOfLastHello + kTimeBetweenHellos)
    {
        SendHelloPacket();
        mTimeOfLastHello = time;
    }
}


void NetworkManagerClient::SendHelloPacket()
{
    OutputMemoryBitStream helloPacket;

    helloPacket.Write(kHelloCC);
    helloPacket.Write(mName);

    SendPacket(helloPacket, mServerAddress);
}

void NetworkManagerClient::HandleWelcomePacket(
    InputMemoryBitStream& inInputStream)
{
    if (mState == NCS_SayingHello)
    {
        // player id를 받았다면 마중을 받은 것임!
        int playerId;
        inInputStream.Read(playerId);
        mPlayerId = playerId;
        mState = NCS_Welcomed;
        LOG("'%s' was welcomed on client as player %d",
            mName.c_str(), mPlayerId);
    }
}
```

서버 쪽 코드는 좀 더 복잡하다. 먼저 서버는 mAddressToClientMap이라는 해시 맵에 전체 클라이언트 항목을 기억해 두어야 한다. 맵의 키는 SocketAddress이고 값은 ClientProxy의 포인터이다. ClientProxy는 이 장 뒷부분에서 다시 다룬다. 여기선 서버가 클라이언트의 상태를 추적하는 용도의 클래스라고 이해하자. 이번 구현엔 소켓 주소를 직접 사용하고 있는데 이 때문에 2장에서 언급한 NAT 투과 이슈가 발생할 가능성이 있다. 로보캣 코드에선 여기에 대해 별도의 처리는 하지 않기로 한다.

서버가 처음 패킷을 받으면 먼저 주소 맵을 뒤져 송신자와 이미 통신한 적이 있는지 알아본다. 처음 통신하는 송신자라면 그 패킷의 내용이 헬로 패킷인지 확인한다. 헬로 패킷이 아닌 경우엔 그냥 무시해 버린다.

반대의 경우 서버는 새 클라이언트에 대해 프록시 객체를 만들고 웰컴 패킷을 보낸다. 이는 코드 6-3에 구현되어 있으나 웰컴 패킷을 보내는 코드는 생략했다. 헬로 패킷을 보내는 것과 흡사한 단순 코드이기 때문이다.

코드 6-3 새 클라이언트를 처리하는 서버 코드

```
void NetworkManagerServer::ProcessPacket(
    InputMemoryBitStream& inInputStream,
    const SocketAddress& inFromAddress)
{
    // 이미 알고 있는 클라이언트인지 검사
    auto it = mAddressToClientMap.find(inFromAddress);
    if (it == mAddressToClientMap.end())
        HandlePacketFromNewClient(inInputStream, inFromAddress);
    else
        ProcessPacket((*it).second, inInputStream);
}


void NetworkManagerServer::HandlePacketFromNewClient(
    InputMemoryBitStream& inInputStream,
    const SocketAddress& inFromAddress)
{
    uint32_t packetType;
    inInputStream.Read(packetType);
    if (packetType == kHelloCC)
    {
        string name;
        inInputStream.Read(name);

        // 클라이언트 프록시 생성
        // ...

        // 클라이언트 마중 ...
        SendWelcomePacket(newClientProxy);

        // 이 클라이언트에 대한 리플리케이션 관리자 생성
        // ...
    }
    else
    {
        // 패킷이 잘못되었다고 로그 남김
        LOG("Bad incoming packet from unknown client at socket %s",
            inFromAddress.ToString().c_str());
    }
}
```

217

6.2.3 입력 공유 및 클라이언트 프록시

로보캣 액션을 구현하는 데 있어 게임 객체를 리플리케이션하는 방식은 5장 객체 리플리케이션(175쪽)에서 다룬 것과 매우 유사하다. 세 가지 리플리케이션 명령이 있는데, 생성, 갱신, 소멸이 그것이다. 추가로 객체의 부분 리플리케이션도 구현하여, 갱신 패킷의 정보량을 줄이도록 한다. 게임의 서버 모델이 권한 집중형이므로, 객체는 서버에서 클라이언트 쪽으로 한 방향으로만 리플리케이션된다. 따라서 서버는 리플리케이션 갱신 패킷('STAT' 리터럴로 표시됨)을 전송할 책임이 있고, 클라이언트는 이 패킷을 받아 필요하면 리플리케이션 명령을 처리할 책임이 있다. 이외에도 클라이언트 각각에 맞는 명령만 보내도록 하기 위해 추가로 해야 할 작업이 좀 더 있는데, 이는 나중 절에서 다루기로 하자.

이제 클라이언트가 서버에 보내야 할 것은 무엇인지 따져보자. 권한이 서버에 있으므로 클라이언트는 객체 리플리케이션 명령을 서버에 일체 보내지 않는 것이 원칙이다. 하지만 서버가 각 클라이언트의 행동을 정확히 시뮬레이션하려면 각자가 무엇을 하려는지 알고 있어야 한다. 이에 따라 입력 패킷의 필요성이 대두된다. 매 프레임마다 클라이언트는 자신의 입력 이벤트를 처리하는데, 입력 내용 중 서버에서 처리해야 할 것은 그 이벤트를 서버에 보낸다. 이런 이벤트의 예로는 고양이를 움직이거나 실뭉치를 던지는 것이 있다. 그러면 서버는 그 입력 패킷을 받아 입력 상태를 추출해 클라이언트 프록시(client proxy)에 저장해 둔다. 서버는 이 클라이언트 프록시 객체로 개별 클라이언트의 상태를 추적한다. 마지막으로, 프록시에 저장된 입력 정보를 토대로 서버가 시뮬레이션을 갱신할 때 해당 객체의 행동을 결정한다.

InputState 클래스는 특정 프레임의 클라이언트의 입력을 스냅샷(snapshot), 즉 당시 상태대로 남겨둔 것이다. 매 프레임마다 InputManager 클래스가 클라이언트의 입력에 따라 InputState를 갱신한다. InputState에 무엇을 저장해야 할지는 게임에 따라 다르다. 우리 게임에선 네 가지 주요방향에 대한 이동 오프셋과, 실뭉치 발사 버튼을 눌렀는지 여부만 기록하면 된다.* 이렇게 하여 코드 6-4처럼 간단한 상태 클래스를 선언할 수 있다.

코드 6-4 InputState 클래스 선언

```
class InputState
{
public:
    InputState():
        mDesiredRightAmount(0),
        mDesiredLeftAmount(0),
        mDesiredForwardAmount(0),
        mDesiredBackAmount(0),
```

---

* 역주 아날로그 스틱 하나와 버튼 하나가 달린 가상 게임패드를 떠올리면 이해하기 쉬울 것이다.

```
        mIsShooting(false)
    {}

    float GetDesiredHorizontalDelta() const
    { return mDesiredRightAmount - mDesiredLeftAmount; }

    float GetDesiredVerticalDelta() const
    { return mDesiredForwardAmount - mDesiredBackAmount; }

    bool IsShooting() const
    { return mIsShooting; }

    bool Write(OutputMemoryBitStream& inOutputStream) const;
    bool Read(InputMemoryBitStream& inInputStream);

private:
    friend class InputManager;
    float mDesiredRightAmount, mDesiredLeftAmount;
    float mDesiredForwardAmount, mDesiredBackAmount;
    bool mIsShooting;
};
```

GetDesiredHorizontalDelta()와 GetDesiredVerticalDelta()는 각각 수평축과 수직축에 대한 오프셋을 계산하는 도우미 함수다. 예를 들어 플레이어가 Ａ 키와 Ｄ 키를 동시에 누르고 있다면, 수평축 델타 값은 0이 된다. Read()와 Write() 구현은 코드 6-4에선 생략했다. 그냥 메모리 비트 스트림에서 멤버 변수에 값을 읽고 쓰도록 작성하면 된다.

InputManager는 프레임당 한 번 InputState를 갱신하는데, 매 프레임 이를 서버에 보내는 건 실용적이지 못하다. 그보다는 여러 프레임에 걸친 InputState를 하나의 '이동 조작'으로 합쳐 주는 것이 바람직하다. 로보캣 액션은 최대한 단순하게 구현하기 위해 이렇게 합치는 로직은 구현하지 않고, 대신 매 x 초마다 현재의 최종 InputState를 채취해 이동 조작을 뜻하는 Move 클래스로 저장한다.

Move 클래스는 한 번의 이동 조작을 추상화한 것으로, InputState 하나를 기본으로 하여 거기에 두 개의 float 값을 추가로 가진다. 하나는 Move의 타임스탬프, 즉 시각을 나타내며 또 하나는 이전 조작과 현재 조작 사이의 시간차를 기록하는 값이다. 그 선언은 코드 6-5와 같다.

코드 6-5 Move 클래스

```
class Move
{
public:
    Move() {}
    Move(const InputState& inInputState, float inTimestamp,
            float inDeltaTime):
```

```
        mInputState(inInputState),
        mTimestamp(inTimestamp),
        mDeltaTime(inDeltaTime)
    {}

    const InputState& GetInputState() const { return mInputState; }
    float GetTimestamp() const { return mTimestamp; }
    float GetDeltaTime() const { return mDeltaTime; }

    bool Write(OutputMemoryBitStream& inOutputStream) const;
    bool Read(InputMemoryBitStream& inInputStream);

private:
    InputState mInputState;
    float mTimestamp;
    float mDeltaTime;
};
```

Read( )와 Write( )는 단순히 mInputState와 나머지 두 float 값을 스트림에 읽고 쓰는 역할이다.

> **Note** ≡ Move 클래스는 InputState에 시간 변수를 추가한 간단한 래퍼 클래스에 불과하지만, 이렇게 개념을 분리해 두면 프레임 시각을 따져야 하는 코드를 구현할 때 깔끔하게 작성할 수 있다. InputManager는 매 프레임 키보드를 폴링 (polling), 즉 키보드 상태를 조회하고 그 정보를 InputState에 기록한다. 나중에 클라이언트가 Move 객체를 만들 때가 되면, 기록된 InputState를 채취하고 그 시각을 재어 타임스탬프를 붙여주면 된다.

다음, 일련의 Move 객체를 MoveList에 저장한다. 이 클래스는 말 그대로 이동 조작의 목록을 담고 있으며 거기에 마지막 조작의 타임스탬프도 기록한다. 클라이언트 측에서 새 이동 조작 객체를 생성하면 이를 리스트에 추가한다. 그 후 NetworkManagerClient가 일정 시간마다 입력을 담아 보낼 패킷에 순서대로 이동 조작 목록을 기록하여 송신한다. 눈여겨볼 점은, 리스트를 기록하는 코드에선 한 번에 보낼 수 있는 움직임의 최대 개수를 셋으로 제한하여 비트 수를 2로 최적화했다는 것이다. 이는 조작 및 입력 패킷이 얼마 정도의 빈도로 처리되어야 하는가에 대한 가정에 따라 정한 것이다. 이동 조작 리스트 관련 클라이언트 로직은 코드 6-6과 같이 작성한다.

코드 6-6 MoveList를 처리하는 클라이언트 코드

```
const Move& MoveList::AddMove(
    const InputState& inInputState,
    float inTimestamp)
{
    // 첫번째 것은 시간 변위를 0으로 함
    float deltaTime = mLastMoveTimestamp >= 0.0f ?
        inTimestamp - mLastMoveTimestamp : 0.0f;
```

```
        mMoves.emplace_back(inInputState, inTimestamp, deltaTime);
        mLastMoveTimestamp = inTimestamp;
        return mMoves.back();
}

void NetworkManagerClient::SendInputPacket()
{
        // 입력이 있을 때만 보냄!
        MoveList& moveList = InputManager::sInstance->GetMoveList();
        if (!moveList.HasMoves())
                return;

        OutputMemoryBitStream inputPacket;
        inputPacket.Write(kInputCC);

        // 최근 세 개의 입력 조작만 전송함
        int moveCount = moveList.GetMoveCount();
        int startIndex = moveCount > 3 ? moveCount - 3 - 1 : 0;
        inputPacket.Write(moveCount - startIndex, 2);

        for (int i = startIndex; i < moveCount; ++i)
                moveList[i].Write(inputPacket);

        SendPacket(inputPacket, mServerAddress);
        moveList.Clear();
}
```

SendInputPacket() 코드에선 MoveList를 배열처럼 인덱스로 접근한다. MoveList는 내부에 deque 자료구조를 쓰고 있어서 이 동작은 상수 시간의 효율을 보인다. 그런데 SendInputPacket() 은 클라이언트의 이동 조작을 한 번만 보내기 때문에 패킷 손실 시 대응 측면에선 약한 것이 사실 이다. 예를 들어 입력 패킷에 '발사' 명령이 들어 있는데, 이 패킷이 서버에 도착하지 못한 경우 분 명히 키를 눌렀음에도 실뭉치가 발사되지 않는 상황이 생긴다. 이는 멀티플레이어 게임에 있어 간 과하기 어려운 결함이다.

7장 레이턴시, 지터링, 신뢰성(241쪽)에서 입력 패킷을 재전송할 수 있는 방법을 찾아볼 것이다. 구체 적으로는, 같은 입력 패킷을 세 번 보내어 서버가 받을 수 있는 기회를 세 번으로 늘릴 것이다. 이 렇게 하면 서버 쪽에서 처리할 것이 약간 복잡해지는데, 받은 패킷이 이미 처리한 것인지 아닌지 판단을 해야 하기 때문이다.

앞서 언급한 바대로, 서버는 클라이언트 프록시를 가지고 각 클라이언트의 상태를 추적한다. 프록 시의 중요한 역할은 각 클라이언트에 대응하는 리플리케이션 관리자를 유지하는 것이다. 이를 이 용하면 서버는 각 클라이언트에 어떤 정보를 보냈는지 안 보냈는지 추적할 수 있다. 매 프레임 서 버가 클라이언트 모두에게 리플리케이션 패킷을 보내는 건 아니므로, 클라이언트마다 리플리케이션 관리자를 두어야 하는 것이다. 특히 재전송을 해야 할 경우 이 부분이 중요한데 어떤 클라이언트에 정확히 어떤 변수를 보내야 할지 파악하고 있어야 하기 때문이다.

클라이언트 프록시는 각각 소켓 주소, 이름, 플레이어의 ID도 저장하고 있다. 이동 조작 정보를 받으면 저장해 두는 곳도 바로 해당 클라이언트의 프록시이다. 입력 패킷을 수신하면 그 클라이언트에 관련한 이동 조작 정보는 모두 그 클라이언트에 대응되는 ClientProxy 인스턴스 내부에 추가된다. 코드 6-7은 ClientProxy 클래스 선언의 일부이다.

코드 6-7 ClientProxy 클래스 선언의 일부

```cpp
class ClientProxy
{
public:
    ClientProxy(const SocketAddress& inSocketAddress,
        const string& inName, int inPlayerId);

    // 일부 함수 생략
    // ...

    MoveList& GetUnprocessedMoveList() { return mUnprocessedMoveList; }

private:
    ReplicationManagerServer mReplicationManagerServer;

    // 일부 변수 생략
    // ...

    MoveList mUnprocessedMoveList;
    bool mIsLastMoveTimestampDirty;
};
```

마지막으로 RoboCatServer 클래스의 Update()가, 코드 6-8처럼 아직 처리되지 않은(unprocessed) 이동 조작 데이터를 받아 처리한다. 여기서 ProcessInput()과 SimulateMovement()를 호출할 때, 시간 변위를 서버의 프레임 간격을 기준으로 계산하지 않고, 이동 조작 데이터에서 가져오는 것을 반드시 눈여겨보자. 가능한 클라이언트의 조작을 있는 그대로 재현하여 시뮬레이션하기 위해서이다. 또한, 여러 데이터가 한 패킷에 묶여서 오더라도, 아울러 서버와 클라이언트가 서로 다른 프레임 주기로 동작하더라도 문제없이 처리할 수 있다. 다만 이렇게 하면 물리 객체를 정확한 간격으로 시뮬레이션하기가 조금 까다로울 수 있다. 게임에 사용하는 물리 엔진이 고정된 프레임 주기를 요구한다면, 물리 프레임 주기는 다른 프레임 주기와 분리하여 고정해 둘 필요가 있다.

```
void RoboCatServer::Update()
{
    RoboCat::Update();
    // 중간 생략 ...

    ClientProxyPtr client = NetworkManagerServer::sInstance->
        GetClientProxy(GetPlayerId());

    if (client)
    {
        MoveList& moveList = client->GetUnprocessedMoveList();
        for (const Move& unprocessedMove: moveList)
        {
            const InputState& currentState =
                unprocessedMove.GetInputState();
            float deltaTime = unprocessedMove.GetDeltaTime();

            ProcessInput(deltaTime, currentState);
            SimulateMovement(deltaTime);
        }
        moveList.Clear();
    }
    HandleShooting();
    // 코드 생략 ...
}
```

MULTIPLAYER GAME PROGRAMMING

6.3 피어-투-피어 구현하기

지금까지 〈로보캣 액션〉을 보았다. 이번 절에 다룰 〈로보캣 RTS〉는 실시간 전략 게임으로 최대 네 명의 플레이어를 지원한다. 각 플레이어는 세 마리의 고양이를 조종한다. 고양이를 조종하려면 먼저 좌클릭으로 고양이를 선택하고, 목표에 우클릭한다. 목표 지점에 아무것도 없을 경우 그 위치로 이동할 것이요, 적 고양이가 있다면 공격 가능 범위까지 접근해 공격할 것이다. 액션 게임에서 그랬던 것처럼 고양이는 서로 실뭉치를 던지며 공격한다. 그림 6-5는 로보캣 RTS의 스크린샷이다. 게임의 초기 버전 코드는 Chapter6/RoboCatRTS에 수록되어 있다.

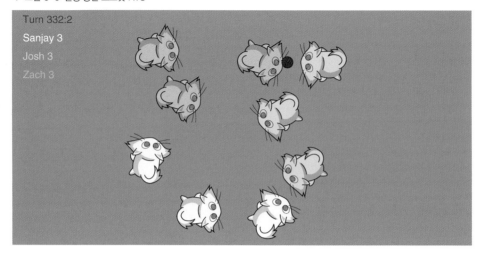

▼ 그림 6-5 실행 중인 로보캣 RTS

로보캣 RTS도 로보캣 액션처럼 UDP를 사용하지만, 네트워크 모델은 로보캣 액션과 완전히 다르다. 액션 게임과 마찬가지로 RTS 구현의 초기 버전에선 패킷 손실이 없다고 가정하고 만들 것이다. 어쨌든 락스텝 방식의 성격상 약간 지연이 있다 해도 게임이 그럭저럭 돌아갈 것이다. 다만 레이턴시가 너무 커지면 게임 플레이의 퀄리티는 분명히 나빠질 것이다.

로보캣 RTS는 P2P 토폴로지를 채택하였으므로 코드를 여러 개의 프로젝트로 군이 나눌 필요가 없다. 각 피어는 같은 코드를 사용한다. 덕분에 파일의 개수도 줄게 되고 게임에 참여하는 모든 플레이어가 같은 실행 파일로 게임을 구동하게 된다. 하지만 로보캣 RTS에선 마스터 피어(master peer) 개념은 분리해 두는데, 마스터 피어를 두는 목적은 게임에 참가하는 호스트 중 하나를 대표로 하여 그 IP 주소를 공지하기 위해서다. 매치 메이킹 서비스의 참가 가능 호스트 목록에 항목을 남기려면 이 부분을 신경 써야 한다. 새로 접속하는 플레이어에 ID를 발급하는 역할은 마스터 피어가 가져간다. 여러 피어가 동시에 플레이어를 받을 경우 자칫 중복된 ID가 발급될 수 있는데, 마스터 피어에 ID 발급을 일임하면 이를 방지할 수 있다. 이 점을 제외하면 마스터 피어는 다른 피어와 완전히 동일하게 동작한다. 각 피어가 독자적으로 전체 게임의 상태를 보유하고 있으므로, 마스터 피어가 연결을 끊어도 게임은 순조롭게 계속된다.

Note ≡ 로보캣 RTS를 구동하는 방법은 두 가지인데, 둘 다 같은 실행 파일을 쓴다. 마스터 피어를 띄우려면 포트 번호와 플레이어 이름을 지정한다.

RoboCatRTS 45000 John

일반 피어를 띄우려면, 포트를 포함한 마스터 피어의 전체 주소 및 플레이어 이름을 지정한다.

RoboCatRTS 127.0.0.1:45000 Jane

주소가 마스터 피어의 것이 아니라도 연결이 되기는 한다. 다만 마스터 피어에 연결하는 것보다는 늦게 연결된다.

6.3.1 신규 피어 마중하기 및 게임 시작하기

P2P 게임에서 신규 피어를 마중하는 절차는 CS 게임에 비해 좀 더 복잡하다. 로보캣 액션에서 그랬던 것처럼 신규 피어는 먼저 헬로 패킷에 플레이어 이름을 담아 보낸다. 하지만 헬로(`HELO`) 패킷은 다음과 같은 세 종류의 응답 중 하나를 받게 된다.

1. **웰컴(`WLCM`):** 마스터 피어가 헬로 패킷을 받았으며, 신규 피어가 게임에 참가할 수 있다. 웰컴 패킷에는 새 피어의 플레이어 ID, 마스터 피어의 플레이어 ID, 기존 참가 인원수(신규 피어는 제외) 등의 정보가 들어 있다. 또한, 모든 피어의 IP 주소와 이름이 들어있다.

2. **참가 불가(`NOJN`):** 게임이 이미 진행되고 있거나, 게임의 인원 한도가 찼다는 뜻이다. 신규 피어가 이 패킷을 받으면 실행을 종료한다.

3. **마스터 피어 아님(`NOMP`):** 마스터 피어가 아닌 호스트에 헬로 패킷을 보냈을 경우 이 응답을 받는다. 이 패킷에는 마스터 피어의 주소가 들어있어, 신규 피어는 이를 토대로 마스터 피어에 헬로 패킷을 다시 보낼 수 있다.

신규 피어가 웰컴 패킷을 받았다 해서 게임 참가 절차가 완료된 것은 아니다. 신규 피어는 게임에 이미 접속된 다른 모든 피어에 자기소개 패킷 `INTR`을 보낼 의무가 있다. 이렇게 해야 다른 피어 전부가 각자의 플레이어 목록 관리용 데이터에 새로 들어온 피어의 정보를 추가해 둘 수 있다.

각 피어가 저장하는 주소는 모두 수신 패킷에서 수집한 주소이므로, 하나 이상의 피어가 로컬 네트워크에 연결된 경우 잠재적인 문제가 야기된다. 예를 들어 피어 A가 마스터 피어이고, 피어 B가 A와 같은 로컬 네트워크에 있을 때, A의 주소 목록엔 B의 로컬 네트워크 주소인 사설 IP가 등재되어 있을 것이다. 이제 새로운 피어 C가 공인 IP 주소로 피어 A에 접속한다고 해 보자. 피어 A는 C를 맞이하여 B의 주소를 건네줄 테지만, 이렇게 건네받은 피어 B의 주소는 C가 접근할 수 없는 주소인데, C는 A나 B와는 다른 로컬 네트워크에 있기 때문이다. 따라서 피어 C는 B와 통신할 수 없고, 게임에 참가할 수도 없게 된다. 이를 그림으로 묘사하면 그림 6-6a와 같다.

2장 인터넷(41쪽)의 내용 중 이 문제의 해법으로 NAT 투과 기법이 있었던 걸 상기해 보자. 또는 외부 서버를 여러 가지 형태로 활용하는 방법도 있다. 첫째 방법은 소위 랑데뷰 서버(rendezvous server)를 두는 것인데, 이 서버는 피어가 다른 피어에 처음 접속을 맺는 것을 도와주는 역할을 한다. 모든 피어는 랑데뷰 서버를 거쳐 다른 피어와 연결되므로, 각자의 공인 IP 주소로 다른 피어와 연결된다.*

---

* **역주** 2장의 내용대로라면 엄밀히 말해 IP와 포트의 조합이다.

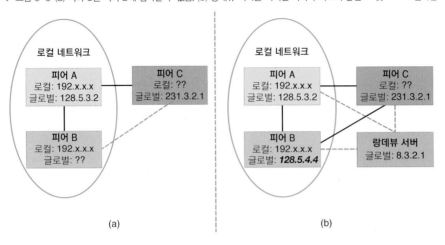

▼ 그림 6-6 (a) 피어 C는 피어 B에 접속할 수 없음. (b) 랑데뷰 서버를 거치면 피어가 서로의 공인 IP 및 포트로 접속함

둘째로 일부 게임에서 서비스하는 방식은 중앙에 릴레이 서버(relay server)를 두어 릴레이 서버가 모든 패킷을 피어 사이에서 중개하게 하는 것이다. 이는 곧 모든 피어의 트래픽이 중앙 서버에 일단 집중되었다가 각 피어로 분배된다는 뜻이다. 매우 강력한 서버가 있어야 이런 서비스를 지탱할 수 있겠지만, 피어가 다른 피어의 IP 주소를 아예 알 필요가 없다는 장점이 있다. 보안 면에서도 유리한데, 일례로 피어 하나가 다른 피어에 DDoS 공격을 하여 먹통을 만들거나 하는 행위를 막을 수 있다.

최악의 경우를 가정하여, 만일 어떤 피어가 여러 피어 중 특정 피어 하나에만 접속할 수 있다고 하면 어떻게 해야 할까. 랑데뷰 서버나 릴레이 서버를 써도 이런 경우가 발생할 수 있다. 이런 피어는 게임에 그냥 참가하지 못하게 막으면 간단하겠지만, 그보다는 별도의 코드를 작성하여 이 경우에 대응해야 할 것이다. 이 장에서는 이러한 연결 문제가 애초에 없다는 가정으로 진행하므로 이를 처리하는 코드도 구현하지 않는다. 하지만 상용 P2P 게임은 반드시 그런 경우를 처리하는 코드가 있어야 한다.[*]

각 피어가 게임에 참가하면 피어의 `NetworkManager`는 로비 상태에 진입한다. 이때 마스터 피어가 Enter 키를 누르면, 다른 모든 피어에 시작 패킷 'STRT'를 보내어 게임을 시작한다. 패킷을 받으면 모든 피어가 타이머로 3초 동안 카운트다운하고, 비로소 게임을 공식적으로 시작한다.

이런 식의 구현은 사실 나이브한 측면이 있는데, 타이머 구동 시 마스터 피어와 다른 피어 사이의 레이턴시를 고려하지 않았기 때문이다. 즉, 항상 마스터 피어가 다른 피어보다 살짝 먼저 시작하는 셈이다. 락스텝 모델을 채택했기에 동기화에는 영향이 없지만, 마스터 피어가 다른 피어를 기다리

---

* 역주 예를 들어 피어 A가 이런 문제를 겪고 있지만 그나마 피어 B에는 접근할 수 있다면, 간단한 방법으로 피어 B가 다른 피어의 패킷을 받아 피어 A에 중개해 주고, 또한 피어 A의 패킷을 받아 다른 피어에 중개해 주는 릴레이 역할을 맡을 수 있겠다.

느라 잠깐 멈추는 현상이 나타나게 된다. 이에 대한 해법으로는 피어의 타이머 시간에서 RTT의 절반(1/2 RTT)만큼 빼 주는 방법이 있다. 만일 마스터 피어에서 피어 A로 가는 RTT가 100밀리초라면, 피어 A의 타이머 3초 빼기 50밀리초로 맞추면, 시작 시간 동기화를 좀 더 잘 맞출 수 있게 된다.

6.3.2 명령 공유와 락스텝 턴

구현을 간소화하고자 로보캣 RTS는 고정 30프레임으로 구동된다. 즉, 프레임당 시간 간격은 고정 33밀리초이다. 설령 어떤 피어가 프레임 1회를 렌더링하는데 33밀리초 이상 걸린다 해도, 시뮬레이션은 고정 33밀리초 프레임으로 동작하게 된다. 로보캣 RTS에선 이 33밀리초 틱을 '서브턴'으로 규정한다. 세 번의 서브턴을 거치면 턴이 꽉 찬 것으로 친다. 고로 각 턴은 100밀리초이며 1초에 10번의 턴을 수행한다. 턴과 서브턴의 길이는 네트워크 사정이나 렌더링 성능 등을 감안하여 가변적으로 조정하는 것이 바람직하다. 사실 이는 베트너와 터래노의 〈에이지 오브 엠파이어〉 논문에서 다루는 주제 중 하나이다. 하지만 여기선 단순하게 구현하였으므로 턴 길이를 조정하는 기법도 쓰지 않는다.

리플리케이션에 대해 이야기하자면 피어는 게임 월드 전체를 제각기 시뮬레이션하므로 게임 객체를 어떤 형태로든 전혀 리플리케이션할 필요가 없다. 그 대신 게임 플레이 도중 '턴' 패킷만 서로 주고받는다. 피어는 특정 턴에 자신이 내린 명령의 목록을 이 패킷에 담아 다른 피어에 보내며, 이때 패킷에 들어가는 데이터엔 몇 가지 중요한 다른 정보도 포함된다.

여기서 우리는 '명령'과 '입력'을 명확히 구분 지어 기술할 필요가 있다. 예를 들어 고양이 위에 좌클릭을 입력하면 그 고양이를 선택할 수 있다. 하지만 선택 자체로는 게임 상태에 어떤 영향을 미치지 않으며, 따라서 명령이 생성되지 않는다. 반면, 플레이어가 선택된 고양이를 가지고 어딘가 우클릭을 하면 이동하거나 공격하겠다는 의도이다. 이동 또는 공격은 게임의 상태를 변화시키므로, 각각 명령을 생성해 처리한다.*

일단 명령을 내렸다고 해서 곧바로 실행되는 것은 아니라는 점도 주목하자. 피어는 명령을 즉시 처리하는 대신 그 턴 동안 명령을 수집하여 대기열에 넣어둔다. 턴이 끝나면 피어는 자신이 모아둔 명령 리스트를 다른 모든 피어에 전달한다. 이 명령 리스트는 미래의 턴에 수행되게끔 예약된다. 구체적으로, 턴 x에 내려진 명령은 턴 x+2가 되어야만 실행된다. 턴 패킷이 피어 전체에 전달되고 처리되는데 약 100밀리초 가량 필요함을 감안한 것이다. 다른 말로 일반적인 상황에서 명령이 실행되는데 합계 200밀리초의 지연이 항상 발생함을 의미한다. 하지만 지연이 일정하게 유지

---

* **역주** 어떤 입력을 명령으로 볼지 아닐지에 대한 기준은 게임 기획에 따라 달라진다. 즉, 기획에 따라 선택 자체도 명령으로 보고 다른 피어에 전송하기로 할 수도 있다.

되므로 게임을 하는데 큰 방해가 되지는 않는데, 이는 RTS 장르이기에 허용되는 수준이다.

'명령' 개념을 구현하다 보면 자연스럽게 상속 계층 구조가 도출된다. 기반 클래스의 이름을 Command로 구현하면 코드 6-9와 같은 형태가 된다.

코드 6-9 Command 클래스 선언

```cpp
class Command
{
public:
    enum ECommandType
    {
        CM_INVALID,
        CM_ATTACK,
        CM_MOVE
    };

    Command():
        mCommandType(CM_INVALID),
        mNetworkId(0),
        mPlayerId(0)
    { }

    // 주어진 버퍼에서 적절한 Command 서브클래스 객체 생성
    static shared_ptr<Command> StaticReadAndCreate(
        InputMemoryBitStream& inInputStream);

    // 게터 및 세터 생략
    // ...

    virtual void Write(OutputMemoryBitStream& inOutputStream);
    virtual void ProcessCommand() = 0;

protected:
    virtual void Read(InputMemoryBitStream& inInputStream) = 0;
    ECommandType mCommandType;
    uint32_t mNetworkId;
    uint32_t mPlayerId;
};
```

Command 클래스의 멤버 변수나 함수의 역할은 대개 이름 그대로이다. 명령의 종류를 나타내는 열거형이 하나 있고, 명령을 수행할 유닛의 네트워크 ID를 담을 부호 없는 정숫값도 하나 있다. ProcessCommand() 가상 함수는 명령이 실행될 때 호출된다. Read()와 Write()는 메모리 비트 스트림에서 명령을 읽고 쓸 때 사용된다. StaticReadAndCreate()는 메모리 비트 스트림에서 명령 종류를 나타내는 열거자 값을 읽은 다음 거기에 맞는 서브클래스의 인스턴스를 생성하고 그 Read()를 호출한다.

이번 예제에는 두 개의 서브클래스를 구현한다. 먼저 '이동(move)' 명령으로 고양이를 지정된 위치로 이동시킨다. '공격(attack)' 명령은 고양이가 적 고양이를 공격하게 하는 명령이다. 이동 명령의 경우엔 Vector3 멤버 변수를 추가하여 이동하려는 위치 값을 지정한다. 각 서브클래스엔 StaticCreate()를 두어 송신할 명령을 생성하고 shared_ptr로 리턴하는 작업을 돕는다. 이동 명령의 StaticCreate()와 ProcessCommand() 내용은 코드 6-10과 같다.

코드 6-10 MoveCommand 클래스의 구현 일부

```cpp
MoveCommandPtr MoveCommand::StaticCreate(
    uint32_t inNetworkId,
    const Vector3& inTarget)
{
    MoveCommandPtr retVal;
    GameObjectPtr go = NetworkManager::sInstance->
        GetGameObject(inNetworkId);

    uint32_t playerId = NetworkManager::sInstance->GetMyPlayerId();

    // 이 클라이언트가 소유한 유닛인지 검사, 또한 고양이인지 여부도 검사
    if (go && go->GetClassId() == RoboCat::kClassId &&
        go->GetPlayerId() == playerId)
    {
        retVal = std::make_shared<MoveCommand>();
        retVal->mNetworkId = inNetworkId;
        retVal->mPlayerId = playerId;
        retVal->mTarget = inTarget;
    }
    return retVal;
}

void MoveCommand::ProcessCommand()
{
    GameObjectPtr obj = NetworkManager::sInstance->
        GetGameObject(mNetworkId);

    if (obj && obj->GetClassId() == RoboCat::kClassId &&
        obj->GetPlayerId() == mPlayerId)
    {
        RoboCat* rc = obj->GetAsCat();
        rc->EnterMovingState(mTarget);
    }
}
```

StaticCreate()는 명령을 수행할 고양이의 네트워크 ID와 목적지 위치를 인자로 받는다. 주어진 인자를 검사하여 존재하는 객체인지, 있다면 고양이인지, 마지막으로 플레이어가 조종하는 고양이인지를 확인한다. ProcessCommand()에선 수신한 네트워크 ID가 고양이의 것인지, 그리고 그 고양이가 해당 플레이어가 조종하는 고양이인지 검사한다. EnterMovingState()를 호출하면

고양이가 이동 행동을 수행하기 시작하며, 이 행동은 한 번 이상의 서브턴에 걸쳐 지속된다. 이동 상태를 구현하는 세부 내용은 싱글 플레이 게임을 만들 때와 다를 것이 없으므로, 이 책에서는 다루지 않겠다.

Command 목록은 CommandList에 저장된다. 앞서 액션 게임의 MoveList 클래스와 마찬가지로 CommandList도 deque의 래퍼로 여러 명령을 담아두도록 구현된다. 이 클래스에는 ProcessCommands()가 있어서 이를 호출하면 목록에 담긴 각 명령의 ProcessCommand()를 순서대로 호출한다.

각 피어의 입력 관리자는 CommandList 인스턴스를 가지고 있다. 로컬 피어가 키보드나 마우스로 명령을 요청하면 입력 관리자가 명령을 리스트에 추가한다. 이 명령 목록은 TurnData라는 클래스로 담아두며, 여기에 100밀리초 턴 단위로 완료되는 동기화 관련 데이터도 같이 담아둔다. 네트워크 관리자는 턴 번호를 인덱스로 하는 vector를 하나 가지고 있는데, 여기에 각 인덱스마다 map을 넣어두고, 플레이어 ID를 키로 해당 플레이어의 TurnData를 매핑한다. 이런 식으로 네트워크 관리자는 각 플레이어의 턴 데이터를 턴마다 분리해서 관리하며, 피어마다 수신된 데이터를 검증해 볼 수 있다.

여러 피어가 서브턴을 마치면, 네트워크 관리자는 턴이 꽉 찼는지 아닌지 검사한다. 턴이 다 찼으면 턴 패킷을 준비하여 피어에 보내준다. 함수 내용은 코드 6-11과 같은데 이해하기 약간 어려울 수도 있겠다.

코드 6-11 각 피어에 턴 패킷을 보내기

```
void NetworkManager::UpdateSendTurnPacket()
{
    mSubTurnNumber++;
    if (mSubTurnNumber != kSubTurnsPerTurn)
        return; // 턴이 아직 꽉차지 않음

    // 우리쪽 턴 데이터 생성
    TurnData data(
        mPlayerId,
        RandGen::sInstance->GetRandomUInt32(0, UINT32_MAX),
        ComputeGlobalCRC(),
        InputManager::sInstance->GetCommandList());

    // 턴 패킷을 전체 피어에 전송
    OutputMemoryBitStream packet;
    packet.Write(kTurnCC);

    // 현재로부터 두 턴 뒤의 데이터를 전송
    packet.Write(mTurnNumber + 2);
    packet.Write(mPlayerId);
    data.Write(packet);
```

```
    for (auto &pair : mPlayerToSocketMap)
    {
        SendPacket(packet, pair.second);
    }

    // 두 턴 뒤의 턴 데이터를 로컬에 보관
    mTurnData[mTurnNumber + 2].emplace(mPlayerId, data);
    InputManager::sInstance->ClearCommandList();

    if (mTurnNumber >= 0)
        TryAdvanceTurn();
    else
    {
        // 턴 번호가 아직 음수라면 명령을 처리하지 않음
        mTurnNumber++;
        mSubTurnNumber = 0;
    }
}
```

TurnData의 생성자엔 랜덤값과 CRC 값을 인자로 넘긴다. 이것이 무엇인지는 다음 절에서 다루 겠다. 여기서는 주로 피어가 턴 패킷을 만들어 이 패킷에 두 턴 뒤에 실행될 명령 전부를 넣어둔 다는 부분에 주목하자. 이렇게 준비한 패킷을 다른 피어들한테 보낸다. 그러고 난 뒤 일단 이번 TurnData를 내부 캐시에 저장해 놓고, 다음번 입력을 받기 위해 입력 관리자의 명령 목록을 청소 한다.

코드를 보면 턴 번호가 음수인 경우를 처리하는 부분이 있다. 게임을 시작할 때 턴 번호를 –2로 지 정하는데, –2로 지정한 명령은 두 턴이 지나 0번 턴이 되면 실행된다. 시작한 뒤 처음 200밀리초 동안엔 어떤 명령도 실행되지 않는다는 뜻으로, 락스텝식 턴 메커니즘에선 이 같은 초기 지연은 감수해야만 하는 부분이다.

코드 6-12의 TryAdvanceTurn() 함수는 이름 그대로 턴을 전진하려 시도해 본다. 하지만 항상 전 진이 이루어지는 것은 아닌데 왜냐하면, 락스텝 메커니즘을 채택하고 있으므로 모든 피어의 동기 화가 완료된 뒤에야 비로소 턴을 전진할 수 있기 때문이다. 현재 턴이 x일 때 TryAdvanceTurn() 을 호출한 경우, x+1 턴의 모든 내용을 수신한 다음에만 전진을 수행한다. x+1 턴의 내용 중 일부 를 아직 수신하지 못한 경우, 네트워크 관리자는 지연 상태로 들어간다.

코드 6-12 TryAdvanceTurn 함수

```
void NetworkManager::TryAdvanceTurn()
{
    // 모두에게서 데이터를 받은 경우에만 전진!
    if (mTurnData[mTurnNumber + 1].size() == mPlayerCount)
    {
        if (mState == NMS_Delay)
```

```
        {
            // 지연 시간 동안 발생한 입력은 모두 버림
            InputManager::sInstance->ClearCommandList();
            mState = NMS_Playing;

            // 100ms를 두어 느린 피어가 따라잡을 수 있도록 배려
            SDL_Delay(100);
        }

        mTurnNumber++;
        mSubTurnNumber = 0;

        if (CheckSync(mTurnData[mTurnNumber]))
        {
            // 이 턴의 모든 입력 조작을 처리
            for (auto& pair : mTurnData[mTurnNumber])
            {
                pair.second.GetCommandList().
                    ProcessCommands(pair.first);
            }
        }
        else
        {
            // 여기선 간단하게, 동기화가 깨지면 그냥 종료함
            Engine::sInstance->SetShouldKeepRunning(false);
        }
    }
    else
    {
        // 아직 모두가 보낸 것은 아님. 기다려야 함 ㅠㅠ
        mState = NMS_Delay;
    }
}
```

지연 상태에선 월드 객체의 갱신을 수행하지 않는다. 네트워크 관리자는 그 대신 아직 수신하지 못한 패킷을 계속 기다리게 된다. 새로운 턴 패킷을 받을 때마다 네트워크 관리자는 TryAdvanceTurn()을 다시 호출하여 혹시 빠진 데이터를 다 받은 건지 확인차 재시도해 본다. 데이터를 다 받을 때까지 이를 반복하는데, 지연 상태에서 어떤 피어의 연결이 끊어진 것이 확인되면, 그 피어를 게임에서 제거하고 다른 피어와 함께 중단된 게임을 재개하려 시도한다.

로보캣 RTS 초기 버전에선 패킷의 손실이 발생하지 않는다고 가정한다. 그렇지만 만일 패킷 손실에 올바르게 대응하고자 한다면 지연 상태의 로직을 확장하여 어느 피어의 분량이 손실되었는지 판단한 다음, 해당 피어에 명령 데이터를 재전송해 달라고 요청해야 한다. 여러 번 요청했는데도 대꾸가 없다면 종국에는 그 피어를 퇴장시켜야 할 것이다. 한편 나중의 턴 패킷이 이전 턴 데이터를 포함할 때도 있는데, 이전 턴의 패킷이 누락된 뒤, 이어져 전송된 턴 패킷에 해당 데이터를 다시 수록해 보낸 경우가 되겠다.

6.3.3 동기화 유지하기

피어-투-피어 게임에선 각 피어가 독자적으로 시뮬레이션을 진행하므로, 이들 인스턴스를 전부 어떻게 동기화할지가 P2P 게임을 설계하는 데 있어 가장 어려운 문제이다. 위치가 서로 약간 안 맞는 등 미세한 틀어짐만 있어도 이것이 쌓여 나중에 큰 문제로 나타나게 된다. 오차를 용인하게 되면 오차의 누적으로 인해 시뮬레이션이 각자 다른 방향으로 진행되어 버린다. 그러다 보면 서로 너무 달라져서 피어들이 마치 다른 게임을 하는 듯한 지경에 이르게 된다. 이는 분명히 용납할 수 없는 것이므로 동기화 여부를 점검하고 보장하는 것이 매우 중요하다.

6.3.3.1 유사 난수 발생기의 동기화

동기화가 깨지는 원인 중엔 상대적으로 이유를 파악하기 쉬운 것도 있다. 컴퓨터에서 진정한 의미의 난수는 없다. 대신 무작위한 것처럼 보이는 일련의 숫자를 만들어 쓰는데, 이때 쓰는 유사 난수 발생기(pseudo-random number generator, PRNG)가 동기화 불일치의 원인이 될 때가 있다. 게임에서 운이나 임의성은 필수적인 요소이므로 난수 사용을 아예 배제하는 건 좋은 생각이 아니다. 대신 P2P 게임에선 특정 턴에 난수 발생기가 특정 숫자를 생성하게 규칙을 통일하면 여러 피어가 항상 같은 결과를 얻게 된다.

C/C++ 프로그램에서 난수를 사용해 봤다면 rand 함수와 srand 함수에 익숙할 것이다. rand( ) 함수는 유사 난수를 생성하고, srand( ) 함수는 유사 난수 발생기의 시드 값을 지정한다. 특정 시드 값을 지정하고 나면, 이후 난수 발생기는 항상 같은 순서로 일련의 숫자를 생성한다. 일반적으로 사용하는 방법은 현재 시각을 srand에 시드(seed) 값으로 먹이는 것이다. 시간은 계속해서 흘러가며 바뀌므로 매 시각마다 다른 난수가 도출되는 셈이다.

피어가 서로 동기화되려면, 각 피어가 같은 난수를 얻을 수 있게 다음 두 가지 작업이 필요하다.

- 각 피어의 난수 발생기에 같은 초깃값을 시드 값으로 먹여야 한다. 로보캣 RTS의 경우 마스터 피어가 시드를 골라 시작 패킷에 담아 여러 피어에 보낸다. 각 피어는 시작 패킷에 담긴 이 값으로 난수 발생기를 초기화한다.

- 모든 피어는 한 턴에 정확히 같은 횟수로 난수 발생기를 호출해야 하며 정확히 같은 순서로 같은 코드 위치에서 호출해야 한다. 난수 발생기를 조금이라도 다르게 사용하는 버전의 빌드가 존재해선 안 된다. 다른 하드웨어에서 돌아가는 크로스 플랫폼 빌드에서도 이 부분은 확실히 지켜 주어야 한다.

처음엔 잘 드러나지 않는 부가적인 문제가 하나 더 있다. 결론부터 말하자면 rand나 srand 함수는 동기화에 적합하지 않다. C 표준에선 rand 함수가 어떤 유사 난수 발생 알고리즘을 쓸지 명시하고 있지 않다. 즉, 여러 플랫폼(또는 같은 플랫폼이라도 다른 컴파일러)마다 C 라이브러리의 난수 알고리즘 구현이 다를 수도 있다는 뜻이다. 만일 알고리즘이 다르다면 아무리 시드 값을 맞춰주어도 서로 다른 결과가 나올 수밖에 없다. PRNG 알고리즘이 명시되지 않았기에 rand 함수가 뽑아주는 난수의 엔트로피, 즉 난수의 품질 역시 의구심이 들 수밖에 없다.[*]

과거에는 rand 함수의 품질이 썩 만족스럽지 못해 게임마다 고유한 유사 난수 발생 알고리즘을 구현해서 쓰곤 했다. 다행히도 C++11에 이르러 고급 유사 난수 발생 알고리즘이 표준으로 명시되었다. 비록 보안 프로토콜의 난수 발생을 책임질 만큼 안전하다고 여겨지는 알고리즘은 아니지만, 게임 용도로 사용하기엔 충분하다. 그래서 로보캣 RTS는 C++11의 메르센 트위스터 알고리즘을 사용한다. MT19937로 명명되는 32비트 메르센 트위스터는 2^{19937}의 주기로 반복되므로 현실적으로 게임을 한 판 하는 와중에 반복이 일어날 가능성은 전무하다고 봐도 좋다.

C++11의 난수 발생기는 인터페이스가 구식 rand, srand 함수보다 조금 복잡하긴 하다.[**] 로보캣 RTS에선 이를 보완하고자 RandGen 클래스에 코드 6-13처럼 포장하여 쓴다.

코드 6-13 RandGen 클래스 선언

```
class RandGen
{
public:
    static std::unique_ptr<RandGen> sInstance;

    RandGen();
    static void StaticInit();
    void Seed(uint32_t inSeed);
    std::mt19937& GetGeneratorRef() { return mGenerator; }

    float GetRandomFloat();
    uint32_t GetRandomUInt32(uint32_t inMin, uint32_t inMax);
    int32_t GetRandomInt(int32_t inMin, int32_t inMax);
    Vector3 GetRandomVector(const Vector3& inMin, const Vector3& inMax);

private:
    std::mt19937 mGenerator;
    std::uniform_real_distribution<float> mFloatDistr;
};
```

---

[*] 역주 아울러 rand 함수는 전역 함수로 코드 어디서나 쓸 수 있으므로 rand 함수의 호출 위치를 통제하기 어렵다는 단점도 있다. 역자의 경우 UI 라이브러리를 하나 가져다 썼더니 거기서 rand를 쓰고 있었더라는 문제를 삼일 밤낮을 디버깅해서 겨우 찾은 적이 있었다.

[**] 역주 그 대신 전역 함수가 아닌 인스턴스인 덕택에, 서로 다른 로직이 각자 고유한 인스턴스를 사용하도록 확실히 분리할 수 있어 통제하기 편하다.

```
void RandGen::StaticInit()
{
    sInstance = std::make_unique<RandGen>();

    // 그냥 기본 랜덤 시드 사용. 어차피 나중에 다시 시드를 먹일 것이므로
    std::random_device rd;
    sInstance->mGenerator.seed(rd());
}

void RandGen::Seed(uint32_t inSeed)
{
    mGenerator.seed(inSeed);
}

uint32_t RandGen::GetRandomUInt32(uint32_t inMin, uint32_t inMax)
{
    std::uniform_int_distribution<uint32_t> dist(inMin, inMax);
    return dist(mGenerator);
}
```

RandGen을 처음 초기화할 땐 random_device 클래스를 이용해 시드 값을 먹인다. 그러면 플랫폼 전용 방식으로 추출하는 난수 값이 나온다. random_device도 난수 값을 뽑아주기는 하지만 이는 어디까지나 시드 값으로 쓰는 용도이지 난수 발생기를 대체해서 써서는 안 된다. uniform_int_distrubution 클래스는 난수 발생기가 뽑은 난수를 정수 범위 내에서 균등 분포로 뽑는 클래스이다. 예전에는 rand()를 돌려나온 정수를 범위로 나누어 그 나머지(remainder)를 구해 쓰곤 했는데, C++11에서는 새로운 방식을 쓰는 것이 훨씬 바람직하다. C++11은 균등 분포 외에도 정규 분포(normal distribution), 푸아송 분포(Poission distribution) 등 다양한 분포를 지원한다.

난수 값을 동기화하기 위해 마스터 피어는 카운트다운을 시작할 때 난수 값을 생성해서 이를 새 시드 값으로 공유한다. 여러 피어는 이 값을 받아 -2턴이 시작할 때 일제히 자신의 난수 발생기에 먹인다.

```
// 시드 값을 선택
uint32_t seed = RandGen::sInstance->GetRandomUInt32(0, UINT32_MAX);
RandGen::sInstance->Seed(seed);
```

여기에 더해, 매 턴이 끝나는 시점에서 각 피어는 턴 패킷을 만드는데, 이때 자신의 발생기로 난수를 하나 뽑아 턴 데이터에 넣는다. 여러 피어는 턴 데이터에 포함된 난수 값이 서로 간에 모두 같은지 확인하여, 혹시 턴이 진행되는 와중에 난수 발생기의 동기화가 깨진 피어가 있는지 검사할 수 있다.*

---

* **역주** 행여 동기화가 깨진 경우가 발생했는데 디버깅하기가 참 어렵다면(참 어렵다). 임시방편으로 마스터 피어가 새 시드 값을 만들어 다시 공유하도록 할 수 있다. 내일까지 시연이라 어쩔 수 없는 경우 등을 위한, 어디까지나 임시방편이다!

게임 코드의 다른 부분에서 난수를 사용할 필요가 있다 해도, 절대 게임 상태용으로 쓰는 난수 발생기를 건드리지 않도록 주의하자. 예를 들어 패킷 손실을 임의로 시뮬레이션하는 테스트 코드가 있다면, 별도의 난수 발생기를 써야지 게임용 발생기를 같이 사용하면 안 된다. 패킷 손실은 피어마다 임의로 다르게 나타나는 상황일 텐데, 피어 간에 동기화되는 난수 발생기를 쓰게 되면 모든 피어가 일제히 동시에 패킷 손실을 일으키는 것처럼 엉터리로 시뮬레이션하는 셈이다. 여러 벌의 난수 발생기를 사용할 때도 주의를 기울여야 하는데, 게임 로직의 제작에 참여하는 프로그래머라면 누구나 지금 게임에서 쓰는 난수 발생기를 언제, 어떻게, 어떤 것으로 사용해야 하는지 잘 이해하고 있어야 한다.

6.3.3.2 게임 동기화 여부 검사하기

동기화가 깨지는 원인 중에는 쉽게 파악하기 힘든 것도 많다. 예를 들어 부동소수점 연산의 구현은 결정론적*이긴 하지만 하드웨어 구현에 따라 미세하게 다를 수도 있다. 일례로 고속 SIMD 연산의 경우 일반 부동소수점 연산과는 다른 결과가 나오기도 한다. 보통은 프로세서에 플래그를 지정하여 부동소수점 연산 방식을 변경할 수 있는데, IEEE 754 표준을 엄격히 따르게 할 것인지 아닌지를 지정하는 등이다.

별다른 이유라기보다는 그냥 프로그래머가 의도치 않게 만든 오류로 동기화 문제가 생겼을 수도 있다. 게임 로직의 동기화 모델이 어떻게 돌아가는지 이해하지 못한 프로그래머가 작성했다거나, 그냥 실수일 수도 있겠다. 게임 코드에서 주기적으로 동기화 여부를 검사하면 어떤 이유이건 간에 도움이 된다. 그러면 동기화 문제를 조기에 발견하고 조치할 수 있기 때문이다.

보편적으로 쓰는 방법 중 하나는 체크섬(checksum)을 이용하는 것이다. 이는 네트워크 모듈이 패킷 데이터의 무결성을 검사할 때 체크섬을 쓰는 것과 상당히 유사하다. 우선 각 턴을 마칠 때마다 게임 상태의 체크섬을 계산한다. 그리고 턴 패킷에 이 체크섬을 실어 보내면, 모든 게임 인스턴스가 턴 종료 시에 서로 계산한 값이 모두 일치하는 결과에 도달하는지 검사한다.

체크섬 계산 알고리즘을 선정하는 데 있어 여러 선택지가 있다. 로보캣 RTS는 그중 CRC(cyclic redundancy check, 순환 중복 검사)를 사용하는데, 이 알고리즘은 32비트 체크섬 값을 리턴한다. 여기선 CRC 계산 루틴을 맨 땅에 새로 구현하기보다는, 오픈 소스 zlib 라이브러리의 crc32 함수를 이용하기로 한다. 마침 PNG 이미지 처리를 하는 라이브러리를 쓰고 있는데, 거기서 어차피 zlib를 사용하기 때문에 편의상 이렇게 하기로 한 것이다. zlib는 많은 양의 데이터를 한 번에 다루는 데 적합하게 설계되어 있으므로, CRC 구현으로는 검증된 라이브러리이기도 하고 성능도 괜찮은 편이다.

---

*   역주   deterministic. 여기선 같은 하드웨어라면 같은 입력을 줄 때 항상 같은 값으로 계산된다는 뜻

코드 6-15의 ComputeGlobalCRC() 코드는, 코드 재사용 측면에서 OutputMemoryBitStream 클래스를 한 번 더 활용한다. 월드의 각 게임 객체는 체크섬 검사가 필요한 항목을 WriteForCRC() 함수로 비트 스트림에 기록한다. 기록은 객체의 네트워크 ID 순서대로 한다.* 모든 객체가 관련 데이터를 기록하고 나면, 스트림 버퍼를 통째로 CRC 계산한다.

코드 6-15 ComputeGlobalCRC 함수

```
uint32_t NetworkManager::ComputeGlobalCRC()
{
    OutputMemoryBitStream crcStream;
    uint32_t crc = crc32(0, Z_NULL, 0);

    for (auto& pair : mNetworkIdToGameObjectMap)
    {
        pair.second->WriteForCRC(crcStream);
    }

    crc = crc32(crc, reinterpret_cast<const Bytef*>(
        crcStream.GetBufferPtr()),
        crcStream.GetByteLength());

    return crc;
}
```

ComputeGlobalCRC() 함수 관련하여 고려할 사항이 몇 가지 있다. 먼저, 모든 게임 객체의 모든 프로퍼티를 스트림에 기록할 필요가 없다는 것이다. 로보캣 클래스의 경우엔 플레이어 ID, 네트워크 ID, 위치, 상태, 목표물의 네트워크 ID 정도만 기록하면 된다. 다른 값들, 예를 들어 실뭉치를 던지고 난 쿨타임 카운터 같은 것은 굳이 동기화할 필요 없다. 이는 CRC 계산에 과도한 시간을 소비하지 않기 위함이다.

CRC 계산은 이렇게 전체가 아니라 부분적으로만 해도 되는데, 실은 CRC를 계산하려는 목적이라면 스트림에 데이터 전체를 굳이 기록하지 않아도 된다. 오히려 데이터를 스트림으로 복사하는 작업이 CRC 값을 즉석에서 계산하는 것보다 느릴 수도 있다. 그보다는 OutputMemoryBitStream과 비슷한 인터페이스를 가진 클래스를 새로 만들고 여기에 Write()와 비슷한 코드를 두어, 이것으로 즉석에서 CRC 값을 계산해 나가도록 하면 메모리 버퍼에 중간 저장을 거칠 필요가 없다. 하지만 여기서는 코드를 최대한 쉽게 만들기 위해 그냥 있는 OutputMemoryBitStream 클래스를 재사용했다.

---

* 역주 networkID를 키로 하는 map에 대해 반복자로 순회하기 때문이다. map은 키에 대해 정렬되므로 결과적으로 순회 순서는 ID의 순서에 따른다. 만일 최적화 노력의 일환으로 unordered_map으로 바꾸게 되면 그 순서를 알 수 없게 되어버리므로 주의하자.

구현으로 돌아가서, 코드 6-12의 TryAdvanceTurn()이 매 턴을 전진할 때마다 CheckSync()를 호출했던 걸 떠올려 보자. 이 함수는 모든 피어에 받은 턴 데이터에 포함된 난수 값과 CRC 값을 전부 돌아가며 같은 값인지 검사한다.

CheckSync()에서 동기화가 깨진 것이 발견되면, 로보캣 RTS는 그냥 게임을 즉시 종료해 버린다. 좀 더 견고한 시스템이라면 일종의 투표 형식으로 대응할 수 있다. 네 명의 플레이어가 게임 중이라 가정하자. 그런데 플레이어 1번부터 3번까지는 체크섬 결과가 같은데 4번 플레이어만 다른 체크섬을 냈다면, 적어도 플레이어 세 명은 아직 동기화되어 있다. 그러므로 플레이어 4번을 내보내면 게임을 계속 진행할 수 있다.

> **Warning!** 독자적으로 시뮬레이션을 진행하는 방식의 P2P 게임을 개발하는 데 있어, 동기화가 깨지는 것이야말로 가장 두려운 사태한다. 동기화 버그는 대개 수정하기 제일 어려운 문제에 속한다. 이러한 문제를 디버깅할 때는 로깅(logging) 시스템을 구축하여 각 피어가 극도로 꼼꼼한 디테일로 명령 실행 시 일어나는 일을 추적하는 데 사용할 필요가 있다.
>
> 로보캣 RTS 예제 코드를 개발할 때도, 클라이언트가 움직이는 도중 지연 상태에 들어가면 동기화가 깨지는 현상이 있었다. 이는 나중에 밝혀진바, 지연을 겪던 플레이어가 게임을 재개할 때 서브 턴 하나를 건너뛰다 보니 발생한 문제였다. 이 버그는 피어가 서브 턴을 수행할 때 각 고양이의 위치 및 여타 정보에 대한 로그를 남기도록 하여 겨우 잡을 수 있었다. 로그를 남기고 나니 피어 중 하나가 서브 턴을 건너뛰고 있는 사실을 확인할 수 있게 되었다. 로그 시스템이 없었으면 문제를 발견하고 수정하는 데 훨씬 많은 시간이 걸렸을 터이다.

훨씬 더 복잡한 방법을 쓴다면, 같은 시나리오에서 플레이어 4를 내보내는 대신 전체 게임 상태를 리플리케이션해 주어 게임의 동기화를 다시 맞출 수도 있다. 게임의 데이터양이 큰 경우 이는 현실적으로 어려울 수도 있다. 하지만 게임 동기화가 깨졌다고 플레이어를 내쫓아서는 안 되는 종류의 게임이라면 미리부터 염두에 두고 볼 가치가 있을 것이다.

6.4 요약

네트워크 토폴로지를 어떤 것으로 선택하느냐는 네트워크 게임을 만들 때 선행되어야 할 가장 중요한 의사결정 중 하나이다. 클라이언트-서버, 줄여서 CS 토폴로지에선 하나의 게임 인스턴스가 서버가 되어 게임 전체에 대한 권한을 준다. 다른 게임 인스턴스는 클라이언트로서 서버에 접속하여 오로지 서버하고만 통신한다. 이는 곧 서버에서 클라이언트 쪽으로만 객체 리플리케이션 데이터가 전달됨을 뜻한다. 피어-투-피어, 줄여서 P2P 토폴로지에선 게임 인스턴스가 서로 동등하게 취급된다. P2P 게임에선 각 피어가 독자적으로 게임을 시뮬레이션하는 방법도 사용된다.

〈로보캣 액션〉을 세부적으로 구현하는 작업을 거치며 여러 주제에 대해 다루었다. 모듈화 정도를 높이기 위해 코드를 공용 라이브러리, 서버, 클라이언트 이렇게 세 가지 빌드 타깃으로 나누기도 했다. 서버가 새로 접속하려는 클라이언트를 마중하는 절차를 요약하면 클라이언트가 서버에 헬로 패킷을 보내고, 서버가 응답으로 웰컴 패킷을 보내는 과정으로 진행된다. 클라이언트에는 입력 시스템이 있어 플레이어의 이동 조작 내용이 담긴 패킷을 전달하는데, 예를 들어 고양이를 사방으로 움직이는 조작, 그리고 실뭉치를 던지는 조작이 있었다. 서버는 클라이언트 프록시를 각 클라이언트마다 두고 사용하는데, 프록시는 하나의 클라이언트에 대해 지금까지 어떤 리플리케이션 데이터를 보냈는지 추적하는 용도이며 또한, 클라이언트에게 받은 이동 조작 내용을 대기열에 저장하는 용도이다.

〈로보캣 RTS〉를 만드는 절에선 피어마다 독립적인 시뮬레이션을 수행하는 P2P 게임을 만드는데 있어 여러 가지 어려운 문제에 대해 논의해 보았다. 마스터 피어를 두는 까닭은 게임 세션을 대표하도록 IP 주소 하나를 공개하여 다른 피어가 접속할 수 있게 하려는 것이다. 일단 게임에 피어가 접속하면 각 피어는 다른 모든 피어의 주소 목록을 유지한다. 새 피어가 접속하는 과정은 CS 게임에 비해 복잡한데, 새로운 피어가 다른 피어 전부에게 자신의 접속을 알리는 단계가 필요하기 때문이다. 한편 각 피어는 락스텝을 맞추기 위해 턴 패킷을 매 100밀리초 턴이 끝날 때마다 송신한다. 턴 패킷에 포함된 명령은 대기열에 예약되어 두 번의 턴이 지난 후에 실행된다. 각 피어는 이후 턴의 데이터가 모두 수신되기 전까지 수행을 멈추었다가 모두 받고서야 진행한다.

마지막으로, 난수 발생기를 동기화하는 방법 및 게임 상태 체크섬 확인을 통해 각 게임 인스턴스의 상태를 서로 일치시킬 수 있음을 알아보았다.

6.5 복습 문제

1. CS 모델에서 클라이언트와 서버는 역할 면에서 서로 어떻게 구별되는가.

2. 최악의 경우 CS 게임에서 어느 정도의 레이턴시가 발생하는가? 이를 P2P 게임의 레이턴시와 비교해 보자.

3. P2P 게임에서 맺어야 하는 연결의 숫자와 CS 게임의 연결 수를 비교해 보자.

4. P2P 게임에서 게임 상태를 시뮬레이션하는 방법 한 가지를 설명해 보자.

5. 로보캣 액션의 현재 구현에선 움직임을 만들 때 여러 프레임에 걸친 입력 상태의 평균을 구하지 않고 있다. 이를 구현해 보자.

6. 로보캣 RTS의 시작 절차를 어떻게 개선할 수 있을까. 직접 구현해 보자.

6.5 더 읽을거리

Bettner, Paul and Mark Terrano. 1500 Archers on a 28.8: Network Programming in Age of Empires and Beyond. Presented at the Game Developer's Conference, San Francisco, CA, 2001.

7장

레이턴시, 지터링, 신뢰성

네트워크 게임이 구동되는 환경은 혹독하다. 사용자의 네트워크 환경은 시간이 지날수록 구형이 되어 가는데, 네트워크 게임은 그런 환경에서도 되도록 큰 대역폭을 확보하기 위해 다른 응용프로그램과 경쟁해야 한다. 게다가 패킷을 주고받는 서버와 클라이언트는 전 세계에 흩어져 있다. 결과적으로 데이터 손실과 지연이 필연적으로 수반되지만, 개발에 사용되는 네트워크 환경에선 그 정도를 쉽게 예측하기 어렵다. 이 장에서는 멀티플레이어 게임이 겪게 될 여러 네트워크 문제를 짚어보고 그 해결책 내지는 우회책을 찾아보고자 한다. 또한, 이를 위해 UDP 프로토콜 계층 기반으로 신뢰성 계층을 별도로 구축하는 방법도 살펴본다.

7.1 레이턴시

우리가 게임을 개발해 출시하면 개발 당시 사용한 로컬 네트워크 환경에는 없었던 부정적인 요인에 게임이 곧바로 노출된다. 그중 첫째가 바로 레이턴시(latency)이다. 레이턴시라는 말은 사용되는 분야에 따라 조금씩 다른 의미를 가지는데, 컴퓨터 게임에서의 레이턴시란 관측 가능한 사건의 원인이 발생한 후 그 효과가 실제 관측되는 데까지 걸리는 시간을 말한다. 게임의 종류에 따라 예를 들면, RTS 게임에선 마우스 클릭 후 유닛이 명령에 반응하는 시간, VR(virtual reality, 가상 현실) 게임에선 헤드마운트를 쓴 사용자가 머리를 돌릴 때 실제 디스플레이가 그 방향을 보여주는 데까지 걸리는 시간이 되겠다.

레이턴시 중에는 불가피한 것도 있으며 게임의 장르에 따라 용인 가능한 레이턴시의 기준도 서로 다르다. VR 게임이 레이턴시에 가장 민감한 편인데, 사람은 머리를 돌리자마자 바로 그 각도의 시야가 보일 거라고 무의식적으로 기대하기 때문이다. 이 때문에 VR에선 사용자가 시뮬레이션에 이질감을 느끼지 않도록 레이턴시를 대개 20밀리초 이하로 유지할 필요가 있다. 다음으로 격투 게임이나 FPS같이 반사 신경이 필요한 액션 게임도 민감한 레이턴시 기준을 요구한다. 이들 게임에서 레이턴시를 16에서 150밀리초 내로 유지하지 못하면 플레이어는 프레임 레이트가 아무리 높아도 게임이 지척거리고 반응이 둔하다고 느끼게 된다. RTS 게임은 그나마 가장 레이턴시에 대해 관대한 편인데, **6장 네트워크 토폴로지와 예제 게임(205쪽)**에서 이 점에 착안한 기법을 소개했다. RTS 장르는 500밀리초까지 레이턴시가 있다 해도 게임 체험이 크게 훼손되지 않는다.

레이턴시를 줄이는 작업은 곧 사용자의 플레이 체험을 개선하는 것과 직결된다. 이를 위해 우선 레이턴시의 원인이 되는 여러 가지 요소를 파헤쳐 보는 것이 좋겠다.

7.1.1 네트워크가 원인이 아닌 레이턴시

게임 플레이에 있어 레이턴시의 주요 원인으로 네트워크 지연만 생각하는 경향이 있다. 비록 네트워크를 통해 패킷을 주고받는 과정에서 레이턴시가 유발되는 부분이 크긴 하지만 네트워크 외에도 레이턴시를 유발하는 요소는 얼마든지 있다. 다음과 같이 적어도 다섯 가지 이상의 원인이 있으며, 그중 어떤 것은 손 쓸 도리가 없는 것도 있다.

- **입력 샘플링 레이턴시.** 사용자가 버튼을 누른 후 게임이 그것을 감지하는데 걸리는 시간도 제법 크다. 60프레임으로 돌아가는 게임에서 매 프레임의 시작마다 게임 패드의 상태를 폴링*하여 체크해 두고 렌더링 직전에 게임 월드상 모든 객체의 상태를 이에 따라 갱신한다고 해보자. 그림 7-1a와 같이 입력을 체크한 직후 2밀리초가 지나서 사용자가 점프 버튼을 누른 경우, 거의 한 프레임이 온전히 지나고 또 한 프레임이 끝날 즈음에야 그 버튼에 따른 게임 업데이트가 완료될 것이다. 시점을 회전하는 입력의 경우엔 프레임 초반에 한 번 체크해 두고, 나중에 프레임 말미에 한 번 더 체크해서 적당히 그 중간을 회전 값으로 삼아 렌더링하는 방법을 생각해 볼 수 있겠다. 하지만 이런 처리는 극도로 레이턴시에 민감한 응용프로그램에서 쓰는 것이며, 일반적인 경우엔 버튼 입력으로부터 게임에 반영되는 데까지 대략 한 프레임의 절반 정도의 레이턴시가 있다고 보면 된다.

- **렌더링 파이프라인 레이턴시.** CPU가 일련의 렌더링 명령을 내린다 해서 GPU가 곧바로 그리기를 수행하는 것은 아니다. 대신 드라이버는 명령 버퍼에 렌더링 명령을 넣어두고, 이후 적당한 시점에 GPU가 이들 명령을 처리하게 된다. 렌더링할 것이 아주 많다면 GPU에 랙이 걸려 한 프레임을 통째로 놓치고서야 CPU가 내린 명령을 렌더링해서 사용자에게 보여주게 된다. 그림 7-1b를 보면 단일 스레드로 돌아가는 게임에서의 시간 흐름이 묘사되어 있다. 여기서 또 한 프레임의 레이턴시가 발생한다.

▼ 그림 7-1 레이턴시 타이밍 도표

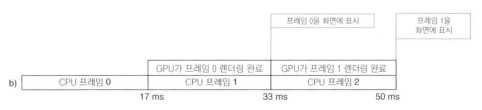

---

* Polling. 매 루프마다 어떤 상태가 바뀌었는지 반복적으로 확인하는 것

- **멀티스레드 렌더링 파이프라인 레이턴시.** 멀티스레드로 돌아가는 게임의 경우 렌더링 파이프라인에 레이턴시가 더 심하게 발생할 수 있다. 보통 하나 이상의 스레드가 게임 시뮬레이션을 진행하고 월드 상태를 업데이트하여, 그 결과를 하나 이상의 렌더링 스레드로 넘겨준다. 그러면 렌더링 스레드가 일련의 GPU 명령을 생성하는데, 이 와중에 시뮬레이션 스레드는 그다음 프레임을 계속하여 진행하고 있다. 그림 7-1c에 이러한 멀티스레드 렌더링 과정을 묘사하였는데, 이 과정에서 사용자가 또다시 한 프레임의 레이턴시를 경험할 수도 있다.

- **수직 동기화**(V-Sync). 화면이 갈라진 것처럼 렌더링되는 현상을 막기 위해, 흔히 비디오 카드가 수직 동기화 시간에만 이미지를 표시하게 하는 방법을 흔히 사용한다. 이렇게 하면 모니터가 앞 프레임의 일부와 뒷 프레임의 일부를 동시에 표시하느라 화면이 갈라지는 현상을 막을 수 있다. 그러려면 present( ) 호출을 하는 동안 GPU가 모니터의 다음번 수직 동기화 시점이 될 때까지 기다렸다 표시해야 하는데, 보통 이 주기가 60분의 1초, 약 16밀리초이다. 게임에서 소모한 시간이 16밀리초 안쪽이라면, 잠깐만 기다리면 수직 동기화 시각이 되므로 별문제가 없지만, 렌더링 등이 오래 걸려 단 1밀리초라도 초과하게 되면 그 시점을 놓쳐 다음번 비디오 카드의 수직 동기화까지 고스란히 기다려야 한다. 이 경우 백 버퍼(back buffer)의 이미지를 프런트 버퍼(front buffer)로 전송하는 명령이 대기상태에 빠지므로 15밀리초를 추가로 기다리게 되며, 사용자는 한 프레임의 레이턴시를 경험하게 된다.

> **Note ☰** 스크린 티어링(screen tearing), 즉 화면이 갈라지는 것처럼 보이는 현상은 모니터가 이미지를 스크린에 뿌리는 중도에 GPU가 프론트 버퍼를 갱신할 때 발생한다. 대개 모니터는 스크린을 갱신할 때 이미지를 한 번에 한 픽셀 높이로 한 줄씩 위에서 아래로 차례로 그려 나간다. 이렇게 그리던 도중에 버퍼의 이미지가 바뀌어 버리면, 사용자가 보기에 위쪽은 앞선 프레임의 이미지로 그려지다가 아래쪽은 새 프레임이 그려진 모양이 되고 만다. 게임 월드상 카메라가 계속하여 움직이는 경우 이렇게 되면 화면이 계속하여 반으로 갈라져 어긋난 상태로 보이게 된다.
>
> PC 게임은 대부분 수직 동기화를 꺼서 성능을 향상시키는 옵션을 제공하는데, 신형 LCD 모니터의 경우 G-Sync나 FreeSync 같은 기능을 탑재해 가변 프레임 레이트를 지원하여, 게임의 프레임 레이트와 화면의 수직 동기화 주기를 맞춰 수직 동기화로 인한 레이턴시를 피할 수 있는 것도 있다.

- **디스플레이 랙.**[*] 대부분 HDTV나 LCD 모니터는 입력 화상을 실제로 디스플레이하기 전에 소정의 영상 처리를 거친다. 이러한 처리로는 인터레이싱 제거(de-interlacing), HDCP 따위의 DRM 처리, 여기에 더해 비디오 스케일링이나 노이즈 제거, 밝기 조정, 이미지 필터링 및 각종 이미지 효과 등 다양한 처리가 일어난다. 이 같은 영상 처리에 십여 밀리초는 족히 소모되며 따라서 사용자가 레이턴시를 체감하게 된다. 일부 TV엔 '게임' 모드가 별도로 있어 영상 처리를 최소한으로만 하게끔 생략하여 레이턴시를 줄이는 기능도 있지만, 개발자 입장에서 모든 사용자가 이런 기능을 쓸 수 있을 것으로 가정해선 안 된다.

---

[*] 흔히 게이머들이 '인풋랙'이라 부르는 것이다.

- **픽셀 반응 시간.** LCD 디스플레이를 구성하는 픽셀의 밝기와 색상이 변하는데도 약간의 시간이 소요된다. 이런 현상은 대개 9밀리초 이하로 나타나지만, 오래된 디스플레이의 경우 프레임 시간의 절반 정도의 레이턴시로 이어질 수 있다. 다행히도 이런 레이턴시는 지연이 있다고 느껴지기보다는 잔상이 남는 것처럼 보이는데, 픽셀이 곧바로 변화하기 시작하지만 끝나는데 몇 밀리초 정도 시간이 걸리기 때문이다.

네트워크에서 비롯되지 않은 레이턴시도 이처럼 여러 가지 문제를 야기하며 사용자가 게임을 인지하는데 부정적 영향을 미친다. 존 카맥(John Carmack)이 언젠가 이런 글을 트위터에 올려 화제가 된 적이 있다. "픽셀을 화면에 보내는 것보다 패킷을 유럽에 보내는 게 더 빠를 지경이네. 이건 뭐 어쩌자는?"* 이처럼 싱글 플레이어 게임 자체에 이미 상당한 레이턴시가 존재하므로, 멀티플레이 기능까지 넣으려면 네트워크 관련 레이턴시를 더욱 열심히 잡지 않으면 안 되겠다. 이제 네트워크 레이턴시의 근본 이유를 파악해 보자.

7.1.2 네트워크 레이턴시

레이턴시에 여러 가지 원인이 있겠지만, 멀티플레이어 게임에선 보통 발신지에서 출발한 패킷이 이동하는 과정에서 겪게 되는 지연이야말로 레이턴시의 가장 큰 원인이라 하겠다. 패킷이 생성된 후 사라질 때까지 주로 겪는 지연 사항은 다음과 같다.

1. **처리 지연**(processing delay). 앞서 다루었듯 네트워크 라우터나 공유기는 패킷을 처리하는 과정에서 먼저 NIC로 패킷을 읽어서 IP 주소를 확인하고, 패킷을 받을 머신이 어느 것인지 알아내어 적당한 NIC로 패킷을 전달한다. 발신 주소를 알아내고 적절한 경로를 결정하는데 걸리는 시간을 처리 지연 시간이라 한다. 처리 지연 시간에는 라우터의 부가 기능에 따른 시간도 포함되는데 NAT, 즉 네트워크 주소 변환이나 암호화에 시간이 걸릴 수 있다.

2. **전송 지연**(transmission delay). 라우터가 패킷을 전달하려면 링크 계층 인터페이스를 거쳐 물리적 매체로 패킷을 전달해야 한다. 링크 계층 프로토콜은 매체에 기록하는 비트 수의 평균 빈도를 조절하는데, 예를 들어 1메가비트 이더넷 연결의 경우 이더넷 케이블에 초당 백만 개의 비트를 기록할 수 있다. 따라서 1메가비트 이더넷 케이블에서 한 비트를 기록하는 데 백만 분의 일 초(1마이크로초)가 걸리게 되어, 1,500바이트 패킷을 기록하는 데는 약 12.5밀리초가 소요된다. 이렇게 물리적 매체에 비트를 기록하는 데 걸리는 시간을 일컬어 전송 지연이라 한다.

---

* **역주** 원문: "I can send an IP packet to Europe faster than I can send a pixel to the screen. How f'd up is that?"

3. **큐잉 지연**(queueing delay).[*] 라우터는 한 번에 제한된 양의 패킷만 처리할 수 있다. 라우터의 처리 용량보다 많은 패킷이 도착하면 라우터는 패킷을 수신 대기열에 집어넣고 나중에 처리한다. 마찬가지로 NIC도 한 번에 한 패킷만 출력할 수 있으므로, 패킷을 보내려는 해당 NIC가 작업 중이면 일단 패킷을 발신 대기열에 넣어 두게 된다. 이렇게 대기열에 머무르는 시간을 큐잉 지연이라 한다.

4. **전파 지연**(propagation delay). 어떤 물리적 매체도 정보를 빛보다 빠른 속도로 전파하지 못한다. 따라서 패킷을 보낼 때 미터 당 최소 0.3나노초의 시간이 소요된다. 미대륙을 가로질러 패킷을 보내려면 아무리 제반 조건이 양호해도 최소 12밀리초가 걸린다는 뜻이다. 이처럼 매체를 타고 전파되는데 필요한 시간을 가리켜 전파 지연이라 한다.

위와 같이 발생하는 지연 중 어떤 것은 최적화할 수 있는 것도 있지만, 불가능한 것도 있다. 그중 처리 지연은 보통 그리 심각한 문제가 되지는 않는데, 요즈음 출시되는 라우터의 처리 속도가 그만큼 매우 빠르기 때문이다.

전송 지연은 대개 사용자가 연결된 링크 계층의 종류에 따라 좌우된다. 인터넷 백본망에 가까울수록 대역폭이 증가하는 것이 보통이며 반대로 멀어질수록, 즉 변두리 지역에 있으면 전송 지연의 정도가 점점 커진다. 그러므로 전송 지연을 줄이려면 서버를 대역폭이 높은 백본망 근처 지역에 배치하자. 그리고 나서 사용자에게 더 빠른 인터넷으로 업그레이드하게끔 권장한다면 전송 지연을 줄이는 데 있어선 할 수 있는 노력을 다한 셈이다. 패킷을 가능한 가장 큰 크기로 보내는 것도 도움이 되는데, 헤더의 바이트 수를 줄일 수 있기 때문이다. 패킷 크기에서 헤더가 차지하는 비중이 크다면 전송 지연에서 헤더가 차지하는 비중도 커지게 마련이다.

큐잉 지연은 패킷의 발신 및 처리를 기다리다가 발생한다. 처리 지연과 전송 지연을 최소화하면 자연스럽게 큐잉 지연도 최소화할 수 있다. 이를 위해 도움이 되는 사실 하나는, 보통 라우터는 패킷의 헤더만 살펴보고 처리하므로, 많은 수의 작은 패킷을 보낼 때보다 적은 수의 큰 패킷을 보낼 때 큐잉 지연을 줄일 수 있다는 것이다. 예를 들어 1,400바이트짜리 페이로드의 패킷이나 200바이트 페이로드 패킷이나 걸리는 처리 지연 시간은 비슷할 터인데, 200바이트 패킷을 7번 보내면 앞서 6개의 패킷을 처리하는 동안 마지막 패킷이 대기열에 들어갈 확률이 높다. 따라서 작은 패킷을 여러 번 보내면 큰 패킷을 한 번 보내는 것보다 누적 네트워크 지연이 클 수 있다.

전파 지연의 경우 최적화 여지가 많은 편이다. 전파 지연은 호스트 사이의 선로 길이에 좌우되므로, 최적화하는 가장 좋은 방법은 호스트를 가까이 두는 것이다. P2P 게임에선 가까운 지역의 플레이어끼리 우선적으로 매치시켜 주고, 클라이언트-서버 게임에선 게임 서버를 플레이어들이 거주하는 지역 근처에 두는 식으로 말이다. 주의할 점은 물리적인 거리가 가깝다고 해서 항상 전파

---

[*] 역주 버퍼링 지연 또는 대기열 지연이라 하기도 한다.

지연이 최소화되는 것은 아니라는 점이다. 지역 대 지역을 연결하는 직통 회선이 없어서 라우터가 우회 경로로 보내야 하는 경우도 있다. 따라서 게임 서버의 위치를 결정할 때 현재와 아울러 미래의 경로를 조사해 두어야 한다.

> **Note ≡** 어떤 경우엔 서버를 지리적으로 분산해서는 곤란할 수도 있다. 대륙 내의 모든 플레이어가 서로 대전할 수 있게 매치 메이킹을 짜고 싶을 때 그렇다. 라이엇 게임즈가 자사의 유명 타이틀 〈리그 오브 레전드〉에서 겪었던 상황이 바로 그것으로, 미국 내 여기저기에 게임 서버를 흩어두면 안 되었기 때문에 정반대의 전략으로 자사 전용의 네트워크 인프라를 구축했다. 이를 위해 북미 일대의 여러 인터넷 서비스 공급자와 피어링(peering), 즉 인터넷을 거치지 않고 직통 회선을 뚫어, 트래픽 경로를 직접 조정하고 네트워크 레이턴시를 가능한 한 최소화했다. 이는 분명 엄청난 규모의 작업이 될 테지만, 해낼 수만 있다면 위에 언급한 네 가지 네트워크 지연을 줄이는 데 있어 이것만큼 확실하고 신뢰할 만한 방법이 또 있을까 싶다.

가끔 네트워크 관련 용어를 쓸 때, 이러한 네 가지 지연 시간을 하나로 묶어 레이턴시라 하기도 한다. 레이턴시라는 용어가 여러 가지 의미가 있다 보니, 이 책에서는 왕복 시간(round trip time) 또는 RTT라는 용어로 정리하겠다.[*] 호스트가 패킷을 발신하여 상대 호스트에 패킷이 도착한 다음, 응답 패킷을 원래 호스트가 되돌려 받는 데까지 걸리는 시간을 RTT라 정의한다. 여기에는 양방향 처리, 대기열, 발신, 전파 지연뿐만 아니라 원격 호스트의 프레임 레이트도 반영되는데, 프레임 레이트에 따라 얼마나 빨리 응답 패킷을 보낼 수 있는지가 달라지기 때문이다. 한편 RTT가 한쪽 방향의 패킷 이동 시간의 정확히 두 배인 경우는 거의 없다. 그렇더라도 게임에서 언급할 땐, 한쪽 방향 시간은 그냥 RTT를 반으로 나누어 얘기하는 경우가 많다.

7.2 지터링

어느 정도 정확한 RTT 예측치를 얻게 되면, 8장 레이턴시 대응 강화(279쪽)에 나온 단계를 거쳐 지연을 완화할 수 있다. 이를 통해 비록 지연이 있는 환경이라 해도 플레이어의 게임 체험을 높은 수준으로 유지 가능하다. 한편 네트워크 코드를 작성할 때 RTT가 항상 일정하다고 가정해서는 안 된다. 어떤 두 호스트 사이의 RTT 값은 일정한 평균 지연 수치를 기준으로 오르락내리락하는 것이 보통이다. 그리고 이러한 지연 정도는 시간에 따라 변하기도 하여 RTT의 기댓값으로부터 편차를 발생시키는데, 이러한 편차를 일컬어 지터링(jittering)이라 한다.

---

[*] **역주** 실무에서 흔히 핑(ping)이라 부르는 것과 거의 같은 뜻의 용어이다.

앞서 설명한 네 가지 네트워크 지연 요소 모두가 지터링의 요인이 될 수 있으나, 영향을 미치는 정도는 다르다.

- **처리 지연.** 네트워크 지연 요소 중 가장 영향이 미미한 만큼, 지터링에도 큰 영향을 미치지는 않는다. 라우터가 패킷 전달 경로를 동적으로 바꾸는 과정에서 처리 지연의 정도가 달라질 수는 있지만 그다지 신경 쓸 필요는 없다.

- **전송 지연 및 전파 지연.** 패킷이 타고 가는 경로에 따라 이 두 가지 지연 요소가 변동될 수 있다. 링크 계층 프로토콜이 전송 지연 정도를 좌우하며, 경로의 길이가 전파 지연 정도를 좌우한다. 따라서 라우터가 동적으로 로드 밸런싱하여 트래픽을 조절하는 와중에, 그리고 크게 혼잡한 지역을 우회하는 와중에 이들 지연의 정도가 달라진다. 트래픽이 많은 시간대에 경로 변경이 많이 일어나게 되므로 RTT 값이 심하게 요동친다.

- **큐잉 지연.** 라우터가 처리할 패킷의 숫자에 따라 큐잉 지연 정도가 변동된다. 즉, 라우터에 도착하는 패킷의 수가 달라지면 큐잉 지연의 정도도 달라진다는 것이다. 트래픽이 급격히 몰리는 상황에선 큐잉 지연이 심하게 발생하여 RTT에 영향을 끼칠 수 있다.

지터링은 RTT 대응 알고리즘에 부정적인 영향을 끼치며, 심할 때는 지터링 때문에 패킷이 도착하는 순서가 완전히 뒤바뀌기도 한다. 그림 7-2에 이러한 경우를 묘사했다. 호스트 A가 패킷 1, 2, 3을 순서대로 5밀리초 간격으로 호스트 B에 보냈다. 패킷 1이 호스트 B까지 가는데 45밀리초가 걸렸는데, 경로에 트래픽이 급격히 유입되면서 그 영향으로 패킷 2는 60밀리초가 걸렸다. 트래픽 유입 직후 라우터가 동적으로 다른 경로로 우회하면서 패킷 3은 30밀리초만에 도착한다. 그 결과 호스트 B는 패킷 3을 가장 먼저 받고, 그다음 패킷 1, 패킷 2 순서로 받게 된다.

▼ 그림 7-2 지터링으로 인해 패킷 전달 순서가 달라지는 사례

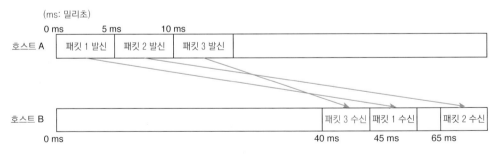

패킷 순서가 뒤바뀌는 것으로 인한 오류를 방지하려면, 패킷이 순서대로 전달되도록 보장하는 신뢰성 프로토콜인 TCP를 사용하거나, 패킷 순서를 맞춰주는 사설 시스템을 구현하여야 한다. 사설 시스템의 구현은 이 장의 후반에서 다루기로 한다.

지터링 때문에 야기되는 문제가 꽤 있으므로, 이를 최소화시켜야만 게임 체험을 최상으로 유지할 수 있다. 지터링을 줄이는 기법은 레이턴시를 줄이는 기법과 매우 유사하다. 패킷을 가능한 한 적게 보내어 트래픽을 낮게 유지하고, 트래픽이 많은 지역을 피하고자 플레이어와 가까운 지역에 서버를 설치한다. 프레임 레이트 역시 RTT에 영향을 미치므로, 서버 머신의 프레임 레이트가 들쑥날쑥하게 되면 클라이언트에 안 좋은 여파가 미치게 된다. 복잡한 동작을 매 프레임마다 하지 않고 적당히 합쳐 여러 프레임에 걸치도록 처리하면 프레임 레이트로 인한 지터링을 줄일 수 있다.

7.3 패킷 손실

레이턴시나 지터링보다 심각하여 네트워크 게임 개발자에게 가장 골치 아픈 문제는 바로 패킷 손실이다. 패킷이 목적지에 도달하는데 시간이 너무 오래 걸려 버리거나, 아예 도달하지 못하는 경우를 패킷 손실이라 한다.

패킷 손실은 다음을 비롯한 여러 가지 이유로 발생한다.

- **물리 매체에 문제 발생**. 데이터 전송은 근본적으로 전자기파 에너지의 전달이다. 따라서 외부에 어떤 전자기적 간섭이 있으면 데이터가 손상될 수 있다. 데이터 손상이 발생한 경우 링크 계층에서 체크섬을 검사하다 손상을 발견하게 되며, 손상된 프레임은 폐기된다. 물리 매체에 거시적인 문제가 발생했을 때도 신호가 교란되어 데이터 손실이 일어날 수 있는데, 케이블이 뽑히거나 근처의 전자레인지 문이 열려 전파 방해가 생긴 경우 등이 그렇다.

- **링크 계층에 문제 발생**. 링크 계층에는 데이터를 보낼 수 있는 경우와 그렇지 못한 경우에 대한 규칙이 정해져 있다. 어떤 경우엔, 링크 계층 채널이 꽉 차면 보내야 할 프레임 일부를 소각해 버릴 때가 있다. 링크 계층은 원래 신뢰성을 보장하지 않으므로, 이것이 잘못되었다 볼 수는 없다.

- **네트워크 계층에 문제 발생**. 앞서 얘기한 것처럼 라우터가 처리할 수 있는 것보다 빠른 속도로 패킷이 도착하면 라우터는 이를 수신 대기열에 넣는다. 대기열의 용량에는 한계가 있으므로, 수용 가능 패킷 수를 넘어서면 대기열 내의 패킷 또는 새로 받은 패킷을 버리게 된다.

실전에선 패킷이 손실되는 경우가 다반사이므로 네트워크 아키텍처를 설계할 때 꼭 이를 감안해야 한다. 그리고 패킷 손실이 발생한 경우의 대처도 중요하지만, 애당초 패킷 손실 자체를 최소한으로 줄일 수 있어야 더 나은 게임 체험을 제공할 수 있을 터이다. 서비스 아키텍처의 큰 그림을 그릴 때 잠재적인 패킷 손실을 최소화하게끔 설계하자. 이를테면 플레이어들이 있는 지역에 최대한 가까이 서버를 설치하는 것도 방법이다. 라우터 하나 덜 거치고 선로 하나를 덜 타게 되면 그만큼 데이터가 손실될 확률이 줄어든다. 아울러 패킷의 개수를 최소한으로 줄이자. 라우터는 대개 패킷의 크기보다는 패킷의 개수로 대기열 용량을 결정하는 경우가 많다. 큰 패킷을 몇 개 보낼 때보다 작은 패킷을 무수히 보낼 때 라우터가 압도되어 대기열이 넘칠 확률이 그만큼 높아진다. 혼잡한 라우터에 200바이트짜리 패킷을 7개 보내면 대기열에 7개의 여유 슬롯이 필요하겠지만, 하나로 합친 1,400바이트 패킷을 보내면 여유 슬롯 역시 하나만 있으면 된다.

> **Warning!** 라우터 모두가 패킷 개수를 대기열 슬롯의 기준으로 삼는 것은 아님에 유의하자. 어떤 라우터는 수신 대역폭에 따라 발신자별로 대기열 공간을 할당하는 것도 있다. 이 경우엔 오히려 크기가 작은 패킷이 유리하다. 만일 공간이 부족하여 7개 패킷 중 하나가 버려져도, 나머지 6개는 대기열에 성공적으로 들어갈 수 있기 때문이다. 확실한 방법은 데이터센터의 라우터 및 가장 혼잡한 경로 상의 라우터 종류를 파악해 두는 것이다. 섣불리 패킷을 잘게 쪼개기만 하면 이 장의 앞부분에서 논의한 것처럼 헤더로 인해 대역폭을 낭비하게 되기 때문이다.

대기열이 가득 차는 경우, 라우터가 무조건 새로 받은 패킷을 버리는 것은 아니며 그 대신 이미 대기열에 들어 있는 패킷을 버릴 수도 있다. 새로 받은 패킷이 우선순위가 더 높거나, 대기열에 있는 것보다 중요하다고 판단된 경우 그렇다. 이러한 우선순위 판단은 네트워크 계층 헤더의 QoS 데이터를 라우터가 보고서, 나아가 패킷의 페이로드까지 더 깊게 들여다보고 내릴 때도 있다. 어떤 라우터는 설정에 따라 트래픽을 줄이려는 목적으로 더 깐깐하게 판단하기도 한다. 이때 라우터는 TCP 패킷에 앞서 UDP를 먼저 폐기하는데, TCP 패킷은 폐기해도 발신자가 자동으로 재발신하기 때문에 폐기하는 의미가 없다는 점에 기인한 것이다. 데이터센터와 목표 시장 지역의 인터넷 공급자 주변 라우터 설정을 파악해 두면, 패킷 종류와 트래픽 패턴을 튜닝하여 패킷 손실을 최소화할 수 있을 것이다.* 궁극적으로 패킷 손실을 줄이는 가장 간단한 방법은 서버를 안정적이고 속도 빠른 인터넷망에 물려 놓고, 소비자와 지역적으로 가장 가까운 곳에 두는 것이다.

---

* 〔역주〕 전화나 메일로 직접 문의해 볼 수도 있고, 그 지역 PC방이나 인터넷 카페 몇 군데에 들러 여러 벤치마크를 수행하는 프로그램을 돌려보는 방법도 있다.

7.4 신뢰성: TCP나 UDP냐

거의 모든 멀티플레이어 게임에 일정 수준의 네트워크 신뢰성이 요구되므로, 개발 초기에 TCP와 UDP 중 어느 것을 쓸 것인지 중요한 결정을 내려야 한다. 이는 TCP에 내장된 신뢰성 시스템에 의존할 것인가, 아니면 UDP 위에 신뢰성 시스템을 직접 구축할 것인가, 하는 문제에 대한 답을 내리는 것으로, 이들 전송 계층 각각의 이점과 비용을 고려해 볼 필요가 있다.

TCP의 가장 큰 장점은 오랜 시간 검증되어 견고하면서도 안정적인 신뢰성 시스템이 구현되어 있다는 것이다. 엔지니어링 수고를 추가로 들이지 않고도 데이터가 확실히 전달되도록 보장할 뿐만 아니라 그 순서 역시 올바르게 유지한다. 부가적인 장점으로 복잡다단한 혼잡 통제 기능을 갖추고 있어, 중도의 라우터를 압도하지 않도록 패킷 전송량을 제한하면서 데이터 전송률을 제어하기도 한다.

역설적으로, TCP의 단점은 보내는 모든 데이터에 이처럼 예외 없이 신뢰성을 보장하며 순서 역시 보장하여 전송한다는 것이다. 멀티플레이어 게임처럼 상태가 급격히 바뀌는 응용프로그램의 경우, 이렇게 항상 신뢰성 전달을 강제하는 프로토콜은 다음과 같은 문제를 야기할 수 있다.

1. **중요도가 낮은 데이터를 기다리느라 중요도가 높은 데이터가 지연됨.** 클라이언트-서버 FPS 게임의 예를 들어보자. 플레이어 A가 클라이언트 A를 조작하고, 플레이어 B가 클라이언트 B를 조작하며 서로 맞대결을 펼치고 있다. 그런데 갑자기 어디선가 멀리 폭탄이 폭발하면서 서버가 멀리 떨어진 폭발음을 클라이언트 A가 재생하게 패킷을 보낸다. 연이어 플레이어 B가 플레이어 A 앞에서 점프하면서 사격을 하는데, 서버는 이 정보를 담은 패킷도 클라이언트 A에 보낸다. 네트워크가 혼잡하다 보니 첫 번째 패킷이 손실되는데, 다행히 두 번째 즉 플레이어 B의 이동 조작이 담긴 패킷은 도착하는 데 성공한다. 플레이어 A 입장에서 멀리서 발생한 폭발음은 중요도가 떨어지지만, 눈앞의 적이 사격하는 행위는 중요도가 높다. 폭발음 패킷을 놓쳐도 플레이어 A 입장에선 크게 신경 쓸 것이 없는데, 심지어 폭발이 일어났는지 아예 몰라도 큰 상관이 없을 것이다. 그렇지만 TCP는 모든 패킷을 순서대로 처리해야 하므로, TCP 모듈은 손실된 폭발음 패킷을 서버로부터 다시 받기 전까지 이미 수신해 둔 사격 패킷을 제때 먼저 처리해 주지 않을 것이다. 이는 플레이어 A 입장에서는 답답할 노릇이다.

2. **순서가 보장되어야 하는 별개의 두 스트림이 서로 간섭함.** 데이터의 중요도에 높고 낮은 차이가 없는 게임에서도 데이터가 모두 신뢰성 있게 전달되어야 한다면, TCP의 순서 보장 시스템이 문제를 일으킬 수 있다. 앞서 시나리오에서 첫 패킷이 폭발이 아니라 플레이어 A에게 전해지는 채팅 메시지라 해 보자. 채팅 메시지는 누락되어서는 안 되는 중요한 메시지이므로 전달이 보장

되어야 한다. 또한, 채팅 메시지는 순서대로 전달되어야 하는데, 그렇지 않으면 대화 내용이 두서 없을 것이기 때문이다. 한편 순서 보장은 같은 채팅 메시지끼리만 지켜지면 된다. 별개의 두 스트림이 서로 간섭하여, 예를 들어 누락된 채팅 메시지를 기다리느라 헤드샷 패킷이 처리가 안 되고 있더라는 사실을 플레이어가 알아채면 납득하기 어려워할 터이다. 그렇지만 TCP만 사용하는 게임에서 이 같은 일이 곧잘 일어난다.

3. **오래된 게임 상태를 재전송.** 플레이어 B가 멀리서 맵을 가로질러와서 플레이어 A에 조준 사격했다 치자. B의 처음 위치는 x=0에서 5초간 이동하여 x=100이 되었다. 서버는 초당 다섯 번씩 패킷을 플레이어 A에 보내며, 패킷에 플레이어 B의 최신 x 좌표를 담아 전송한다. 이들 패킷 중 일부 또는 전체가 누락되면, 서버는 패킷을 다시 보낸다. 이 말은 곧 플레이어 B가 최종 위치 x=100에 근접하는 동안, 서버는 x=0 근처의 오래된 예전 위치를 재전송하게 된다는 뜻이다. 이 때문에 플레이어 A는 B의 예전 위치를 볼 수밖에 없으며, 플레이어 B가 근처로 다가오는 것을 보지도 못한 채 대뜸 헤드샷을 맞게 될 수도 있다. 이것 또한, 플레이어 A 입장에선 받아들이기 힘든 것이다.

원치않는 경우에도 신뢰성을 강제하는 것 외에 TCP의 단점이 몇 가지 더 있다. 혼잡 제어 기능 덕에 패킷 손실이 줄어들기는 하지만 플랫폼마다 이를 제어하는 방법이 제각각이며 예상한 것보다 패킷을 느리게 보내는 결과가 종종 나타나기도 한다. 여기엔 네이글 알고리즘의 영향이 큰 비중을 차지하는데, 네이글 알고리즘은 패킷을 0.5초 정도 모았다가 보내곤 하기 때문이다. 사실 TCP를 전송 프로토콜로 채택하는 게임에선 보통 네이글 알고리즘을 비활성화시켜 이러한 문제를 피하려 하는데, 반대급부로 패킷 수를 줄여주는 장점도 포기해야 한다.

마지막으로 TCP는 연결을 관리하고 재전송에 필요한 데이터를 추적하기 위해 많은 리소스를 할당한다. 이들 리소스는 OS에 의해 내부적으로 관리되므로, 필요한 경우라도 그 분량을 파악하거나 사설 메모리 관리자를 따로 두기 어렵다.

UDP는 TCP와 달리, 여타의 신뢰성 보장 메커니즘 또는 흐름 제어 기능을 내장하고 있지 않다. 대신에 마치 빈 도화지처럼 원하는 종류의 사설 신뢰성 메커니즘을 게임에 맞게 구현할 수 있는 여지가 있다. 전달을 보장할 데이터와 그렇지 않은 데이터를 구분하거나, 신뢰성이 필요한 여러 별개의 스트림을 서로 엮어서 보내는 것도 구현할 수 있다. 손실된 패킷을 재전송할 때, 오래된 데이터를 있는 그대로 보내는 대신 최신 데이터로 업데이트해 보내는 것도 가능하다. 메모리를 직접 관리하고, 네트워크 계층 패킷에 데이터를 어떻게 묶을지도 얼마든지 직접 설계할 수 있다.

그 대신 이를 위해 구현 시간과 테스트 시간이 필요하다. 직접 빚어낸 구현물이 처음부터 TCP만큼 원숙히고 버그가 없기를 바랄 수는 없을 터이다. 따라서 리스크와 비용이 수반되는데, 이를 보완하기 위해 서드 파티 UDP 네트워크 라이브러리인 RakNet이나 Photon을 이용할 수 있다. 단 외부 라이브러리를 쓰려면 그 설계에 맞추어야 하므로 유연성은 떨어지게 된다. 또 하나 알아둘 점은, UDP는 패킷이 손실될 위험이 아무래도 큰데 앞서 언급한 것처럼 라우터가 혼잡할 때 UDP 패킷부터 폐기하게 설정되어 있기 때문이다. 요약하면 표 7-1과 같이 프로토콜의 장단점을 비교할 수 있다.

▼ 표 7-1 TCP와 UDP의 비교

항목	TCP	UDP
신뢰성	자체 내장. 모든 데이터는 순서대로 전달되며 전달 또한 보장된다.	없음. 사설 구현이 필요하나 세밀한 제어를 하게 구현할 수 있음
흐름 제어	패킷 누락이 발생하면 자동으로 전송 빈도를 낮춤	없음. 필요 시 직접 흐름 제어 및 혼잡 제어를 구현해야 함
메모리 요구	확인 응답을 받기 전까지 운영체제가 보내는 모든 데이터의 사본을 갖고 있어야 함	유지할 데이터와 폐기할 데이터를 사설 구현에서 직접 결정함. 즉, 메모리를 응용프로그램이 관리함
라우터 우선순위	UDP보다 우선하게 설정되어 있을 가능성이 높음	TCP보다 낮게 설정되어 패킷이 소각될 가능성이 있음

대부분은 어느 프로토콜을 쓸 것인지 정하는 문제는 하나의 질문으로 정리된다. 그것은 바로 게임의 모든 데이터 전달이 보장되어야 하는가, 그리고 순서가 완전히 보장되어야 하는가이다. 만일 그렇다면 TCP 채택을 고려해야 한다. 턴제 게임이 이에 해당하는 경우가 종종 있다. 모든 입력이 모든 호스트에 전달되어야 하며, 그 순서 또한 올바르게 지켜져야 한다. 이때는 TCP가 제격이다.

TCP가 게임에 완벽히 맞지 않다면 UDP 위에 응용 계층으로 신뢰성 메커니즘을 구현해 얹을 필요가 있다. 게임 대부분이 여기에 해당한다. 그러려면 서드 파티 미들웨어 솔루션을 쓰거나 사설 시스템을 직접 구축해야 한다. 이 장의 나머지 내용은 이러한 사설 시스템을 구축하는 방법이다.

7.5 패킷 배달 통지

게임에 UDP 프로토콜이 더 적합하다면, 신뢰성 메커니즘을 구현해야 한다. 그러한 시스템의 첫째 요구 사항은 바로 패킷이 목적지에 도착했는지 아닌지를 알아내는 것이다. 이를 위해 일종의 패킷 배달 통지(packet delivery notification) 모듈을 만들어야 하는데, 이 모듈의 역할은 상위 코드 대신 패킷을 원격 호스트에 보내고 패킷이 배달되었는지를 상위 코드에 나중에 알려주는 것이다. 배달 통지 모듈은 재전송까지는 수행하지 않으며, 상위 코드에서 꼭 필요로 하는 경우에만 재전송을 수행한다. 이 부분이 바로 TCP에 비해 UDP 기반 신뢰성 메커니즘이 더 유연하다고 할 수 있는 부분이다. 이 절에서는 DeliveryNotificationManager(이하 배달 통지 관리자) 클래스를 살펴보는데, 이 코드는 〈스타시즈: 트라이브스〉의 연결 관리자 코드에서 영감을 얻어 구현했다.

배달 통지 관리자는 세 가지 임무를 수행한다.

1. 패킷을 발신할 때 패킷마다 고유한 꼬리표(tag)를 붙여, 배달 상태 목록에 항목을 추가하고 이 항목을 윗단 모듈에 제공하여 수신 여부를 추적할 수 있게 해 준다.

2. 수신 측에선 들어오는 패킷을 받아들일지 살펴보고, 받아들이기로 한 패킷에 대해 확인응답을 보내준다.

3. 송신 측에선 확인응답을 받아 윗단 모듈에 패킷이 수신되었음을, 혹은 누락되었음을 알려준다.

이 같은 형태의 UDP 신뢰성 메커니즘에 보너스가 하나 있다면, 누락이 될지언정 패킷 순서가 뒤바뀌는 일은 없다는 것이다. 만일 수신 호스트가 새로운 패킷을 받은 후 뒤늦게 오래된 패킷을 받으면, 배달 통지 관리자는 패킷이 손실된 것으로 치고 무시해 버린다. 오래된 패킷에 들어 있는 덜 신선한 데이터가 새 패킷의 신선한 데이터를 덮어씌우는 것을 방지할 수 있기에 이는 유용한 부분이다. 원래 의도한 것보다 역할이 살짝 많아지긴 했지만, 이 수준에서 구현하기에 효율적이기도 하고 일반적인 방식이기도 하다.

7.5.1 외부로 나가는 패킷에 꼬리표 달기

배달 통지 관리자는 보내는 패킷마다 고유한 꼬리표를 붙여, 수신 호스트가 어느 패킷을 받았는지 그 꼬리표로 확인응답 가능하게 해 주어야 한다. 이를 위해 TCP를 본떠 각 패킷마다 시퀀스 번호를 부여하여 꼬리표로 삼는다. 다만 TCP와는 달리 시퀀스 번호가 스트림상 바이트 순서를 나타내는 것은 아니다. 그저 발신한 패킷을 서로 구별할 수 있는 고유 식별자 역할만 한다.

응용프로그램이 배달 통지 관리자로 패킷을 보내려면 먼저 패킷을 담아둘 OutputMemoryBitStream을 준비하고 이를 DeliveryNotificationManager::WriteSequenceNumber()에 넘겨 시퀀스 번호를 기록한다. 이 코드는 코드 7-1과 같다.

코드 7-1 패킷에 시퀀스 번호 꼬리표 달기

```
InFlightPacket* DeliveryNotificationManager::WriteSequenceNumber(
    OutputMemoryBitStream& inPacket)
{
    PacketSequenceNumber sequenceNumber =
        mNextOutgoingSequenceNumber++;
    inPacket.Write(sequenceNumber);

    ++mDispatchedPacketCount;

    mInFlightPackets.emplace_back(sequenceNumber);
    return &mInFlightPackets.back();
}
```

WriteSequenceNumber()는 배달 통지 관리자의 다음번 시퀀스 번호를 패킷에 기록하고 증가시킨다. 이렇게 하면 연달아 보내는 두 패킷이 같은 시퀀스 번호를 갖지 못하게 되어 각 번호가 고유 식별자가 된다.

이 함수는 이어서 InFlightPacket 객체를 만들어* mInFlightPackets 컨테이너에 넣는데, 이 컨테이너로 확인응답을 받을 패킷의 목록을 추적한다. 이들 InFlightPacket 객체는 이후 확인응답을 받았을 때 처리 및 배달 상태를 점검하는 용도로 사용된다.** 일단 배달 통지 관리자가 패킷에 고유 번호로 꼬리표를 달고 나면, 패킷의 페이로드를 채우고 원격 호스트에 전달하는 것은 응용프로그램의 몫이다.

---

* **역주** 여기선 마치 숫자를 mInFlightPackets에 넣는 것처럼 보이지만, 그것이 아니라 emplace_back()을 통해 받은 인자를 InFlightPacket의 생성자에 고스란히 전달(perfect forwarding, 완벽 전달)하여 객체를 생성한다.

** **역주** 여기서 리턴하는 포인터를 보관해서 쓰는 것은 위험하다. mInFlightPackets는 deque로 구현되어 있으며, 확인응답을 처리하는 도중 pop_front() 동작을 하므로 포인터가 언제든 무효화될 수 있다.

7.5.2 패킷을 받고 확인응답하기

수신 측 호스트에서 패킷을 받으면, 패킷 데이터를 담은 InputMemoryBitStream을 코드 7-2에 나타낸 배달 통지 관리자의 ProcessSequenceNumber()에 보낸다.

코드 7-2 수신된 패킷의 시퀀스 번호 처리

```
bool DeliveryNotificationManager::ProcessSequenceNumber(
    InputMemoryBitStream& inPacket)
{
    PacketSequenceNumber sequenceNumber;

    inPacket.Read(sequenceNumber);
    if (sequenceNumber == mNextExpectedSequenceNumber)
    {
        // 기다리고 있던 번호임. 확인응답 대기 목록에 추가하고 패킷을 처리함
        mNextExpectedSequenceNumber = sequenceNumber + 1;
        AddPendingAck(sequenceNumber);
        return true;
    }
    else if (sequenceNumber < mNextExpectedSequenceNumber)
    {
        // 시퀀스 번호가 기다리고 있던 것보다 낮으므로 이미 지나가 버린 것임. 조용히 폐기처리
        return false;
    }
    else if (sequenceNumber > mNextExpectedSequenceNumber)
    {
        // 기다리고 있던 것보다 뒤의 패킷이 먼저 도착하였음, 즉 패킷 손실이 발생하였음
        // 중간의 모든 패킷은 누락된 것으로 처리하고 이 패킷 다음 것을 기다리도록 함
        mNextExpectedSequenceNumber = sequenceNumber + 1;
        // 확인응답 대기 목록에 추가하고 패킷을 처리함
        // 확인응답이 빠진 중도 패킷에 대해선 송신 측에서 인지하고 필요 시 재전송할 것임
```

---

*   역주 좀 더 부연하자면, 예를 들어 4비트로 하면 16개의 패킷을 보내고 나서 시퀀스 번호가 오버플로될 것이다. 테스트했을 때 패킷이 최대 7개 정도까지 쌓이다가 처리되곤 했다면 4비트로도 충분할 것이다. 그런데 만일 패킷이 30개 정도 쌓이다가 처리된다면, 쌓여있는 30개 중에는 오버플로 때문에 같은 시퀀스 번호를 갖는 패킷이 많이 생길 텐데, 그러면 이 번호는 고유 식별자로서 기능을 상실한다. 따라서 최대 몇 개까지 쌓이는지를 측정해 보고 이보다 더 넉넉하고 안전한 비트 수를 산출하는 과정이 필요하다. 예를 들어 최대 30개 쌓인다면 5비트로 잡으면 32가 되니 약간 불안하고, 6비트로 잡아 64개까지로 하면 넉넉하다 할 수 있겠다.

```
        AddPendingAck(sequenceNumber);
        return true;
    }
}
```

ProcessSequenceNumber()는 bool 값을 리턴하는데, 이 값은 패킷을 응용프로그램이 처리해야 할지, 아니면 완전히 무시해도 좋을지를 뜻한다. 이를 통해 배달 통지 관리자는 순서가 뒤바뀐 패킷을 걸러낸다. 수신 측 호스트가 받을 것으로 기대하는, 즉 지금 것 바로 다음의 패킷 시퀀스 번호는 mNextExpectedSequenceNumber 멤버 변수에 담아둔다. 패킷이 매번 발신될 때마다 시퀀스 번호가 연이어 증가하므로, 들어오는 패킷이 어떤 시퀀스 번호일지 수신 호스트 입장에서 쉽게 예상할 수 있다. 이를 전제로 시퀀스 번호를 읽었을 때 다음 세 가지 경우가 있다.

- **수신된 시퀀스 번호가 예상 시퀀스 번호와 정확히 일치함.** 이 경우 응용프로그램이 패킷을 받았다고 확인응답하고 처리해 주어야 한다. 배달 통지 관리자 내부의 mNextExpectedSequenceNumber 도 하나 증가시킨다.

- **수신된 시퀀스 번호가 예상 시퀀스 번호보다 작음.** 아마도 최근에 받은 패킷보다 오래된 패킷이 도착한 것일 터이다. 순서가 뒤바뀐 것이므로 호스트는 이 패킷을 처리해선 안 된다. 패킷을 받았다고 확인응답해서도 안 되는데, 호스트는 오로지 자신이 처리한 패킷에 대해서만 확인응답해야 하기 때문이다. 여기서 한 가지 고려해야 할 예외사항이 있다. 만일 mNextExpectedSequenceNumber가 PacketSequenceNumber의 최댓값에 근접해 있고, 방금 수신한 번호가 최솟값에 가깝다면, 시퀀스 번호가 오버플로되어 그런 것일 수 있다. 게임에서 패킷을 보내는 빈도가 높은데 PacketSequenceNumber의 비트 수가 적으면 이런 현상이 나타날 수 있다. 이렇게 오버플로가 발생한 경우엔 실제로는 앞서 받은 패킷보다 나중 것을 받은 경우이므로, 이어지는 다음 경우에 따라 처리해야 한다.

- **수신된 시퀀스 번호가 예상 시퀀스 번호보다 큼.** 중도에 하나 이상의 패킷이 누락되었거나 지연된 경우이다. 받을 것으로 예상한 패킷보다 나중에 발신된 패킷이 먼저 도착하여, 그 시퀀스 번호가 기대한 번호보다 큰 것이다. 이 경우에 응용프로그램은 이 패킷을 정상적으로 처리하고 확인응답해 주어야 한다. TCP와는 달리 배달 통지 관리자는 모든 패킷을 전송한다고 보장하지 않는다. 단지 순서가 꼬이지 않게 해 주고 패킷 손실이 발생했을 때 이를 알려줄 뿐이다. 따라서 누락된 패킷은 잊어버리고, 지금 받은 패킷을 처리하고 확인응답한다고 해서 전혀 문제 될 것이 없다. 추가로 오래된 패킷이 뒤늦게 도착할 경우를 대비해 배달 통지 관리자의 mNextExpectedSequenceNumber를 가장 최근에 받은 패킷의 시퀀스 번호 +1로 갱신해 둔다.

첫 번째와 세 번째는 발생하는 원인은 서로 다르지만, 발생 시 해야 하는 동작은 사실 같다. 코드 상에선 경우를 구별하기 위해 별도로 구현하였지만, sequenceNumber ≥ mNextExpectedSequenceNumber 검사하는 것 하나로 합쳐도 무방하다.

ProcessSequenceNumber()는 직접 확인응답을 보내지는 않는다. 대신 AddPendingAck() 함수를 호출해 확인응답을 보낼 시퀀스 번호를 기억해 둔다. 효율성을 높이기 위해 이렇게 하는데, 호스트가 다른 호스트로부터 많은 패킷을 받을 때 패킷마다 일일이 확인응답을 보내면 비효율적이기 때문이다. TCP조차도 이렇게 매번 확인응답하지는 않는다. 멀티플레이어 게임의 경우 서버가 보낼 내용을 모아두었다가 MTU 크기에 맞춘 여러 패킷을 한꺼번에 보낼 수도 있으므로, 클라이언트 역시 패킷을 서버에 보내기에 앞서 확인응답할 내용을 모아두었다가 다른 데이터와 묶어 한꺼번에 보내는 편이 좋다.

배달 통지 관리자가 보내게 될 확인응답은 그 시퀀스 번호가 연속적일 수도 있지만 그렇지 않은 것이 뒤섞여 있을 수도 있다. 이를 효율적으로 추적하고 직렬화하기 위해 연속된 범위를 하나의 AckRange 객체로, 그리고 여러 범위 객체를 mPendingAcks에 vector로 모아둔다. 이 목록에 새로운 확인응답 시퀀스 번호를 추가하려면 코드 7-3의 AddPendingAck() 함수를 호출한다.

코드 7-3 확인 응답을 예약하는 코드

```
void DeliveryNotificationManager::AddPendingAck(
    PacketSequenceNumber inSequenceNumber)
{
    if (mPendingAcks.size() == 0 ||
        !mPendingAcks.back().ExtendIfShould(inSequenceNumber))
    {
        mPendingAcks.emplace_back(inSequenceNumber);
    }
}
```

AckRange 객체는 시작과 끝이 연속적인 시퀀스 범위를 나타낸다. mStart 멤버 변수에 시작 시퀀스 번호를, mCount에 연이은 번호의 개수를 담는다. 따라서 중간에 빠지는 번호가 있다면 여러 개의 AckRange 객체가 존재하게 된다. AckRange의 코드는 코드 7-4와 같이 구현된다.

코드 7-4 AckRange 구현

```
inline bool AckRange::ExtendIfShould(
    PacketSequenceNumber inSequenceNumber)
{
    if (inSequenceNumber == mStart + mCount)
    {
        ++mCount;
```

```
        return true;
    }
    else
    {
        return false;
    }
}

void AckRange::Write(OutputMemoryBitStream& inPacket) const
{
    inPacket.Write(mStart);
    bool hasCount = mCount > 1;
    inPacket.Write(hasCount);
    if (hasCount)
    {
        // 확인 범위를 최대 8비트로 표현 가능한 값으로 한다고 침
        uint32_t countMinusOne = mCount - 1;
        uint8_t countToAck = countMinusOne > 255 ?
            255 : static_cast<uint8_t>(countMinusOne);
        inPacket.Write(countToAck);
    }
}

void AckRange::Read(InputMemoryBitStream& inPacket)
{
    inPacket.Read(mStart);
    bool hasCount;
    inPacket.Read(hasCount);
    if (hasCount)
    {
        uint8_t countMinusOne;
        inPacket.Read(countMinusOne);
        mCount = countMinusOne + 1;
    }
    else
    {
        // default!
        mCount = 1;
    }
}
```

ExtendIfShould()는 시퀀스 번호를 기존 범위에 추가하여 연장할 수 있는지 검사한다. 만일 그렇다면 카운트를 증가시키고 범위가 연장되었다고 true를 리턴한다. false가 리턴된 경우 호출자는 새로운 AckRange를 만들어 끊어진 번호로부터 새 범위를 시작해야 한다.

Write()와 Read()는 먼저 시작 시퀀스 번호를 직렬화한 다음 개수를 직렬화한다. 범위를 구현하고는 있지만 대개의 게임에선 대부분 확인응답이 사실 한 번에 한 패킷씩 이루어지는 점에 착안해서, 개수를 직렬화하는 대신 기댓값 1로 엔트로피 인코딩을 시도하여 최적화를 도모한다. 개수는

8비트 정수로 직렬화하는데, 256개 이상의 확인응답이 필요 없다는 가정이다. 사실 그보다 훨씬 적은 경우가 대부분으로 8비트면 많은 축에 속한다.

수신 측 호스트가 응답 패킷을 보낼 준비가 되면 내보낼 패킷에 먼저 자신의 시퀀스 번호를 기록한 후, WritePendingAcks()를 호출하여 지금까지 모아둔 확인응답을 기록한다. 코드 7-5에 그 내용을 구현했다.

코드 7-5 예약된 확인응답을 기록

```
void DeliveryNotificationManager::WritePendingAcks(
    OutputMemoryBitStream& inPacket)
{
    bool hasAcks = (mPendingAcks.size() > 0);
    inPacket.Write(hasAcks);
    if (hasAcks)
    {
        mPendingAcks.front().Write(inPacket);
        mPendingAcks.pop_front();
    }
}
```

패킷을 보낼 때 미처 모아둔 확인응답이 없는 경우도 있을 것이다. 그러므로 비트 하나를 두어 확인응답이 실제로 있는지를 기록한다. 있을 경우 패킷에 AckRange 하나만 기록한다. 왜 하나만 기록하냐면 패킷 손실이란 어디까지나 예외 상황이지 규칙적으로 발생한다고는 볼 수 없으므로, 대부분의 경우 범위는 하나에 국한될 것이기 때문이다. 모아둔 범위 목록을 전부 다 기록해 버릴 수도 있겠지만, 그러면 또 몇 개의 범위가 있는지 기록해야 하는 등 패킷의 덩치가 커질 것이다. 종국에는 유연성도 어느 정도 필요하겠지만 그렇다고 해서 패킷 용량에 부담을 줄 만큼이어서는 곤란할 터이다. 그래서 게임의 트래픽 패턴을 분석해 보는 일이 중요한데, 이를 통해 극단적인 경우에 대응할 만큼 유연하되 일반적인 경우에 최적화된 시스템을 설계할 수 있기 때문이다. 예를 들어 분석해 봤더니 게임에서 한 번에 한 패킷을 넘는 확인응답이 필요한 경우가 전혀 없더라고 판명되면, 아예 범위 목록 코드를 통째로 들어내어 패킷당 몇 비트를 더 절약할 수도 있을 것이다.

7.5.3 확인응답 처리 및 배달 여부 알리기

호스트는 데이터 패킷을 보내고 나서, 그 패킷에 대한 확인응답을 기다렸다 처리해야 한다. 기다리던 확인응답이 도착하면 배달 통지 관리자는 패킷이 잘 도착한 것으로 판단하고, 배달 여부를 궁금해하는 원래 모듈에 알려준다. 확인응답이 도착하지 않으면 패킷이 사라진 것으로 간주하고, 마찬가지로 윗단 모듈에 알려준다.

Warning! 확인응답이 오지 않았다고 해서 데이터 패킷이 꼭 사라진 것은 아니니 주의하자. 데이터는 잘 도착했는데, 확인응답을 담은 패킷이 오다가 사라진 것일 수도 있다. 보내는 **호스트** 입장에선 이 **두** 가지 경우를 구별하기가 어렵다. TCP에선 이런 경우가 별문제가 되지 않는데, 없어졌다고 판단해 다시 보내는 패킷의 시퀀스 번호와 내용이 정확히 원래 보낸 것이랑 같기 때문이다. 그러므로 TCP의 수신 측이 만일 중복 패킷을 받으면 그냥 무시해도 된다.

하지만 우리 배달 통지 관리자는 경우가 다르다. 손실된 데이터를 꼭 다시 보내는 건 아니므로, 모든 패킷이 고유하며 시퀀스 번호도 재사용되지 않는다. 클라이언트 모듈이 확인응답이 없다 보니 신뢰성 데이터를 재전송하긴 하지만 수신 측 호스트가 이미 가지고 있을 수도 있다. 이 경우에 중복을 확인하고 방지하는 것은 상위 모듈의 책임이다. 예를 들어 ExplosionManager(폭발 관리자)가 배달 통지 관리자에 폭발 이벤트를 인터넷으로 보내는 경우라면, 폭발마다 고유 번호를 부여해 같은 폭발이 두 번 일어나지 않도록 처리하는 것은 폭발 관리자가 할 일이다.

확인응답을 처리하고 배달 여부를 통지하기 위해 호스트 응용프로그램은 코드 7-6의 ProcessAcks()를 사용한다.

코드 7-6 확인응답 처리하기

```cpp
void DeliveryNotificationManager::ProcessAcks(
    InputMemoryBitStream& inPacket)
{
    bool hasAcks;
    inPacket.Read(hasAcks);

    if (hasAcks)
    {
        AckRange ackRange;
        ackRange.Read(inPacket);
        // InFlightPacket 중 시퀀스 번호가 시작값보다 작은 건 실패로 처리함
        PacketSequenceNumber nextAckdSequenceNumber = ackRange.GetStart();
        uint32_t onePastAckdSequenceNumber =
            nextAckdSequenceNumber + ackRange.GetCount();

        while (nextAckdSequenceNumber < onePastAckdSequenceNumber &&
            !mInFlightPackets.empty())
        {
            const auto& nextInFlightPacket = mInFlightPackets.front();
            // 패킷의 시퀀스 번호가 확인응답의 시퀀스 번호보다 작으면,
            // 확인응답을 받지 못한 것이므로 아마 누락되었을 것임
            PacketSequenceNumber nextInFlightPacketSequenceNumber =
                nextInFlightPacket.GetSequenceNumber();

            if (nextInFlightPacketSequenceNumber < nextAckdSequenceNumber)
            {
                // 사본을 만든 다음, 목록에서 일단 제거함
                // 핸들링 도중 살아있는 패킷이 무엇인지 찾아볼 때 이 패킷이 보여서는 안 되기 때문
                auto copyOfInFlightPacket = nextInFlightPacket;
                mInFlightPackets.pop_front();
```

```
                HandlePacketDeliveryFailure(copyOfInFlightPacket);
            }
            else if (nextInFlightPacketSequenceNumber == nextAckdSequenceNumber)
            {
                HandlePacketDeliverySuccess(nextInFlightPacket);
                // 상대방이 수신하였음!
                mInFlightPackets.pop_front();
                ++nextAckdSequenceNumber;
            }
            else if (nextInFlightPacketSequenceNumber > nextAckdSequenceNumber)
            {
                // 일부 응답이 어떤 연유에선지 제거되었음(시간 초과 가능성)
                // 나머지를 계속하여 검사함
                nextAckdSequenceNumber = nextInFlightPacketSequenceNumber;
            }
        }
    }
}
```

배달 통지 관리자는 AckRange를 처리할 때 그 범위 내에 어떤 InFlightPackets이 포함되는지 판단해야 한다. 확인응답은 순서대로 도착하므로, 주어진 범위보다 작은 시퀀스 번호의 패킷은 모두 누락되었다고 가정할 수 있다. 따라서 이들을 배달하는 데 실패했다고 보고한다.[*] 그런 다음 주어진 범위 내의 패킷은 모두 배달에 성공했다고 보고한다. 한 번에 여러 개의 패킷이 동시에 배달 중일 수 있지만 그렇다고 해서 모든 InFlightPacket을 일일이 확인해야 하는 건 아니다. mInFlightPackets은 deque이므로 거기에 들어가는 InFlightPacket은 모두 시퀀스 번호의 순서대로 들어가 있다. 따라서 AckRange가 도착하면 mInFlightPackets의 항목을 앞에서부터 하나씩 살펴보고 AckRange에 포함되어 있는지 검사하면 된다. 범위에 들어가는 첫 번째 패킷을 찾기 전의 그 앞의 모든 패킷은 누락된 것으로 취급하여 배달 실패로 보고한다. 그다음 범위 내의 패킷은 하나씩 성공으로 보고한다. 범위가 끝나는 지점에선 루프를 빠져나와 나머지 InFlightPacket을 확인하지 않아도 무방하다.

마지막 else if절은 예외 사항 하나를 처리하기 위해 필요한데, 검사하려는 패킷이 AckRange 범위 내에 포함되긴 하지만 중간을 건너뛴 경우이다. 그 앞의 패킷들은 어쩌다 보니 이전 처리에서 누락되었다고 보고가 이미 되어버린 상태이다. 이때는 그냥 패킷의 시퀀스 번호를 건너뛰고, 나머지 패킷에 대해서만 배달 성공으로 보고한다.

---

* **역주** 이때 InFlightPacket의 복제가 일어난다. InFlightPackets 내부엔 unordered_map이 있는데, 복제하다 보면 이 자료구조 역시 통째로 복제하게 되는 문제가 있다. 아울러 앞서 코드 7-1에서 포인터를 리턴하는 것이 잠재적 위험도 있으므로 안전성 및 효율성 개선을 위해선 먼저 std::shared_ptr〈InFlightPacket〉을 InFlightPacketPtr로 정의하고, mInFlightPackets을 deque〈InFlightPacketPtr〉로 바꿔 스마트 포인터를 가지고 있도록 수정하는 편이 좋겠다. 이때 코드 7-1 또한 InFlightPacketPtr를 리턴하도록 변경한다.

도대체 어떤 이유로 이전 처리에서 누락된 것으로 보고된 패킷이 나중에 확인 응답을 받게 되는지 궁금할 것이다. 그것은 비로 확인응답이 도달하는데 시간이 너무 오래 걸려서 그렇다. TCP가 ACK를 즉각 받지 못하면 패킷을 재전송하는 것처럼, 배달 통지 관리자도 시간 초과된 패킷이 있는지 계속 확인해야 한다. 트래픽이 드문드문하면 여러 패킷이 연속 AckRange로 묶이지 않아, 결과적으로 중간중간 이가 빠지는 패킷을 찾기가 힘든데, 이때 시간 초과를 검사하면 이를 찾는 데 도움이 된다. 시간 초과된 패킷을 찾으려면 호스트 프로그램이 프레임마다 주기적으로 코드 7-7의 ProcessTimedOutPackets()을 호출해야 한다.

코드 7-7 패킷의 시간 초과 검사

```cpp
void DeliveryNotificationManager::ProcessTimedOutPackets()
{
    uint64_t timeoutTime = Timing::sInstance.GetTimeMS() - kAckTimeout;
    while (!mInFlightPackets.empty())
    {
        // 패킷은 정렬되어 있으므로 시간 초과된 패킷은 항상 앞에 위치함
        const auto& nextInFlightPacket = mInFlightPackets.front();

        if (nextInFlightPacket.GetTimeDispatched() < timeoutTime)
        {
            HandlePacketDeliveryFailure(nextInFlightPacket);
            mInFlightPackets.pop_front();
        }
        else
        {
            // 이후로는 시간 초과가 아님
            break;
        }
    }
}
```

InFlightPacket이 발신된 시각을 GetTimeDispatched() 멤버 함수로 얻어온다. 발신 시각은 생성자에서 기록한다. 자연스럽게 mInFlightPackets은 발신 시각에 따라 정렬되므로, 목록의 앞부분만 제한 시간과 비교하여 시간이 초과되지 않은 항목이 나오기 전까지만 찾으면 된다. 그러면 나머지 항목들은 초과되지 않았다고 확신할 수 있다.

위의 코드에서 호출하는 HandlePacketDeliveryFailure()와 HandlePacketDeliverySuccess()로 배달 성공과 실패를 전달하며, 이들 함수는 코드 7-8과 같이 구현된다.

코드 7-8 상태 통지

```cpp
void DeliveryNotificationManager::HandlePacketDeliveryFailure(
    const InFlightPacket& inFlightPacket)
{
    ++mDroppedPacketCount;
```

```
        inFlightPacket.HandleDeliveryFailure(this);
}

void DeliveryNotificationManager::HandlePacketDeliverySuccess(
    const InFlightPacket& inFlightPacket)
{
    ++mDeliveredPacketCount;
    inFlightPacket.HandleDeliverySuccess(this);
}
```

이들 멤버 함수는 성공과 실패에 따라 각각 mDroppedPacketCount와 mDeliveredPacketCount 변수를 증가시킨다. 이렇게 하면 배달 통지 관리자가 배달 성공률과 패킷 손실율을 추적할 수 있다. 손실율이 너무 크다면 관련 모듈에 이를 알려 송신 빈도를 줄이게끔 조치하거나, UI 모듈을 통해 플레이어에게 네트워크 연결에 문제가 있음을 직접 알려줄 수 있다. 이 두 변수를 더하고 거기에 mInFlightPackets의 원소 개수도 더하면 지금까지 배달을 시도한 총 패킷의 숫자가 되는데, 이는 항상 WriteSequenceNumber()에서 증가시키는 mDispatchedPacketCount 값과 일치해야 한다.

위 코드는 각각 InFlightPacket의 HandleDeliveryFailure()와 HandleDeliverySuccess()를 호출하여 배달 상황에 관심 있는 윗단 모듈에 상태를 통보한다. 코드 7-9의 구현 내용을 보면 동작 방식을 이해하는 데 도움이 될 것이다.

코드 7-9 InFlightPacket 클래스

```
class InFlightPacket
{
public:
    // ....

    void SetTransmissionData(int inKey,
        TransmissionDataPtr inTransmissionData)
    {
        mTransmissionDataMap[inKey] = inTransmissionData;
    }

    const TransmissionDataPtr GetTransmissionData(int inKey) const
    {
        auto it = mTransmissionDataMap.find(inKey);
        return (it != mTransmissionDataMap.end()) ? it->second : nullptr;
    }

    void HandleDeliveryFailure(
        DeliveryNotificationManager* inDeliveryNotificationManager) const
    {
        for (const auto& pair : mTransmissionDataMap)
        {
            pair.second->HandleDeliveryFailure(
                inDeliveryNotificationManager);
```

```
        }
    }

    void HandleDeliverySuccess(
        DeliveryNotificationManager* inDeliveryNotificationManager) const
    {
        for (const auto& pair : mTransmissionDataMap)
        {
            pair.second->HandleDeliverySuccess(
                inDeliveryNotificationManager);
        }
    }

private:
    PacketSequenceNumber mSequenceNumber;
    float mTimeDispatched;
    unordered_map<int, TransmissionDataPtr> mTransmissionDataMap;
}
```

Tip★ 여기서는 TransmissionData를 unordered_map에 넣어두고 있는데, 어디까지나 이해를 돕기 위한 용도이다. unordered_map을 순회하는 것은 비효율적이며 캐시 미스(cache miss)를 자주 유발한다. 실전에선 전용 변수 몇 개만 딱 정해 놓고 쓰거나 고정 배열에 넣고 인덱스를 상수로 정의해 두고 쓰는 편이 낫다. 변수가 몇 개 더 필요하다 해도 map 보다는 vector를 정렬해 쓰는 게 좋겠다.

각 InFlightPacket 객체는 TransmissionData 포인터의 컨테이너를 지닌다. TransmissionData 는 추상 클래스로, HandleDeliverySuccess()와 HandleDeliveryFailure() 순수 가상 함수를 갖는다. 배달 통지 관리자로 패킷 상태를 추적하려는 모듈은 TransmissionData를 상속받아 이들 가상 함수를 구현한다. 그다음 패킷의 메모리 스트림에 데이터를 기록한 뒤, TransmissionData 서브클래스를 생성하여 SetTransmissionData()로 InFlightPacket에 부착한다. 이때 서브클래스에 필요한 부가 정보를 더 담아줄 수 있다. 나중에 원래 모듈에 배달 통지 관리자가 패킷 배달 성공/실패 여부를 알려줄 때, 패킷에 부착된 TransmissionData 인스턴스 및 부가 정보를 고스란 히 이용할 수 있다. 해당 상황을 어떻게 다루면 좋을지 판단하는데 이 정보를 이용한다. 어떤 데이 터를 다시 보내야 한다면 그렇게 해 주면 된다. 이때 그 데이터의 새로운 버전을 보내는 것도 가능 하다. 프로그램 어딘가의 변수를 갱신해야 한다면 역시 그렇게 해 주면 된다. 이로써 UDP 기반 신뢰성 시스템을 구축하는데 필수 기반인 배달 통지 관리자를 확보했다.

Note≡ 서로 통신하는 한 쌍의 호스트는 저마다 배달 통지 관리자를 하나씩 들고 있어야 한다. 예를 들어 CS 토폴로 지에서 서버에 10대의 클라이언트가 접속해 있으면, 서버는 클라이언트마다 하나씩 총 10개의 배달 통지 관리자를 가지고 있어야 한다. 반대로 클라이언트는 자신이 연결된 서버 한 대를 위한 관리자 하나만 가지고 있으면 된다.

7.6 / 객체 리플리케이션 신뢰성

여기서 만든 배달 통지 관리자로 데이터를 전송할 때 신뢰성을 확보하고 싶으면, 단순히 목적지에 도착하지 못한 데이터를 재전송해 주면 된다. TransmissionData를 상속받아 만든 ReliableTransmissionData 클래스는 패킷 내 데이터의 사본을 가지고 있다. 이후 HandleDeliveryFailed()가 호출되면 새 패킷을 만들어 데이터를 다시 보낸다. 이 방식은 TCP의 신뢰성 메커니즘과 매우 유사하지만, 배달 통지 관리자엔 그 이상의 잠재력이 있다. 누락된 데이터를 그대로 다시 보내는 대신 새로운 데이터로 교체하여 보내서, TCP보다 개선된 신뢰성을 제공한다는 것이다. 이 절에서는 5장의 리플리케이션 관리자를 확장하여 신뢰성 있게 최신 버전의 데이터를 보내는 방법에 대해 알아보려 한다. 참고로 이는 〈스타시즈: 트라이브스〉의 고스트 관리자에서 착안한 것이다.

5장의 리플리케이션 관리자의 인터페이스는 매우 단순했다. 사용하려는 코드에선 출력 스트림을 만들고, 패킷을 준비한 다음 ReplicateCreate(), ReplicateUpdate(), ReplicateDestroy()를 호출하여 각각 원격 객체를 생성, 갱신, 소멸할 수 있었다. 이 방식의 문제점이라면 리플리케이션 관리자가 패킷에 어떤 데이터가 들어갈지, 그리고 데이터의 사본을 저장할지 어떨지를 제어할 방법이 없었다는 것이다. 신뢰성을 지원하는 데 있어 이는 걸림돌이 된다.

데이터 전송에 신뢰성을 확보하려면 데이터를 싣고 간 패킷이 누락되었다는 걸 리플리케이션 관리자가 알아챈 순간 다시 보낼 수 있어야 한다. 이를 위해 게임 코드는 리플리케이션 관리자를 주기적으로 폴링하여, 미리 준비된 패킷을 관리자에게 들이밀고 혹시 여기에 쓰고 싶은 데이터가 있는지 확인해야 한다. 그러면 리플리케이션 관리자는 사전에 잃어버린 데이터가 무엇인지 미리 확인해 두었다가, 폴링이 들어올 때 다시 보낼 데이터를 게임 코드가 들이민 패킷에 필요에 따라 기록한다. 게임 시스템은 예상 대역폭, 패킷 손실율 및 기타 휴리스틱 정보를 토대로 리플리케이션 관리자에게 패킷을 들이미는 빈도를 정한다.

차제에 이 메커니즘을 더욱 확장하여, 아예 리플리케이션 관리자가 패킷을 보내는 작업을 전담하게 하고, 게임 코드는 주기적으로 리플리케이션 관리자에 보낼 데이터만 알려주는 식으로 바꾸는 건 어떨까. 다시 말해 변경된 데이터가 있을 때 게임 시스템이 패킷을 직접 만들지 않고, 리플리케이션 관리자에 변경 사실만 알려주면 관리자가 그다음 차례에 데이터 기록 및 패킷 생성까지도 전담하게 하는 것이다. 이렇게 하면 게임 플레이 코드와 네트워크 코드 사이에 잘 정돈된 추상화 계층을 하나 만드는 셈인데, 게임 코드는 더 이상 네트워크에 관여하거나 패킷을 만들 필요가 없게 된다. 대신 중요한 변경사항이 있을 때 리플리케이션 관리자에게 알려주면 관리자가 주기적으로 알아서 패킷을 만들어 변경 사항을 기록할 것이다.

이렇게 수정하면 최신 데이터를 신뢰성 있게 보내고자 하는 의도에도 잘 부합하게 된다. 리플리케이션의 세 가지 기본 명령을 생각해 보자. 생성, 갱신, 소멸이 그것인데, 게임 시스템이 리플리케이션 관리자에 어떤 객체를 대상으로 리플리케이션 명령을 보내면, 관리자는 이들 명령을 써서 객체의 적당한 상태를 이후 패킷에 기록한다. 이때 리플리케이션 명령, 대상 객체 포인터, 기록한 상태 비트 등을 모아 InFlightPacket 레코드에 TransmissionData 항목으로 부착해 둘 수 있다. 만일 리플리케이션 관리자가 패킷이 누락되었음을 알게 되면, 패킷에 부착된 레코드를 토대로 원래 패킷을 작성할 때 썼던 명령 및 객체를 알아내어 같은 명령, 객체, 상태 비트 조합으로 새로운 데이터를 담은 패킷을 새로 작성할 수 있다. 이는 TCP에 비해 매우 발전된 것인데, 신선도가 떨어질 소지가 있는 원래 데이터 대신 리플리케이션 관리자가 새 데이터를 기준으로 패킷을 만들 수 있기 때문이다. 예컨대 대상 객체의 오래된 상태 대신, 그로부터 0.5초가 지난 현재 시점의 새 상태를 기준으로 패킷을 만들 수 있다는 것이다.

이런 시스템을 위해선 게임 시스템이 리플리케이션 요청을 일괄(batch) 처리할 수 있게끔 리플리케이션 관리자의 인터페이스를 개선해야 한다. 게임 시스템은 이를 이용해 각 게임 객체마다 일괄 생성, 일괄 갱신, 일괄 소멸 요청을 넣는다. 한편 리플리케이션 관리자는 각 객체에 대한 최근 리플리케이션 명령을 추적하다가 요청이 들어올 때 적절한 리플리케이션 데이터를 만들어 패킷에 기록할 수 있다. 리플리케이션 관리자는 이들 명령을 mNetworkReplicationCommand 컬렉션에 담아두는데, 객체의 네트워크 식별자마다 해당 객체에 대한 최신 명령으로 매핑하는 용도이다. 코드 7-10에 일괄 명령 처리를 위한 인터페이스를 구현했다. 이를 살펴보면 ReplicationCommand 자체의 동작 원리도 이해할 수 있을 것이다.

코드 7-10 리플리케이션 명령 일괄 처리

```
void ReplicationManager::BatchCreate(
    int inNetworkId, uint32_t inInitialDirtyState)
{
    mNetworkIdToReplicationCommand[inNetworkId] =
        ReplicationCommand(inInitialDirtyState);
}

void ReplicationManager::BatchDestroy(int inNetworkId)
{
    mNetworkIdToReplicationCommand[inNetworkId].SetDestroy();
}

void ReplicationManager::BatchStateDirty(
    int inNetworkId, uint32_t inDirtyState)
{
    mNetworkIdToReplicationCommand[inNetworkId].
        AddDirtyState(inDirtyState);
```

```
}

ReplicationCommand::ReplicationCommand(uint32_t inInitialDirtyState)
    : mAction(RA_Create), mDirtyState(inInitialDirtyState)
{
}

void ReplicationCommand::AddDirtyState(uint32_t inState)
{
    mDirtyState |= inState;
}

void ReplicationCommand::SetDestroy()
{
    mAction = RA_Destroy;
}
```

BatchCreate()를 호출하면 객체를 생성하는 동작을 담고 있는 ReplicationCommand를 만들어 객체의 식별자에 매핑한다. 이때 모든 프로퍼티가 리플리케이션되도록 초기 상태 비트를 설정한다. 상태 비트의 동작 원리는 5.4.1 **객체 상태 부분 리플리케이션**(194쪽) 절을 참고하자. BatchStateDirty()를 호출하면 객체의 식별자에 매핑해 둔 명령의 상태 비트가 갱신되어 나중에 리플리케이션 관리자가 어떤 부분이 바뀌었는지 알 수 있다. 게임 시스템이 데이터를 변경했는데 그것을 리플리케이션해야 한다면 이 멤버 함수를 호출해 주어야 한다. BatchDestroy()를 호출하면 객체의 식별자에 매핑된 명령을 소멸 동작으로 바꾼다. 소멸 동작은 객체에 마지막으로 내려지는 동작으로, 이전에 내려진 모든 일괄 명령에 우선한다. 이미 소멸한 객체의 상태를 바꾸는 것은 의미가 없기 때문이다. 일괄 명령이 준비되면, 리플리케이션 관리자는 코드 7-11에 구현된 대로 다음번 WriteBatchedCommands() 호출 시 패킷의 내용을 명령으로 채운다.

코드 7-11 일괄 처리 명령 기록하기

```
void ReplicationManager::WriteBatchedCommands(
    OutputMemoryBitStream& inStream, InFlightPacket* inFlightPacket)
{
    ReplicationManagerTransmissionDataPtr repTransData = nullptr;
    // 리플리케이션 명령 목록을 순회
    for (auto& pair : mNetworkIdToReplicationCommand)
    {
        ReplicationCommand& replicationCommand = pair.second;
        if (!replicationCommand.HasDirtyState())
            continue;

        int networkId = pair.first;
        GameObject* gameObj = mLinkingContext->GetGameObject(networkId);

        if (gameObj == nullptr)
```

```
            continue;

        ReplicationAction action = replicationCommand.GetAction();
        ReplicationHeader rh(action, networkId, gameObj->GetClassId());
        rh.Write(inStream);

        uint32_t dirtyState = replicationCommand.GetDirtyState();
        if (action == RA_Create || action == RA_Update)
        {
            gameObj->Write(inStream, dirtyState);
        }
        // 발신 데이터가 안 붙어 있으면 하나 생성하여 부착
        if (!repTransData)
        {
            repTransData =
                std::make_shared<ReplicationManagerTransmissionData>(this);
            inFlightPacket->SetTransmissionData(
                'RPLM',repTransData);
        }
        // 이번 처리에서 어떤 것을 기록했는지 기억해 두고 변경 플래그를 청소
        repTransData->AddReplication(networkId, action, dirtyState);
        replicationCommand.ClearDirtyState(dirtyState);
    }
}

void ReplicationCommand::ClearDirtyState(uint32_t inStateToClear)
{
    mDirtyState &= ~inStateToClear;
    if (mAction == RA_Destroy)
    {
        mAction = RA_Update;
    }
}

bool ReplicationCommand::HasDirtyState() const
{
    return (mAction == RA_Destroy) || (mDirtyState != 0);
}
```

WriteBatchedCommand()는 리플리케이션 명령을 담고 있는 map을 순회하며 명령의 HasDirtyState()를 호출해 삭제 명령이 내려졌거나 상태 비트가 변경된 식별자를 찾는다. 그런 식별자가 있으면 리플리케이션 헤더 및 상태를 기존 구현과 마찬가지로 패킷에 기록한다. 그런 다음 ReplicationManagerTransmissionData 인스턴스가 없으면 새로 만들고(함수 내에서 한 번만 만들며, 여러 명령이 공유한다), InFlightPacket에 부착한다. 함수 위에서 미리 만들지 않는 건 리플리케이션할 상태가 진짜로 있을 때만 만들도록 하기 위해서이다. 그리고 나서 네트워크 식별자, 리플리케이션 동작, 상태 비트를 전송 데이터에 추가하여 패킷에 기록한 정보 전체를 담아 준

다. 마지막으로 금방 처리한 리플리케이션 명령의 상태 플래그를 청소하여 다음번 변경이 있기 전까진 다시 처리되지 않게 조치한다. 호출이 완료되면 상위 게임 시스템이 일괄 요청한 모든 리플리케이션 데이터가 패킷에 담기게 되고, 그 InFlightPacket에는 리플리케이션 도중 사용한 정보의 레코드 또한 부착된다.

리플리케이션 관리자가 나중에 배달 통지 관리자로부터 패킷이 어찌 되었는지 통보받으면, 코드 7-12의 두 멤버 함수 중 하나가 호출될 것이다.

코드 7-12 패킷 배달 통지에 대한 처리

```
void ReplicationManagerTransmissionData::HandleDeliveryFailure(
    DeliveryNotificationManager* inDeliveryNotificationManager) const
{
    for (const ReplicationTransmission& rt : mReplications)
    {
        int networkId = rt.GetNetworkId();
        GameObject* go;
        switch (rt.GetAction())
        {
        case RA_Create:
            // 객체가 아직 살아 있으면 재생성
            go = mReplicationManager->GetLinkingContext()->
                GetGameObject(networkId);
            if (go)
                mReplicationManager->BatchCreate(
                    networkId, rt.GetState());
            break;

        case RA_Update:
            go = mReplicationManager->GetLinkingContext()->
                GetGameObject(networkId);
            if (go)
                mReplicationManager->BatchStateDirty(
                    networkId, rt.GetState());
            break;

        case RA_Destroy:
            mReplicationManager->BatchDestroy(networkId);
            break;
        }
    }
}

void ReplicationManagerTransmissionData::HandleDeliverySuccess(
    DeliveryNotificationManager* inDeliveryNotificationManager) const
{
    for (const ReplicationTransmission& rt : mReplications)
    {
        int networkId = rt.GetNetworkId();
```

```
        switch (rt.GetAction())
        {
        case RA_Create:
            // 일단 ACK를 받으면 이후엔 생성 대신 갱신으로 처리
            mReplicationManager->HandleCreateAckd(networkId);
            break;

        case RA_Destroy:
            mReplicationManager->RemoveFromReplication(networkId);
            break;
        }
    }
}
```

여기서 HandleDeliveryFailure() 함수야말로 신뢰성을 최신 상태로 보장하는 메커니즘의 핵심이다. 누락된 패킷이 생성 명령을 담고 있었다면 그 생성 명령을 다시 등록한다. 갱신 명령이면 해당하는 플래그를 다시 갱신 명령으로 등록하여 새로운 상태 값을 다음번에 보낼 수 있게 한다. 소멸 명령일 경우에도 마찬가지로 다시 소멸 명령을 등록한다. 배달이 성공하면 HandleDeliverySuccess()에서 몇 가지 마무리 작업을 해 주는데, 패킷이 생성 명령이었다면 그 명령을 갱신 명령으로 바꿔 이후 게임에서 상태 변경 시 생성 명령을 다시 수행하지 않도록 한다. 소멸 명령이라면 해당 네트워크 식별자를 map에서 삭제하는데, 이제 그 객체에 대해 리플리케이션 명령을 처리할 일이 더 이상 없기 때문이다.

7.6.1 이미 전송 중인 최신 상태의 재전송을 막아 최적화하기

〈스타시즈: 트라이브스〉의 고스트 매니저를 참고하면 리플리케이션 관리자를 상당히 최적화할 수 있는 기법이 있다. 자동차 레이싱 게임에서 차량이 1초간 움직이는 경우를 생각해보자. 서버가 클라이언트에 1초에 20번 상태를 전송하면 보내는 매 패킷마다 차량의 위치가 조금씩 다를 것이다. 그런데 만일 0.9초째에 보낸 패킷이 손실된다면, 200밀리초가 지나서야 서버의 리플리케이션 관리자가 이를 인지하고 새 데이터를 다시 보내려 할 것이다. 마침 이때 차량이 멈추어 있었다면 어떨까. 서버가 주기적으로 차량의 위치를 갱신해 주므로, 새 위치를 담은 패킷이 이미 전송 중일 수도 있다. 멈춘 차량의 현재 위치가 이미 클라이언트에 날아가고 있는 중이므로 서버가 똑같은 위치를 다시 보내는 건 낭비다. 리플리케이션 관리자가 이미 발신 중인 데이터가 무엇인지 알 수 있다면, 상태를 중복해서 보내지 않도록 할 수 있다. 다행히 리플리케이션 관리자가 데이터의 누락을 인지한 시점에, 배달 통지 관리자의 InFlightPacket 목록을 살펴보면 여기서 각각에 부착된 ReplicationManagerTransmissionData를 들여다볼 수 있다. 만약 이들 상태 데이터 중 해당 객체와 프로퍼티에 관련된 내용이 있다면, 이미 최신 데이터가 날아가는 중이므로 데이터를 다시

보낼 필요가 없다. 이를 반영해 코드 7-13에 HandleDeliveryFailure()의 RA_Update 관련 내용을 수정했다.

코드 7-13 중복 재전송 방지

```cpp
void ReplicationManagerTransmissionData::HandleDeliveryFailure(
    DeliveryNotificationManager* inDeliveryNotificationManager) const
{
    // switch (...) ...
    case RA_Update:
        go = mReplicationManager->GetLinkingContext()->GetGameObject(networkId);
        if (go)
        {
            // 현재 전송 중인 패킷 내역을 전부 뒤져
            // 거기에 기재된 상태 변경 플래그들은 취소함
            uint32_t state = rt.GetState();
            for (const auto& inFlightPacket :
                inDeliveryNotificationManager->GetInFlightPackets())
            {
                ReplicationManagerTransmissionDataPtr rmtdp =
                    std::static_pointer_cast<ReplicationManagerTransmissionData>(
                        inFlightPacket.GetTransmissionData('RPLM'));
                if (rmtdp)
                {
                    for (const ReplicationTransmission& otherRT :
                        rmtdp->mReplications)
                    {
                        if (otherRT.GetNetworkId() == networkId)
                            state &= ~otherRT.GetState();
                    }
                }
            }
            // 위 처리 후에도 상태 변경이 남아 있으면, 다시 일괄 처리로 넘김
            if (state)
                mReplicationManager->BatchStateDirty(networkId, state);
        }
        break;
    // ...
}
```

갱신 패킷이 누락되었다고 통지받으면, 일단 해당 리플리케이션의 상태 변경 플래그를 확보한다. 그다음 배달 통지 관리자에 현재 저장되어 있는 InFlightPacket을 순회하며, 각 패킷에 부착된 리플리케이션 관리자 데이터 항목을 조사한다. 데이터가 있으면 거기에 포함된 리플리케이션 발신 항목을 뒤져, 누락된 패킷의 것과 같은 네트워크 식별자를 찾는다. 그런 항목이 있으면 확보한 상태 플래그에서 해당 상태 플래그를 제거한다. 이미 발신 중인 항목의 상태 플래그는 다시 보낼

필요가 없기 때문이다. 이런 식으로 리플케이션 관리자는 이미 발신 중인 상태 정보를 재전송 내역에서 제거할 수 있다. 중복 플래그를 하나씩 제거한 결과 최종적으로 남은 비트 플래그가 하나도 없다면 아예 재전송 자체를 취소한다.

여기 설명한 소위 '최적화' 기법은 패킷 하나가 누락될 때마다 꽤 많은 처리 시간을 요구한다. 하지만 패킷 누락의 빈도가 많지 않고, CPU보다는 대역폭이 더 부담스러운 상황에선 상대적으로 유리하다. 늘 그렇지만 게임의 실제 환경을 고려하여 저울질할 필요가 있다.

7.7 실제와 유사한 환경을 꾸며 테스트하기

실전에서 게임이 구동될 환경이 얼마나 가혹할지 생각해 보면 레이턴시, 지터링, 패킷 손실 등이 가능한 실제와 유사하게 발생하도록 테스트 환경을 꾸미는 게 중요하다. 소켓 계층과 게임 사이에 테스팅 모듈을 추가하면 실전 조건을 시뮬레이션해 볼 수 있다. 패킷 손실을 시뮬레이션하려면, 일단 테스트하고 싶은 패킷 손실율을 정한다. 그리고 매번 패킷이 올 때마다 난수를 굴려 패킷을 누락시킬지 아니면 넘겨줄지 결정한다. 레이턴시와 지터링을 시뮬레이션하려면, 테스트용 평균 레이턴시와 지터링 분산 정도를 정해 둔다. 패킷을 받으면 도착 시각에 지터링과 레이턴시만큼 시간을 더한다. 그다음 패킷을 게임에 바로 넘기지 말고 따로 정렬된 리스트에 집어넣고 그 도착 시각을 앞서 더한 시각으로 조작한다. 이제 게임의 매 프레임마다 리스트를 순회하여 조작된 도착 시각이 현재 시각을 지난 패킷을 골라 게임에 넘긴다. 이 같은 개요로 구현한 것이 코드 7-14이다.

코드 7-14 패킷 손실, 레이턴시, 지터링 시뮬레이션하기

```
void RLSimulator::ReadIncomingPacketsIntoQueue()
{
    char packetMem[1500];

    int packetSize = sizeof(packetMem);
    InputMemoryBitStream inputStream(packetMem, packetSize * 8);
    SocketAddress fromAddress;

    while (receivedPackedCount < kMaxPacketsPerFrameCount)
    {
        int cnt = mSocket->ReceiveFrom(packetMem, packetSize, fromAddress);
        if (cnt == 0)
        {
            break;
        }
```

```cpp
        else if (cnt < 0)
        {
            // 에러로 취급
            // ...
        }
        else
        {
            // 이 패킷을 전달해 줄까 말까?
            if (RoboMath::GetRandomFloat() < mDropPacketChance)
            {
                // 시뮬레이션을 위해 패킷을 누락된 것으로 처리함
                continue;
            }

            // 계속 처리하기 위해 대기열에 패킷을 등록함
            // 지연 및 지터링을 시뮬레이션하도록 시간 조작
            float simulatedReceivedTime =
                Timing::sInstance.GetTimef() +
                mSimulatedLatency +
                (RoboMath::GetRandomFloat() - 0.5f) *
                mDoubleSimulatedMaxJitter;
            // 조작된 시각 순서대로 리스트가 정렬되도록 삽입할 위치 탐색
            auto it = mPacketList.end();
            while (it != mPacketList.begin())
            {
                --it;
                if (it->GetReceivedTime() < simulatedReceivedTime)
                {
                    // 이 뒤에다 넣으면 되므로, 반복자를 증가시키고 루프 탈출
                    ++it;
                    break;
                }
            }
            mPacketList.emplace(it, simulatedReceivedTime,
                inputStream, fromAddress);
        }
    }
}


void RLSimulator::ProcessQueuedPackets()
{
    float currentTime = Timing::sInstance.GetTimef();
    // 맨 앞에 오는 패킷을 조사
    while (!mPacketList.empty())
    {
        ReceivedPacket& packet = mPacketList.front();
        // 패킷을 처리할 시각이 되었나?
        if (currentTime > packet.GetReceivedTime())
        {
            ProcessPacket(packet.GetInputStream(),
                packet.GetFromAddress());
            mPacketList.pop_front();
        }
```

```
        else
        {
            break;
        }
    }
}
```

Tip☆ 좀 더 정교한 시뮬레이션을 만들려면 고려해 볼 만한 것이 하나 더 있는데, 바로 누락이나 지연이 발생할 때 보통
여러 패킷에 연달아 발생한다는 것이다. 난수를 굴려 패킷 손실이 발생하게 할 때, 난수를 하나 더 굴려 연달아 몇 개의 패
킷이 영향받게 할지 정하면 되겠다.

MULTIPLAYER GAME PROGRAMMING

7.8 / 요약

멀티플레이어 게임은 혹독한 조건 아래서 구동될 수 있다. 플레이어는 자신의 조작에 게임이 즉각 반응하길 기대하겠지만, 자연환경에 존재하는 여러 조건에 의해 방해를 받을 수밖에 없다. 네트워크에 의한 것을 배제하더라도 비디오 게임에는 다양한 레이턴시 요인이 있는데, 입력 샘플링, 렌더링, 디스플레이 레이턴시가 그 예이다. 멀티플레이어 게임 구동에 필요한 네트워크의 물리적 환경에서도 다양한 레이턴시가 발생하는데, 전파 지연, 전송 지연, 처리 지연, 큐잉 지연 등이 그 주요 원인이다. 게임 개발자 입장에서 취할 수 있는 다양한 대책이 있지만, 어떤 것은 매우 비용이 비싸고 개발의 범위를 벗어나는 것도 있다.

네트워크 상태가 변덕스럽다 보면 패킷이 늦게 도착하거나, 순서가 뒤바뀌거나, 아예 오지 않는 경우도 발생한다. 이에 대응하여 일정 수준의 신뢰성을 확보한 전송 체계를 갖추어 놓아야 게임의 체감 품질을 손상하지 않을 수 있다. 신뢰성을 확보하는 첫째 방법은 TCP 프로토콜을 쓰는 것이다. TCP는 그간 무수히 검증되기도 하였고, 간편하게 도입할 수 있다는 장점이 있다. 하지만 단점도 있는데, TCP를 통해 전송해야 하는 데이터는 무조건 신뢰성 전송을 해야 한다는 것이다. 어떤 게임 장르는 중도에 일부 누락이 있더라도 최신 게임 상태를 신속하게 주고받아야 할 때도 있는데, 이런 게임에는 TCP처럼 완벽한 신뢰성을 보장하는 프로토콜은 어울리지 않는다. 그보다는 UDP로 구현하는 것이 여러 가지 선택지가 있어 유리하다.

UDP를 채택하면 구미에 맞게 직접 신뢰성 계층을 구현해 볼 수 있다. 사실 구현 여부는 선택이 아닌 필수이다. 신뢰성 계층의 근간에는 배달 통지 시스템을 두어, 패킷이 도착하거나 누락될 때

게임 시스템에 통보할 수 있어야 한다. 이와 더불어 보내는 패킷에 참고용 정보를 부착할 수 있게 만들어 두면, 나중에 패킷이 잘못되었을 때 게임 시스템이 이를 이용해 적절히 대처할 수 있다.

이렇게 배달 통지 시스템을 구축해 놓으면 그 위에 다양한 신뢰성 모듈을 구현할 수 있다. 매우 일반적인 모듈로는 〈스타시즈: 트라이브스〉의 고스트 관리자와 유사한 것으로, 패킷 손실 시 객체의 최신 정보를 재발신하는 모듈이 있다. 각 패킷이 어떤 상태를 담고 있는 것인지 추적해 두었다가, 만일 어떤 패킷이 누락되면 그 패킷이 담고 있던 상태를 최신 정보로 재발신한다. 이때 이미 다른 패킷을 통해 해당 정보가 전송 중이면 생략하여 최적화할 수도 있다.

혹독한 실전 환경에 게임을 출시하기에 앞서, 신뢰성 시스템을 통제된 시험 환경 아래서 반드시 테스트해 보아야 한다. 테스트 전용 난수 발생기와 수신 패킷의 우회 버퍼를 두어 패킷 손실, 레이턴시, 지터링을 시뮬레이션하는 시스템을 구현할 수 있다. 그러면 다양한 환경 조건을 상정하여 네트워크 신뢰성 모듈, 나아가 게임 전체가 원활히 구동되는지 시험해 볼 수 있을 것이다.

이렇게 하여 실전에서 마주칠 지연 문제 중 저수준의 것들을 다루어 보았다. 이제는 보다 고차원적인 문제에 대해 고찰해 보자. 8장 레이턴시 대응 강화(279쪽)에선 플레이어들이 랙을 느끼지 못하게끔 고안된 고급 네트워크 게임 프로그래밍 기법에 대해 설명하고자 한다.

7.9 / 복습 문제

1. 네트워크 이외에 존재하는 다섯 가지 레이턴시 요인은 무엇인가?

2. 네트워크 레이턴시의 원인이 되는 네 가지 지연 요인은 무엇인가?

3. 각 네트워크 지연을 상쇄하는 방법을 하나씩 제시해 보자.

4. 왕복 시간의 정의는 무엇이며, 어떤 의미를 갖는가.

5. 지터링은 무엇인가? 지터링의 원인은 무엇인가?

6. DeliveryNotificationManager::ProcessSequenceNumber()를 확장하여 시퀀스 번호가 0으로 오버플로 되는 경우를 처리해 보자.

7. 배달 통지 관리자 코드를 확장하여 한 프레임에 동시에 받은 패킷을 일단 버퍼링하고, 그중 오래된 패킷을 걸러낼 수 있게 정렬하는 메커니즘을 만들어 보자.

8. 리플리케이션 관리자가 배달 통지 관리자를 어떻게 이용하면 TCP보다 나은 신뢰성 연결을 구현할 수 있는지 설명해 보자. 또한, 패킷이 누락된 경우 어떻게 최신 정보를 보내는지 설명해 보자.

9. 배달 통지 관리자와 리플리케이션 관리자를 써서 〈퐁(pong)〉 같은 간단한 2인용 탁구 게임을 만들어 보자. 현실 세계의 조건을 시뮬레이션하여 패킷 손실이나 레이턴시, 지터링을 얼마나 버틸 수 있는지 확인해 보자.

7.10 더 읽을거리

Almes, G., S. Kalidindi, and M. Zekauskas. (1999, September). A One-Way Delay Metric for IPPM. https://tools.ietf.org/html/rfc2679. (2015년 9월 12일 현재)

Carmack, John (2012, April). Tweet. https://twitter.com/id_aa_carmack/status/193480622533120001. (2015년 9월 12일 현재)

Carmack, John (2012, May). Transatlantic ping faster than sending a pixel to the screen? http://superuser.com/questions/419070/transatlantic-ping-faster-than-sending-a-pixel-to-the-screen/419167#419167. (2015년 9월 12일 현재)

Frohnmayer, Mark and Tim Gift (1999). The TRIBES Engine Networking Model. http://gamedevs.org/uploads/tribes-networking-model.pdf. (2015년 9월 12일 현재)

Hauser, Charlie (2015, January). NA Server Roadmap Update: Optimizing the Internet for League and You. http://boards.na.leagueoflegends.com/en/c/help-support/AMupzBHw-na-server-roadmap-update-optimizing-the-internet-for-league-and-you. (2015년 9월 12일 현재)

Paxson, V., G. Almes, J. Mahdavi, and M. Mathis. (1998, May). Framework for IP Performance Metrics. https://tools.ietf.org/html/rfc2330. (2015년 9월 12일 현재)

Savage, Phil (2015, January). Riot Plans to Optimise the Internet for League of Legends Players. http://www.pcgamer.com/riot-plans-to-optimise-the-internet-for-league-of-legends-players/. (2015년 9월 12일 현재)

Steed, Anthony and Manuel Fradinho Oliveira. (2010). Networked Graphics. Morgan Kaufman.

8장

레이턴시
대응 강화

멀티플레이어 게임 프로그래머에게 있어 레이턴시는 숙적과도 같은 존재
이다. 그럼에도 우리의 목표는 플레이어가 바로 길 건너편 건물에 있는
서버에 접속한 것처럼 지연을 느끼지 못하게 하는 것이다. 실제로는 서버
가 바다 건너 저편에 있을지라도 말이다. 이 장에선 이를 가능케 하는 기
법들에 대해 다룬다.

8.1 더미 터미널 클라이언트

클라이언트-서버 네트워크 토폴로지 관련 주제로 팀 스위니(Tim Sweeney)가 쓴 글 중에 유명한 구절이 있다. "서버만이 유일한 실체다!"* 무슨 말인가 하면 언리얼 네트워크 시스템에선 오로지 서버만이 게임 상태의 진본을 가지고 옳고 그름을 판단한다는 뜻이다. 오직 서버만이 실제 시뮬레이션을 수행하게 하는 건 전통적으로 치트에 강한 CS 모델을 구축하는 데 있어 필수불가결인 사항이기도 하다. 하지만 반대급부로 플레이어가 액션을 취한 뒤 서버의 시뮬레이션 진본에 그 액션이 반영된 결과를 보려면 항상 지연이 수반된다. 그림 8-1에 이같이 플레이어의 입력 및 그에 따른 반응을 담은 패킷이 왕복하는 과정을 묘사했다.

▼ 그림 8-1 패킷 왕복 과정

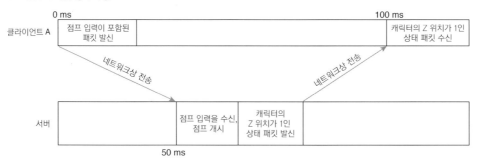

이 예제에서 클라이언트 A와 서버 사이의 왕복 시간 혹은 RTT는 100밀리초라 상정한다. 0밀리초 시점에서 플레이어 A의 캐릭터는 가만히 있는 상태고 Z 값은 0이다. 이 상태에서 플레이어가 점프 버튼을 누른다. 레이턴시가 클라이언트와 서버 사이에 대칭적이라 하면 플레이어 A의 입력을 담은 패킷이 서버까지 전달되는데 50밀리초, 즉 1/2 RTT(왕복 시간의 절반)만큼 걸린다. 입력 패킷을 받으면 서버는 플레이어의 점프를 시뮬레이션하기 시작하여, 캐릭터의 Z 값을 1로 이동시킨다. 그다음 이 새로운 상태를 클라이언트 A에 전달하는데, 이것이 또 50밀리초 걸린다. 서버가 보낸 상태 갱신 패킷을 클라이언트 A가 받으면 이를 토대로 캐릭터 A의 Z값을 갱신하고 화면을 다시 그린다. 따라서 점프 버튼을 누른 뒤 합계 100밀리초가 지나고 나서야 플레이어 A는 자신의 캐릭터가 실제로 뛰는 걸 보게 된다.

여기서 쓸만한 사실을 하나 유추해 볼 수 있다. 서버에서 돌아가는 시뮬레이션은 항상 원격 플레이어가 인지할 수 있는 것보다 1/2 RTT 만큼 앞서 진행된다는 것이다. 뒤집어 말하면 플레이어

---

* 역주 "The server is the man!"

는 서버의 시뮬레이션 결과를 원격으로 인지할 때, 항상 서버의 진짜 상태보다 1/2 RTT 뒤처진 상태로 인지하게 된다. 이는 네트워크 트래픽이나 물리적 거리 또는 중도의 하드웨어 구성 등에 따라 달라지기는 하지만 100밀리초나 그 이상이 될 수도 있다.

초창기 멀티플레이어 게임을 출시할 땐 이처럼 입력과 그 반응 사이에 랙이 두드러지게 나타나는 현상에 대해 별다른 조치를 취하지 않기도 했었다. 퀘이크 1편 오리지날이 그런 경우인데, 입력에 레이턴시가 있음에도 많이들 즐겼다.* 퀘이크나 여타 당시의 CS 모델 게임에선 이런 식으로 클라이언트가 입력을 서버에 보내면 서버는 그 입력을 시뮬레이션에 넣어 나온 결과로 응답하고, 이걸 다시 클라이언트가 받아 화면에 그리는 방식을 많이 썼다. 이런 형태의 클라이언트를 더미 터미널(dumb terminal)이라 부르는데, 클라이언트가 시뮬레이션 내용에는 전혀 신경 쓰지 않고 그저 입력을 보내고 결과를 받아 사용자에게 출력하는 역할만 하기 때문이다. 한편 항상 서버가 정해준 상태로만 출력하므로, 결코 부정확한 상태를 볼 일 또한 없다. 비록 지연이 좀 있긴 해도, 더미 터미널이 보여주는 상태는 서버상 어느 시점의 정확한 상태 그대로이다. 시스템 전반적으로 상태 정보가 항상 일관되며 부정확한 결과가 나타나는 일이 없으므로, 이 방식의 네트워킹을 보수적 알고리즘(conservative algorithm)으로 분류하기도 한다. 사용자로선 확연히 드러나는 레이턴시를 감수해야 하지만 적어도 보수적 알고리즘이 부정확한 결과를 보여주는 일은 없다.

랙이 좀 심하게 느껴지는 것 말고도 더미 터미널 형태에서 나타나는 문제가 한 가지 더 있다. 그림 8-2에 플레이어 A가 점프하는 연속 동작을 보자.

▼ 그림 8-2 초당 15패킷으로 점프 처리

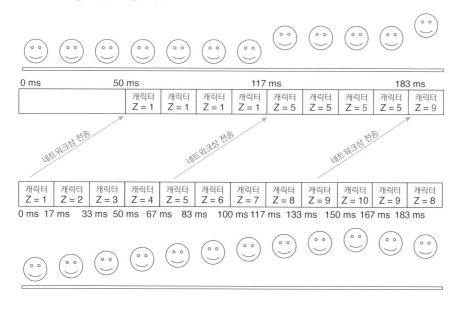

* 역주 당시엔 PC 방에 모여서 하거나 랜으로 연결해서 즐기는 게 대세라서 레이턴시가 크지 않았기 때문일지도 모른다.

고성능 GPU를 장착한 클라이언트 A는 초당 60프레임을 처리할 수 있다. 이때 서버도 초당 60프레임으로 시뮬레이션을 돌릴 수 있다고 하자. 그렇지만 대역폭 제한으로 인해 클라이언트 A와 서버 사이의 회선으로는 서버가 초당 15회밖에 상태 정보를 전송하지 못한다. 플레이어가 점프 시 1초에 60픽셀을 움직인다 치면 서버의 시뮬레이션 내부에선 Z 값이 한 프레임에 1픽셀씩 움직인다. 하지만 서버는 클라이언트에 4프레임마다 한 번만 상태 패킷을 보낸다. 클라이언트 A가 상태를 수신하면 캐릭터의 Z 위치를 갱신하는데, 한 번 갱신한 이후 다음번 갱신이 오기 전까지 같은 Z 위치에 네 프레임 동안 그려야 한다. GPU는 초당 60프레임으로 쉴 새 없이 화면에 그리고 있지만, 네트워크 제약 때문에 플레이어가 실제로 보는 게임은 고작 초당 15프레임으로 돌아가는 셈이다. 큰맘 먹고 비싼 돈 들여 그래픽카드를 바꿨더니만 참으로 허탈한 일이 아닐 수 없다.

한 가지 문제가 더 있다. FPS 게임에선 레이턴시 때문에 조작이 지척거릴 뿐만 아니라 다른 플레이어를 조준하기도 어려워진다. 정확히 현재 시점의 상대 플레이어 위치가 확보되지 않으면 조준 사격의 의미가 없어지기 때문이다. 분명 정확히 머리에다 조준해서 방아쇠를 당겼건만 렌더링된 그 모습은 벌써 100밀리초 전의 상태로, 상대방은 이미 앞으로 이동해 버려 허공에다 쏘고 만 것이다. 이런 일을 자꾸 겪으면 스트레스 받아서 차라리 관두겠다는 플레이어가 많을 터이다.

CS 토폴로지의 게임을 만들게 되면, 이러한 레이턴시 문제에서 결코 탈출할 수 없다. 하지만 플레이어가 주관적으로 체험하는 면에서 지연을 상쇄시키는 기법이 몇 가지 있는데, 다음 절에서 이에 대해 자세히 알아보자.

8.2 클라이언트 측 보간

서버가 보내주는 상태 갱신이 드문드문 오게 되면 플레이어는 게임이 실제보다 느리게 돌아간다고 느끼게 된다. 클라이언트 측 보간(client side interpolation)으로 이를 어느 정도 완화할 수 있다. 클라이언트 측 보간을 쓰면 서버가 보내주는 값으로 위치를 매번 텔레포트시키는 대신, 시간의 흐름에 따라 부드럽게 위치를 이동시키며 보여준다. 이러한 보간 알고리즘을 일컬어 로컬 퍼셉션 필터(local perception filter)라 하기도 한다.

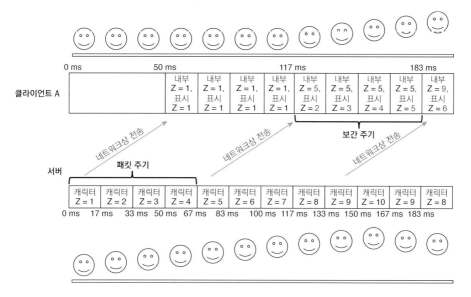

▼ 그림 8-3 시간 진행에 따른 클라이언트 측 보간

보간 주기(interpolation period)를 밀리초 단위로 IP라 하고, 패킷 주기(packet period) 또한 밀리초 단위로 PP라 하자. 보간 주기는 클라이언트가 기존 상태에서 새로운 상태로 완전히 전이하는데 걸리는 시간이다. 패킷 주기는 이전 패킷 이후 새로운 패킷을 서버에게 받을 때까지 기다려야 하는 시간이다. 이 같은 정의에 따르면, 패킷이 도착하고 나서 클라이언트가 그 패킷의 상태로 보간을 끝내는데 IP 밀리초만큼 걸리게 된다. 따라서 IP가 PP보다 작을 경우 새 패킷이 미처 도착하기 전에 클라이언트가 한 단계의 보간을 끝내버리게 되어, 이것이 플레이어의 눈에 뚝뚝 끊기는 것으로 나타난다. 그러므로 클라이언트의 상태 전환이 최대한 부드럽게 보이게 하려면, 보간이 끊기지 않도록 IP가 항상 PP보다 커야 한다. 그러면 클라이언트가 한 단계의 보간을 마칠 때쯤 이미 다음 상태를 받아두었을 터이므로 바로 이어나갈 수 있다.

앞서 더미 터미널이 보여주는 내용이 항상 서버보다 1/2 RTT 만큼 뒤처진다는 걸 떠올려 보자. 여기다 보간까지 하게 되면, 서버가 보내 준 상태를 곧바로 플레이어에게 보여주지 않으므로 플레이어 입장에서 보이는 게임 세계의 랙은 더 심해진다. 클라이언트 측 보간을 사용할 때를 계산해 보면, 서버의 진짜 상태보다 1/2 RTT + IP 밀리초 만큼 뒤처지는 결과가 나온다. 따라서 지연을 최소화하려면 IP 밀리초를 최대한 작게 잡는 것이 좋겠다. 하지만 위에서 알아본 것처럼, IP는 PP보다 같거나 커야지만 끊김이 발생하지 않으니 주의하자.

PP 값을 결정하기 위해, 어느 정도의 빈도로 패킷을 보낼지 서버가 명시적으로 클라이언트에 미리 알려줄 수 있다. 아니면 패킷을 받는 빈도를 클라이언트가 측정해 계산할 수도 있다. 서버가 패킷 주기를 정할 때 주의할 점은 대역폭을 기준으로 잡아야지, 레이턴시를 기준으로 잡으면 안 된다는 것이다. 서버는 클라이언트와의 연결로 수용할 수 있는 최대한의 빈도로 패킷을 보내려 노력해야 한다. 클라이언트 측 보간을 수행하는 게임에서 플레이어가 인지하는 레이턴시에는 네트워크 자체의 레이턴시뿐만 아니라 대역폭 또한 중요한 요소가 되기 때문이다.

앞서 예제를 계속해 보면, 서버가 초당 15회의 패킷을 보낼 때 패킷 주기는 66.7밀리초가 된다. IP는 PP보다 크거나 같아야 하므로, 플레이어가 체감하는 총 레이턴시는 원래 1/2 RTT인 50밀리초에 66.7밀리초를 더한 116.7밀리초가 된다. 하지만 보간이 있으면 게임이 훨씬 부드럽게 돌아가게 되므로, 플레이어로선 레이턴시가 꽤 있긴 하지만 그럭저럭할 만하다 여길 수 있다.

한편 플레이어가 카메라 조작을 직접 하는 게임은 사정이 좀 나은데, 카메라 조작을 통해 체감 레이턴시가 줄어드는 효과 덕분이다. 카메라의 위치나 방향이 시뮬레이션에 아무런 영향이 없다면, 아예 클라이언트가 자율적으로 제어하게 할 수 있다. 걸어 다니거나 사격을 하는 행위는 시뮬레이션에 직접 영향을 끼치므로 서버와 통신을 주고받는 것이 필수이다. 하지만 카메라를 돌려 조준하는 것만으론 시뮬레이션에 직접적인 영향이 없도록 기획되었다면, 서버에 응답을 보내고 받고 할 것 없이 클라이언트 자체적으로 렌더러의 뷰 변환을 처리하면 된다. 로컬에서 카메라를 직접 처리하므로 플레이어는 카메라를 회전할 때 즉각적인 피드백을 얻을 수 있다. 부드러운 보간 처리에 이러한 피드백이 결합되면, 보간 탓에 추가된 레이턴시에 따른 이질감을 많이 완화할 수 있다.

클라이언트 측 보간 또한 보수적 알고리즘으로 분류된다. 서버가 리플리케이션해 준 상태를 즉각 표시하지는 않지만, 서버가 시뮬레이션을 수행한 전/후 두 가지 상태의 어느 중간 지점의 값만을 보여주기 때문이다. 이전 상태에서 이후 상태로 전이되는 과정을 부드럽게 출력하기는 하지만 절대로 서버에서 일어나지 않은 일을 추측하거나 하지는 않으므로 부정확한 결과를 보여주는 일도 없다. 한편 지금까지 살펴본 보수적인 알고리즘 외에 다른 기법도 있는데, 다음 절에서 계속 알아보기로 하자.

8.3 클라이언트 측 예측

클라이언트 측 보간으로 플레이어가 보다 부드러운 게임 체험을 할 순 있지만, 보간되어 보이는 장면은 실제 서버에 지금 당장 일어나고 있는 것보다 뒤처진 상태이다. 보간 주기를 아주 작게 하더라도 최소 1/2 RTT 만큼 뒤따라갈 수밖에 없다. 게임 상태를 보다 최신으로 보여주고자 한다면 보간법 대신 외삽법(extrapolation)을 사용해야 한다. 서버에서 조금 오래된 상태를 받아 외삽으로 현재 상태와 가능한 한 가깝게 맞춘 뒤 플레이어에게 보여주는 것이다. 이렇게 외삽을 활용하는 기법을 일컬어 클라이언트 측 예측(client side prediction)이라 한다.

현재 상태를 외삽하려면 클라이언트가 서버랑 똑같은 시뮬레이션 코드를 실행할 수 있어야 한다. 클라이언트는 상태 갱신을 받은 시점에서 그 갱신 내역이 1/2 RTT 만큼 오래되었다는 걸 알고 있다. 이를 현재 상태로 끌어올리려면 클라이언트가 시뮬레이션을 추가 1/2 RTT 시간만큼 더 진행시킨 뒤 화면에 보여주면 된다. 그렇게 해서 서버의 진짜 현재 게임 상태에 훨씬 근접한 상태로 예측하여 플레이어에게 보여주는 것이다. 게임이 진행됨에 따라 클라이언트는 계속하여 각 프레임마다 시뮬레이션을 예측하여 근접 상태를 유지하는데, 매번 서버에게 받는 패킷의 갱신 내역은 이전 단계에서 클라이언트가 이미 예측해 시뮬레이션한 내역과 이론상 절묘하게 맞아떨어지게 될 터이다.

1/2 RTT 만큼 외삽을 수행하려면 클라이언트는 먼저 RTT를 추정해 두어야 한다. 서버와 클라이언트의 내장 시계가 서로 일치하게 동기화하기는 기술적으로 매우 어렵기 때문에, 단순히 서버가 타임스탬프를 찍고 클라이언트가 이를 받아 경과 시간을 재는 식으로는 제대로 돌아가지 않는다. 대신 클라이언트가 보낸 시각과 받은 시각 둘 다 재어 두었다가 이를 토대로 전체 왕복 시간을 계산해야 한다. 이 과정을 묘사하면 그림 8-4와 같다.

▼ 그림 8-4 왕복 시간(RTT) 계산

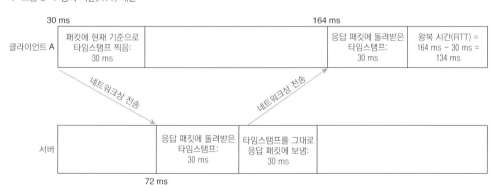

먼저 클라이언트는 자신의 내장 시계로 잰 타임스탬프를 패킷에 찍어 서버에 보낸다. 서버가 패킷을 받으면 패킷의 타임스탬프를 응답용 패킷에 고스란히 복사해 클라이언트에 되돌려 준다. 클라이언트가 응답 패킷을 받으면 현재 클라이언트 시각에서 원래 타임스탬프 시각의 차를 구해 시간을 구한다. 이렇게 하면 클라이언트가 처음 패킷을 보낸 뒤 응답 받을 때까지 걸린 시간을 구할 수 있는데, 이것이 바로 왕복 시간, 즉 RTT가 된다. 이 정보를 토대로 클라이언트는 타임스탬프가 포함된 패킷의 데이터가 얼마나 오래된 것인지 측정해 보고 외삽의 정도를 결정할 수 있다.

데이터가 얼마나 오래되었는지 판단할 때 1/2 RTT, 즉 왕복 시간의 절반을 취하는 것은 어디까지나 추정일 뿐이다. 보내고 받는 양쪽 방향으로 트래픽이 꼭 같다 볼 수는 없으며, 서버가 클라이언트로 보내는 시간이 1/2 RTT보다 더 걸릴 수도, 덜 걸릴 수도 있다. 그렇긴 해도 1/2 RTT 정도면 나쁘지 않은 추정치인데, 대부분 실시간 게임 용도로 충분하다 하겠다.

6장의 〈로보캣 액션〉 코드에선 클라이언트가 입력 패킷을 보낼 때 이미 타임스탬프를 찍어서 보내고 있다. 그러니 서버는 상태 갱신을 보낼 때 가장 최근 입력 패킷의 타임스탬프를 추출해 클라이언트에 그대로 돌려보내면 된다. 이런 처리를 하게 NetworkManagerServer 코드를 수정한 내용이 코드 8-1이다.

코드 8-1 클라이언트가 보내준 타임스탬프를 되돌려 주기

```cpp
void NetworkManagerServer::HandleInputPacket(
    ClientProxyPtr inClientProxy,
    InputMemoryBitStream& inInputStream)
{
    uint32_t moveCount = 0;
    Move move;
    inInputStream.Read(moveCount, 2);
    for (; moveCount > 0; --moveCount)
    {
        if (move.Read(inInputStream))
        {
            if (inClientProxy->GetUnprocessedMoveList().AddMoveIfNew(move))
            {
                inClientProxy->SetIsLastMoveTimestampDirty(true);
            }
        }
    }
}

bool MoveList::AddMoveIfNew(const Move& inMove)
{
    float timeStamp = inMove.GetTimestamp();
    if (timeStamp > mLastMoveTimestamp)
    {
        float deltaTime = mLastMoveTimestamp >= 0.f ?
            timeStamp - mLastMoveTimestamp : 0.f;
        mLastMoveTimestamp = timeStamp;
        mMoves.emplace_back(inMove.GetInputState(), timeStamp, deltaTime);
        return true;
    }
    return false;
}

void NetworkManagerServer::WriteLastMoveTimestampIfDirty(
    OutputMemoryBitStream& inOutputStream,
```

```
        ClientProxyPtr inClientProxy)
{
    bool isTimestampDirty = inClientProxy->IsLastMoveTimestampDirty();
    inOutputStream.Write(isTimestampDirty);
    if (isTimestampDirty)
    {
        inOutputStream.Write(
            inClientProxy->GetUnprocessedMoveList().GetLastMoveTimestamp());
        inClientProxy->SetIsLastMoveTimestampDirty(false);
    }
}
```

매 입력 패킷이 들어올 때마다 서버는 HandleInputPacket()을 호출한다. 이 함수는 패킷에 들어 있는 이동 조작으로 MoveList의 AddMoveIfNew()를 불러 준다. AddMoveIfNew()는 각 이동 조작의 타임스탬프를 보고 가장 최근에 받은 것보다 새로운 것인지 확인한다. 만일 그렇다면 이동 조작 목록 맨 뒤에 추가하고 최신 타임스탬프로 갱신한다. 호출 결과 타임스탬프가 갱신되면 HandleInputPacket()은 타임스탬프가 갱신되었다고 표시(set-dirty)하여 나중에 네트워크 관리자가 클라이언트에 이 타임스탬프를 보내도록 상기시킨다. 네트워크 관리자가 클라이언트에 패킷을 보낼 차례가 되면, 해당 클라이언트의 타임스탬프가 갱신되었는지 확인하고, 그럴 경우 이를 패킷에 실어 보낸다. 클라이언트가 이 타임스탬프를 받으면 현재 시각과의 차이를 구해 서버까지 입력이 갔다 오는데 걸린 시간을 측정한다.

8.3.1 데드 레커닝

게임 시뮬레이션의 구현은 여러 부분에서 결정론적이므로, 클라이언트가 서버와 같은 코드를 돌리기만 하면 대체로 같은 시뮬레이션 결과를 얻을 수 있다. 총알이 발사되어 공기 중을 날아갈 때 서버와 클라이언트에서 같은 방식으로 날아갈 것이고, 공이 벽이나 바닥에 튕길 때도 같은 물리 법칙으로 동작할 것이다. 클라이언트가 AI 코드도 공유해서 가지고 있으면, AI가 제어하는 게임 객체 또한 서버와 동기화를 맞추어 시뮬레이션할 수 있다. 하지만 단 한 종류의 객체만큼은 전적으로 비결정론적이며 완벽한 예측 시뮬레이션이 절대 불가능한 것이 있는데, 바로 인간 플레이어 *이다. 클라이언트 프로그램이 원격지의 플레이어가 지금 무슨 생각을 하는지 알 수 있을 턱이 없다. 무슨 행동을 할지도, 어디로 이동할지도 알 수 없는 건 마찬가지다. 이 때문에 외삽을 통한 예측에 차질이 생긴다. 클라이언트가 취할 수 있는 최선책은 기존 정보를 토대로 추정하고, 그 추정치를 서버에게 받은 갱신 내역으로 보정해 나가는 것이다.

---

* 　역주　완벽히 예측 가능한 플레이를 하다 보니 인간인지 AI인지 구분이 안 되는 플레이어도 한 명 있다. (ㅠㅠ)

네트워크 게임에서 데드 레커닝(dead reckoning)*이란, 대상체가 현재 하는 행동을 지속할 것이란 가정하에 대상체의 다음 행동을 예측하는 기법이다. 지금 뛰고 있는 플레이어가 있다면 계속 같은 방향으로 뛸 것으로 가정하며, 지금 한쪽으로 선회하고 있는 비행기가 있다면 같은 방향으로 계속 선회할 것으로 가정한다.

시뮬레이션 중인 객체가 플레이어라면, 데드 레커닝을 할 때 클라이언트가 서버와 같은 조건에서 시뮬레이션해야 하지만 클라이언트는 그 플레이어의 입력이 무엇인지는 모르는 상태이다. 따라서 서버는 플레이어가 제어하는 객체의 현재 상태뿐만 아니라, 향후 계산에 사용할 변수의 값도 같이 클라이언트에 리플리케이션해 주어야 한다. 여기에는 속도, 가속도, 점프 상태 등이 있으며 게임에 따라 몇 가지가 더 있을 수 있다.

원격 플레이어가 하던 행동을 지속하기만 하면 데드 레커닝으로 월드의 현재 상태를 정확히 클라이언트가 예측하는 게 가능해진다. 하지만 원격 플레이어가 예상치 못한 동작을 하면 클라이언트쪽 시뮬레이션이 서버의 상태와 조금씩 달라지데, 이렇게 달라진 부분은 곧 수정되어야 한다. 데드 레커닝은 서버에게서 모든 정보를 완벽하게 확보한 뒤 수행되는 알고리즘이 아니다. 따라서 보수적 알고리즘으로 분류하지 않으며 낙관적 알고리즘(optimistic algorithm)으로 분류한다. 이 알고리즘은 대부분은 잘 맞아떨어지는 추정 상태를 얻을 수 있지만, 가끔은 완전히 틀린 결과가 되어 수정이 필요하게 된다. 그림 8-5에 이를 묘사했다.

▼ 그림 8-5 데드 레커닝 오동작 사례

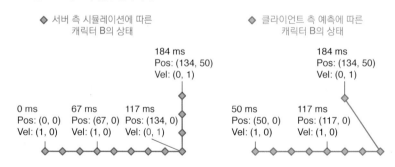

왕복 시간이 100밀리초이고, 프레임 레이트가 초당 60프레임이라 가정하자. 50밀리초 시점에서 클라이언트 A가 받은 플레이어 B의 상태는 위치 (0, 0)에 X+ 축으로 1밀리초당 1픽셀씩 움직이고 있다. 이 정보는 서버보다 1/2 RTT 뒤처진 정보이므로, 클라이언트는 50밀리초 분량의 시뮬레이션을 더 진행해, 플레이어 B가 등속으로 계속 움직인 것으로 표시한다. 그러면 플레이어 B의 위치는 (50, 0)이 된다. 이후 새 상태 패킷을 받기 전까지 네 프레임 동안 예측에 의한 시뮬레이션

---

* **역주** 왠지 좀비물과 관련이 있을 것 같지만, 원래는 항해 관련 용어로 deduced reckoning(추정 계산)이라 하기도 한다.

을 계속 진행한다. 네 프레임째 117밀리초 시점에서 예측한 플레이어 B의 위치는 (117, 0)이다. 이제 서버에게 새 패킷을 받는데, 그 내용은 위치 (67, 0)에 속도는 여전히 (1, 0)이다. 이 상태를 기준으로 다시, 1/2 RTT 만큼 시뮬레이션을 진행하면 그 위치가 앞서 예측했던 위치 (117, 0)과 정확히 일치하게 된다.

지금까지 진행은 매우 순조롭다. 계속해서 네 프레임을 클라이언트가 예측 시뮬레이션하는데, 예상 위치는 (184, 0)이다. 하지만 이 시점에서 서버가 새로 보내준 정보는 플레이어 B의 위치가 (134, 0)이고 속도는 (0, 1)로 바뀌었다. 아마 플레이어 B가 앞으로 달려가다 멈추고 게걸음(좌/우 이동)을 시작한 모양이다. 새로 받은 정보로 1/2 RTT 분량을 시뮬레이션하면 위치가 (134, 50)으로 나오는데, 앞서 예측했던 위치 (184, 0)과 다른 값이 나왔다. 플레이어 B가 예상치 못한 행동을 하다 보니 클라이언트 A의 자체 시뮬레이션 결과가 서버의 진짜 월드 상태와 달라지게 된 것이다.

클라이언트가 자신의 시뮬레이션이 부정확하다는 걸 발견하면 세 가지 방법으로 수습을 시도할 수 있다.

- **즉시 상태 갱신**. 그냥 새 상태를 즉시 반영해 버린다. 플레이어는 아마 객체들이 텔레포트하는 걸 눈치챌 것이다. 그래도 부정확한 것보다는 낫다고 생각될 때 쓰는 방법이다. 하지만 여전히 게임 상태는 1/2 RTT 뒤처져 있으므로 클라이언트는 반영한 지점에서 다시 데드 레커닝을 1/2 RTT 만큼 시뮬레이션을 진행해야 한다.

- **보간**. 클라이언트 측 보간법을 응용하여, 잘못 예측한 상태에서 출발해 몇 프레임에 걸쳐 새 상태로 보간해 나간다. 이를 위해 위치나 회전 등 부정확한 각 상태 변수에 대한 보정용 델타 값을 계산하여 저장해 두었다가 매 프레임마다 점진적으로 적용해 나간다. 보다 간편한 대안으로는 경로를 하나 만들어서 다음 상태를 받을 때까지 그 경로를 따라가게 하는 것이다. 많이 쓰는 방법으로 삼차 스플라인 보간(cubic spline interpolation)을 이용한 방법이 있는데, 시작 지점(틀린 것으로 판명 난 위치)에서 끝 지점(갱신받은 위치와 속력으로 1/2 RTT 만큼 더 진행한*)을 잇는 곡선을 만들어** 부드럽게 따라가는 것이다. 상세한 내용은 8.7 더 읽을거리(300쪽) 절을 참고하게 하자.

- **상태 변수의 도함수를 유도하여 적용**. 멈추어 있던 상태의 객체가 갑자기 속력을 내는 경우, 보간하더라도 보기에 거슬리는 경우가 있다. 눈치채지 못하게 하려면 속력에 대해 도함수를 유도하여 가속도를 구하는 식으로 시뮬레이션을 섬세하게 제어해야 한다. 수학적으로 골치가 아파지지만, 수정이 눈에 안 띄게 하는데 가장 좋은 방법이다.

---

* 역주 그냥 갱신 받은 위치와 속력으로 하지 않고, 이번 분량의 예측을 더해 1/2 RTT 만큼 더 진행한다는 점에 주목하자.
** 역주 위치와 속력(접선)을 인자로 하면 결과적으로 삼차 에르미트(cubic hermite) 곡선이 된다. 에르미트 곡선은 일차 및 이차 도함수가 연속이므로 물리 법칙을 잘 반영한다. 다만 기획상 가감속을 무시하는 컨셉으로 사실적 물리와 거리가 있는 게임의 경우엔 스플라인 보간이 조금 어울리지 않을 수 있다.

보통 게임에선 이들 방법을 적당히 조합해서 쓰며, 게임 내에서 정한 기준을 중심으로 실제 발생한 오차가 어느 정도냐에 따라 다른 전략을 취할 수 있다. 호흡이 빠른 슈팅 게임의 경우 작은 오차는 보간법으로 해소하고 큰 오차는 텔레포트 처리한다. 그보다는 느린 템포의 비행 시뮬레이션이나 거대 로봇물 같은 경우 큰 오차가 아닌 경우엔 모두 도함수로 보정하기도 한다.

데드 레커닝은 원격 플레이어의 급작스러운 움직임 이탈을 잘 감추어 준다. 로컬 플레이어는 원격 플레이어가 무엇을 하고 있는지 눈으로 보지 않고서야 잘 모를 것이기 때문이다. 플레이어 B가 뛰어오는 걸 A가 보고 있을 때, B가 방향을 바꿀 때마다 조금씩 시뮬레이션에 오차가 생겼다가 없어지곤 하겠지만, 플레이어 A가 이를 알아채기는 쉽지 않다. 같은 방 옆자리에서 플레이어 A가 자신이 조작하는 화면과 B의 화면을 대조해서 보지 않는 한 말이다. 실제로는 클라이언트상 시뮬레이션이 1/2 RTT 만큼 예측에 의해 돌아감에도 불구하고, 대개의 경우 플레이어 A는 시뮬레이션이 상대방과 일치한다고 느끼게 된다.

8.3.2 클라이언트 이동 예측 및 이동 조작 되새김

데드 레커닝은 로컬 플레이어 자신의 레이턴시는 감추어주지 못한다. 클라이언트 A를 조작하는 플레이어 A가 앞으로 뛰는 경우를 생각해 보자. 데드 레커닝은 서버가 보내준 상태를 토대로 시뮬레이션하므로 플레이어의 입력이 시뮬레이션되기까지 왕복 시간만큼의 지연이 생긴다. 플레이어가 앞으로 뛰기 버튼을 누르면, 이 입력이 서버에 도달하기까지 1/2 RTT가 걸리며, 서버는 패킷을 보고서야 캐릭터의 속력을 변경한다. 다시 1/2 RTT가 지나 그 속력 벡터가 클라이언트 A에 전달되어야 데드 레커닝을 시작할 수 있다. 따라서 플레이어가 버튼을 누른 후 자기 캐릭터가 움직이는 결과를 보는 데에도 RTT 만큼의 랙이 생긴다.

이를 보완할 방법이 있다. 플레이어 A가 입력한 내용을 로컬 클라이언트가 직접 처리하여, 클라이언트 A의 플레이어 캐릭터를 직접 시뮬레이션하는 것이다. 그러면 플레이어 A가 이동 버튼을 누르자마자 클라이언트가 움직임을 시뮬레이션할 수 있다. 서버에 입력 패킷이 도달하면 거기서도 플레이어 A의 상태에 따라 시뮬레이션을 하면 된다. 그런데 이것이 말은 쉽지만 그렇게 단순하지만은 않다.

문제는 서버가 플레이어 A의 상태를 리플리케이션하는 패킷을 클라이언트 A에 보내줄 때 발생한다. 앞서 내용을 상기하면 클라이언트 측 예측을 사용 시 클라이언트가 받는 모든 상태는 1/2 RTT 만큼 추가로 시뮬레이션하여 서버의 실제 상태를 따라잡는다 했다. 원격 플레이어를 시뮬레이션할 때, 클라이언트는 데드 레커닝을 적용하고 입력의 변화가 없다고 가정한 채로 시뮬레이션을 전개해 나간다. 대개 상태 갱신을 받아봐도 예측한 상태와 크게 벗어나지 않는다. 만일 어긋나면 클라이언트가 원격 플레이어 위치에 수렴하게 부드럽게 보간하면 된다. 그런데 이게 로컬 플레이어에는 잘 적용이 안 된다. 로컬 플레이어는 자기 위치가 어딘지 잘 알고 있으므로, 보간이 일어날 때 즉시 알아채 버린다. 즉, 입력 방향을 바꾸거나 했을 때 질질 끌려가며 원하는 대로 이동되지 않고 지척거린다고 느껴 게임 체험이 손상된다. 로컬 플레이어가 마치 네트워크 연결이 없는 싱글 플레이어 게임을 하는 수준으로 이동을 체감할 수 있다면 최상일 것이다.

한 가지 해결책은 서버가 보내준 상태를 로컬 플레이어에 한해 아예 무시하는 것이다. 클라이언트 A는 플레이어 A의 상태 변화를 전적으로 로컬 시뮬레이션으로 풀어간다. 그럼 플레이어 A는 마치 싱글 플레이를 하는 듯 지연없이 이동을 체감하는 것이 가능해진다. 불행히도 이렇게 되면 플레이어 A의 상태가 서버의 진짜 상태와 점점 멀어지는 결과로 이어진다. 예를 들어 플레이어 B가 와서 플레이어 A에 부딪혔는데, 클라이언트 A 입장에서는 이 충돌을 미리 예측할 정확한 방법이 없다. 플레이어 B의 진짜 현재 위치는 서버만이 알고 있다. 클라이언트 A가 파악한 위치는 데드 레커닝을 통해 플레이어 B의 위치를 추정한 것에 불과하므로, 서버와 완전히 동일하게 충돌을 판정할 수 없다. 그 결과 충돌로 인해 플레이어 A가 서버에선 용암 구덩이 위로 밀려났는데, 클라이언트 A에서는 아직 절벽 위에 있는 상태가 되어 매우 혼란스러울 수 있다. 서버가 전해주는 플레이어 A의 상태를 클라이언트 A가 완전히 무시하고 있으므로, 클라이언트와 서버의 동기화를 다시 맞출 방법이 애매하다.

다행히도 보다 나은 해법이 있다. 클라이언트 A가 플레이어 A의 상태를 서버에게 받으면, 서버의 그 상태로부터 출발해 플레이어의 입력을 되새김(replay), 즉 다시 적용하여 재시뮬레이션하는 것이다. 원격 플레이어에 대해선 1/2 RTT 분량으로 데드 레커닝했지만, 로컬 플레이어에 대해선 같은 분량을 앞서 시뮬레이션에 사용했던 플레이어 A의 입력을 토대로 시뮬레이션한다. 우리는 '이동 조작'의 개념을 따로 클래스로 만들어 두었고, 입력 상태에 타임스탬프를 찍어 저장하고 있으므로, 플레이어가 매 시각 어떤 조작을 하고 있었는지 클라이언트가 상기해 낼 수단이 있다. 로컬 플레이어의 상태가 서버로부터 수신되면, 클라이언트는 그 시각을 토대로 서버가 아직 받지 못한 이동 조작이 무엇인지 찾아보고, 해당 이동 조작을 로컬 시뮬레이션에 추가로 적용한다. 이렇게 하면 클라이언트가 로컬 시뮬레이션에서 예측한 동작 대부분이 서버의 상태와 수렴하게 된다. 원격 플레이어와 마주치거나 원격 플레이어의 행위로 야기된 사건을 제외하고 말이다.

〈로보캣 액션〉에 이동 조작 되새김 기능을 넣으려면, 먼저 클라이언트가 이동 조작의 목록을 들고 있게 해야 한다. 이는 나중에 서버가 시뮬레이션에 입력을 반영한 것을 확인한 뒤 제거한다. 코드 8-2에 고친 내용을 수록했다.

```
void NetworkManagerClient::SendInputPacket()
{
    const MoveList& moveList = InputManager::sInstance->GetMoveList();
    if (moveList.HasMoves())
    {
        OutputMemoryBitStream inputPacket;
        inputPacket.Write(kInputCC);
        mDeliveryNotificationManager.WriteState(inputPacket);

        // 최근 세 개까지 이동 조작을 저장하여 신뢰성 향상을 도모!
        int moveCount = moveList.GetMoveCount();
        int firstMoveIndex = moveCount - 3;
        if (firstMoveIndex < 3)
            firstMoveIndex = 0;

        auto move = moveList.begin() + firstMoveIndex;
        inputPacket.Write(moveCount - firstMoveIndex, 2);
        for (; firstMoveIndex < moveCount; ++firstMoveIndex, ++move)
        {
            move->Write(inputPacket);
        }
        SendPacket(inputPacket, mServerAddress);
    }
}

void NetworkManagerClient::ReadLastMoveProcessedOnServerTimestamp(
    InputMemoryBitStream& inInputStream)
{
    bool isTimestampDirty;
    inInputStream.Read(isTimestampDirty);
    if (isTimestampDirty)
    {
        inPacketBuffer.Read(mLastMoveProcessedByServerTimestamp);
        mLastRoundTripTime = Timing::sInstance.GetFrameStartTime()
            - mLastMoveProcessedByServerTimestamp;
        InputManager::sInstance->GetMoveList().
            RemoveProcessedMoves(mLastMoveProcessedByServerTimestamp);
    }
}

void MoveList::RemoveProcessedMoves(
    float inLastMoveProcessedOnServerTimestamp)
{
    while (!mMoves.empty() &&
        mMoves.front().GetTimestamp() <= inLastMoveProcessedOnServerTimestamp)
    {
        mMoves.pop_front();
    }
}
```

이제 SendInputPacket()은 패킷을 보낸 뒤 이동 조작 목록을 지워버리지 않는다. 대신 그 내용을 들고 있다가 나중에 서버에게 상태를 받을 때 되새김용으로 사용한다. 부수적인 이점도 있는데 이제 한 패킷 분량 이상을 보관해 두므로, 패킷을 보낼 때 목록의 최근 것 세 개를 보낼 수 있다는 것이다. 만일 입력 패킷이 서버로 가는 도중 손실되어도 다시 전달할 기회가 두 번 남아 있으므로, 확실한 보장은 아닐지라도 전달 확률은 크게 증가한 셈이다.

클라이언트는 상태 패킷을 받아 ReadLastMoveProcessedOnServerTimestamp()를 호출하여 서버가 리턴한 타임스탬프가 있는지 확인한다. 있으면 앞에서처럼 현재 시간과 차이를 구해 왕복 시간을 측정하여 데드 레커닝에 활용한다. 그다음 RemoveProcessedMoves()를 호출하여 가지고 있던 이동 조작 중 해당 타임스탬프 이전 것을 모두 제거한다. 즉, ReadLastMoveProcessedOnServerTimestamp()가 완료되면, 오로지 서버가 아직 처리하지 않은 것만 클라이언트의 로컬 이동 조작 목록에 남아있게 된다. 이 이동 조작들을 서버에서 받은 상태에 덧씌워 시뮬레이션하면 된다. 그 세부 사항은 RoboCat::Read()에 코드 8-3처럼 구현된다.

코드 8-3 이동 조작 되새김

```
void RoboCatClient::Read(InputMemoryBitStream& inInputStream)
{
    float oldRotation = GetRotation();
    Vector3 oldLocation = GetLocation();
    Vector3 oldVelocity = GetVelocity();

    // ... 상태 정보를 읽는 코드는 생략됨 ...
    bool isLocalPlayer =
        (GetPlayerId() == NetworkManagerClient::sInstance->GetPlayerId());
    if (isLocalPlayer)
    {
        DoClientSidePredictionAfterReplicationForLocalCat(readState);
    }
    else
    {
        DoClientSidePredictionAfterReplicationForRemoteCat(readState);
    }
    // 생성용 패킷이 아니면, 값을 부드럽게 보간
    if (!IsCreatePacket(readState))
    {
        InterpolateClientSidePrediction(
            oldRotation, oldLocation, oldVelocity, !isLocalPlayer);
    }
}

// 로컬 고양이 객체를 리플리케이션 받은 뒤의 클라이언트 측 예측 수행
void RoboCatClient::DoClientSidePredictionAfterReplicationForLocalCat(
    uint32_t inReadState)
{
    // 포즈 데이터를 수신한 경우에만 되새김을 수행함
```

```
        if ((inReadState & ECRS_Pose) != 0)
        {
            const MoveList& moveList = InputManager::sInstance->GetMoveList();

            for (const Move& move : moveList)
            {
                float deltaTime = move.GetDeltaTime();
                ProcessInput(deltaTime, move.GetInputState());

                SimulateMovement(deltaTime);
            }
        }
    }

    // 원격 고양이 객체를 리플리케이션 받은 뒤의 클라이언트 측 예측 수행
    void RoboCatClient::DoClientSidePredictionAfterReplicationForRemoteCat(
        uint32_t inReadState)
    {
        if ((inReadState & ECRS_Pose) != 0)
        {
            // RTT를 추가 반영하여 이동 시뮬레이션
            float rtt = NetworkManagerClient::sInstance->GetRoundTripTime();

            // 프레임 간격 단위로 나누어 처리.
            // 델타가 너무 커지면 벽을 관통하거나 기타 이상 현상이 발생하기 때문
            float deltaTime = 1.f / 30.f;
            while (true)
            {
                if (rtt < deltaTime)
                {
                    SimulateMovement(rtt);
                    break;
                }
                else
                {
                    SimulateMovement(deltaTime);
                    rtt -= deltaTime;
                }
            }
        }
    }
```

Read() 함수는 먼저 객체의 현재 상태를 기억해 두는데, 이후 보간을 위해 이전 상태가 필요할 수
도 있기 때문이다. 그다음 앞서 장에서 설명한 대로 상태 갱신 내용을 패킷을 읽어 들이는 데, 이 부
분은 코드에서 생략했다. 갱신이 끝난 직후 서버보다 1/2 RTT 뒤처진 상태이므로, 클라이언트 측
예측을 실행해 리플리케이션 받은 상태에서 1/2 RTT 만큼 추가 시뮬레이션한다. 만일 해당 객체
가 로컬 플레이어라면, DoClientSidePredictionAfterReplicationForLocalCat()을 호출해 되

새김을 수행하고, 이외의 경우 DoClientSidePredictionAfterReplicationForRemoteCat()*을 호출해 데드 레커닝을 수행한다.

DoClientSidePredictionAfterReplicationForLocalCat()은 로컬 캐릭터에 대한 되새김 버전으로, 포즈(pose)** 데이터가 리플리케이션되었는지 먼저 확인한다. 포즈를 받지 않았다면 시뮬레이션을 추가 진행할 필요가 없다. 포즈가 있으면 이동 조작 목록에 남은 조작 내역을 로컬 RoboCat에 반영한다. 서버에게 받은 상태는 모두 그 전 입력이 반영된 것이지만, 아직 남은 내역은 반영이 안 된 상태이므로 클라이언트가 대신 시뮬레이션해 주는 것이다. Read()가 호출되면 클라이언트 예측의 현재 상태가 서버의 1/2 RTT 뒤처진 상태로 되돌려지는데, 이 되새김 코드가 끝나면 다시 원래 예측된 현재 상태까지 전진한다. 클라이언트가 미처 예상치 못한 일이 서버에 일어나지 않은 한, 호출 뒤 로컬 캐릭터 상태는 당초 Read() 호출 전 예측해 두었던 상태와 정확히 일치하게 된다.

캐릭터가 원격으로 리플리케이션되었다면 DoClientSidePredictionAfterReplicationForRemoteCat() 코드에서 마지막으로 알고 있는 해당 캐릭터의 상태를 기준으로 데드 레커닝하여 시뮬레이션한다. 이때 적당한 시간 길이로 잘라 몇 차례 SimulateMovement()를 호출하는데, 앞서와는 달리 ProcessInput()은 하지 않는다. 여기서도 마찬가지로 서버에 예상치 못한 일이 없다면, Read() 호출 이전의 미리 예측해 둔 상태로 수렴될 것이다. 그렇지만 로컬 캐릭터와는 달리 뭔가 예상치 못한 일이 일어날 가능성이 크다. 왜냐하면, 리모트 플레이어가 언제든 방향이나 속도를 바꿀 수 있기 때문이다.

Read()의 마지막 InterpolateClientSidePrediction() 호출로 바로 이렇게 서버와 틀어진 부분을 보간하여 바로잡는다. 클라이언트 측 예측을 끝내고 나서 예전 데이터를 넘겨 호출하는데, 보간 함수는 이를 토대로 얼마나 보간을 해야 할지 판단한 뒤, 이전 상태에서 변경된 상태로 부드럽게 전이해 나간다.

8.3.3 레이턴시를 교묘하게 감추기

플레이어가 느끼는 지연은 캐릭터의 이동에만 국한되지 않는다. 버튼을 눌러 총을 쏘면, 플레이어는 총알이 즉시 발사되고, 공격 주문을 외우면 아바타가 화염구를 곧바로 쏜다고 기대할 터이다. 이동 조작 되새김으로 이 부분까지 해결할 수는 없으며 다른 기법이 요구된다. 클라이언트가 쏘는 발사체를 서버가 받을 때까지만 클라이언트가 처리하고 받은 뒤부터 서버가 처리하게 할 수도

---

* **역주** 이 책에서 가장 긴 함수 이름이다. 실무에선 보다 적절한 길이의 이름을 쓰는 것이 좋겠다.
** **역주** '포즈를 취한다'는 말이 정지 자세를 가리키듯, 특정 시각에서의 위치 및 각도 등을 나타내는 말이다.

있으나 이것이 너무 까다롭다면 훨씬 간단한 방법이 있다.

대부분 비디오 게임의 액션에는 예비 동작 또는 시각적 신호(전조)가 있어 곧 무슨 일이 일어날지 알려준다. 플라즈마 건의 총구 끝에 에너지가 모였다가 플라즈마가 발사되고, 마법사가 손을 휘저으며 중얼거린 다음에 화염구가 나가는 식으로 말이다. 여기에 착안하여 이러한 예비 동작에 걸리는 시간이 RTT보다 오래 걸리도록 설정할 수 있다. 클라이언트 응용프로그램은 적절한 애니메이션이나 이펙트로 로컬 플레이어에게 입력에 따른 즉각적인 피드백을 주는 동시에 서버의 시뮬레이션이 갱신되기를 기다린다. 입력 즉시 발사체를 생성하지 않고, 대신 주문 시전 동작과 소리를 재생한다. 주문이 시전되는 동안 서버는 입력 패킷을 받고 화염구를 생성하여 클라이언트에 리플리케이션해 주고, 클라이언트는 이것을 받아 시간을 맞추어 마치 주문 시전의 결과인 양 화면에 보여준다. 데드 레커닝 코드가 발사체를 1/2 RTT 만큼 전진시켜 놓으므로 플레이어가 보기엔 화염구가 지연 없이 발사되어 날아가는 것처럼 보인다. 문제가 하나 있다면, 예를 들어 마침 서버에서는 플레이어가 침묵 주문에 걸렸는데 이쪽엔 아직 전달이 안 된 상태여서, 주문을 실컷 외우고선 정작 발사는 안 되는 곤란한 상황이 생길 수 있다. 하지만 이는 드문 케이스로 적절히 사용만 하면 꽤 효용 가치가 있는 수법이다.

8.4 서버 측 되감기

이처럼 다양한 클라이언트 측 예측 기법을 사용해서 레이턴시가 어느 정도 있는 경우에도 플레이어가 느끼는 체감 응답 속도를 상당히 향상할 수 있다. 하지만 클라이언트 측에서 어떤 방법을 써도 레이턴시를 해소할 수 없는 경우가 있는데, 바로 발사 동시에 명중 판정이 필요한 장거리 무기* 이다. 플레이어가 저격총을 들고 조준경의 십자선에 정확히 상대 플레이어의 머리를 맞춰 놓고 방아쇠를 당긴다. 하지만 데드 레커닝의 부정확한 특성상 클라이언트에선 정확하게 조준된 것처럼 보이는 샷이 서버에선 이미 빗나가 있는 경우가 생긴다. 사격 즉시 명중 판정이 필요한 종류의 게임에선 꼭 해결되어야 할 문제이다.

이를 극복하는 기법으로, 밸브의 소스 엔진(Source Engine)에서 처음 사용되어 널리 보급된 것이 있다. 카운터 스트라이크 같은 게임에서 사격의 감을 향상시킨 방법이기도 한데, 핵심은 바로 서버의 상태를 약간 되감아(rewind) 플레이어가 정확히 조준하고 발사한 그 시점으로 되돌려 놓은 다음

---

*   저격총, 레일건 등

판정하는 것이다. 이렇게 하면 플레이어가 조준이 정확하다고 인지하고 발사한 순간 100% 명중한다.

어떻게 보면 곡예에 가까운 트릭인데, 이를 구현하려면 앞서 다룬 클라이언트 측 예측에 몇 가지 손을 봐야 한다.

- 원격 플레이어에 대해서 데드 레커닝을 하지 않고 클라이언트 측 보간만 수행. 서버는 각 클라이언트가 언제 무엇을 보고 있었는지 정확히 파악해야 한다. 데드 레커닝은 클라이언트가 임의로 시뮬레이션 상황을 전개하게 허용하는 방식이므로, 서버 입장에서 정확히 파악하기가 훨씬 어려워진다. 그러므로 데드 레커닝은 꺼 두어야 한다. 그 대신 패킷이 올 때마다 튀는 걸 방지하기 위해 클라이언트는 앞서 다룬 것처럼 보간을 수행해야 한다. 보간 주기는 정확히 패킷 주기와 일치해야 하며, 서버가 이를 꼼꼼히 제어해야 한다. 클라이언트 측 보간을 하면 추가적인 레이턴시가 생기지만, 이동 조작 되새김과 서버 측 되감기 알고리즘에 의해 보완되어 플레이어의 눈에 크게 띄지 않도록 할 수 있다.
- 클라이언트 이동 예측과 이동 조작 되새김 사용. 원격 플레이어에 대해서는 클라이언트 측 예측을 꺼 두지만, 로컬 플레이어에 대해선 켜 두어야 한다. 로컬 이동 예측과 되새김이 없으면 로컬 플레이어는 즉각 네트워크 레이턴시와 보간에 의한 레이턴시를 눈치챌 수밖에 없다. 하지만 이동 조작에 대한 시뮬레이션을 클라이언트에서 그때그때 수행하면 잘 드러나지 않게 되어, 플레이어는 레이턴시를 거의 느끼지 않고도 플레이할 수 있다.
- 클라이언트의 시점을 매 이동 조작 패킷에 실어서 서버에 전송. 클라이언트는 매번 입력 패킷을 만들 때 보간 중이었던 프레임의 ID 및 보간 진행률을 기록해서 서버에 보내야 한다. 그러면 서버는 이를 토대로 클라이언트가 해당 시간에 어떤 것을 보고 있는지 유추해낼 수 있다.
- 사격 판정과 관련 있는 객체의 위치 및 자세 등 최근 몇 프레임 분량의 정보를 서버에 유지. 클라이언트 입력 패킷에 사격이 포함된 경우, 패킷에 포함된 보간용 두 프레임과 진행률을 토대로 사격 시점의 클라이언트 위치를 구한다. 또한, 관련 있는 모든 객체를 그 시점으로 되감아, 클라이언트가 방아쇠를 당겼을 때 그 위치 그 자세로 돌려놓는다. 그다음 레이캐스팅(raycasting)을 수행해 클라이언트의 위치에서 해당 목표지점에 명중이 가능하였는지 판정한다.

서버 측 되감기 기법은 클라이언트가 정확히 조준하여 발사한 경우 사격이 명중하게 보장해 준다. 덕분에 사격하는 플레이어 입장에서는 매우 만족스러운 느낌을 얻을 수 있다. 하지만 여기에도 단점은 있다. 서버와 클라이언트 사이의 레이턴시를 기준으로 서버의 시간을 되감아서 판정하므로, 사격을 당하는 플레이어 입장에서는 황당한 경험을 할 수 있다. 플레이어 A는 적 플레이어 B를 발견하고 자세를 숙이고 모퉁이 뒤로 빠져 분명히 피했다고 생각했다. 하지만 플레이어 B가 랙이 심한 네트워크에서 게임 중이다 보니 게임 월드를 플레이어 A 대비 300밀리초 늦게 뒤따라가고 있었다. 따라서 플레이어 B의 컴퓨터에선 A가 아직 피하지 못한 상태로 보였다. 조준선을 정렬하고 방아쇠를 당긴 결과, 서버는 플레이어 A를 300밀리초 앞으로 끌고 와서 명중한 것으로 판정하고 플레이어 A에 피격을 통보한다. 분명히 숨었다고 생각했는데 말이다! 게임 개발이 항상 그렇지만 여기서도 저울질이 필요하다. 위에 설명한 기법 중 개발하려는 게임의 기획 의도와 특징에 맞는 것을 잘 찾아서 적용해 보자.[*]

8.5 요약

끊김 현상과 랙 때문에 멀티플레이어 게임의 체감 품질이 망가질 수 있지만, 여러 가지 전략으로 이를 극복할 수 있다. 오늘날 출시되는 멀티플레이어 게임에선 이러한 기법을 하나 이상 채택하는 것이 필수라 하겠다.

클라이언트 측 보간 기법은 수신되는 상태 갱신 내역을 플레이어에게 곧바로 보여주지 않고 로컬 퍼셉션 필터를 사용해 부드럽게 보간하여 보여준다. 상태 갱신 주기와 일치하여 보간 주기를 잡으면 플레이어가 상태 갱신이 자연스럽게 느껴지도록 할 수 있지만, 이 때문에 추가적인 레이턴시가 발생한다. 한편 보간 기법은 예측을 수행하거나 하지 않으므로 부정확한 상태를 보여주는 일이 없다.

클라이언트 측 예측 기법은 보간법 대신 외삽법을 사용하여 레이턴시를 감추고 클라이언트의 상태를 서버의 최신 상태와 가능한 한 가깝게 맞추어 준다. 상태 갱신은 적어도 왕복 시간의 절반, 즉 1/2 RTT 만큼 지연되어 클라이언트에 도착하는데, 따라서 클라이언트가 수신된 상태를 기준으로 1/2 RTT 분량만큼 추가로 시뮬레이션을 진행하면 서버의 현재 상태에 근접할 수 있다.

클라이언트가 최근까지 파악한 객체의 상태를 토대로 미래의 상태를 외삽하는 것을 데드 레커닝이라 하는데, 원격 플레이어가 입력을 바꾸지 않는다는 낙관 아래 예측을 수행한다. 하지만 현실에선 원격 플레이어의 입력이 자주 바뀌므로, 서버는 빈번히 상태를 갱신해 주어 클라이언트의 상태가 너무 빗나가지 않게 해야 한다. 오차가 발생하면 클라이언트는 여러 가지 방법으로 자체 진행한 시뮬레이션의 오차를 보정하여 플레이어에게 보여준다.

---

[*] 역주 이를테면 저격전 맵에서만 켠다거나…

로컬 플레이어의 입력에 대한 레이턴시를 개선하기 위해선 이동 예측과 되새김을 쓰는데, 로컬 플레이어에 한해 그 입력을 즉시 시뮬레이션에 반영하여 결과를 보여주는 것이다. 로컬 플레이어의 상태를 서버에게 받으면, 클라이언트는 그 상태를 기준으로 1/2 RTT 만큼 여러 입력 내용을 더해 시뮬레이션하는데, 이 입력 내용은 서버가 아직 처리하지 않은 것이다. 클라이언트 측 예측 결과는 대부분의 경우 서버의 결과와 맞아 떨어진다. 다른 플레이어와 충돌하는 등 예기치 못한 서버 쪽 이벤트가 발생하면 클라이언트는 리플리케이션 받은 상태를 원만히 정정하여 로컬 시뮬레이션에 반영해야 한다.

저격총 등 장거리 즉시 타격 무기의 랙을 보완하는 궁극적인 방법으로, 서버 측 되감기 기법을 고려해볼 수 있다. 서버는 객체의 위치를 여러 프레임에 걸쳐 버퍼링하고 있다가 즉시 타격 무기가 발사되면 해당 클라이언트의 발사 시점으로 돌아가 명중했는지 판정한다. 덕분에 사격자는 저격 시 정확도가 높아지는 체험을 하게 되겠지만, 표적이 된 플레이어 입장에선 분명히 숨었는데도 피격되는 억울한 경우를 당할 수 있다.

8.6 복습 문제

1. 더미 터미널 클라이언트란 무엇을 뜻하는가? 더미 터미널을 쓰는 게임의 이점은 무엇인가?

2. 클라이언트 측 예측의 주요 장점은 무엇인가? 반대로 주요 단점은 무엇인가?

3. 더미 터미널에서 사용자에게 표시되는 상태는 서버의 진짜 현재 상태에서 얼마만큼 뒤처진 것인가.

4. 보수적 알고리즘과 낙관적 알고리즘의 차이는 무엇인가? 각각의 예를 들어보자.

5. 데드 레커닝이 유리한 경우는 언제인가. 객체의 위치를 어떻게 예측하는가?

6. 예측 기법 수행 중 오차가 발생한 경우 이를 정정하는 세 가지 방법을 들어보자.

7. 로컬 플레이어가 이동 시 전혀 랙을 느끼지 못하게 보완해 주는 시스템이 무엇인지 설명해 보자.

8. 서버 측 되감기로 해결할 수 있는 문제는 무엇인가? 주요 장점과 단점을 짚어 보자.

9. 로보캣 액션에 즉시 타격형 장거리 무기를 추가하고 이를 위해 서버 측 되감기 판정을 구현해 보자.

8.7 더 읽을거리

Aldridge, David. (2011, March). Shot You First: Networking the Gameplay of HALO: REACH. http://www.gdcvault.com/play/1014345/I-Shot-You-First-Networking. (2015년 9월 12일 현재)

Bernier, Yahn W. (2001) Latency Compensating Methods in Client/Server In-game Protocol Design and Optimization. https://developer.valvesoftware.com/wiki/Latency_Compensating_Methods_in_Client/Server_In-game_Protocol_Design_and_Optimization. (2015년 9월 12일 현재)

Caldwell, Nick. (2000, February) Defeating Lag with Cubic Splines. http://www.gamedev.net/page/resources/_/technical/multiplayer-and-network-programming/defeating-lag-with-cubic-splines-r914. (2015년 9월 12일 현재)

Carmack, J. (1996, August). Here is the New Plan. http://fabiensanglard.net/quakeSource/johnc-log.aug.htm. (2015년 9월 12일 현재)

Sweeney, Tim. Unreal Networking Architecture. https://udn.epicgames.com/Three/NetworkingOverview.html. (2015년 9월 12일 현재)

9장

규모 확장에
대응하기

네트워크 게임의 규모가 커지면 그에 걸맞게 개발 난이도 또한 올라간다.
이 장에서는 게임의 규모가 커짐에 따라 대두하는 문제들을 살펴보고 그
해법을 찾아본다.

9.1 객체 스코프 내지 연관성

1장에서 살펴본 〈트라이브스〉의 스코프(scope) 혹은 연관성(relevancy) 개념을 되짚어 보자. 어떤 객체의 갱신 내역을 특정 클라이언트가 받아 보아야 할 때, '해당 클라이언트의 스코프 내에 객체가 있다' 또는 '객체가 클라이언트와 연관되어 있다'라고 말한다. 규모가 작은 게임에선 게임 월드의 전 객체가 클라이언트 전체의 스코프에 포함되기도 한다. 자연히 서버는 모든 객체의 갱신 정보를 클라이언트에게 전부에게 리플리케이션하게 된다. 하지만 대규모 게임에선 대역폭과 클라이언트 처리 시간 문제로 이는 현실적으로 어렵다. 만일 64인 플레이어가 접속해 플레이 중이라 치면, 게임 공간상 몇 킬로미터나 떨어져 있는 다른 플레이어의 정보를 굳이 알 필요가 없을 터이다. 이렇게 멀리 떨어져 있는 플레이어의 정보를 굳이 동기화한다면 오히려 자원을 낭비하는 셈이다. 그러므로 클라이언트 A가 객체 J로부터 충분히 멀리 떨어져 있다고 서버가 판단 내릴 수 있다면, 아예 해당 객체의 갱신 정보를 보내지 않는 것이 바람직하다. 이를 통해 각 클라이언트에 보내야 하는 리플리케이션 데이터의 양을 줄일 수 있을 뿐만 아니라, 잠재적인 치트 가능성도 어느 정도 낮출 수 있는데 여기에 대해서는 **10장 보안(315쪽)**에서 다시 다루겠다.

그렇지만 모 아니면 도 식으로 객체의 연관성을 판정하는 것은 곤란하다. 예를 들어 객체 J가 다른 플레이어의 캐릭터라고 해 보자. 그리고 게임에 현황판이 있어서 참가 중 모든 플레이어의 체력을 표시하게끔 되어 있다 치자. 거리가 멀리 떨어져 있는 플레이어라 할지라도 말이다. 그러면 플레이어 객체 여러 정보 중 다른 것은 제외하더라도 체력만큼은 항상 스코프 내에 포함해 주어야 한다. 즉, 멀리 떨어진 플레이어라 해도 서버가 체력을 항상 갱신해 주어야 한다는 뜻이다. 한편 여러 객체는 저마다 다른 갱신 주기와 우선순위를 가지므로, 기준을 잡기 위해선 고민할 거리가 많다. 그렇긴 해도 이 절에선 이해하기 쉽도록 객체 스코프를 최대한 단순화하여, 스코프에 포함된 객체는 그 전체 속성을 리플리케이션한다는 기준을 두도록 하겠다. 다만 실전에 적용하려면 스코프 포함 여부에 대한 판단을 이분법적으로 해서는 곤란한 경우가 종종 있음을 꼭 기억해 두자.

앞서 64인용 게임의 예로 돌아가 보자. 어떤 객체가 스코프에 포함되는지 판단 내릴 때, 멀리 떨어져 있는지 어떤지를 보는 것은 공간적(spatial) 분석이라 하겠다. 단순하게 거리만 검사한다면야 순식간에 포함 여부를 결정할 수 있겠지만, 거리만 가지고 연관성 여부를 판단하기엔 충분치 않은 면이 있다. 왜 그런지 알아보기 위해 FPS 게임을 예로 들어 보자. 개발 초기 기획으론 두 종류의 총기를 사용하기로 했다. 하나는 권총이고 하나는 돌격 소총이다. 네트워크 프로그래머는 거리를 기준으로 하여 객체의 스코프를 판단하면 적당하겠거니 생각했다. 소총의 사거리 내에 있으면 스코프 안에 있다고 판단하는 것이다. 테스트해 보니 대역폭 요구량도 적당한 수준이었다. 그런데 기획자가 나중에 망원 스코프가 달린 저격총을 추가하면서 그 사거리가 소총의 두 배가 되었는데,

따라서 스코프 내에 포함되어야 하는 객체의 숫자가 훨씬 많아지게 되었다.

거리만을 기준으로 삼을 때 생기는 문제가 또 있다. 맵의 중간쯤에 있는 플레이어에게 가장자리의 플레이어보다 스코프 내에 포함될 객체의 숫자가 많을 가능성이 크다. 게다가 뒤에 있는 객체와 앞에 있는 객체를 같은 가중치로 다루는 것도 직관에 반하는 부분이다. 거리를 기준으로 스코프를 결정하면 간단하기는 하지만 심지어 벽 뒤에 가려서 보이지 않는 객체를 포함, 모든 주변 객체가 스코프에 포함되고 만다. 이를 그림으로 그려보면 그림 9-1과 같다.

▼ 그림 9-1 X표 위치에 있는 플레이어의 스코프 내 객체

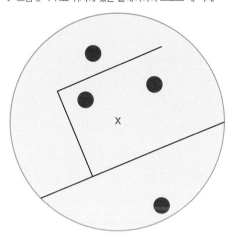

이후 절에서는 단순 거리 검사를 넘어, 보다 복잡한 여러 기법에 대해 다룬다. 이들 기법 중 몇몇은 렌더링 분야의 가시성 컬링(visibility culling)에서도 많이 사용되는데, 가시성 컬링이란 렌더링 절차에서 보이지 않는 객체를 최대한 미리 걸러내도록 최적화하는 기법이다. 하지만 네트워크 게임엔 레이턴시가 수반되는 특징을 감안해야 하므로, 가시성 판정을 객체 스코프 판정에 응용하려면 이를 그대로 적용하기보단 약간의 수정이 필요하다.

9.1.1 스태틱 존

스코프에 포함되는 잠재적인 객체 수를 줄이는 방법 중 하나로, 월드를 고정된 여러 지역으로 나누는 방법이 있다. 이렇게 고정적으로 나눈 각각의 지역을 스태틱 존(static zone)이라 한다. 지역을 나눈 다음 플레이어와 같은 스태틱 존에 위치한 객체만 스코프에 포함시킨다. MMORPG 같은 월드 공유형 게임에서 이 같은 방식을 종종 사용하는데, 예컨대 물건을 사고팔거나 다른 플레이어를 만날 수 있는 장소인 마을이 하나의 지역(zone)이고, 몬스터와 전투를 벌이는 숲 지대가 또 하나의 지역이 된다. 이 경우 숲에서 전투 중인 플레이어에게 마을에서 거래 중인 플레이어의 정보를

리플리케이션할 필요가 없을 것이다.

플레이어가 지역과 지역 사이의 경계를 넘어갈 때 처리하는 방법이 몇 가지 있다. 우선 지역 간 이동 시 로딩 화면을 띄워 주는 방법이 있다. 로딩하는 와중에 새로 진입할 지역의 모든 객체 정보를 클라이언트가 리플리케이션 받는 것이다. 로딩 대신 심리스(seamless)로, 즉 끊김 없이 지역 사이를 연결하고자 한다면 지역의 변경에 따라 스코프가 달라질 때 객체를 페이드인/페이드아웃* 처리해 주는 것이 좋다. 또한, 지형이 고정불변이라면 건너온 예전 지역의 지형을 계속 메모리에 유지하게 처리할 수 있다. 다만 이렇게 지형을 메모리에 남겨놓으면 잠재적인 보안 문제가 있을 수 있다. 데이터를 암호화 처리해야 할 필요가 있을 수도 있는데, 여기에 대해선 10장 보안(315쪽)에서 다루겠다.

스태틱 존의 단점이라면 지역마다 플레이어 분포가 고르다는 전제하에 설계해야 한다는 점이다. MMORPG에선 이를 보장하기가 참 어렵다. 마을 같은 곳은 플레이어가 항상 붐비게 마련이며, 반면 고레벨 유저의 흥미를 끌지 못하는 사냥터는 항상 한산할 것이다. 가끔 게임 내 이벤트에 따라 이를테면 월드 보스가 등장해 이를 잡으려는 사람들이 한 곳에 바글바글 모일 수도 있는데, 플레이어 입장에선 아주 짜증이 폭발할 지경이 된다. 게임 내 특정 지역에 고밀도로 플레이어가 밀집하게 되면, 해당 지역 내의 모든 플레이어가 체감하는 게임 품질이 급격히 떨어질 수밖에 없다.

게임마다 과포화 지역을 해소하는 방안이 다르다. MMORPG 〈애쉬론즈 콜〉의 경우 붐비는 지역에 플레이어가 들어가려 하면 시스템이 자동으로 인근 지역으로 텔레포트시킨다. 썩 좋은 방법은 아니지만 그나마 캐릭터가 넘치다 못해 게임이 크래시되는 것보다는 훨씬 낫다. 동일 지역을 여러 인스턴스로 분산하여 플레이어를 받는 게임도 있는데, 이 장 뒷부분에서 다시 다루겠다.

스태틱 존은 MMORPG 같은 월드 공유형 게임에 잘 어울리는 방식이지만, 액션 게임에선 잘 쓰지 않는다. 두 가지 이유에서인데, 첫째로 액션 게임의 전투 영역은 MMO 게임보다 훨씬 작아서 지역으로 나누기 애매해서 그렇다(대륙 하나를 통째로 무대로 삼는 〈플래닛 사이드〉 같은 게임은 예외다). 둘째 이유가 더 중요한데, 액션 게임의 경우 게임 템포가 빠르다 보니 지역 경계를 넘어갈 때 수반되는 지연을 용납하기 어렵기 때문이다.

9.1.2 시야 절두체 사용

3D 렌더링에 쓰는 시야 절두체(view frustum)는 사다리꼴의 프리즘 형태 영역으로 화면 출력 시 2D 이미지로 투영되는 월드 공간이다. 절두체는 수평 시야각, 종횡비, 근평면과 원평면에 대한 거리로 정의한다. 투영 행렬이 적용되면 절두체에 완전히 포함되거나 일부 걸치는 객체는 화면에 나타나고, 그렇지 않은 것은 화면 바깥으로 사라진다.

---

* 역주 fade-in/fade-out: 서서히 나타나거나 서서히 사라지도록 하는 연출

시야 절두체는 보통 가시성 컬링에 이용한다. 어떤 객체가 절두체 바깥에 있으면 어차피 보이지 않을 것이므로, 객체의 삼각형을 아예 버텍스 셰이더에 넘기지 않고 걸러버린다. 절두체 컬링을 구현하기 위해서 먼저 절두체 공간을 둘러싸는 여섯 개의 평면을 얻은 뒤, 객체의 점유 공간을 공 모양으로 단순화하여, 모든 평면에 대해 구체가 안쪽인지 바깥쪽인지 검사하면 절두체 내에 포함되는지 여부를 판정할 수 있다. 절두체 컬링에 대한 자세한 내용은 9.7 더 읽을거리(314쪽) 절의 [Ericson 2004]를 참고하자.

시야 절두체를 이용하면 매우 직관적으로 가시성 판정을 내릴 수 있다. 하지만 네트워크 게임에서 객체 스코프를 절두체만 가지고 판단하면 레이턴시 관련 문제가 생긴다. 예를 들어 플레이어 바로 뒤에 있는 객체의 경우 절두체 판정에서 제외될 터인데, 만일 플레이어가 순식간에 180도 회전을 한다면 이 때문에 문제가 생긴다. 회전 명령을 서버가 처리하여 그 파생 결과를 토대로 스코프를 갱신하여 클라이언트에 다시 보내주기까지 시간이 좀 걸리므로, 클라이언트로선 바로 뒤에 있던 객체임에도 지연 시간 동안 보지 못하게 된다. 그런데 하필 그 객체가 총을 들고 뒤통수를 노리던 적 플레이어라면 유저 입장에서 납득하기 어려울 것이다. 한편 벽 뒤에 가려져 있는 것도 절두체에 포함되기만 하면 스코프 안쪽으로 판정되어 불필요하게 리플리케이션하는 문제도 여전하다. 이를 그려보면 그림 9-2와 같다.

▼ 그림 9-2 X표 위치의 플레이어 바로 뒤에 있지만 스코프에 포함되지 않은 객체

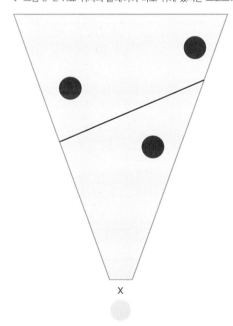

보완을 위해 시야 절두체에 곁들여 거리 판정을 병행하면 이를 어느 정도 해결할 수 있다. 절두체의 면 쪽 평면(far plane, 원평면) 안쪽에 적당한 거리를 정해놓고서 그 거리 내에 있든지 또는 절두체에 포함되든지 하는 객체를 스코프에 포함시킨다. 빠르게 회전할 때 멀리 있는 객체가 스코프에 들어오는데 지연 시간이 필요한 문제, 아울러 벽을 고려하지 않는다는 점도 여전하지만, 적어도 가까이 있는 객체에 대한 문제는 해결할 수 있다. 다시 그려보면 그림 9-3처럼 된다.

▼ 그림 9-3 시야 절두체를 보다 작은 반지름의 구체와 접목해 객체 스코프를 판단

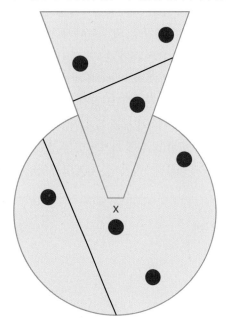

9.1.3 기타 가시성 기법

트랙을 따라 도시 주변을 한 바퀴 도는 네트워크 레이싱 게임을 생각해 보자. 운전을 해 본 독자라면 알겠지만 한눈에 들어오는 도로의 범위는 매 시시각각 변한다. 평활지의 직선 도로에선 아주 멀리까지 보일 테고, 차량이 회전하는 중엔 시야가 많이 제한될 것이다. 마찬가지로 오르막길을 오를 때보다는 내리막길에서 보이는 시야가 넓을 것이다. 이렇게 운전 중 변화하는 도로의 시야 개념을 응용하여 네트워크 레이싱 게임의 가시성을 구현할 수 있다. 즉, 플레이어 차량의 위치를 기준으로 플레이어가 트랙의 얼마나 먼 지점까지 볼 수 있는지 서버가 범위 판단을 내릴 수 있다. 이 범위는 대개 시야 절두체와 트랙이 만나는 영역보다 좁을 것이므로 객체 스코프를 최적화하는 데 유용하게 쓸 수 있다.

여기서 나아가 PVS(potentially visible set, 잠재적 가시 집합)라는 개념을 도입할 수 있다. PVS를 사용하면 '월드의 특정 지점에서 잠재적으로 가시성이 확보되는 지역의 집합은 무엇인가'라는 질문에 답할 수 있다. 이는 일견 스태틱 존과 비슷한 접근 방식이긴 하나, PVS의 지역 크기는 스태틱 존의 지역 하나 크기에 비해 훨씬 작게 잡는다. 일례로 건물 여러 개가 들어가는 정도 규모가 스태틱 존이라면, PVS 지역은 건물 내부의 방 하나 정도 크기가 된다. 그리고 스태틱 존에서는 오로지 같은 지역 내의 객체들만 스코프에 포함하지만, PVS에선 이와 달리 잠재적으로 가시권에 드는 인접 지역까지도 스코프에 포함한다.

PVS를 구현하려면 월드를 일반적으로 볼록 다각형, 필요 시엔 3D 볼록 껍질(convex hull)로 나누어 둔다. 그다음 각 볼록 다각형마다 잠재적으로 가시권에 들어가는 다른 볼록 다각형의 집합을 오프라인으로 미리 계산해 둔다. 서버는 런타임에 플레이어가 위치한 볼록 다각형이 무엇인지 판단 내린다. 미리 계산해 둔 집합을 이용하면 플레이어가 위치한 다각형을 기준으로 가시권에 포함되는 객체가 어떤 것인지 판정할 수 있다. 그리하여 가시권에 포함되는 객체를 해당 플레이어의 스코프 내에 있다고 표시한다.

그림 9-4에 PVS를 레이싱 게임 예제에 접목한 예를 묘사했다. 플레이어가 X 지점에 있다면 어둡게 칠한 지역이 잠재적 가시권에 드는 지역이다. 실제 구현에선 양쪽 끝단 너머에 여유를 좀 두는 것이 좋다. 그러면 잠재적 가시권에서 약간 벗어난 객체도 스코프 내에 포함될 것이다. 레이싱 게임처럼 자동차가 빨리 움직이는 게임에서 스코프가 갱신되는 데 필요한 레이턴시를 고려해서이다.

▼ 그림 9-4 레이싱 게임의 PVS 예제

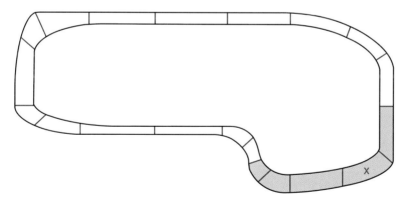

PVS 시스템은 복도를 헤집고 다니는 둠이나 퀘이크 류의 FPS 게임에 잘 어울린다. 이런 장르의 게임엔 포탈(portal) 기법을 사용하는 것도 괜찮다. 포탈 컬링(portal culling) 시스템에선 각 방이 지역이 되고 문이나 창문이 포탈이 된다. 포탈로 만들어지는 절두체를 시야 절두체와 조합하면 스코프 내에 포함되어야 할 객체의 숫자를 많이 줄일 수 있다. 단순 PVS 보다는 런타임 처리 시간이 오래 걸리긴 하지만 이미 게임 클라이언트의 오버드로우(overdraw)*를 줄이기 위해 포탈 기법을 사용하고 있다면 이를 서버 객체 스코프 판단에도 활용할 수 있게끔 응용하는 것이 크게 어렵진 않을 것이다.

아마 이런 게임에선 BSP나 쿼드트리 또는 옥트리** 같은 계층적 컬링 기법 또한 이미 채택하고 있을 것이다. 이들 계층 컬링 기법은 월드상 객체를 트리 구조에 담아 나누는 것이다. 상세한 내용은 [Ericson 2004]를 참고하자. 기억해 둘 점은 이러한 고급 기법을 사용할 때 객체 스코프를 판단하는 연산 시간이 급격히 늘어난다는 것이다. 서버에 연결된 클라이언트의 명령마다 스코프를 따로따로 구해야 하는 경우라면 더욱 그렇다. 객체 리플리케이션에 필요한 대역폭이 너무 커서 골머리를 앓는 경우가 아니라면, 이런 방법을 사용하는 것은 도리어 과한 면이 있다. 대부분 액션 게임에선 PVS 정도만 잘 구현해도 충분하다. 심지어 PVS 수준의 정밀도조차 필요치 않은 게임도 많다.

9.1.4 보이지 않아도 스코프에 포함되어야 하는 경우

어떤 객체가 보이는지 아닌지만 가지고 스코프에 포함할지를 정해서는 안 된다. FPS 게임에서 누군가 수류탄을 던진 경우를 예로 들겠다. 수류탄이 근처 방에서 터진 경우, 주변 클라이언트 모두에 그 사건을 리플리케이션해야 한다. 눈으로는 확인할 수 없어도 말이다. 폭발하는 순간 목격하지는 못하더라도 소리는 들을 수 있어야 하기 때문이다.***

이 경우엔 수류탄을 다른 객체와 다르게 처리해야 한다. 예를 들면 보이는 범위 대신 들리는 범위의 반지름을 기준으로 판단하는 것이다. 또 다른 방법은 폭발 효과를 스코프 바깥의 클라이언트에 RPC로 리플리케이션하는 것이다. RPC를 쓰면 클라이언트에 폭발음 및 파티클 효과를 전하는 데 필요한 데이터양을 줄일 수 있는데, 수류탄 객체 자체는 리플리케이션할 필요가 없게 되기 때문이다. 그런데 이렇게 하면 수류탄 폭발의 청각 인지 범위 바깥의 클라이언트에게도 폭발 정보가 전송되긴 하는데, 예제의 특성상 많은 양의 객체를 대신하는 것은 아니므로 대역폭 사용을 크게 증가시키지는 않는다.

소리에 민감한 주제의 게임이라면 음향 차폐(sound occlusion) 정보를 계산하여 서버에서 청각 범위의 스코프를 결정하는 것도 고려할 수 있다. 하지만 이런 계산은 대개 클라이언트 쪽에서 하기 마련이며 상용으로 출시되는 게임이라도 이 정도까지 정밀한 음향 효과를 계산해야 하는 경우는 드물다. 반지름으로 판단하거나 RPC로 보내는 정도면 대부분 게임에서 충분할 터이다.

---

*   역주 원경부터 근경으로 그려나갈 때, 어차피 근경의 이미지에 의해 덮어씌워 질 것을 애써 그리는 것. 오버드로우를 줄이면 렌더링 성능을 향상할 수 있으므로 포탈이나 오클루전 컬링(occlusion culling) 등 기법을 사용한다.

**   역주 BSP(binary space partitioning), quadtree, octree. 모두 공간 분할을 통해 공간 질의를 최적화하는 자료구조

*** 역주 이 때문에 '스코프'나 '연관성'을 단순히 '가시성'으로 번역하지 않는다.

9.2 서버 파티셔닝

서버 파티셔닝(server partitioning) 또는 샤딩(sharding)은 여러 개의 서버 프로세스를 동시에 구동한다는 개념이다. 대부분 액션 게임이 태생상 이 같은 방식을 쓰는데 왜냐하면, 각 게임 인스턴스마다 최대 플레이어 수에 제한을 두기 때문이며 그 범위는 대개 8명에서 16명 내이다. 게임에서 지원 가능한 플레이어 숫자는 게임 기획에 따라 달라지지만, 이렇게 플레이어 수를 제한하는 쪽이 기술적으로도 분명히 이점이 있다. 즉, 서버를 여러 개로 나누면 특정 서버 하나가 과부하되지 않도록 할 수 있다는 것이다.

서버 파티셔닝 기법을 사용한 게임의 예로는 〈콜 오브 듀티〉, 〈리그 오브 레전드〉, 〈배틀필드〉 등이 있다. 각 서버가 독자적인 게임을 구동하므로, 서로 다른 두 서버의 플레이어가 게임플레이 중 상호작용을 할 일은 없다. 하지만 이들 게임 중 상당수가 플레이어 통계, 경험치, 레벨 등의 정보를 공유 데이터베이스에 기록한다. 그 말인즉슨 각 서버 프로세스가 백 엔드(backend) 데이터데이스에 접근해야 한다는 뜻이다. 한편 이러한 뒷단 서버 시스템도 게임 서비스의 일부로 포함해서 보는데 이러한 서비스, 나아가 게임 플랫폼 서비스에 대해서는 **12장 게임 서비스 플랫폼**(343쪽)에서 더 살펴보자.

서버 파티셔닝을 실제로 적용할 때는 성능 좋은 머신 한 대에 여러 서버 프로세스를 띄우는 것이 보통이다. 고예산 게임을 운영할 땐 개발사가 데이터센터에 이 같은 기기를 여러 대 설치해 많은 수의 서버 프로세스를 띄운다. 이런 게임을 만들 땐 여러 프로세스를 각 머신에 원활히 분배할 수 있게 게임 아키텍처을 설계해야 한다. 그 방법 중 하나는 마스터 프로세스를 두어 언제 서버 프로세스를 생성하고 어느 머신에 띄울 건지 처리하게 하는 것이다. 게임이 끝나면 저장해야 할 데이터를 서버 프로세스가 모두 저장하고 종료한다. 그리고 플레이어가 다음 매치를 개시하면 가장 가동률이 낮은 머신을 마스터 프로세스가 골라, 거기에 새 서버 프로세스를 만들어 띄운다. 서버를 클라우드에 호스팅하는 것도 고려해 볼 수 있는데, 이 같은 구성에 대해선 **13장 클라우드에 전용 서버 호스팅하기**(369쪽)에서 논한다.

MMO의 스태틱 존 개념을 확장하여 서버 파티셔닝을 적용할 수도 있다. 구체적으로는 각 스태틱 존 또는 스태틱 존의 묶음을 각각 개별 서버 프로세스로 구동하는 것이다. 예를 들어 〈월드 오브 워크래프트〉에는 여러 대륙이 있는데 각 대륙마다 별개의 서버 프로세스로 구동한다. 플레이어가 한 대륙에서 다른 대륙으로 넘어갈 때, 클라이언트는 로딩 화면을 띄워주고 서버 프로세스를 갈아타는 과정이 끝나길 기다린다. 각 대륙은 여러 스태틱 존으로 나누어진다. 대륙을 바꿀 때와는 다르게 두 지역의 경계를 넘어가는 과정은 끊김이 없는데, 대륙 내 모든 지역이 같은 서버 프로세스에서 구동되고 있기 때문이다. 그림 9-5를 보면 가상의 MMORPG 대륙을 이렇게 구성한 예를 확인할 수 있다. 각 육각형은 스태틱 존을 나타내며, 점선은 두 대륙 사이를 잇는 이동 수단을 뜻한다.

▼ 그림 9-5 MMORPG에서 여러 지역을 대륙으로 묶고 서버 파티셔닝 적용하기

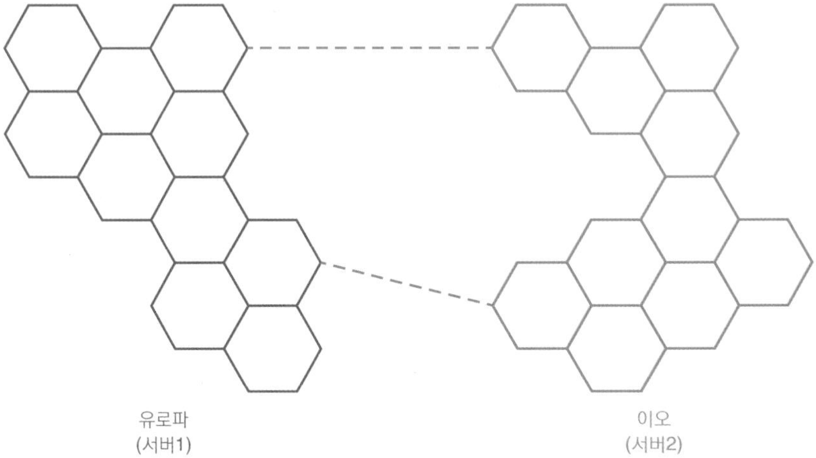

유로파
(서버1)

이오
(서버2)

스태틱 존과 마찬가지로 서버 파티셔닝 또한 플레이어가 서버마다 적당히 균일하게 분포된 경우에만 제기능을 한다. 역시나 서버 하나에 사람이 너무 몰리면 성능 문제가 야기되는 것이다. 플레이어 최대 수를 정해두는 게임에선 큰 문제가 없겠지만 MMO 같은 경우엔 확실히 문제가 된다. 게임마다 다양한 해법이 있겠는데, 어떤 게임은 서버 인원 제한을 두고 꽉 차면 플레이어를 대기열에 줄 세워 놓는다. 다른 예로 〈이브 온라인〉의 경우엔 시간 팽창(time dilation)이라는 일종의 슬로우 모션 모드로 게임의 시간을 천천히 가게 하여 많은 수의 플레이어가 접속한 경우에도 서버가 처리를 감당할 수 있게 해 준다.

9.3 인스턴싱

하나의 월드에서 여러 별개의 게임 인스턴스를 동시에 돌리는 것을 인스턴싱(instancing)이라 한다. 여러 플레이어가 평소엔 모두 같은 공유 월드 서버에 거주하지만, 특정 던전 또는 시나리오 플레이시 서로 다른 인스턴스에 모여 플레이하는 것을 가리키는 용어이다. 예를 들어 여러 MMORPG의 각 인스턴스 던전에는 제한된 숫자의 플레이어만 입장할 수 있다. 이렇게 하면 한 무리의 플레이어들이 잘 짜여진 각본에 따라 다른 플레이어의 간섭없이 게임 플레이를 체험할 수 있다. 이렇게 인스턴싱을 사용하는 게임에선 대개 포탈 또는 그와 유사한 게임 내 장치를 사용해야 공공 지역에서 인스턴스 던전으로 넘어갈 수 있다.

일부 지역에 사람이 너무 몰리는 것을 막기 위해 인스턴싱을 쓰는 경우도 있다. 예를 들어 〈스타워즈: 구공화국〉의 경우엔 특정 지역 하나에 들어갈 수 있는 플레이어 수를 제한한다. 플레이어 수가 너무 많아지면 같은 지역이 다른 인스턴스로 개설된다. 이는 플레이어 입장에선 조금 복잡할 수도 있다. 두 플레이어가 서로 만나려 할 때 같은 장소에 서 있지만 서로 다른 인스턴스에서 상대방을 찾고 있다라는 상황이 생길 수도 있다.* 〈구공화국〉엔 파티 멤버의 인스턴스로 텔레포트하는 기능이 있어 이를 보완하고 있다.

기획 관점에서 인스턴싱을 쓰면 공유 월드에서 캐릭터를 키우는 대규모 멀티 게임이라 하더라도 싱글 또는 소규모 멀티 게임과 비슷한 밀도의 콘텐츠를 플레이어에게 선사할 수 있다. 어떤 게임은 퀘스트 수행 진도에 따라 지역 자체가 진화해 나가도록 인스턴싱을 적용하는 사례도 있다. 다만 이같은 방식으로는 플레이어들이 같은 월드를 공유한다는 체감이 손상될 수 있다는 우려도 있다.

성능 면에서 인스턴스를 올리고 내리는 데 필요한 시간과 비용만 잘 제어할 수 있다면 인스턴싱은 여러모로 유리하다. 한 번에 한 인스턴스에 최대 인원수 이하의 플레이어에 대해서만 스코프 관리를 해 주면 되기 때문이다. 특히 각각의 존을 별도의 인스턴스로 띄울 수 있을 경우 더욱 그렇다. 이와 더불어 인스턴싱을 서버 파티셔닝에 접목하면 서버 프로세스의 부하를 추가로 낮출 수 있다. 인스턴스에 입장할 때 클라이언트가 거의 항상 로딩 화면을 띄우게 되므로, 이때 아예 다른 서버 프로세스로 플레이어들을 보내지 말란 법도 없다.

---

* 역주 세계선이니, 평행 세계니 하는 비유로 이해해도 괜찮겠다.

9.4 우선순위와 빈도

어떤 게임에선 서버의 성능이 아니라 클라이언트에 보내는 네트워크 데이터양이 주요 병목 요인이 된다. 모바일 게임처럼 각양각색의 네트워크 상황이 존재하는 게임에서 특히 그렇다. 전송량을 절약하는 기법에 대해선 5장에서 부분 리플리케이션 기법 등을 알아보았다. 하지만 테스트 결과 여전히 게임에 필요한 대역폭이 너무 크다면 별도의 방법을 추가로 고려해야 한다.

객체마다 다른 우선순위를 부여하는 것도 방법이다. 높은 우선순위의 객체가 먼저 리플리케이션 되고, 낮은 객체는 높은 것을 다 처리하고 나서 해 준다. 대역폭에 할당량을 부여하는 것처럼 생각하면 되는데, 대역폭이 제한되어 있으므로 가장 중요한 객체부터 해 준다.

낮은 우선순위 객체도 가끔은 배정이 필요하다는 점을 꼭 염두에 두자. 그렇지 않으면 낮은 순위 객체는 영영 클라이언트에 갱신되지 못할 것이다. 이를 위해 객체마다 다른 리플리케이션 주기를 설정할 수 있다. 예를 들어 중요한 객체는 일 초에도 몇 번씩 갱신해 주고, 덜 중요한 객체는 몇 초마다 한 번씩 갱신한다. 기본 우선순위와 갱신 주기를 결합해 조절하는 일종의 동적 우선순위 체계를 만들 수도 있는데, 낮은 순위의 객체가 너무 오랫동안 갱신되지 않으면 우선순위를 올려주는 식이다.

원격 프로시저 호출에도 이런 식으로 우선순위를 정해줄 수 있다. 게임 상태 갱신에 어떤 RPC가 없어도 무방하다면 대역폭이 부족할 때 아예 전송 내역에서 빼는 것이다. 이는 2장에서 본 신뢰성 혹은 비신뢰성 전송에서 패킷이 처리되는 양상과 비슷하다.

9.5 요약

대규모 네트워크 게임을 만들기 위해선 클라이언트 하나하나마다 보내야 할 데이터의 덩치를 줄이는 것이 중요하다. 특정 클라이언트와 연관된 객체를 스코프로 묶어, 스코프 내의 객체만 보내도록 하여 전송할 객체의 숫자를 줄이는 방법도 있다. 간단히 처리하자면 클라이언트로부터 일정 거리 이상 떨어진 객체를 스코프 바깥이라 판정해 버리면 되지만, 이렇게만 해서는 곤란한 시나리오도 여럿 있다. 또 다른 방식으로, 특히 MMORPG처럼 대규모 월드를 공유하는 게임에선 월드를 여러 개의 스태틱 존으로 나눌 수도 있다. 그러면 같은 지역에 있는 플레이어끼리만 스코프 처리를 해 주면 된다.

가시성 컬링 기법을 사용해 스코프의 범위를 정할 수도 있다. 이때 단순히 시야 절두체만 적용하는 것은 바람직하지 않으며 주변을 포함한 영역을 더해 주면 금상첨화이다. 실내의 복도식 FPS 또는 레이싱 게임처럼 맵의 구간을 나누는 기준이 명확한 게임에선 PVS를 사용한다. PVS를 쓰면 맵의 어느 위치건 거기서 보이는 지역이 어디까지인지 판단 가능하다. 여기에 더해 포탈 같은 가시성 기법을 경우에 따라 섞어 쓸 수도 있다. 마지막으로 주의할 점은 스코프 판단 시 가시성 여부에만 의존해서는 안 된다는 것으로, 수류탄 폭발 등이 그 예이다.

서버 파티셔닝을 적용하면 서버의 부하를 줄일 수 있다. 인원수가 제한된 액션 게임에도 적용할 수 있고 대규모 월드 게임에도 적용 가능한데, MMORPG 같은 경우 아예 각 지역을 별도의 서버 프로세스로 돌리기도 한다. 공유 월드에서 인스턴스를 나누어 파생시키는 인스턴싱도 이와 비슷한 기법으로, 이렇게 지역을 나누면 기획 면에서도 성능 면에서도 다루기 수월하다는 장점이 있다.

객체 스코프 외에도 네트워크 게임의 대역폭을 줄이는 데 활용 가능한 기법이 몇 가지 더 있다. 먼저 객체마다 그리고 RPC 종류마다 다른 우선순위를 두어 중요한 정보를 먼저 리플리케이션하는 기법이 있다. 또 하나는 갱신 주기를 두어 중요한 객체는 잦은 빈도로 갱신해 주는 기법이다.

9.6 복습 문제

1. 객체의 스코프를 거리로만 판단하면 어떤 단점이 있는가.

2. 스태틱 존은 무엇이며 어떤 이점이 있는가.

3. 컬링 목적으로 사용하는 시야 절두체는 어떻게 표현되는가. 절두체만 가지고 스코프를 판단하면 어떤 문제가 있는가.

4. PVS란 무엇인가? 스태틱 존과는 어떻게 다른가.

5. 공유 월드의 한 지역에만 사람이 몰릴 때 이를 해소하는 방법은 어떤 것이 있을까?

6. 스코프를 통해 전송 객체의 수를 줄이는 방법 말고 네트워크 게임의 대역폭을 절약하는 방법은 또 어떤 것이 있는가.

9.7 더 읽을거리

Ericson, Christer. Real-Time Collision Detection. San Francisco: Morgan Kaufmann, 2004.

Fannar, Hallidor. "The Server Technology of EVE Online: How to Cope With 300,000 Players on One Server." Game Developer's Conference, Austin, TX, 2008년 강연 자료

10장

보안

세상에 네트워크 게임이 첫선을 보인 이래, 불공평한 이득을 얻을 방법을 궁리하는 플레이어가 늘 존재했다. 네트워크 게임이 점차 대중화되면서 보안 취약점에 대처하는 일이야말로 안전하고 즐거운 게임 환경 조성을 위해 필수 불가결한 사항이 되었다. 이 장에서는 가장 빈번히 드러나는 취약점들이 무엇인지 살펴보고 그 대응 방안을 모색해 본다.

10.1 / 패킷 스니핑

일반적인 네트워크 동작에서, 패킷은 발신지로부터 목적지 IP 주소로 전달되는 와중에 서로 다른 여러 컴퓨터를 거치게 된다. 아무리 적게 잡아도 라우터 하나 정도는 반드시 거쳐야만 헤더 정보를 보고 어디로 패킷을 보낼지 판단할 수 있다. 또한, 2장에서 살펴본 바와 같이 헤더 주소는 NAT 변환 도중 재기입 되기도 한다. 이렇게 전송 중인 데이터가 고스란히 노출되는 특성상, 전달 경로 중도의 머신 하나가 특정 패킷 데이터 전체를 들여다보는 것을 막을 방법이 없다.

어떤 경우엔 통상의 네트워크 동작을 수행하기 위해 패킷 페이로드의 내용을 조사할 때도 있다. 소비자용 라우터 중엔 패킷 심층 분석(deep packet inspection) 기능이 탑재되어 이를 토대로 서비스 품질 개선을 시도하는 것도 있는데, 요는 패킷의 내용을 보고 우선순위를 정한다는 것이다. 이때 패킷의 내용을 읽어 안에 무엇이 들어 있는지 검사하는데, P2P 파일 공유 데이터라면 우선순위를 낮추고, 인터넷 전화(VoIP) 패킷이라면 높이고 하는 식이다.

하지만 모두가 이렇게 유익한 의도로만 패킷을 들여다보는 것은 아니다. 패킷 스니핑(packet sniffing)은 일반적 네트워크 동작 수행 외의 목적으로 패킷 데이터를 읽어 들이는 행위이다. 패킷 스니핑을 하는 자들은 로그인 정보 탈취 및 네트워크 게임 치팅 등 다양한 목적을 가지고 이를 행한다. 아래 절에선 네트워크 게임에서 맞서 싸워야 할 다양한 형태의 패킷 스니핑 형태를 집중적으로 다룬다.

10.1.1 중간자 공격

중간자 공격(man-in-the-middle attack)이란 발신지에서 목적지로 가는 경로 도중 한 지점의 컴퓨터가 양쪽에 대한 사전 정보 없이 패킷을 감청하는 것을 말한다. 그림 10-1에 이를 묘사했다. 실제로 여기엔 몇 가지 형태가 있다. 우선 보안이 설정되지 않은 공용 와이파이 네트워크에 접속된 어떤 컴퓨터든 해당 네트워크상 다른 머신이 보내는 모든 패킷을 감청할 수 있다(동네 커피숍을 이용할 때 암호화된 VPN을 써야 하는 이유가 이것이다). 유선 네트워크라면 게이트웨이 머신이 패킷을 감청할 가능성이 있는데 이는 멀웨어 또는 엿보기 좋아하는 관리자가 그런 의도로 설정한 경우이다. 또는 무슨 이유에서인지 정부 요원이 여러분의 게임 서비스를 감시하기로 하고, 데이터에 접근하기 위해 인터넷망 사업자에 감청 소프트웨어를 설치했을 가능성도 있다.

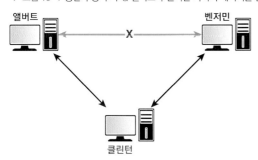

▼ 그림 10-1 중간자 공격 사례. 앨버트와 벤저민 사이의 메시지를 클린턴이 읽고 있음

앨버트

벤저민

X

클린턴

기술적으론 어떤 플레이어가 의도적으로 중간자 기기를 설치하여 게임 데이터를 감청하는 것도 가능하다. PC나 Mac 외에 콘솔 게임기처럼 폐쇄적인 플랫폼에서도 이는 문제가 된다. 따라서 악의를 가진 사용자가 네트워크로 오가는 모든 데이터에 접근할 수 있다고 가정해야 한다. 이하 중간자 공격을 논할 때, 중간자란 원래 송수신 당사자 컴퓨터에는 보이지 않는 3자를 가리키는 것으로 하겠다.

중간자 공격을 막는 일반적인 방법은 바로 모든 데이터를 암호화하여 보내는 것이다. 여타의 암호화 시스템을 구현하기에 앞서 네트워크 게임에선 어떤 데이터가 민감하여 보호할 가치가 있는지 우선 고려해 보자. 플레이어가 게임 내 아이템을 구매하는 기능이 있다면 반드시 구매 관련 데이터를 암호화해야 한다. 신용 카드 정보를 저장하거나 심지어 그냥 중개 전달만 하는 경우라도, 표준 암호화 절차를 따라야 법적 문제를 피할 수 있을 것이다. 구매 내역 등이 없다고 해도, 플레이어가 로그인하여 계정에 게임 정보를 남기는 MOBA나 MMO 같은 장르의 게임에선 로그인 절차를 암호화해야 한다. 금전적 목적을 가지고 정보를 탈취하려는 의도에서 3자가 노리는 먹잇감이 바로 이러한 신용 카드나 로그인 정보이기 때문이다. 플레이어에게 있어 중요한 이러한 정보를 중간자 공격으로부터 지켜내는 것은 절대적 과제이다.

반면 일반적인 평범한 내용의 리플리케이션 데이터 정도라면 중간자가 감청해도 큰 소용이 없을 것이다. 이런 데이터는 굳이 암호화하지 않아도 큰 지장이 없다. 그렇긴 해도 뒤에 다룰 호스트 패킷 스니핑에서 보호하기 위해 암호화를 수행할 가치가 있긴 하다.

게임이 민감한 데이터를 송신하며 따라서 외부로부터 보호해야 한다는 결론에 도달하면 이제 검증된 암호화 시스템을 선정하는 것이 논리적인 수순이다. 구체적으로는 공유 키 암호화(public key cryptography)를 써서 기밀 정보를 암호화하는 것이 바람직하다. 앨버트와 벤저민이 암호화된 메시지를 서로 주고받는다 하자. 송수신을 개시하기에 앞서 앨버트와 벤저민은 미리 사설 키와 공유 키를 제각기 생성해 둔다. 사설 키는 생성한 각자가 가지고 있으며 절대로 다른 이와(상대방이라 할지라도) 공유해서는 안 된다. 대신 공유 키는 둘이 핸드셰이킹을 시작할 때 서로 주고받는다. 그다음 앨버트가 벤저민에게 메시지를 보낼 때는 벤저민이 보내준 공유 키를 가지고 암호화해 보낸다. 벤저민이 이 메시지를 받으면 자신의 사설 키로 해독할 수 있다. 즉, 앨버트는 오직 벤저민만 이 읽을 수 있게 메시지를 암호화해서 보내며, 벤저민 또한 오로지 앨버트만 읽을 수 있게 보낸다. 공유 키 암호화의 핵심은 이것이며, 그림 10-2에 나타낸 바와 같다.

▼ 그림 10-2 앨버트와 벤저민이 공유 키 암호화로 통신함

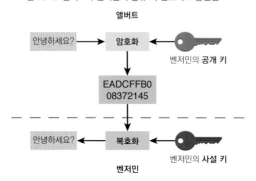

로그인 서버가 있는 네트워크 게임의 경우, 클라이언트는 서버의 공유 키를 가져오기한다. 서버에 로그인하려면 로그인 아이디와 암호를 서버의 공유 키로 암호화해서 보낸다. 이 로그인 패킷은 서버의 사설 키로만 해독할 수 있으며, 사설 키는 오로지 서버만이 알고 있어야 한다.

이견이 있을 순 있지만, 현재 가장 널리 쓰이는 공유 키 암호화 시스템은 1977년 개발된 RSA 시스템으로 이는 리베스트(Rivest), 샤미르(Shamir), 아델만(Adelman) 세 이름의 앞글자를 따온 것이다. RSA 시스템은 세미프라임(semiprime)이라는 매우 큰 숫자에 기반하는데, 세미프라임은 두 소수의 곱이라는 뜻이다. RSA의 사설 키는 세미프라임을 소인수 분해한 것에 기반한다. 이 체계로 구해진 숫자의 정수 해를 다항 시간 내에 구할 수 있는 알고리즘은 존재하지 않는 것으로 알려져 있으며, 커다란 두 소수의 곱으로 구해진 1024비트나 2048비트 세미프라임을 단순 파해법으로 구하는 건 현재 지구상의 가장 강력한 슈퍼컴퓨터로도 불가능하다.

RSA 파해

RSA가 뚫리는 시나리오가 몇 가지 있는데, 만일 이런 일이 근시일 내에 벌어진다면 큰 재앙이나 다름없다. 첫째 시나리오는 충분한 성능의 양자 컴퓨터가 개발되는 것이다. 양자 컴퓨터 알고리즘인 쇼어 알고리즘(Shor's algorithm)으로 정수를 양자 다항 시간 내에 소인수 분해할 수 있다. 하지만 이 책을 쓰는 시점에 지구상의 최강의 양자 컴퓨터라 해도 이제 고작 21을 7과 3으로 겨우 분해 가능한 수준이라, 1024비트 숫자를 소인수 분해하려면 꽤 많은 시간이 필요할 터이다. 다른 시나리오는 다항 시간 내에 소인수 분해를 할 수 있는 알고리즘이 일반 컴퓨터용으로 개발되는 것이다.

이것이 왜 재앙이냐면 현재 인터넷의 중요한 통신 중 많은 부분이 RSA 또는 파생 알고리즘에 의존하고 있기 때문이다. 만약 RSA가 뚫리기만 하면 HTTPS, SSH를 비롯한 보안 프로토콜이 더 이상 안전하지 않게 된다. 하지만 대부분 암호학자들이 RSA의 파해 가능성에 대해 부정적인데, 왜냐하면, 현대 암호화 기술에 있어 양자 컴퓨터조차도 다항 시간 내에 풀 수 없는 영역들이 있기 때문이다.

RSA는 이미 잘 구축된 암호 시스템이므로, 이걸 직접 새로 구현하려 시도하는 건 재능의 낭비라 하겠다. 그 대신 OpenSSL처럼 믿을만한 오픈 소스 RSA를 쓰는 것을 추천한다. OpenSSL은 무료 소프트웨어 라이선스로 보급되므로 상용 프로젝트에서도 라이선스 문제없이 사용할 수 있다.

10.1.2 호스트 머신상 패킷 스니핑

민감한 데이터를 주고받는 게임이라면 특히나 중간자 공격에 주의해야겠지만, 한편으로 모든 네트워크 게임은 호스트 머신에서 수행하는 패킷 스니핑에 노출되어 있다고 보아야 한다. 사용자가 자신의 호스트 머신에서 스니핑을 시도하면 데이터를 암호화해 봤자 스니핑을 번거롭게 할 뿐 완벽한 대책은 되지 못한다. 플랫폼상 게임 실행 파일은 언제든 해킹이 가능하며, 따라서 데이터를 해독하는 법을 찾는 것은 시간문제일 뿐이기 때문이다. 실행 파일상 코드 어딘가엔 분명히 수신한 데이터를 해독하는 부분이 있을 것이다. 그 해독 체계만 간파하면 패킷 데이터는 이제 암호화되어 있지 않은 것이나 진배없다.

그렇다고는 해도 복호화 코드를 리버스 엔지니어링해 클라이언트 어딘가에 저장된 사설 키를 찾아내는 데에는 시간이 걸린다. 그러므로 잠재적인 치터가 분석하기 어렵도록 암호화를 하는 편이 낫다. 나아가 암호 키와 메모리 오프셋을 정기적으로 변경하는 것이 좋은데, 그러면 누군가 리버스 엔지니어링을 하기 위해 게임이 업데이트될 때마다 코드 전체를 뒤져보는 작업을 반복해야 할 것이다. 마찬가지로 게임에서 패킷 형식과 순서를 정기적으로 바꾸면, 특정 패킷 형식에 의존하는 치트 프로그램을 무력화시킬 수 있다. 따라서 악성 플레이어는 역시 새로운 패킷 형식을 다시 파헤쳐서 치트를 만들어야 할 것이다. 이런 식으로 패킷 형식이나 암호 체계를 정기적으로 바꾸면 그 게임의 치트를 만들기가 점점 짜증 나게 된다. 그 결과 궁극적으로 치트 개발을 포기하게 만들 수 있다면 더할 나위 없을 것이다. 어쨌거나 호스트상에서 패킷을 스니핑하려 누군가 집요하게 노력한다면 이것까지 막을 수는 없다는 점도 인정해야 한다.

호스트상 패킷 스니핑을 시도하는 플레이어가 알아내려는 것이 과연 무엇인가를 고민해 보는 것도 도움이 된다. 일반적으로 호스트 머신의 플레이어는 정보 노출형 치트를 시도하는데, 통상적인 수단으로는 알아낼 수 없는 정보를 편취하려는 의도이다. 이러한 치트를 억제하는 데 흔히 쓰는 방법은 각 호스트에 내려주는 정보의 양을 제한하는 것이다. 클라이언트-서버 게임에선 서버가 각 클라이언트에 보내는 데이터를 제한하는 것이 그리 어렵지 않다. 예를 들어 스텔스 모드에서 들키지 않은 상태로 움직일 수 있는 네트워크 게임이 있다 치자. 서버가 만일 스텔스 중인 캐릭터의 정보도 꾸준히 리플리케이션해 준다면, 치터는 분명히 패킷 정보를 보고 스텔스 플레이어의 위치를 알아챌 수 있을 것이다. 반면 스텔스 도중엔 해당 캐릭터의 리플리케이션을 중단하도록 하면 클라이언트는 그 위치를 알아낼 방도가 없을 터이다.

일반적으로 치트를 하려는 플레이어는 클라이언트에 보내는 어떤 데이터라도 들여다볼 수 있다고 가정해야 한다. 따라서 어떤 호스트에 데이터를 보낼 때 그 호스트와 관련된 것만, 그리고 꼭 필요한 것만 추려서 보내면 잠재적인 치트 시도를 최소화할 수 있다. 한편 CS 토폴로지에 비해 P2P 토폴로지는 이를 적용하기가 좀 까다로운데, P2P 방식에선 항상 모든 데이터를 다른 피어 모두와 공유해야 하기 때문이다. 따라서 P2P 게임에서 치트 대응 메커니즘을 구현하려면 다른 접근 방법이 필요하다.

10.2 / 입력 검증

위에서 다룬 패킷 스니핑 기법과는 대조적으로, 입력 검증 기법은 플레이어가 잘못된 액션을 입력하지 못하게 막는 데 주력한다. 이 대응법은 CS 또는 P2P 어느 쪽에서건 잘 동작한다. 입력 검증은 단순한 전제에서 출발하는데, 네트워크로 받은 패킷의 액션을 맹목적으로 수행하지 않는다는 것이다. 그에 앞서 해당 액션이 해당 시점에 유효한 것인지부터 먼저 검사한다.

예를 들어 플레이어 A가 사격을 한다라는 내용의 패킷이 네트워크로 전달되었다 치자. 수신 측에선 패킷의 내용만 가지고 플레이어 A가 사격할 수 있을 것이라 가정해선 안 된다. 먼저 플레이어 A가 무기는 들고 있는지, 그 안에 총알은 있는지, 그리고 총기가 과열 상태는 아닌지를 모두 검증해야 한다. 이러한 조건 중 하나라도 충족되지 않는다면, 사격 요청은 기각되어야 한다.

아울러 플레이어 A의 액션을 수신하였을 때, 이것을 실제 플레이어 A에 해당하는 클라이언트가 보낸 것인지도 확인해야 한다. 6장에서 구현한 〈로보캣〉 코드에선 두 버전 모두 이러한 종류의 검증을 수행했었다. CS 버전 액션 게임에선 각 호스트 주소가 클라이언트 프록시에 연결되어 있어, 입력 패킷이 수신될 때 합당한 프록시의 것만 서버가 허용하게 할 수 있다. P2P 버전 RTS 게임에선 각 명령 패킷에 그 명령을 내린 플레이어가 기록되어 있다. 따라서 명령 패킷을 수신할 때 패킷엔 특정 피어가 지정되어 있다. 추후 이들 명령을 수행할 때, 명령을 내린 피어가 소유하지 않은 유닛의 경우 명령을 기각한다.

유효하지 않은 액션이 발각되면 즉각 해당 플레이어에게 응분의 조치를 취하고 싶은 충동이 들 수도 있다. 하지만 레이턴시나 패킷 손실로 인해 입력이 꼬이는 경우도 고려해야 한다. 일례로 마법을 시전할 수 있는 게임이 있다고 하자. 또한, 이 게임에선 플레이어에게 '침묵' 주문을 걸어 주문의 유효 시간 동안 마법 시전이 불가능하게 만들 수 있다고 치자. 지금 막 플레이어 A가 침묵 주문에 당했다고 하면 서버는 침묵 상태에 해당하는 갱신 패킷을 플레이어 A에 보낼 것이다. 그렇지만 이 패킷이 미처 전달되기 전에 플레이어 A가 어떤 주문을 시전해 버린 경우도 있을 수 있다. 이때 플레이어 A의 수분 시전은 서버 입장에서는 유효하지 않은 액션인데, 그렇다고 해서 이것이 불순한 의도에서 비롯된 것은 아니다. 그래서 이 액션 때문에 플레이어 A를 치터라고 간주하는 것은 부적절할 터이다. 이 경우 입력을 그저 무시하는 정도로 보수적으로 접근하는 편이 더 올바른 해법이라 하겠다.

입력 검증 기법은 클라이언트를 서버가 검증하거나, 피어가 다른 피어를 검증할 때는 잘 돌아가지만, 서버가 내려주는 명령을 클라이언트가 검증하는 경우엔 쉽지 않다. 이는 개발사 측에서 서버를 호스팅하는 경우엔 문제 될 것이 없지만, 플레이어가 서버의 호스트를 맡을 수 있는 게임에선 문제가 된다.

권한 집중형 서버 모델에선 게임 상태 전체를 꿰고 있는 건 서버밖에 없다. 서버가 어떤 클라이언트한테 대미지를 입었다고 전하면 클라이언트로선 이것이 올바른지 어떤지 검증하기가 참 애매하다. 이 같은 모델에선 클라이언트가 다른 클라이언트와 직접 소통하여 물어볼 방법도 없으므로 더더욱 그렇다. 즉, 서버가 어떤 명령을 클라이언트 B가 보낸 것이라고 주장하면 클라이언트 A 입장에선 이것이 올바른지 확인할 방법이 없다. 그저 서버가 올바른 정보를 보냈거니 하고 믿어야 한다.

서버가 고의로 잘못된 데이터를 보내지 못하게 막는 간단하면서도 궁극적인 해결책은 바로 플레이어에게 게임의 호스트 권한을 아예 주지 않는 것이다. 클라우드 호스팅의 시대가 도래하였으므로 저예산 게임이 클라우드에 게임 서버를 띄우는 것도 이제 현실적인 이야기가 되었다. 비용이 수반되기는 하지만 데이터센터에 물리적 서버를 운영하는 것보다는 훨씬 적게 든다. 13장에서 전용 서버를 클라우드에 호스팅하는 방법에 대해 다룬다.

하지만 개발사에 그만한 예산이 없거나, 아니면 그냥 플레이어가 자기 서버를 띄울 수 있게 해 주고 싶은 기획이라면 이야기가 훨씬 복잡해진다. 한 방법으로 클라이언트 사이에 P2P 세션을 따로 연결하는 것이 있긴 하지만 문제를 완전히 해결해주지는 못한다. 게다가 코드도 복잡해 지고 대역폭 요구 사항도 증가한다. 그렇지만 적어도 서버가 보내주는 정보를 클라이언트끼리 서로 검사할 수 있긴 하다.

이해를 돕기 위해 멀티플레이어 피구 게임의 예를 들어 보자. 표준 CS 모델에선 클라이언트 B가 공을 A에게 던지면 이 정보는 클라이언트 B에서 서버로 전달되고, 다음 서버에서 클라이언트 A로 전달될 것이다. 검증 계층을 추가하여, 클라리언트 B가 공을 던지는 동시에 다른 모든 클라이언트에게 패킷을 보내 자신이 공을 던졌다고 알려준다. 그러면 클라이언트 A가 B의 공을 맞았다는 패킷을 서버에게 받을 때, 클라이언트 B가 진짜로 던진 사실이 있는지를 검증할 수 있다.

하지만 불행히도 이렇게 CS 모델에 접목한 P2P 검증 시스템이 언제나 동작한다는 보장이 없다.

첫째로 각 클라이언트가 서버에는 접속할 수 있지만, 다른 클라이언트에는 접근할 수 없는 경우가 있다. NAT 투과나 방화벽 등이 이러한 문제의 주범이다. 둘째로 클라이언트가 서로 모두 연결할 수 있다 해도 P2P 패킷이 서버 패킷보다 빨리 도착한다는 보장이 없다. 즉, 클라이언트 A가 서버의 패킷을 검증할 시점이 되어서도 아직 클라이언트 B가 보낸 패킷이 도착하지 않을 수도 있다. 그러면 B의 패킷이 도착할 때까지 클라이언트 A가 기다리던가 해야 하는 데, 이 때문에 게임을 중지시키고 싶지 않다면 서버의 말을 믿을 수밖에 없게 되어 결국 원점으로 돌아가 버린다.*

10.3 / 소프트웨어 치트 감지

상대적으로 중간자 공격이나 입력 검증 모두 특성상 방어적이다. 예로 중간자 공격을 막기 위해 데이터를 암호화하여 읽지 못하게 하는데 치중하며, 입력 검증 기법에선 검사 코드를 두어 잘못된 입력을 허용하지 않는 선에서 방어한다. 이에 반해 더욱 공격적인 접근법으로 치트를 쓰는 플레이어에 대응하는 기법도 있다.

소프트웨어 치트 감지란, 게임 프로세스 내 또는 프로세스 외부에 별도의 소프트웨어를 구동하여 게임의 무결성을 능동적으로 감시하는 기법이다. 치트 기법 대다수가 치트 프로그램을 게임이 설치된 머신에 깔아 돌린다. 어떤 치트는 게임 프로세스에 후킹을 시도하며, 또 어떤 것은 게임 프로세스가 사용하는 메모리를 덮어쓰는 것도 있다. 흔히 '오토'라 칭하는 입력 자동화 서드 파티 앱도 있으며, 심지어 게임 데이터 파일을 뜯어고치는 종류의 치트 프로그램도 있다. 소프트웨어 치트 감지 프로그램은 이렇게 만연하는 다양한 종류의 치트 프로그램을 감지할 수 있으며 덕분에 치트 플레이어를 상대하는데 강력한 도구로 이용된다.

이와 더불어 다른 방법으로는 발각되지 않는 치트 또한 소프트웨어 치트 감지로 찾을 수 있다. 락스텝 P2P 모델의 실시간 전략 게임의 예를 들어보자. 대부분 RTS 게임에서 전장의 안개(fog of war) 개념을 채용하고 있는데, 플레이어는 자기 유닛이 있는 근방의 지도만 제대로 볼 수 있다. 하지만 6장에서 언급한 바에 따르면 락스텝 P2P 모델의 각 피어는 게임 상태 전체를 알고 있다. 따라서 각 피어의 메모리에는 게임 내 모든 유닛 위치 등 세세한 정보가 모두 들어 있다. 즉, 전장의 안개는 로컬 실행 파일에 구현되어 있으므로 치트 프로그램으로 제거하는 것도 얼마든지 가능하다. 이런 치트를 일컬어 흔히 맵핵(map hacking)이라하여 RTS 게임에서 많이 쓰는데, 전장의 안개가 채택

---

* **역주** 일단 미심쩍지만 믿어주고 끝내 B의 패킷이 안 오는 경우, 이를 자동으로 신고하는 방법 정도는 있겠다.

된 게임이라면 장르 불문하고 맵핵에 취약하다 하겠다. 맵핵을 감지하기가 어려운 이유는 마땅히 감지할 방법이 없어서인데, 맵핵을 쓰더라도 다른 피어가 수신할 데이터에는 어떤 자취도 남기지 않기 때문이다. 하지만 소프트웨어 치트 감지 기법을 쓰면 맵핵을 상대적으로 쉽게 감지할 수 있다.

봇(bot)이라는 치트도 많이 사용된다. 봇은 플레이어를 대신해 자동으로 게임을 하게 하거나, 여타의 방법으로 플레이어를 돕는 수단으로 이용된다. 예를 들어 각종 MMO 게임에서 서비스 시작 이래로 그 자신은 자거나 컴퓨터 곁을 떠나 있을 때도 자동으로 레벨업을 하거나 돈을 획득하기 위해 봇을 돌리는 플레이어가 많았다. FPS 게임의 에임 봇(aim bot)은 다른 플레이어를 쏠 때마다 정확히 명중시켜 준다. 이러한 여러 가지 봇 때문에 게임의 공정성이 훼손되는데, 오로지 소프트웨어 치트 감지 기법으로만 봇을 찾아낼 수 있다.

궁극적으로는 유저 사이의 커뮤니티를 돈독하게 유지하고 싶은 멀티플레이어 게임이라면 소프트웨어 치트 감지 기법 채택을 고려해야 한다. 요즘에는 사용할 수 있는 솔루션이 여럿 있으며, 그중엔 특정 회사의 게임에만 사용할 수 있는 것도 있지만, 유료 계약을 맺거나 아니면 아예 공짜로 쓸 수 있는 것도 있다. 이 절의 이후 내용은 두 가지 치트 감지 솔루션에 대해 다룬다. 밸브의 VAC, 그리고 블리자드의 워든이 그것인데, 소프트웨어 치트 감지 플랫폼에 대해 공개되는 내용은 아무래도 제한적일 수밖에 없으므로 여기서는 개략적인 내용만 다룬다. 한편 소프트웨어 치트 감지 솔루션을 직접 개발하려 한다면 엄청난 양의 저수준 소프트웨어 지식과 리버스 엔지니어링 노하우가 있어야 함을 미리 짚고 넘어가겠다. 업계 최고 수준의 치트 감지 플랫폼도 가끔 허점을 드러내게 마련인데, 따라서 치트 프로그램을 앞지르도록 꾸준히 치트 방지 솔루션을 업데이트하는 것도 중요하다.

10.3.1 VAC

VAC(Valve Anti-Cheat)는 밸브에서 개발한 소프트웨어 치트 감지 플랫폼으로, 스팀웍스 SDK를 사용하는 게임에 적용할 수 있다. **12장 게임 서비스 플랫폼**(343쪽)에서 스팀웍스 SDK의 자세한 내용에 대해 다루기로 하고, 여기서는 VAC에 초점을 두어 얘기하고자 한다. 큰 그림으로 보면 VAC는 밴(ban), 즉 차단당한 유저의 목록을 게임마다 유지한다. 밴 당한 유저가 VAC를 사용하는 서버에 접속하려 하면 서버는 접속을 거부해 버린다. 어떤 게임에서 밴 당한 경우 다른 게임에도 접속이 거부되는 경우가 있는데, 예를 들어 밸브의 소스 엔진을 쓰는 게임에서 밴을 당하면 다른 소스 엔진 사용 게임에서도 거부될 확률이 높다. 이는 치트 대응시 억제력을 추가로 높이는 수단이 된다.

개략적으로 VAC는 런타임에서 이미 알려진 치트 프로그램을 검색한다. VAC가 치트 프로그램을 감지하는 데엔 여러 방법이 있는데, 그중 하나로 게임 프로세스의 메모리를 검사하는 기법이 있다. 한편 VAC는 유저가 치트를 쓰다가 발각된다고 해서 즉시 제제에 들어가지는 않는다. 그렇게 하면 치트가 발각되었는지 여부가 곧바로 치트 유저들 사이에 드러나 버릴 것이고, 발각된 치트는 안 쓰면 그만이기 때문이다. 그 대신 VAC는 밴 당할 유저의 목록을 만들어 두고 미래 적당한 시점으로 미루어 두었다가 한꺼번에 적용한다. 이런 식으로 해당 치트를 쓰는 플레이어를 최대한 많이 감지해 두었다가 나중에 모조리 밴 시켜 버리는 것이다. 플레이어들은 이렇게 몰아났다 한꺼번에 하는 제재를 가리켜 밴 웨이브(ban wave)라 하는데, 다른 여러 소프트웨어 치트 감지 플랫폼에서도 비슷한 방식을 쓴다.

이와 관련된 기능으로 순수 서버(pure server)라는 것도 있다. 밸브의 소스 엔진 채택 게임에만 적용되는 기능인데, 유저 접속 시 서버가 유저의 콘텐츠를 검사한다. 클라이언트는 서버에 접속하기 위해 갖고 있는 게임 관련 파일 전부에 대한 체크섬을 계산해 제출해야 한다. 만일 불일치가 있는 경우 서버는 클라이언트를 튕겨버린다. 다른 지역으로 진입하여 맵의 전이가 일어날 때도 같은 절차를 반복한다. 단, 모드*를 통해 캐릭터 모양을 바꾸는 등 커스터마이즈를 허용하는 게임을 위해선 몇몇 파일에 대해 화이트리스트, 즉 허용 목록을 두어 이 목록에 포함된 파일은 검사하지 않는다. 이러한 체계는 소스 엔진에만 적용되어 있지만, 원한다면 비슷한 시스템을 직접 구현하는 것도 가능할 터이다.

10.3.2 워든

워든(Warden)은 블리자드 엔터테인먼트에서 만들어 자사 게임 전체에 적용하고 있는 소프트웨어 치트 감지 프로그램이다. 워든의 기능은 VAC에 비해 잘 알려지지는 않은 편이다. 하지만 VAC와 마찬가지로 게임이 실행되는 동안 워든은 컴퓨터의 메모리 및 다른 지점을 스캔하여, 알려진 치트 프로그램이 있는지 검사한다. 치트가 발견되면 워든 서버로 정보를 보내어 미래 적당한 시점에 해당 유저를 밴 웨이브로 제재한다.

워든의 강력한 특징 중 하나는 게임이 실행되는 도중 워든이 자체 업데이트를 수행할 수 있다는 것이다. 이는 중요한 전술적 강점을 부여하는데, 치트 방지 솔루션의 새 패치가 공표되면 얼마간은 치트 유저가 치트 사용을 자제하는 경향이 있기 때문이다. 패치 때문에 치트가 동작하지 않을 것이기도 하고, 쓰면 곧바로 잡힐 가능성이 높아서 그렇기도 하다. 하지만 워든은 동적으로 업데이트 되므로, 유저가 워든의 패치 시점을 알아채기 어려워져 전술적으로 유리하다. 그런 반면 워든이 업데이트되는 시점을 감지하여 이때 자동으로 치트를 종료하게 만들었다고 주장하는 치트 제작자도 있다.

---

* [역주] mod. 유저들이 직접 게임 콘텐츠를 추가하거나 수정할 수 있게 게임 자체에서 허용해 주는 기능

10.4 서버 보안

네트워크 게임의 보안에 있어 또 다른 중요한 과제는 서버를 각종 공격에서 보호하는 것이다. 이는 MMORPG와 같이 중앙 서버에 월드 상태를 공유하는 게임의 경우 특히 중요하며, 공격의 종류마다 방어책을 마련해 두어 공격이 일어나는 비상사태에 대비해야 한다.

10.4.1 디도스 공격

디도스(DDoS, distributed denial-of-service, 분산 서비스 거부) 공격의 목적은 완료할 수 없는 요청을 서버에 무수히 날려 압도시킴으로써, 선량한 사용자의 접속을 차단하거나 서비스를 이용하지 못하게 하려는 것이다.* 서버가 압도되는 이유로는 네트워크 연결이 감당할 수 없는 데이터를 수신해서, 또는 요청 분량을 서버의 CPU가 처리할 수 없어서 등이 있다. 큼직한 온라인 게임 서비스나 유명한 네트워크 게임이라면 저마다 한두 번씩 디도스의 홍역을 치른 바 있다.

개발사에서 직접 하드웨어를 꾸며 게임 서버를 운영하다 보면 디도스 공격을 막아내기 어려울 수 있다. 인터넷 서비스 업체와 긴밀히 협력하는 동시에 하드웨어를 업그레이드하고 트래픽을 분산해야 하기 때문이다. 반면 서버를 클라우드에 호스팅하는 경우엔 13장에서 다루는 것처럼 클라우드 업체가 이미 대응책을 가지고 있을 수 있다. 주요 클라우드 호스팅 플랫폼은 모두 일정 수준의 디도스 방지책을 내장하고 있으며, 클라우드 기반 디도스 완화 기능을 별도 서비스로 구매할 수도 있다. 그렇긴 해도 클라우드 호스팅 업체에 모든 디도스 관련 대비를 전적으로 맡겨선 곤란하다. 시간을 투자해 여러 가지 보완 전략을 수립해 두는 편이 현명할 것이다.

10.4.2 악성 데이터

깨졌거나 부적절한 패킷을 악의적인 사용자가 서버로 보내는 경우도 고려해야 한다. 이 같은 짓을 하는 이유는 몇 가지가 있을 것이다. 그중엔 단순하게 서버를 다운시켜보고 싶은 의도도 있겠지만, 보다 사악한 의도로 패킷을 통해 버퍼 오버플로를 일으켜 악성 코드를 실행시키거나 그와 유사한 공격을 시도하려는 것이다.

---

* **역주** 서비스 이용자의 불편을 초래하려는 목적보다는 서비스 제공자를 협박하거나 평소에 드러나지 않는 취약점을 압도 상태에서 노출하려는 목적이 강하다.

악성 데이터로부터 서버를 지키려면 퍼즈 테스팅(fuzz testing)이라는 자동화 테스트를 수행하는 것이 최선의 방책이다. 일반적으로 퍼즈 테스팅이란 통상의 유닛 테스트나 QA 테스트 과정에서 발견하기 어려운 결함을 발견하기 위해 사용한다. 구조화되지 않은 대량의 데이터를 서버에 전송하는 것으로 네트워크 게임의 퍼즈 테스팅을 수행할 수 있다. 테스트 목적은 서버에 이러한 데이터를 보냈을 때 크래시가 나는지를 확인하고, 그 와중에 발견된 버그를 수정하는 데 있다.

좀 더 많은 버그를 찾으려면 무작위 데이터 외에 어느 정도 구조화된 데이터를 보내는 것도 도움이 된다. 예를 들면 서버에서 사용하는 패킷의 형식은 준수하고 있지만 그 내용이 무작위이거나 일부 구조가 깨져 있는 것이 그렇다. 여러 차례에 걸쳐 퍼즈 테스팅을 수행하고 그 결과 나오는 버그를 잡고 나면 악성 데이터로 인해 취약점을 드러낼 위험성을 최소화할 수 있을 것이다.

10.4.3 소요 시간 분석 공격

수신된 시그니처를 바이트 단위로 비교하거나 해시를 검사하는 코드는 잠재적으로 타이밍 공격 (timing attack) 또는 소요 시간 분석 공격에 취약하다. 이 공격은 고의로 잘못된 데이터를 보내어 보고 그것이 거부되는 데까지 걸리는 시간을 측정하여 특정 해시 알고리즘이나 암호화 시스템의 구현 내역에 대한 힌트를 얻는 데 사용된다.

8개 원소의 32비트 정수 배열로 된 인증서 두 개가 같은지 아닌지 비교하는 시나리오를 가정해 보자. 배열 A에는 인증서 내역 정답이 들어있고, 배열 B는 유저가 보낸 인증서이다. 비교 함수를 간단히 작성해 보면 다음과 같다.

```
bool Compare(int a[8], int b[8])
{
    for (int i = 0; i < 8; ++i)
    {
        if (a[i] != b[i])
        {
            return false;
        }
    }
    return true;
}
```

여기서 false를 리턴하는 구문으로 미세하나마 최적화를 구현했다. 특정 인덱스의 배열 원소가 일치하지 않는다면, 그 이후로는 더 이상 볼 필요가 없기 때문이다. 하지만 이렇게 미리 리턴해 버리는 코드가 바로 시간 분석 공격의 목표가 된다. b[0]의 값이 틀린 경우엔, 맞는 경우보다 좀 더 빨리 리턴하게 될 것이다. 따라서 유저가 b[0]에 가능한 모든 값을 시도해 보면 어떤 값이 더 오래 걸리는지 분석할 수 있다. 오래 걸렸다는 건 맞는 값을 넣었다는 것으로, 이런 식으로 모든 인덱스에 내해 반복하면 종국에 가선 전체 인증서의 정답을 찾아낼 수 있게 된다.

여기에 대한 보완책은 Compare() 함수를 다시 작성하여, 일치 여부 및 불일치 지점에 상관없이 같은 수행 시간이 걸리도록 만드는 것이다. 이러한 비교 작업에 있어선 비트 XOR 연산이 제격인데, 두 값이 일치하면 0이 되기 때문이다. 따라서 배열 A와 B의 각 원소에 대해 각각 XOR을 수행하고, 그 결과를 비트 OR 연산으로 누적하는 식으로 다음과 같이 구현하면 된다.[*]

```
bool Compare(int a[8], int b[8])
{
    int retVal = 0;
    for (int i = 0; i < 8; ++i)
    {
        retVal |= a[i] ^ b[i];
    }
    return retVal == 0;
}
```

10.4.4 침입

악성 유저가 서버에 침투하는 것은 서버 보안에 있어 중대한 위협이 된다. MMORPG와 같이 대규모 월드를 공유하는 게임에서 특히 그렇다. 침입자의 목적은 주로 유저 데이터를 훔치는 것으로, 신용 카드 번호나 암호 등이 타깃이다. 더 심각하게는 게임 전체 데이터베이스를 삭제하여 사실상 서비스를 접게 만드는 경우도 있다.[**] 여타의 서버 보안 이슈 이상으로 침입 공격은 최악의 결과를 초래할 수 있어 어느 것보다 신중하게 대응책을 마련해 두어야 한다.

잠재적인 침입 가능성을 줄일 수 있는 방지책이 여럿 있는데, 그중 가장 최선은 서버의 모든 소프트웨어를 최신 보안 패치로 업데이트하는 것이다. 이는 운영체제를 비롯해 데이터베이스, 각종 자동화 솔루션, 웹 애플리케이션 등등 모든 소프트웨어를 포괄한다. 그 이유는 최신 버전에서 수정된 치명적 보안 결함이 이전 버전엔 아직 존재하기 때문이다.[***] 업데이트를 최신으로 설치할수록

---

[*] 역주 비트 연산이 복잡하다고 아래와 같이 알기 쉽게 구현해 볼 수도 있겠지만, if 문의 통과 여부에 따라서 시간이 미세하게 차이 날 수 있고 이 또한 시간 분석의 목표가 되므로 올바르지 않다.
bool ok = true; for (int i = 0; i < 8; ++i) { if (a[i] != b[i]) ok = false; } return ok;

[**] 역주 굳이 경쟁사의 짓이 아니라도 데이터를 못 쓰게 만들어 놓고 복구를 빌미로 금품을 요구하는 랜섬웨어(ransomware)를 생각해 보면 되겠다.

[***] 역주 그리고 시중에 공개되는 최신 버전의 패치 내역을 보면 어떤 결함이 있었는지 크래커가 참고할 만한 힌트가 숨어있다.

공격자 입장에서 서버에 침투할 수 있는 수단이 적어진다. 마찬가지로, 서버에서 구동되는 소프트웨어나 서비스의 숫자를 줄이면 잠재적인 침입 지점의 숫자 또한 줄어든다.

마찬가지 논리가 내부 직원, 즉 프로젝트 개발자의 작업 컴퓨터에도 적용된다. 여러 침투 기법에서 애용되는 경로가 바로 중앙 서버에 접근할 수 있는 개인 컴퓨터를 먼저 뚫어 교두보로 삼는 것이다. 그리고 이 컴퓨터를 통해 서버 시스템에 침투해 들어간다. 이를 일컬어 스피어 피싱 공격(spear phishing attack)이라 한다. 따라서 최소한 개발자 컴퓨터의 운영체제를 비롯해 인터넷이나 네트워크에 접근할 수 있는 웹 브라우저 등 모든 소프트웨어를 항상 최신 상태로 업데이트해 두어야 한다. 또한, 개인 작업 머신의 서버 접속 권한을 가능한 한 제한해 중요 서버와 데이터 머신을 보호하는 것도 서버 침투를 막는 상책이다. 서버에 접속할 때 2단계 인증(two-factor authentication)*을 거치도록 하는 방법도 있는데, 이렇게 하면 단순히 패스워드만 알아서는 서버에 침투할 수 없다.

이러한 침투 방지 노력에도 불구하고, 여전히 뛰어난 해커가 서버를 뚫을 수 있다는 가정을 해 두는 편이 좋다. 여기에 대비해 서버에 저장하는 민감한 정보는 최대한 안전하게 보관해야 한다. 그러면 침입이 발생하더라도 게임 서비스와 플레이어가 입는 피해를 제한할 수 있다. 예를 들어 사용자 암호는 절대로 평문으로 저장해 두면 안 된다. 왜냐하면, 데이터베이스에 침투하는 데 성공하면 침입자가 모든 사용자의 암호를 확보할뿐더러, 대개 평범한 사용자들이 같은 암호를 여러 다른 서비스 계정에 같이 쓴다는 점을 고려할 때 치명적 결과를 야기할 수 있기 때문이다. 사용자 암호는 블로우피시(Blowfish) 기반 bcrypt 등 적절한 암호 해시 알고리즘으로 해시해 두어야 하며, 단순 해시 알고리즘인 SHA-256, MD5, DES 등을 사용해서는 안 된다. 이들 알고리즘은 구형이라 최신 사양 컴퓨터에서 쉽게 해독할 수 있기 때문이다. 사용자 암호뿐만 아니라 신용 카드 등 결제 정보 또한 업계 최고의 암호화 기법으로 보호해야 한다.

최근 몇 년간 드러난 정보 유출 사례로 볼 때 명확해진 것 하나는, 서버 보안 이슈에 있어 가장 큰 위협이 외부인이 아닐 수도 있다는 것이다. 바로 조직에 불만을 가졌거나, 불순한 의도를 가진 직원이 제일 위험하다. 이런 직원은 권한이 없는 자료에 접근하거나 유출하려 시도한다. 이에 대처하기 위해선 고도의 로깅 시스템 및 감시 체계를 구축하는 것이 중요하다. 이는 억제책이 되는 한편, 유사시 범법 행위의 증거로도 사용할 수 있다.

마지막으로 확실히 해 둘 것은, 중요한 데이터를 정기적으로 외부 지점에 물리적으로 백업해 두어야 한다는 것이다. 이렇게 하여 사악한 공격이나 다른 재해로 인해 데이터베이스 전체가 소실되어도 비교적 최신의 데이터로 복구할 수 있다. 시쳇말로 백섭이라 하는 이런 복구 절차가 필요한 상황은 절대 바람직하지는 않지만, 게임 데이터 전체를 영구적으로 잃어버리는 것보다야 훨씬 나은 대안이라 하겠다.

---

* 역주 OTP(one-time password, 일회용 암호) 생성기를 쓰는 등

10.5 요약

대부분 멀티플레이어 게임 개발자는 일반적인 관심 이상으로 보안 이슈에 대해 신경 써야 한다. 첫째로 고려할 것은 데이터 전송의 보안 여부로, 패킷이 중간자 공격에 노출될 수 있으므로 암호나 결제 정보 등 민감한 정보는 반드시 암호화해야 한다. 추천하는 방법은 RSA 등 공유 키 암호화 형식을 채택하는 것이다. 게임 상태에 관련된 데이터라면 보내는 양을 제한하는 것도 유용하다. 클라이언트-서버 게임에서 치트를 방지하는데 특히 도움이 되는데, 클라이언트를 분석해 장난칠 데이터의 양을 줄여주기 때문이다.

허용되지 않는 동작을 시도하는 유저를 막으려면 입력 검증도 중요하다. 그렇지만 잘못된 입력이라고 해서 항상 치트를 시도한다고는 볼 수 없다. CS 토폴로지에서 클라이언트가 최신 업데이트를 아직 못 받아서 그런 것일 수도 있기 때문이다. 그렇더라도 네트워크상 오가는 명령은 항상 검사를 해 봐야 한다. 클라이언트가 보내는 입력을 서버가 받는 경우에도 그렇고, 피어가 다른 피어에 받은 입력의 경우에도 그렇다. 서버가 보내는 입력을 클라이언트가 검증하기는 어려우므로, 원천적으로 차단하는 방법은 플레이어가 직접 서버를 띄우지 못하게 하는 것이다.

보다 공세적인 방법으로 소프트웨어 치트 감지 솔루션을 도입하여 치트를 제거할 수 있다. 이 장에선 대표적인 치트 감지 소프트웨어 하나를 예로 들었는데, 이 솔루션은 게임이 실행되는 동안 능동적으로 메모리를 검사하여, 이미 파악된 치트 프로그램이 구동되고 있는지 확인한다. 치트 프로그램이 발견되면 대상 유저는 게임에서 밴 당하는데, 실제 제재 자체는 그 이후의 밴 웨이브 시점에 대개 수행된다.

마지막으로 게임 서버를 다양한 형태의 공격으로부터 방어해야 한다. 디도스 공격은 서버에 과부하를 주어 서비스를 방해하는데, 클라우드 호스팅 서비스를 이용하면 일정 부분 방어하는 데 도움이 된다. 악성 패킷을 원천 봉쇄하려면 퍼즈 테스팅 기법을 응용해 볼 수 있다. 끝으로 서버 소프트웨어를 최신 상태로 유지하고 민감한 정보는 암호화해서 보관해야지만 서버 침투로 인해 발생하는 피해를 최소화할 수 있다.

10.6 / 복습 문제

1. 중간자 공격을 수행하는 두 가지 방법에 대해 설명해 보자.

2. 공유 키 암호화란 무엇인가? 이를 통해 어떻게 중간자 공격의 위험을 최소화할 수 있는가.

3. 입력 검증을 통해 잘못된 입력으로 판정이 났지만, 사실 유저가 치트를 쓰는 경우는 아닌 예제를 하나 들어 보자.

4. 플레이어가 서버를 띄울 수 있게 허용하는 게임에서 서버가 보낸 데이터를 검증하는 방법은 무엇인가?

5. 소프트웨어 치트 감지를 쓰지 않고서는 락스텝 방식 P2P 게임에서 맵핵을 잡아낼 수 없는 이유는 무엇인가?

6. 밸브의 VAC 시스템이 어떻게 치트 유저를 처리하는지 간략히 설명해 보자.

7. 잠재적 침입 공격에 대비하여 서버를 지키는 두 가지 방법을 설명해 보자.

10.7 / 더 읽을거리

Brumley, David, and Dan Boneh. "Remote timing attacks are practical." Computer Networks 48, no. 5 (2005): 701–716.

Rivest, Ronald L., Adi Shamir, and Len Adleman. "A method for obtaining digital signatures and public-key cryptosystems." Communications of the ACM 21, no. 2 (1978): 120–126.

Valve Software. "Valve Anti-Cheat System." Steam Support. https://support.steampowered.com/kb_article.php?ref=7849-Radz-6869. (2015년 9월 14일 현재)

11장

상용 엔진 사례

대형 게임 개발사는 대부분 여전히 자체 게임 엔진을 개발하고 있지만, 소규모 회사에선 점차 상용 엔진을 채택하는 사례가 늘고 있다. 대부분 네트워크 게임 장르엔 기성 엔진을 활용하는 편이 작은 회사로서 시간 및 비용 면에서 효율적이기 때문이다. 상용 엔진을 이용할 경우, 네트워크 담당 엔지니어는 이 책의 앞에서 다룬 내용보다 전반적으로 상위 수준의 코드를 작성하게 된다.

이 장에선 오늘날 널리 쓰이는 게임 엔진 두 가지를 살펴보기로 한다. 언리얼 4와 유니티가 그것으로, 네트워크 멀티플레이를 어떻게 구현하는지를 중점적으로 알아본다.

11.1 / 언리얼 엔진 4

언리얼 엔진은 1998년 비디오 게임 〈언리얼〉 출시 당시부터 존재해 왔다. 하지만 그 이후로 세월이 흐르면서 엔진에도 많은 변화가 있었다. 이 절에선 2014년에 출시된 언리얼 엔진 4를 특정하여 다루는데, 〈언리얼〉은 한편 같은 회사에서 출시된 게임 이름이기도 하다. 하지만 여기서는 엔진을 가리키는 말로 한정하기로 한다. 언리얼 개발자는 저수준 네트워킹의 세부 사항에 대해선 걱정할 필요가 없고, 대신 고수준 게임 플레이 코드가 네트워크 환경에서 제대로 돌아가게 하는데 신경 쓰기만 하면 된다. 〈트라이브스〉에 비유하자면 이런 고수준 플레이 코드는 게임 시뮬레이션 계층에 대응한다 하겠다.

이런 맥락에서 이 절에서 살펴볼 내용은 주로 언리얼 엔진으로 제작될 게임에 고수준 네트워크 플레이를 추가하는 방법이 될 것이다. 그렇지만 먼저 완전한 이해를 돕기 위해, 간략하게 저수준 API를 살펴보고 앞 장에서 다루었던 내용과 어떻게 맞아떨어지는지 확인해 보면 유익할 것이다. 보다 상세한 네트워크 동작 구조를 파헤쳐 보고 싶은 독자는 www.unrealengine.com에 계정을 만들면 언리얼 엔진의 전체 소스 코드에 접근할 수 있다.

11.1.1 소켓과 기본 네트워킹

다양한 플랫폼을 지원하기 위해 언리얼도 밑단 소켓의 세부적인 구현 내용을 추상화해 두었다. 지원되는 여러 플랫폼별 구현 사항은 인터페이스 클래스인 ISocketSubsystem에 들어 있다. 3장 버클리 소켓(93쪽)에서 보았듯이 윈도나 맥 그리고 리눅스는 저마다 소켓 API가 조금씩 다른데, 언리얼의 소켓 서브시스템도 이를 고려해 조금씩 다른 구현 내용을 제공하는 것이다.

소켓 서브시스템은 주소 처리 및 소켓 생성을 전담한다. Create() 함수는 생성된 FSocket 클래스의 포인터를 리턴하는데, 이를 통해 이후 Send(), Recv() 등 표준 함수를 호출해 데이터를 주고받을 수 있다. 단, 3장에서 본 것과는 달리 언리얼은 TCP와 UDP 소켓을 별개의 클래스로 제공하지 않는다.

마찬가지로 UNetDriver 클래스가 있어 데이터 수신, 필터링, 추가 처리, 패킷 전송 등의 역할을 한다. 이는 6장에서 구현해 본 NetworkManager와 비슷하다고 생각하면 된다. 사실 UNetDriver는 그보다 약간 더 저수준의 일도 다룬다. 소켓 서브시스템의 경우 인터넷 프로토콜로 직접 전송하느냐 아니면 스팀 같은 게임 플랫폼 서비스를 거치느냐에 따라 구현 내역이 조금씩 달라진다(게임 플랫폼 서비스에 대해선 12장에서 다룬다).

메시지 전송 관련 저수준 코드도 꽤 많은데, 전송 계층을 막론하고 메시지를 송수신하는 용도의 클래스가 대량으로 존재한다. 그 세부 사항은 꽤나 복잡하므로, 자세한 내용을 알고 싶다면 언리얼 도큐먼트 중 https://docs.unrealengine.com/latest/INT/API/Runtime/Messaging/index.html 을 참고하면 된다.

11.1.2 게임 객체와 토폴로지

언리얼 엔진은 핵심 게임 플레이 구현용 클래스를 구체적인 기준으로 구분한 용어로 정의하는데, 더 깊이 들여다보기 전에 사용되는 용어부터 정리할 필요가 있다.* 액터(Actor)란 게임 객체 그 자체이다. 게임 월드에 존재하는 모든 객체는 그것이 고정된 것이든 움직이는 것이든, 보이든 안 보이든, Actor 클래스를 상속받는다. Actor의 서브클래스 중 중요한 것으로는 폰(Pawn)이 있는데 이는 누군가 조작할 수 있는 액터를 가리킨다. 구체적으로 Pawn 객체는 컨트롤러(Controller) 클래스의 인스턴스에 대한 멤버 포인터를 갖고 있다. Controller 또한 Actor의 서브클래스인데, 이 역시 주기적인 갱신이 필요한 게임 객체이기 때문에 그렇다. Controller의 서브클래스로는 PlayerController 또는 AIController가 있는데 이름 그대로 Pawn 객체를 조종하는 게 누구인지에 따라 구별해 사용한다. 언리얼 클래스 계층 구조를 아주 일부만 발췌해 그려보면 그림 11-1과 같다.

▼ 그림 11-1 언리얼 클래스 계층도 일부

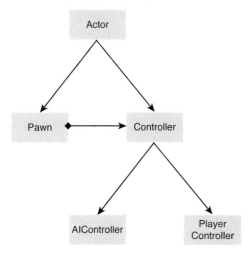

---

* [연주] 이 장의 언리얼 관련 용어 번역은 검색의 용이성을 위해 언리얼 공식 한글 매뉴얼을 따른다.

이들 클래스의 상호 작용에 대한 이해를 다지기 위해, 간단한 싱글 플레이 피구 게임(dodge ball) 예를 들어보자. 플레이어가 스페이스바를 눌러서 공을 던진다 치자. 스페이스바 입력은 PlayerController 객체에 전달된다. 그러면 PlayerController가 PlayerPawn에 공을 던지라고 알려준다. 이에 따라 PlayerPawn은 DodgeBall 객체를 스폰하는데, 이는 Actor의 서브클래스이다. 물론 엔진 내부에선 이외에도 많은 일이 일어나겠지만, 이 정도면 이들 주요 클래스가 어떻게 상호 작용하는지 대략 이해할 수 있을 것이다.

네트워크 토폴로지 면에서 언리얼은 클라이언트-서버 모델만 지원한다. 서버가 실행되는 모드는 두 가지로 나뉘는데, 전용 서버 모드와 리스닝 서버 모드이다. 데디케이트 서버(dedicated server) 혹은 전용 서버 모드에선, 서버가 다른 모든 클라이언트로부터 독립된 별도의 프로세스로 구동된다. 대개 데디케이트 서버는 별도의 머신에서 돌리는 것이 보통이지만, 꼭 그래야만 하는 건 아니다. 리슨 서버(listen server) 모드에선 게임 인스턴스 하나가 서버 역할도 하고 클라이언트 중 하나의 역할도 같이 맡는다. 리슨 서버와 데디케이트 서버가 각기 구동되는 방식에는 미묘한 차이가 있긴 하지만 이 절의 내용 범위에선 다루지 않기로 한다.

11.1.3 액터 리플리케이션

언리얼은 CS 토폴로지를 채택하고 있으므로 어떤 식으로든 서버가 클라이언트에 업데이트를 전송할 방법이 필요할 것이다. 언리얼에서는 이를 액터 리플리케이션(actor replication)으로 처리하는데, 한 번에 리플리케이션해야 하는 액터의 숫자를 줄이기 위해 몇 가지 기법을 채택하고 있다. 〈트라이브스〉 모델과 유사하게 언리얼도 한 클라이언트에 연관된 액터가 무엇인지를 판단해 스코프 혹은 연관성(relevancy)을 결정한다. 이와 더불어 어떤 액터가 특정 클라이언트의 스코프에만 포함되는 것이라면 아예 서버 대신 클라이언트에만 액터를 스폰할 수도 있다. 대표적인 예로 잠깐 나왔다 사라지는 파티클 효과 연출용 액터가 있다. 또한, 액터의 연관성을 플래그 조합으로 세밀하게 제어하는 방법도 제공한다. 일례로 bAlwaysRelevant를 true로 설정하면 클라이언트에 대해 액터의 연관성이 존재할 가능성을 크게 높여준다.* 다만 그 이름과는 달리 언제나 보장하는 건 아니다.

연관성은 그다음으로 중요한 개념인 롤(role, 역할)과도 연계된다. 네트워크 멀티플레이어 게임에선 동시에 여러 개의 게임 인스턴스가 분리되어 돌아가게 마련이다. 각 인스턴스는 여러 액터 각각의 롤이 무엇인지 조사해 그 액터의 오쏘리티, 즉 결정권자가 누구인지 알아낸다. 그런데 같은 액터라 하더라도 인스턴스마다 보이는 롤이 서로 다를 수도 있다는 점을 이해해야 한다. 앞서 피구

---

*   역주   다시 말해 액터가 스코프에 포함될 가능성을 크게 높여준다.

게임 예제로 돌아가면, 네트워크 멀티플레이어 버전의 공 객체는 서버에서 스폰되었을 것이다. 따라서 서버 인스턴스가 공의 롤이 무엇인지 물어본다면, 공은 자신의 롤이 '오쏘리티'라서 서버 자신이 공 액터의 최종 결정권자라고 답해줄 것이다. 하지만 다른 클라이언트에 보이는 공의 롤은 '시뮬레이티드 프록시'로서 그저 시뮬레이션으로 보여주고 있을 뿐, 공의 행동에 대한 결정권은 없다는 게 드러난다. 롤은 세 가지로 다음과 같다.

- **오쏘리티**(authority, 결정권자). 질의한 인스턴스*가 액터의 결정권자이다.

- **시뮬레이티드 프록시**(Simulated proxy). 클라이언트에선 서버가 이 액터의 결정권자이다. 시뮬레이션되는 프록시라 함은 클라이언트가 액터의 어떤 특성, 이를테면 이동을 시뮬레이션하고 있다는 의미이다.

- **자율 프록시**(Autonomous proxy). 자율 프록시는 시뮬레이티드 프록시와 매우 유사하지만, 현재 게임 인스턴스로부터 직접 입력 이벤트를 받는 프록시라는 의미가 추가된다. 따라서 플레이어의 입력이 프록시의 시뮬레이션에 반영된다.**

멀티플레이어 게임이라고 서버가 항상 모든 액터의 오쏘리티를 가져가는 건 아니다. 로컬 파티클 효과 액터라면, 클라이언트가 액터를 스폰하는 게 자연스러우므로 이 경우 클라이언트가 오쏘리티를 가져가며, 서버는 아예 파티클 효과 객체 자체가 있는지도 모를 것이다.

하지만 서버가 일단 '오쏘리티'를 가진 모든 액터는 전 클라이언트에 리플리케이션되며, 이때 리플리케이션 여부는 연관성의 여부에 좌우된다.*** 이들 액터 내부의 어떤 프로퍼티에 대해 리플리케이션할지 안 할지를 따로 지정할 수도 있다. 대역폭을 절약하기 위해 이런 식으로 액터의 시뮬레이션에 필수불가결한 프로퍼티만 리플리케이션하게 고르는 것이다. 언리얼의 액터 리플리케이션은 항상 서버에서 클라이언트 방향으로만 이루어지며, 클라이언트가 액터를 만들어 서버에 리플리케이션하거나 다른 클라이언트에 리플리케이션할 수 있는 방법은 없다.

프로퍼티를 단순 복사하는 외에 보다 세밀한 리플리케이션 설정도 가능하다. 일례로 특정 조건 하에서만 프로퍼티를 리플리케이션하게 할 수 있다. 또한, 특정 프로퍼티가 서버로부터 리플리케이션될 때 지정된 함수가 콜백 호출되도록 만들 수도 있다. 언리얼의 게임 플레이 코드는 C++로 작성하므로, 복잡다단한 매크로를 써서 리플리케이션 특성을 세세하게 지정할 수 있다. 즉, 클래스의 헤더 파일에 변수를 추가할 때 변수 위에다 매크로를 통해 리플리케이션 특성을 나열하는 것이다. 한편 언리얼에는 순서도를 시각적으로 그리는 방식의 강력한 스크립트 시스템인 블루프린트(Blueprint)도 있는데, 여러 멀티플레이어 기능을 블루프린트를 통해 제어할 수 있다는 점 또한

---

* 　역주　게임이 돌아가는 서버 또는 클라이언트
** 　역주　8장의 클라이언트 이동 조작에 따른 되새김 기법과 유사하다.
*** 　역주　'연관성의 여부에 좌우된다'를 이 책의 표현대로 하자면 클라이언트의 스코프에 포함되었을 때만 리플리케이션한다는 말이다.

인상적이다.*

편리하게도 언리얼은 액터의 이동에 있어 클라이언트 측 예측 기법이 이미 구현되어 있다. 보다 구체적으론, bReplicateMovement 플래그가 액터에 설정되어 있으면 시뮬레이티드 프록시를 리플리케이션하는 동시에, 속도를 토대로 이동의 예측도 처리해 준다. 필요하다면 캐릭터 이동의 클라이언트 측 예측 코드를 오버라이드해서 고칠 수도 있다. 하지만 대부분 게임에서 기본 구현 사양으로도 충분할 것이다.

11.1.4 원격 프로시저 호출

5장 객체 리플리케이션(175쪽)에서 논의한 대로 원격 프로시저 호출은 리플리케이션 구축에 유용한 도구이다. 당연히 언리얼 또한 원격 프로시저 호출을 제공하며 그 기능이 꽤나 강력하다. 언리얼의 RPC는 서버, 클라이언트, 멀티캐스트(multicast), 이렇게 세 가지 형식이 있다.

서버 함수(server function): 클라이언트가 호출해서 서버가 실행하는 것인데 주의 사항이 하나 있다. 게임 월드상 어떤 액터에 대해 아무 클라이언트나 서버 RPC를 하게 허용되는 건 아니며, 액터의 소유자(owner)로 확인되는 클라이언트만 그 액터에 한해 서버상 RPC를 요청할 수 있다. 이렇게 하지 않으면 잠재적인 치트나 여타 문제가 있기 때문이다. 이때 소유자가 항상 오쏘리티 롤을 가져가는 인스턴스인 건 아니다. 그보다는 해당 액터에 연결된 PlayerController가 그 소유자라 하겠다. 예를 들어 PlayerController A가 PlayerPawn A를 제어하고 있으면, PlayerController A를 조종하는 클라이언트가 PlayerPawn A의 소유자이다. 앞서 피구 게임으로 예를 들면, 서버상 PlayerPawn A의 ThrowDodgeBall() 서버 RPC를 할 자격이 있는 클라이언트는 오로지 클라이언트 A뿐이다. 클라이언트 A가 자기 것이 아닌 다른 PlayerPawn의 ThrowDodgeBall()을 호출하려고 하면 또는 그 반대 상황이라면 이런 호출은 무시된다.

클라이언트 함수(client function): 서버 함수의 반대이다. 서버가 클라이언트에 있는 함수를 호출하면 프로시저 호출 내역이 그 액터의 소유자인 클라이언트에 전송된다. 예를 들어 피구 게임 플레이어 C가 공에 맞았다면, 서버가 C의 클라이언트 함수를 호출하여 C의 소유주인 클라이언트의 화면에 피격 효과를 연출하는 식이다.

멀티캐스트 함수(multicast function): 그 이름에서 알 수 있듯 여러 게임 인스턴스를 동시에 호출한다. 특히 서버에서 호출한 멀티캐스트 함수는 서버에서도 실행되고 또한 모든 클라이언트에서 같이 실행된다. 멀티캐스트 함수는 특정 사건이 발생하였음을 전 클라이언트에 알리고 싶을 때 사용하

---

*　　역주 인상적인 스파게티가 되지 않도록 주의가 필요하다.

는데, 이를테면 서버가 어떤 파티클 효과 액터를 클라이언트마다 스폰하게 만들고자 하는 경우가 그렇다.

이상의 세 가지 RPC를 섞어서 쓰면 매우 유연한 원격 프로시저 호출이 가능해진다. 아울러 언리얼에선 RPC를 수행할 때 신뢰성의 정도를 조절할 수도 있다. 낮은 우선순위의 이벤트라면 RPC 호출을 비신뢰성으로 지정하므로 패킷 손실이 일어날 순 있겠지만 성능의 향상을 꾀할 수 있다.

11.2 유니티

유니티 게임 엔진이 처음 출시된 것은 2005년으로, 이후 몇 년에 걸쳐 매우 대중적인 게임 엔진으로 개발자 사이에 자리매김했다. 언리얼과 마찬가지로 유니티 엔진도 내장 동기화 메커니즘과 RPC 기능을 탑재하고 있으나, 그 접근 방식에선 언리얼과 분명한 차이가 있기도 하다. 유니티 5.1부터 UNET이라는 새로운 네트워크 라이브러리가 소개되었는데, 이 절에선 UNET을 중점적으로 다루겠다. UNET에는 크게 구별되는 두 가지 API가 제공된다. 대부분 네트워크 게임 개발 시나리오에 대응하는 고수준 API와 데이터 전송 및 인터넷 통신을 커스터마이즈할 수 있는 저수준 API가 그것이다.

유니티 게임 엔진의 핵심 부분은 C++로 작성되어 있지만, 유니티 개발자에게 이 코드가 현재 공개되어 있진 않다. 유니티로 개발하려면 대부분 코드를 C#으로 작성하는데, 이것 대신 JavaScript와 유사한 모양의 UnityScript라는 것도 제공되긴 한다. 하지만 유니티로 본격적인 개발을 하려 한다면 C#을 쓰는 편이 좋다. C++ 대신 C#으로 게임 플레이 코드를 작성하는 데에는 장점도 있고 단점도 있지만, 실질적인 로직 구현에 있어서는 큰 상관이 없다.

11.2.1 전송 계층 API

UNET에서 제공하는 전송 계층 API는 플랫폼 전용 소켓 API를 감싸둔 것이다. 예상할 수 있듯 여기엔 다른 호스트에 연결하는 함수, 데이터를 전송하거나 수신하는 함수 등이 있다. 연결을 맺을 때는 연결의 신뢰성 정도를 결정할 수 있는데, 이때 UDP 혹은 TCP를 지정하는 것이 아니라 연결의 용도에 따라 신뢰성 수준을 지정한다. 신뢰성 수준은 QosType(quality of service type) 열거자로 지정하는데, 다음 중 하나를 선택할 수 있다.

- **Unreliable.** 비신뢰성 연결로, 전송하는 메시지의 전달을 보장하지 않는다.
- **UnreliableSequenced.** 비신뢰성 연결이지만 순서는 지킨다. 순서가 뒤바뀌어 도착한 메시지는 버려진다. 음성 채팅 등 용도로 적합하다.
- **Reliable.** 신뢰성 연결로, 끊어지지 않는 한 전달이 보장된다.
- **ReliableFragmented.** 신뢰성 연결이며, 내용을 여러 패킷으로 분열하여 전달한다. 네트워크로 큰 파일을 보내고 싶을 때 유용하며, 쪼개어 보낸 패킷은 수신측에서 조립해 준다.

연결을 맺으려면 NetworkTransport.Connect() 스태틱 메서드를 호출한다. 호출 결과로 연결 ID가 리턴되며, 이것을 다른 NetworkTransport 메서드인 Send(), Disconnect()의 핸들로 사용한다. Receive() 메서드는 주기적으로 호출해야 하게 설계되어 있으며, 호출 시 NetworkEventType 열거형이 리턴된다. 리턴된 네트워크 이벤트 종류를 보면 데이터가 수신되었는지 아니면 연결이 끊어졌는지 등을 파악할 수 있다. 예를 들어 데이터가 수신된 경우 NetworkEventType. DataEvent가 리턴되며 이때 메서드에 넘겼던 각종 out 파라미터에 수신 내역이 채워진다.[*]

11.2.2 게임 객체와 토폴로지

유니티는 게임 객체를 셋업하는 방식이 언리얼과 많이 다르다. 언리얼은 게임 객체에서 액터로 이어지는 거대 단일형(monolithic) 계층 구조를 갖지만, 유니티는 보다 모듈화된 형태로 구성할 수 있다. 유니티의 GameObject 클래스는 여러 Component 인스턴스를 담아두는 그릇 같은 개념이다. GameObject의 각종 행동은 모두 저마다의 기능을 가진 컴포넌트에 위임된다. 이를 통해 게임 객체의 행동을 다양한 측면으로 묘사하는 것이 가능하다. 반면 여러 컴포넌트가 상호 의존성 때문에 꼬이지 않도록 프로그래밍 시 주의가 필요한 것도 사실이다. GameObject 객체엔 MonoBehaviour를 상속받은 하나 이상의 컴포넌트를 탑재하여 이들 컴포넌트로 객체의 기능을 커스터마이즈할 수 있다. 보다 구체적인 예로, GameObject를 직접 상속받아 PlayerCat을 만드는 대신, MonoBehaviour를 상속받아 PlayerCat 컴포넌트를 만든다. 이제 고양이 역할을 해야 할 게임 객체에 PlayerCat을 붙이면, 이후 그 객체는 고양이로 동작하게 된다.[**]

고수준 네트워크 API에서 유니티는 NetworkManager 클래스를 써서 네트워크 게임 상태를 캡슐화한다. NetworkManager는 세 가지 모드로 동작하는데, 독립형 클라이언트, 독립형(전용) 서버,

---

[*] 역주 이 메서드는 채널 하나에만 사용하는 것이 아니라, 호출 시 그때까지 열려있는 모든 연결을 전체 검사하게 되어 있다. 따라서 연결마다 별도의 스레드나 코루틴을 따로 만들 필요 없이 전체 연결을 한 루틴에서 종합적으로 처리할 수 있다.

[**] 역주 실제로는 고양이에 필요한 다른 컴포넌트도 같이 조립되어 있는 상태의 객체에 PlayerCat 컴포넌트를 붙이는 식의 작업이 된다. 다른 방법으론 PlayerCat 컴포넌트가 초기화될 때 고양이에 필요한 부품을 컴포넌트가 스스로 조립하게끔 만드는 것도 가능하다.

그리고 클라이언트와 서버가 결합된 '호스트'가 그것이다. 즉, 유니티는 언리얼이 지원하는 전용 서버 혹은 리스닝 서버 모드를 같은 수준으로 지원한다.

11.2.3 객체 스폰과 리플리케이션

유니티의 고수준 API는 CS 토폴로지를 채택하고 있으므로, 네트워크 연결된 유니티 게임에서 객체를 스폰(spawn)할 때 동작 방식은 싱글 플레이에서 스폰할 때와 사뭇 다르다. 단적으로 서버에서 NetworkServer.Spawn() 메서드로 객체를 스폰하면 지정된 객체는 이후 서버에서 임의로 생성한 네트워크 인스턴스 ID로 관리된다. 그리고 이때 지정한 객체가 서버뿐만 아니라 다른 클라이언트 전체에 리플리케이션되어 스폰된다. 클라이언트에서 정확한 객체가 스폰되도록 하려면, 게임 객체를 사전에 프리팹(prefab)* 형태로 등록해 두어야 한다. 유니티의 프리팹은 게임 객체에 필요한 각종 컴포넌트, 데이터, 스크립트 등등을 모아 조립해 둔 것인데 여기에는 3D 모델, 사운드 효과, 행동 스크립트 등이 있다. 클라이언트에 프리팹을 등록해 두어야 서버가 해당 객체를 스폰하라고 클라이언트에게 지시할 때 클라이언트가 객체의 모든 데이터를 제대로 불러들여 배치할 수 있다.

객체가 일단 서버에 스폰되면, 컴포넌트의 프로퍼티가 각기 다른 몇몇 메서드를 통해 클라이언트에 리플리케이션된다. 이렇게 하려면 해당 컴포넌트는 반드시 MonoBehaviour가 아닌 NetworkBehaviour를 상속받아야 한다. 일단 상속을 받았다면 리플리케이션하고 싶은 멤버 변수에 [SyncVar] 특성**을 붙이기만 하면 자동으로 처리된다. 지원하는 자료형은 원시 자료형 외에 유니티의 Vector3 등이 있다. SyncVars를 붙인 변수는 값이 변경될 때마다 자동으로 클라이언트에 리플리케이션된다. 이때 값에 변경 플래그를 설정하는 등 번거로운 절차가 일체 필요치 않다.*** 한 가지 기억해 둘 것은 SyncVar를 사용자 정의 구조체에 쓰면 구조체 데이터를 통째로 복사한다는 점이다. 10개의 멤버 변수가 있는 구조체 중 한 변수가 바뀌어도, 네트워크로 10개의 변수를 전부 전송하게 되어 대역폭을 낭비할 수 있다.

리플리케이션하는 방식을 보다 세밀히 제어하고 싶다면 OnSerialize()와 OnDeserialize() 메서드를 오버라이드하여 동기화하고 싶은 값을 직접 읽고 쓰면 된다. 이렇게 해서 직렬화 기능을 세세하게 커스터마이즈할 순 있지만 SyncVar와 병행하여 사용할 수는 없고 두 방식 중 하나를 선택해야 한다.

---

* 　역주　pre-fabricated. 미리 조립해 둔 것이라는 의미가 되겠다.

** 　역주　C#의 attribute

*** 　역주　컴파일 타임 위빙(compile-time weaving)이라는 기법을 쓴 덕분인데(리플렉션이 아니다!). C++ 개발자로서 정말 부러운 부분이라 할 만하다.

11.2.4 원격 프로시저 호출

유니티 또한 원격 프로시저 호출을 지원한다. 다만 용어 자체는 이 책에서 정의한 것과 조금 구별하여 사용한다. 유니티에서 말하는 커맨드(command)란 클라이언트가 서버로 보내는 액션을 말한다. 이는 그 플레이어가 제어하는 객체에만 동작한다. 반대로 클라이언트 RPC는 서버가 클라이언트로 보내는 액션이다. SyncVar와 마찬가지로 이 두 가지 RPC 기능은 NetworkBehaviour를 상속받은 클래스에만 지원된다.

어느 쪽 RPC던 어떤 메서드를 원격 프로시저 호출용으로 지정하는 건 변수를 지정할 때와 마찬가지로 간단하다. 메서드를 커맨드로 지정하고 싶으면 [Command] 특성을 붙이고 메서드의 이름 앞에 접두사로 Cmd를 붙인다. 예를 들면 CmdFireWeapon() 식이다. 마찬가지로 RPC로 지정하고 싶은 메서드는 [ClientRpc] 특성을 붙이고 이름을 Rpc로 시작한다. 역시 RpcPlaySound() 같은 형태가 된다. 이렇게만 해 놓고 보통 C# 메서드 호출하듯이 호출하기만 하면 두 경우 다 유니티가 네트워크 데이터를 만드는 등 귀찮은 작업을 모두 자동으로 처리하여 원격에서 실행해 준다.

11.2.5 매치메이킹

UNET 라이브러리는 유니티의 자체 게임 플랫폼 서비스에 연동되는 매치메이킹(matchmaking) 기능도 제공한다. 게임 플랫폼 서비스에 대해선 12장에서 자세히 다룰 텐데, 유니티가 이런 서비스를 제공하는 부분은 언리얼과 비교되는 점이라 하겠다. 언리얼은 자체 서비스는 제공하지 않으며, 대신 플랫폼마다 존재하는 기존의 게임 서비스에 연결할 수 있게 래퍼를 제공한다. 유니티의 매치메이커를 이용하면 현재 열려 있는 게임 세션의 목록을 조회할 수 있다. 적당한 세션이 발견되면 그 게임에 참가할 수도 있다. 이 기능은 NetworkMatch 컴포넌트를 추가하면 이용할 수 있는데, 단계에 따라 NetworkMatch 컴포넌트가 OnMatchCreate, OnMatchList, OnMatchJoined 등 콜백 메서드(callback method)를 호출해 준다.

11.3 요약

소형 개발사 입장에선 상용 게임 엔진을 채택하는 편이 합리적인 판단이다. 이 경우 네트워크 엔지니어의 역할은 이 책 앞부분에 다루었던 내용보다는 고수준의 구현을 책임지는 것일 터이다. 다시 말해 소켓을 어떻게 연결할지, 기초적인 데이터 직렬화를 어떻게 다룰지 고민하는 대신 어떻게 하면 만들려는 게임에서 목표로 하는 네트워크 사양을, 채택한 엔진에 어울리는 형태로 구현해 낼 것인지 고민해야 한다.

언리얼 엔진은 거의 20년 가까이 발전해 왔다. 최근에는 제4판 언리얼 엔진 4가 2014년도에 출시되었으며 C++ 전체 소스 코드가 공개되어 있다. 저수준의 소켓이나 주소 체계 같은 플랫폼 전용 기능에 대한 래퍼가 따로 있긴 하지만 개발자가 이런 클래스를 직접 쓸 일은 그다지 많지 않을 것이다.

언리얼은 클라이언트-서버 토폴로지를 제공하며, 공식 문서의 표현에 따르면 서버는 데디케이티드 서버나 리슨 서버 둘 중 하나로 구동된다. 언리얼에서 게임 객체는 Actor 클래스에서 파생되며 이를 정점으로 다양한 서브클래스의 상속 계층이 마련되어 있다. 액터에는 네트워크 롤이라는 중요한 개념이 수반되는데, 그중 오쏘리티는 게임 인스턴스가 객체의 결정권을 가지고 있다는 뜻이며, 시뮬레이티드 및 자율 프록시는 클라이언트가 서버상 객체의 움직임을 단순히 비춰 보여주고 있다는 뜻이다. Actor 클래스에는 내장 리플리케이션 기능도 포함되어 있다. 이동 같은 기능은 bool 값 하나만 설정해 주면 리플리케이션되며, 직접 추가한 파라미터도 매크로를 써서 리플리케이션을 지정할 수 있다. 이에 더해 여러 종류의 원격 프로시저 호출 기능도 구비하고 있다.

유니티는 2005년에 첫선을 보였으며, 최근 몇 년간 매우 대중화된 게임 엔진이다. 유니티 개발자는 보통 게임 플레이코드를 C#으로 구현한다. 유니티 5.1에 새로운 네트워크 라이브러리 UNET이 등장하였는데, UNET은 다양한 고수준 네트워크 기능을 제공하며, 아울러 저수준 전송 계층의 API도 제공한다.

유니티의 전송 계층은 소켓의 생성 및 전송을 추상화해 둔 것인데, 개발자는 데이터 전송에 있어 신뢰성 수준 등을 직접 조정할 수 있다. 그렇지만 유니티로 제작되는 게임에서 이를 직접 건드리는 경우는 드물며, 대부분 개발자는 고수준 API를 사용하게 된다. 고수준 API에선 이름은 다르지만 언리얼과 마찬가지로 전용 서버 및 리스닝 서버 모드를 지원한다. 한편 네트워크 기능을 필요로 하는 모든 컴포넌트는 NetworkBehaviour 클래스를 상속받아야 한다. 그러면 리플리케이션 기능이 추가되는데, 멤버 변수에 [SyncVar] 특성을 붙이거나 직렬화 메서드를 직접 오버라이드할 수 있다. 원격 프로시저 호출도 비슷한 방식으로 지정하는데, 서버에서 클라이언트로 또한 클라이언트에서 서버로 양방향의 호출이 가능하다. 마지막으로 유니티에는 매치메이킹 기능을 자체 서비스로 지원하므로, 본격 게임 서비스 플랫폼과 연동하기 어려운 경우엔 보다 가벼운 대안으로 활용할 수 있다.

11.4 / 복습 문제

1. 언리얼과 유니티 모두 내장된 네트워크 토폴로지는 클라이언트–서버에 한정되어 있고, P2P 토폴로지는 지원하지 않는다. 그 이유는 무엇이라 생각하는가?

2. 언리얼에서 네트워크 게임용 액터에 부여되는 롤은 각각 무엇이며, 롤의 구별이 중요한 이유는 무엇인가?

3. 언리얼의 원격 프로시저 호출의 여러 용도를 구분하여 예를 들어 보자.

4. 유니티의 게임 객체와 컴포넌트 모델을 설명해 보자. 이러한 시스템의 장단점은 무엇인가?

5. 유니티에선 멤버 변수 동기화 및 원격 프로시저 호출을 어떻게 구현하는가?

11.5 / 더 읽을거리

Epic Games. "Networking & Multiplayer." Unreal Engine. https://docs.unrealengine.com/latest/INT/Gameplay/Networking/. (2015년 9월 14일 현재)

Unity Technologies. "Multiplayer and Networking." Unity Manual. http://docs.unity3d.com/Manual/UNet.html. (2015년 9월 14일 현재)

12장

게임 서비스
플랫폼

요즘 게이머는 대부분 스팀이나 Xbox 라이브, 플레이스테이션 네트워크 등에 계정 하나씩은 가지고 있다. 이런 서비스 플랫폼이 제공하는 기능으로는 매치메이킹, 게임 통계, 도전과제, 리더보드, 게임 데이터 클라우드 저장 등등 여러 가지가 있어, 플레이어와 게임 제작자 모두 혜택을 누릴 수 있다. 이와 같은 게임 서비스 플랫폼은 이제는 너무나 대중화되어 근래 출시되는 게임이라면 어느 게임이건, 심지어 싱글 플레이어 게임조차도 당연히 연동될 거라 플레이어들이 기대할 정도이다. 이 장에서는 어떻게 게임 서비스 플랫폼에 게임을 연동시키는지 알아본다.

12.1 / 게임 서비스 플랫폼 선택하기

게임 서비스 플랫폼*엔 다양한 종류 및 옵션이 출시하려는 게임에 잘 맞는 것이 무엇인지 따져볼 필요가 있다. 하드웨어 플랫폼에 따라 서비스가 고정되어 선택의 여지가 없는 경우도 있다. 예를 들어 Xbox One용으로 출시하는 게임은 무조건 Xbox 라이브 서비스에 연동해야 한다. Xbox 게임을 PSN에 연동하는 방법 따위는 없다. 대신 PC나 맥 혹은 리눅스엔 여러 선택지가 있다. 그중 현재 대중성 면에서 부동의 1위는 의심할 여지 없이 밸브의 스팀(steam)이라 하겠다. 10여 년 이상 기간 동안 스팀은 수천 개 이상의 게임에 대해 서비스를 제공해 왔다. 로보캣 RTS 또한 PC/맥 게임이므로 스팀에 연동하는 것이 합당하다.

스팀에 게임을 연동하려면 몇 가지 전제 조건이 있다. 우선 스팀웍스(Steamworks) SDK 사용 약관에 동의해야 한다. 약관은 온라인을 통해 https://partner.steamgames.com/documentation/sdk_access_agreement에서 확인할 수 있다. 그다음으로 개발사를 스팀웍스 파트너로 등록해야 하는데, 관련 정보를 제출함과 동시에 NDA(Non-disclosure Agreement), 즉 비밀 유지 협약을 체결해야 한다. 마지막으로 게임의 앱 ID를 얻어야 한다. 앱 ID는 스팀웍스 파트너로 가입하고 게임이 스팀에서 그린라이트를 받고 난 후에서야 부여된다.

하지만 일단 스팀웍스 SDK 사용 약관에 동의하면 SDK 파일을 얻을 수 있는데, 여기엔 문서와 함께 〈SpaceWar!〉라는 샘플 게임 프로젝트가 포함되어 있다. 마침 이 프로젝트에 고유 앱 ID가 하나 있으므로, 예시 목적으로 이 장의 코드에선 SpaceWar의 앱 ID를 좀 빌려 쓰겠다. 이 ID 정도면 스팀웍스에 게임을 어떻게 연동하는지 파악하는데 충분하므로, 일단 구현해 놓고 나서 나중에 적절한 나머지 단계를 밟아 출시에 필요한 고유 앱 ID만 하나 확보하면 된다.

---

* 역주 원문에선 gamer service라 했다.

12.2 기본 셋업

게임 서비스 플랫폼 관련 코드를 작성하기 전, 먼저 게임에 어떻게 붙일지를 생각해야 한다. 간단하게는 게임 내에서 서비스 관련 코드를 필요 시 직접 호출하는 방법이 있다. 하지만 이는 권장할 만한 방법은 아닌데, 우선 코드를 다루는 개발자 모두가 스팀웍스에 어느 정도 익숙해지지 않으면 안 된다. 왜냐하면, 스팀웍스 코드가 게임 코드 전체 여기저기에 흩어져 있을 것이기 때문이다. 그리고 더 중요한 이유는, 나중에 다른 게임 서비스로 갈아타기가 어렵다는 것이다. 크로스 플랫폼 게임을 개발할 때 이 점을 신경 써야 하는데, 뒤에 다루겠지만 여러 플랫폼마다 게임 서비스를 제공하는 방식과 제약사항이 서로 다르기 때문이다. 이를테면 처음에 로보캣 RTS를 일단 PC와 맥에서만 출시하기로 했지만, 나중에 플레이스테이션 4로 포팅할 의향이 있다면 가능한 플레이스테이션 네트워크로 쉽게 이전할 수 있으면 좋을 것이다. 그런데 스팀웍스 코드가 게임 소스 여기저기에 박혀 있다면 꽤 골치 아픈 일이 된다.

그러므로 이 장의 예제 코드는 이 점을 가장 신경 써서 설계했다. GamerServices.h의 코드 내에선 스팀웍스의 어떤 함수나 객체도 참조하지 않으며, 따라서 steam_api.h 헤더 파일도 인클루드할 필요가 없다. 이는 핌플(pointer to implementation, PIMPL) 패턴을 사용한 것인데, 핌플은 구현 세부사항을 클래스에서 감추기 위해* 사용하는 C++의 관용적 용법이다. 핌플을 구현할 땐 실제 내용을 구현할 클래스를 헤더에서 전위 선언(forward declaration)만 해두고, 외부에 노출하는 클래스에선 이 구현 클래스의 포인터만 하나 갖는 식으로 구현한다. GamerService 클래스에 핌플을 적용하면 코드 12-1과 같은 골격을 갖게 된다. 여기서 일반 포인터 대신 unique_ptr를 쓰고 있는 걸 주목하자. 모던 C++에서 추천하는 방식이다.

코드 12-1 GamerServices.h의 핌플 선언

```
class GamerServices
{
public:
    // ... 많은 내용 생략 ...

    // 전위 선언
    struct Impl;

private:
    // 핌플(pointer to implementation)
    std::unique_ptr<Impl> mImpl;
};
```

---

* 역주 이런 의미로 private implementation이라 하기도 한다.

중요한 점은 헤더 파일에서 구현 클래스 전체의 선언을 절대 전개해선 안 된다는 것이다. 그 대신 세부 구현 사항은 목적 파일에 전개하는데, 이 경우엔 GamerServicesSteam.cpp가 되며, 여기서 mImpl 포인터 값도 초기화한다. 즉, 스팀웍스의 API를 호출할 코드가 있다면 모두 이 cpp 파일 하나에 몰아넣어야 한다는 의미이다. 이렇게 해 두고 나중에 Xbox 라이브에 통합할 때가 되면, Xbox 서비스 API를 호출하는 GamerServicesXbox.cpp를 따로 만들어 GamerServices 클래스의 Xbox용 세부 구현을 전개하면 된다. 나중에 게임의 Xbox 프로젝트 파일에서 스팀 것을 대체해 새로 구현한 코드를 추가하기만 하면 이론상 다른 코드는 바꿀 필요가 전혀 없게 된다.

핌플 패턴으로 플랫폼별 세부사항을 간편하게 추상화할 수 있긴 하지만 게임처럼 성능을 중요시하는 앱을 구현할 때는 한 가지를 꼭 짚어봐야 한다. 핌플로 멤버 함수를 호출하면 항상 포인터 접근을 한 번 더 하게 된다는 것이다. 포인터 접근은 공짜가 아니며, 렌더링 디바이스같이 멤버 함수를 매우 빈번히 호출하는 클래스의 경우엔 성능 하락이 뚜렷이 드러날 수 있다. 하지만 여기서 만드는 GamerServices는 호출이 그렇게 자주 필요한 객체는 아니므로, 미미한 성능 개선보다는 유연성을 택하는 편이 낫다.

한 가지 더 언급하고 싶은 건, GamerServices 객체에서 제공하는 기능이 스팀웍스 전체 기능 대비 매우 협소하다는 것이다. 로보캣 RTS를 구현하는 데 필요한 정도로만 래핑을 한 것이기 때문이다. 본격적인 게임을 만들 땐 더 많은 기능을 래핑해야 할 것이다. 만일 여러 가지 기능을 덧붙이려 한다면 코드를 여러 파일로 나누는 편이 좋을 것이다. 예를 들어 GamerServices에서 P2P 네트워크 기능을 직접 다루기보다는, GamerServiceSocket 클래스를 별도로 분리해 TCPSocket 이나 UDPSocket처럼 사용하는 방안이 있겠다.

12.2.1 초기화, 구동, 마무리

스팀웍스는 SteamAPI_Init()을 호출하여 초기화한다. 이 함수에는 파라미터가 필요 없으며, 성공 실패 여부를 bool 값으로 리턴한다. 우리 코드에서는 GamerServices::StaticInit()가 이를 호출한다. 참고할 점은, 게임 서비스가 Engine::StaticInit()에서 초기화되므로 렌더러보다 GamerServices가 먼저 초기화된다는 점이다. 스팀이 오버레이 기능을 제공하기 때문에 이렇게 했는데, 스팀 오버레이를 쓰면 플레이어가 친구와 채팅을 하거나 게임 내에서 웹 브라우저를 사용할 수 있다. 오버레이가 제대로 동작하려면 OpenGL에 후킹(hooking)을 해야 하므로, 오버레이 렌더링이 제대로 동작하게 만들기 위해 SteamAPI_Init()을 렌더링 초기화보다 먼저 실시해야 한다. SteamAPI_Init() 호출이 성공하면 이제 스팀웍스의 여러 인터페이스 전역 포인터를 사용할 수 있게 된다. 이들 포인터는 SteamUser(), SteamUtils(), SteamFriends() 전역 함수로 접근할 수 있다.

스팀으로 출시되는 게임은 대개 스팀 클라이언트로 구동시킨다. 이때 스팀웍스가 스팀 클라이언트로부터 실행되는 게임의 앱 ID를 전달받는다. 하지만 개발 중인 게임은 스팀 클라이언트로는 띄울 수는 없고, 디버거나 실행파일로 직접 구동시켜야 한다. 개발 단계에서 앱 ID를 스팀웍스에 알려주려면, 앱 ID를 기입한 steam_appid.txt라는 파일을 실행 파일과 같은 디렉터리에 넣어두어야 한다. 이렇게 하면 스팀 클라이언트에서 게임을 띄울 필요는 없게 되지만, 여전히 스팀에 로그인 상태로 스팀 클라이언트를 띄워두어야 한다. 스팀 클라이언트가 없다면 http://store.steampowered.com/about에 방문하면 설치할 수 있다.

추가로 여러 사용자가 스팀에서 플레이하는 시나리오를 테스트하려면, 테스트 계정을 여러 개 만들어 두어야 한다. 이때 여러 게임 인스턴스를 6장에서 한 것처럼 컴퓨터 한 대로 띄우는 건 곤란한데, 한 컴퓨터에 스팀 클라이언트를 여러 개 띄울 수 없기 때문이다. 이 장의 멀티플레이어 기능을 테스트하려면 컴퓨터를 여러 대 쓰던지 가상 머신을 설치해야 할 것이다.

스팀웍스는 원격 서버와 자주 통신하므로 비동기 함수 호출이 많다. 비동기 호출이 완료되면, 스팀웍스는 콜백을 사용해 앱에 완료를 통보한다. 그런데 콜백이 호출되도록 하려면 게임에서 가끔 SteamAPI_RunCallbacks()를 반드시 호출해 주어야 한다.* 프레임당 한 번 정도 호출해 주는 것이 좋은데, 이 책에선 GamerServices::Update()에서 호출하며, 이 함수는 Engine::DoFrame()이 매 프레임마다 호출해 준다.

초기화할 때와 마찬가지로, 스팀웍스를 마무리하고 종료하려면 SteamAPI_Shutdown() 함수를 호출한다. 이 API는 GamerServices의 소멸자가 호출해 주도록 구현했다.

클라이언트–서버 게임에선 추가로 SteamGameServer_Init() 및 SteamGameServer_Shutdown()으로 게임 서버 코드를 초기화/종료해 주어야 한다. 이 함수를 쓰려면 steam_gameserver.h를 인클루드해야 한다. 한편 익명 모드(anonymous mode)로 동작하는 전용 서버를 구동할 때 스팀 유저로 로그인할 필요가 없다. 우리 〈로보캣 RTS〉는 P2P 통신만 사용할 것이므로, 이 장에선 스팀 게임 서버 관련 기능은 사용하지 않는다.

12.2.2 유저 ID 및 이름

6장의 로보캣 RTS 초기 버전에선 플레이어 ID를 부호 없는 32비트 정수로 저장했다. 이 플레이어 ID는 마스터 피어가 임의로 정해서 부여해 주는 방식이었다. 스팀 서비스를 이용하면 접속하는 플레이어가 이미 고유 플레이어 ID를 스팀으로부터 할당받아 갖고 있으므로, 굳이 별도의 고유 ID

---

* **역주** 그냥 알아서 자동으로 호출해 주지 않고 명시적으로 호출해야만 콜백을 처리하는 이유는, 이렇게 할 때 비동기적인 결과를 처리할 시점을 API 사용자가 결정하고 제어하기 편리하기 때문이다.

체계를 새로 만들 필요가 없다. 스팀웍스의 경우 플레이어의 고유 ID를 CSteamID 클래스로 캡슐화한다. 하지만 GamerServices 클래스에 CSteamID를 직접 노출하여 사용하게 된다면 기껏 종속되지 않도록 모듈화한 의미가 없어질 것이다. 다행히 CSteamID는 64비트 부호 없는 정수로 변환할 수 있으니 그렇게 하기로 한다.

이를 위해 일단 플레이어 ID를 저장하는 모든 변수를 uint64_t로 바꿔 스팀 ID와 호환되게 만들어 준다. 더불어 마스터 피어가 직접 플레이어 ID를 할당하는 대신, 코드 12-2에 나온 GamerService 객체의 GetLocalPlayerId()를 호출해 NetworkManager가 플레이어 ID를 물어보고 초기화하는 것으로 대체한다.

코드 12-2 기본 유저 ID와 이름 조회

```
uint64_t GamerServices::GetLocalPlayerId()
{
    CSteamID myID = SteamUser()->GetSteamID();
    return myID.ConvertToUint64();
}

string GamerServices::GetLocalPlayerName()
{
    return string(SteamFriends()->GetPersonaName());
}

string GamerServices::GetRemotePlayerName(uint64_t inPlayerId)
{
    return string(SteamFriends()->GetFriendPersonaName(inPlayerId));
}
```

ID와 마찬가지로 로컬 플레이어와 원격 플레이어의 이름을 조회하는 기능도 코드 12-2에 얇은 래퍼 함수로 구현했다. 로보캣 구형 코드처럼 플레이어가 이름을 직접 입력하게 하는 것보단, 스팀에 지정된 플레이어 이름을 사용하게 하는 편이 더 좋기 때문이다.

스팀웍스에선 64비트 정수를 플레이어 ID로 사용하고 있지만, 다른 게임 서비스 플랫폼도 그렇다고 장담하기는 어렵다. 예를 들어 128비트 UUID를 플레이어 식별자로 쓰는 게임 서비스도 있을 것이다. 이럴 때 대응하려면 별도의 추상화 계층을 추가해야 한다. 이를테면 GamerServiceID라는 래퍼 클래스를 만들어 밑단 서비스에서 실제로 쓰는 ID 표현을 감추어 줄 수 있다.

12.3 로비 및 매치메이킹

〈로보캣 RTS〉 초기 버전에선 게임을 시작하기 전 플레이어가 로비(lobby)에 모이는 과정을 구현하기 위해 꽤 많은 분량의 코드를 할애했었다. 각 새로운 피어가 마스터 피어에 헬로 패킷을 전송하고 웰컴 패킷을 받기를 기다리는 절차를 모든 피어가 접속할 때까지 반복해야 했다. 이 장에선 그러한 마중 절차 관련 코드를 모두 제거하기로 한다. 스팀 및 대부분 게임 서비스 플랫폼에서 이미 자체 로비 기능을 지원하고 있기 때문이다. 게다가 우리가 로보캣 이전 버전에서 만든 것보다 훨씬 많은 기능을 지원하고 있으므로 당연히 이를 활용하는 편이 낫다.

스팀웍스로 멀티플레이어 게임을 시작하기 전 준비하는 기본 절차는 대략 다음과 같다.

1. 응용프로그램에서 커스터마이즈한 파라미터 조건에 일치하는 로비를 검색한다. 파라미터에는 게임 모드나(스킬 기반 매치메이킹을 하는 경우) 스킬 레벨까지 포함된다.

2. 하나 혹은 더 많은 수의 로비를 찾으면 그중 하나를 자동으로 선택하거나, 플레이어에게 목록을 보여주어 고르게 한다. 로비를 찾지 못하면 플레이어가 새로 하나 만들 수도 있다. 로비를 고르거나 만들면 플레이어가 로비에 들어간다.

3. 로비에선 플레이어가 이후 게임 진행을 위해 캐릭터나 맵 혹은 여타 파라미터를 설정할 수 있다. 그동안 다른 플레이어가 같은 로비에 들어올 수도 있다. 같은 로비에 있는 플레이어끼리 채팅 메시지를 주고받는 것도 가능하다.

4. 게임을 개시할 준비가 되면 플레이어 전원이 로비를 떠나 게임으로 접속한다. 보통 이때 게임 (전용 서버 혹은 플레이어가 개설한) 서버에 접속하는 절차가 진행된다. 로보캣 RTS에는 서버가 없으므로, 로비를 떠나기 전 모든 플레이어가 서로 각각의 피어와 P2P 통신을 개시한다.

로보캣에는 모드나 메뉴 선택이 없으므로, 스팀웍스가 거의 초기화되자마자 로비 검색을 개시하게 한다. 로비 검색은 코드 12-3의 LobbySearchAsync() 함수로 수행한다. 여기서는 로보캣 RTS 이외의 게임에 접속하지 않도록 게임 이름으로 최소한의 검색만 하지만 필요하면 RequestLobbyList()를 호출하기 전에 적절한 필터를 추가하여 부가 조건을 지정할 수 있다. 이 코드에선 결과물을 하나만 조회하게 하는데, 검색된 첫 번째 로비에 자동으로 참가하기 위해서이다.

```
const char* kGameName = "robocatrts";

void GamerServices::LobbySearchAsync()
{
    // 로보캣 RTS의 로비만 검색!
    SteamMatchmaking()->AddRequestLobbyListStringFilter("game",
        kGameName, k_ELobbyComparisonEqual);

    // 결과는 하나만 있으면 됨
    SteamMatchmaking()->AddRequestLobbyListResultCountFilter(1);

    SteamAPICall_t call = SteamMatchmaking()->RequestLobbyList();
    mImpl->mLobbyMatchListResult.Set(call, mImpl.get(),
        &Impl::OnLobbyMatchListCallback);
}
```

LobbySearchAsync() 함수에서 사용하는 SteamAPICall_t 구조체는 조금 부연 설명을 하겠다. 스팀웍스 SDK에서 모든 비동기 호출은 SteamAPICall_t 구조체를 리턴하는데, 이 구조체는 비동기 호출에 대한 핸들로 사용된다. 핸들을 얻은 다음엔 반드시 콜백을 지정해 비동기 호출이 끝나면 스팀웍스가 어느 함수를 호출할지 정해 주어야 한다.* CCallResult 인스턴스에 비동기 핸들과 콜백을 하나로 묶어 저장하는데, 이번 예제에선 mLobbyMatchListResult 멤버 변수가 쓰고 있다. 이 변수와 콜백 함수의 시그니처를 GamerServices::Impl 클래스에 정의한 모습은 다음과 같다.

```
// 로비 목록을 받았을 때 호출되는 비동기 콜백
CCallResult<Impl, LobbyMatchList_t> mLobbyMatchListResult;
void OnLobbyMatchListCallback(LobbyMatchList_t* inCallback, bool inIOFailure);
```

이번 OnLobbyMatchListCallback() 구현에선 특별히 고려할 사항이 몇 가지 있어, 이를 반영해 코드 12-4를 작성했다. 우선 IOFailure 값을 검사해 IO의 실패가 있는지를 확인한다. 값이 true이면 에러가 있으므로 콜백 수행을 중단해야 한다. 로비를 찾은 경우엔 그 로비로 진입을 요청하고, 찾지 못하면 새로 로비를 만든다. 각각의 경우 추가적인 비동기 호출이 일어나므로, OnLobbyEnteredCallback()과 OnLobbyCreateCalback()이라는 두 개의 콜백 함수가 더 필요하다. 콜백 함수가 구현된 내용에 대해선 사이트의 예제 코드를 참고하자. 일단은 플레이어가 로비에 진입하는데 성공하면 NetworkManager의 EnterLobby() 함수가 호출된다는 것 정도로 알아두자.

---

* 〔역주〕 언뜻 코드를 보면, call을 받은 직후 미처 Set을 호출하기 전에 콜백이 오면 어쩌나 걱정될 수도 있겠다. 하지만 콜백은 우리가 SteamAPI_RunCallbacks()를 호출하는 중에만 오기 때문에 걱정할 필요가 없다. 앞서 역주에서 비동기적인 결과 처리 시점을 API 사용자가 결정하도록 하는 방식의 이점이 있다고 했는데 바로 이런 부분이다.

```
void GamerServices::Impl::OnLobbyMatchListCallback(
    LobbyMatchList_t* inCallback, bool inIOFailure)
{
    if (inIOFailure) return;

    // 로비를 찾으면 입장, 아니면 하나 생성
    if (inCallback->m_nLobbiesMatching > 0)
    {
        mLobbyId = SteamMatchmaking()->GetLobbyByIndex(0);
        SteamAPICall_t call = SteamMatchmaking()->JoinLobby(mLobbyId);
        mLobbyEnteredResult.Set(call, this, &Impl::OnLobbyEnteredCallback);
    }
    else
    {
        SteamAPICall_t call = SteamMatchmaking()->CreateLobby(
            k_ELobbyTypePublic, 4);
        mLobbyCreateResult.Set(call, this, &Impl::OnLobbyCreateCallback);
    }
}
```

NetworkManager::EnterLobby()에 특이한 구현 내용은 없으며, 이 함수는 같은 클래스의
UpdateLobbyPlayers()를 불러준다. UpdateLobbyPlayers()는 플레이어가 로비에 처음 들어갈
때, 그리고 다른 플레이어가 들어오거나 나갈 때 호출된다. 플레이어가 오갈 때 호출되므로, 이를
통해 현재 로비에 있는 플레이어의 목록을 NetworkManager가 항상 최신 상태로 갱신해 둘 수 있
다. 앞서 헬로 패킷 등 마중 절차 코드를 제거하였으므로 이 부분이 중요한데, 로비 내 플레이어에
변동이 생길 때 피어가 이를 알 수 있는 유일한 시점이 되기 때문이다.

로비 내 변동 사항이 있을 때 UpdateLobbyPlayers()가 항상 호출되게 만들려면 스팀웍스의 일
반 콜백(general callback) 함수를 사용해야 한다. 앞서 예제에선 비동기 요청에 콜백을 지정하는 법을
다루었는데, 일반 콜백과 비동기 요청 콜백의 차이점을 설명하자면 비동기 요청 콜백은 우리가 요
청한 경우에만 호출되며, 일반 콜백은 시시때때로 스팀웍스가 호출해 준다는 차이가 있다. 그러므
로 일반 콜백을 등록해 두면 스팀에서 어떤 이벤트가 발생할 때마다 통지를 받을 수 있다. 일례로
스팀웍스는 유저가 로비에 입장하거나 퇴장할 때마다 일반 콜백을 날려주는데, 이 통지를 받으려
면 STEAM_CALLBACK 매크로에 LobbyChatUpdate_t 형식을 지정하면 된다. 구현 클래스 내부에서
사용한 예제를 보면 다음과 같다.

```
// 유저가 로비에 입장/퇴장 시 호출되는 콜백
STEAM_CALLBACK(Impl, OnLobbyChatUpdate, LobbyChatUpdate_t,
    mChatDataUpdateCallback);
```

이 매크로는 콜백 함수의 이름을 선언하고 이를 캡슐화해 보관할 멤버 변수의 이름을 선언하는 일련의 코드를 간단하게 줄여놓은 것이다. 이렇게 선언한 멤버 변수는 GamerServices::Impl 클래스의 생성자에서 다음과 같이 초기화해 주어야 한다.

```
...
mChatDataUpdateCallback(this, &Impl::OnLobbyChatUpdate),
...
```

OnLobbyChatUpdate()는 그냥 NetworkManager의 UpdateLobbyPlayers()를 대신 호출하게끔 구현하면 된다. 이런 식으로 플레이어가 로비에 들어오거나 나갈 때마다 항상 UpdateLobbyPlayers()가 호출되도록 만들 수 있다. UpdateLobbyPlayers()를 호출하면 현재 참여 중인 모든 플레이어의 ID와 이름을 얻을 수 있는데, 코드 12-5의 GamerServices::GetLobbyPlayerMap()을 호출하여 얻는다.

코드 12-5 로비 내 플레이어 목록을 MAP 자료구조에 담아주는 함수

```cpp
void GamerServices::GetLobbyPlayerMap(uint64_t inLobbyId,
    map<uint64_t, string>& outPlayerMap)
{
    CSteamID myId = GetLocalPlayerId();
    outPlayerMap.clear();
    int count = GetLobbyNumPlayers(inLobbyId);
    for (int i = 0; i < count; ++i)
    {
        CSteamID playerId = SteamMatchmaking()->
            GetLobbyMemberByIndex(inLobbyId, i);
        if (playerId == myId)
        {
            outPlayerMap.emplace(playerId.ConvertToUint64(),
                GetLocalPlayerName());
        }
        else
        {
            outPlayerMap.emplace(playerId.ConvertToUint64(),
                GetRemotePlayerName(playerId.ConvertToUint64()));
        }
    }
}
```

로비 내 플레이어 간 채팅 기능을 제공하고 싶으면 스팀웍스의 SetLobbyChatMsg() 함수로 메시지를 보내면 된다. 그리고 LobbyChatMsg_t 일반 콜백을 등록해 두면 채팅 메시지가 올 때마다 통지를 받을 수 있다. 로보캣에 채팅 UI는 없으므로, 여기서는 GamerService에 그런 기능은 넣지 않았다. 하지만 만일 게임에 채팅을 지원하려 한다면 래핑 함수를 작성해 넣는 게 그다지 수고스

러운 일은 아닐 것이다.

게임을 시작할 준비가 되면, CS 토폴로지 게임에선 스팀웍스 함수 중 SetLobbyGameServer()를 호출해 로비 내 플레이어들이 접속할 서버가 어느 것인지 지정한다. 서버는 전용 서버의 경우 IP 주소로, 플레이어 호스트인 경우 스팀 ID로 지정하면 된다. 그러면 스팀이 LobbyGameCreated_t 콜백을 호출하여 플레이어 전원에게 그 서버에 접속하라고 통지한다.

하지만 〈로보캣 RTS〉는 P2P 게임이므로 이 기능을 사용하지 않는다. 그 대신 게임을 시작할 준비가 되면 세 단계를 거쳐 시작한다. 첫 단계에선 로비를 닫아 더 이상 다른 플레이어가 들어오지 못하게 한다. 두 번째로 각 피어가 서로 통신을 시작하여 동기화를 맞춘다. 마지막 단계로 게임 플레이 중 상태에 진입하면 모두 로비를 떠난다. 스팀 로비 내 모든 플레이어가 로비를 떠나면 로비가 자동으로 소멸한다. 로비가 추가 플레이어를 받지 못하게 설정하는 기능과 로비를 떠나는 기능은 각각 GamerServices의 SetLobbyReady()와 LeaveLobby()로 구현했다. 이들 함수는 그냥 얇은 래핑 함수로, 스팀웍스의 함수를 호출하게 구현되어 있다.

12.4 네트워킹

대부분 게임 서비스 플랫폼에서 네트워크 연결에 대한 래퍼를 제공하여 서비스를 이용하는 두 사용자 사이에 네트워크 통신을 할 수 있게 지원하고 있다. 스팀웍스의 경우에도 몇몇 함수를 제공하여 다른 플레이어와 패킷을 주고받을 수 있다. GamerServices에선 이 기능도 사용할 수 있게 래핑해 두었는데, 코드 12-6과 같다.

코드 12-6 스팀웍스를 통해 P2P 통신하기

```cpp
bool GamerServices::SendP2PReliable(const OutputMemoryBitStream&
    inOutputStream, uint64_t inToPlayer)
{
    return SteamNetworking()->SendP2PPacket(inToPlayer,
        inOutputStream.GetBufferPtr(),
        inOutputStream.GetByteLength(),
        k_EP2PSendReliable);
}

bool GamerServices::IsP2PPacketAvailable(uint32_t& outPacketSize)
{
    return SteamNetworking()->IsP2PPacketAvailable(&outPacketSize);
```

```
}

uint32_t GamerServices::ReadP2PPacket(void* inToReceive,
    uint32_t inMaxLength, uint64_t& outFromPlayer)
{
    uint32_t packetSize;
    CSteamID fromId;
    SteamNetworking()->ReadP2PPacket(inToReceive, inMaxLength,
        &packetSize, &fromId);

    outFromPlayer = fromId.ConvertToUint64();
    return packetSize;
}
```

여기서 보면 네트워크 함수에 IP나 소켓 주소를 이용하고 있지 않다. 이는 의도적인 것으로, 스팀 웍스에선 스팀 ID로만 특정 유저에게 패킷을 보낼 수 있고 IP 주소 따위는 쓰지 않는다. 그러면 두 가지 효과를 볼 수 있는데, 첫째로 각 사용자의 IP 주소를 다른 사용자에게 노출되지 않도록 보호하는 효과가 있다는 것이다. 둘째 이유가 더 중요한데, 이 방식을 통해 스팀이 NAT를 완전히 자체적으로 처리할 수 있다. 6장의 내용을 떠올려 보면 소켓 주소를 직접 사용할 때 골치 아픈 문제가 바로 동일 네트워크상 위치하지 않은 경우였다. 하지만 스팀웍스로 네트워크 연결을 처리하면 이 문제를 전적으로 스팀에 위임할 수 있다. 특정 사용자에게 패킷을 보내면 스팀이 자체적으로 NAT 홀 펀칭(NAT hole punching)을 하는 등 어떻게든 보내려 시도할 것이다. NAT 투과가 불가능한 경우를 대비해 스팀에선 릴레이 서버도 제공한다. 사용자가 스팀에 접속되어 있기만 하면 어떤 식으로든 패킷을 보낼 수 있는 경로가 확보된다고 봐도 좋은 것이다.

추가 보너스로, 스팀웍스의 네트워크 함수는 전송 모드도 구분하여 보낼 수 있다. 로보캣 RTS에서 턴 정보 관련 모든 통신 내역은 손실을 허용해선 안 되는데, 스팀웍스로 이런 패킷을 보내려면 k_EP2PSendReliable 파라미터로 신뢰성 있게 보낼 수 있다. 이 모드로 보내면 패킷을 한 번에 1메가바이트까지 크기로 보낼 수 있는데 그러면 자동으로 패킷 분열 및 재조립까지 해 준다. 그냥 UDP처럼 보내려면 k_EP2PSendUnreliable을 지정하면 된다. 연결이 이미 되어 있다는 전제 아래 비신뢰성 전송을 하는 모드도 있고, 네이글 알고리즘으로 버퍼링하여 신뢰성 전송을 하는 모드도 있다.

SendP2PPacket() 함수로 특정 사용자에게 패킷을 처음 보내면, 수신될 때까지 몇 초 이상 걸릴 수도 있다. 왜냐하면, 스팀 서비스가 발신지와 목적지 사이에 경로 확보를 시도하는데 시간이 좀 필요하기 때문이다. 게다가 목적지의 호스트가 지금까지 몰랐던 사용자의 패킷을 받았을 땐 그 수신 여부를 명시적으로 허용해 주는 절차도 필요하다. 이는 원치도 않는 패킷을 아무나 보내지 못하게 막는 조치이다. 세션 요청이 있을 때마다 콜백이 호출되며, 이를 받아 수락해 줘야 세션이 연결된다. 마찬가지로 세션이 끊어지거나 거부된 경우를 다루는 콜백도 있다. 로보캣에선 두 가지 콜백을 모두 사용하는데 코드 12-7과 같다.

코드 12-7 P2P 세션 콜백

```cpp
void GamerServices::Impl::OnP2PSessionRequest(
    P2PSessionRequest_t* inCallback)
{
    CSteamID playerId = inCallback->m_steamIDRemote;
    if (NetworkManager::sInstance->IsPlayerInGame(playerId.ConvertToUint64()))
    {
        SteamNetworking()->AcceptP2PSessionWithUser(playerId);
    }
}

void GamerServices::Impl::OnP2PSessionFail(
    P2PSessionConnectFail_t* inCallback)
{
    // 플레이어의 접속이 끊어짐. 이를 네트워크 관리자에 알려줌
    NetworkManager::sInstance->HandleConnectionReset(
        inCallback->m_steamIDRemote.ConvertToUint64());
}
```

피어에 패킷을 보낸 뒤 도달하는 데까지 시간이 필요하므로, 로보캣 게임 시작 루틴에 약간의 수정이 필요했다. 방장 또는 마스터 피어가 게임을 시작할 때 예전처럼 Enter 키를 누르기는 하지만 곧바로 게임 카운트를 시작하는 대신 NetworkManager는 새로 추가된 '준비(ready)' 상태에 진입한다. 이 상태에선 네트워크 관리자가 게임 내 다른 피어 전체에게 패킷을 보낸다. 여러 피어가 준비 패킷을 차례로 받으면, 각자 다른 피어 전체에게 자신의 준비 패킷 또한 보낸다. 그러면 게임을 시작하기 전 모든 피어가 서로 다른 모든 피어와 세션 연결을 맺을 수 있다.

이런 식으로 마스터 피어가 준비 패킷을 보낸 결과로, 게임에 참여하는 다른 모든 피어로부터 준비 패킷을 돌려받으면, '시작(starting)' 상태에 진입하여 예전처럼 모든 피어에 시작 패킷을 보낸다. 만일 이 같은 준비 상태가 없었다면, 게임이 시작하는 시점에 실질적으로 맺어진 연결이 하나도 없으므로 제0턴 패킷이 도달하는데 수 초가 걸릴 수 있다는 사실이다. 그렇게 되었다면 게임을 시작하자마자 모든 플레이어가 몇 초 이상 지연된 상태에 빠졌을 터이다.

새로운 네트워크 코드를 이용하기 위해 이번 버전의 로보캣에선 NetworkManager의 패킷 처리 코드를 재작성했다. 이전의 UDPSocket 클래스를 쓰는 것이 아니라, 모든 패킷 처리 기능을 GamerServices 클래스의 관련 함수에 위임한다.

12.5 / 플레이어 통계

게임 서비스 플랫폼에서 제공하는 기능 중 많이 쓰이는 것 하나는 바로 각종 게임 내 통계를 추적하는 기능이다. 이 기능을 써서 친구의 프로필을 보고 게임을 몇 개나 했는지 진도를 파악할 수 있다. 이러한 종류의 통계를 지원하려면 서버에 질의를 보내 플레이어 통계를 받는 한편 새로운 값을 서버에 보내 갱신하는 처리가 필요하다. 통계를 매번 읽거나 쓸 때마다 서버를 통하는 방법도 가능하긴 하지만 대개의 경우 로컬 메모리에 캐싱해 두는 편이 더 낫다. 여기서 구현하는 GamerServices에서도 캐싱하게 만든다.

스팀웍스 게임에서 각 통계의 이름과 종류는 특정 앱 ID로 스팀웍스 파트너 사이트에서 정의한다. 이 장의 코드는 SpaceWar 앱 ID를 쓰고 있는데, 이 때문에 이 앱에서 정의한 통계치만 사용할 수 있다. 하지만 기능 자체는 어떤 게임의 통계이건 잘 돌아가므로, 그냥 통계 정의 내용만 바꿔 맞춰주면 된다.

스팀은 세 종류의 통계 자료형을 지원한다. integer형과 float형, 그리고 '평균 비율(average rate)' 이렇게 세 가지이다. 마지막은 평균값을 슬라이딩 윈도(sliding window) 방식으로 구하는 것으로, 윈도 크기는 직접 정해 줄 수 있다. 서버에게 평균 비율을 받으면 float 값 하나만 받지만, 갱신할 땐 평균값 외에 그 값을 달성하는데 들인 시간도 같이 보낸다. 그러면 스팀이 자동으로 새로운 슬라이딩 평균 비율을 계산해 줄 것이다. 이런 식으로 '시간당 골드 수집율' 같은 통계치를 확보할 수 있어서, 누적 로그인 시간이 오래되어 이미 많은 골드를 소유한 플레이어라 해도 갑자기 그 플레이어의 골드 수집 효율이 눈에 띄게 증가하거나 하는 현상을 드러내 보일 수 있다.

스팀웍스 사이트에서 통계치를 정의할 때, 프로퍼티 중 'API Name'이라는 문자열 값이 있다. 어떤 통계치를 읽거나 쓰려할 땐 항상 이 문자열로 참조해야 한다. 간단하게 하려면 GamerServices에 통계 래퍼 함수를 만들 때 문자열 자체를 인자로 넘기게 할 수도 있지만, 그러면 매번 정확한 API 이름을 통계치마다 기억해 두어야 하기도 하고, 오타가 날 수도 있다. 그리고 스탯의 로컬 캐시를 저장하려면 일종의 해시 값이 필요하기도 한데, 이러한 이유로 모든 통계치를 열거자로 정의해 두는 편이 낫다.

한 가지 구현 방법으로 열거형을 한 벌 정의해 놓고, 각 열거자 항목에 대응하게 문자열 배열을 만들어 API 이름을 지정하는 방법이 있다. 하지만 이렇게 하면 통계치 이름이 바뀔 경우, 열거자 쪽을 고친 다음 배열을 따로 손봐 주어야 한다. 스크립트 언어를 게임 엔진에 붙여 쓰고 있다면, 어딘가에 열거자 항목을 매칭시켜둔 스크립트 파일도 있을 것인데, 그러면 이것까지 총 세 가지를 동시에 맞춰 주어야 하므로 불편하기도 하고 실수할 가능성도 높다.

다행히 C++의 인클루드를 잘 활용하는 꼼수가 있긴 하다. 소위 X 매크로(X macro)라는 기법인데, 파일 한 군데에 정의 내용을 몰아두고 여러 곳에서 각기 다른 문맥으로 인클루드해 재사용하는 것이다. 정의 자체는 한 파일에서만 하므로 이렇게 하면 한 곳에서만 수정해도 다른 곳에 자동으로 맞춰지게 된다. 그러면 이름을 바꾸거나 하더라도 어긋날 오류 염려가 전혀 없어 안전하다.

X 매크로를 구현하는 첫 단계는 각 원소를 정의용 파일 하나에 몰아넣는 것이다. 이때 원소에 부가 정보가 필요하면 같이 넣도록 한다. 여기서는 정의 내용을 Stats.def에 입력할 것이다. 각 통계치마다 그 이름과 자료형, 두 가지 정보가 필요하다. 정의 파일의 내용은 대략 다음과 같다.

```
STAT(NumGames,INT)
STAT(FeetTraveled,FLOAT)
STAT(AverageSpeed,AVGRATE)
```

다음, GamerServices.h에 통계치 관련 두 벌의 열거형을 만든다. 하나는 StatType 열거형인데 그냥 INT, FLOAT, AVGRATE* 등 통계에 사용할 자료형을 정의한 것이다. 다른 열거형은 Stat으로 X 매크로 기법을 사용하므로 훨씬 복잡하다. 그 내용은 코드 12-8과 같다.

코드 12-8 통계 열거형을 X 매크로를 통해 정의하기

```
enum Stat
{
    #define STAT(a,b) Stat_##a,
    #include "Stats.def"
    #undef STAT
    MAX_STAT
};
```

코드에선 먼저 두 개의 인자를 받는 STAT 매크로를 정의한다. 이 두 가지 인자가 바로 Stats.def에서 정의하는 인자가 된다. 이 코드에선 아직 두 번째 파라미터는 사용할 필요가 없으므로 그냥 무시한다. Stat 열거형에는 자료형 정보가 필요하지 않기 때문이다. 첫 인자인 이름의 경우 Stat_ 접두사에 ## 전처리 연산자로 인자 내용을 붙인 형태가 된다. 그다음 Stats.def를 인클루드하는데, 이는 파일을 통째로 enum 절에 복사 붙여넣기 하는 것과 같은 효과이다. 인클루드 바로 위에 STAT 매크로를 정의하였으므로, 이에 따라 def 파일의 각 항목은 이 매크로를 사용해 대치된다. 예를 들어 첫 번째 항목은 STAT(NumGames, INT)인데, 그 첫 인자인 NumGames가 Stat_ 접두사가 붙어 Stat_NumGames로 대치된다.

열거형의 정의가 끝나면 #undef로 STAT 매크로의 정의를 해제한다. 그리고 마지막 열거자 항목을 MAX_STAT으로 정의한다. 이런 식으로 X 매크로를 써서 개별 항목을 Stats.def 파일에서 가져올

---

* [역주] average rate

수 있을 뿐 아니라, 전체 항목 수 또한 일일이 세지 않고도 자동으로 계산할 수 있다.

같은 목록을 어디선가 재사용할 필요가 있을 때마다 X 매크로 기법의 진가가 드러난다. 나중에 Stats.def 파일을 수정하는 경우엔 그냥 적당히 다시 컴파일하면 이를 인클루드하는 모든 파일이 자동으로 갱신되는 효과를 보는 것이다. 게다가 Stats.def 파일 자체의 형식이 간단하므로, 게임에서 쓰는 스크립트 언어에서도 쉽게 파싱할 수 있을 터이다.

여기서는 통계치 목록을 문자열 배열로 만드는데 X 매크로를 한 번 더 사용한다. StatData 구조체에 각 통계치의 로컬 캐시 버전 값을 담아둔다. 여기에 정수, 실수, 평균 비율 값을 넣을 수 있게 코드 12-9와 같이 구현했다.

코드 12-9 StatData 구조체

```
struct StatData
{
    const char* Name;
    GamerServices::StatType Type;
    int IntStat = 0;
    float FloatStat = 0.0f;

    struct
    {
        float SessionValue = 0.0f;
        float SessionLength = 0.0f;
    } AvgRateStat;

    StatData(const char* inName, GamerServices::StatType inType)
        : Name(inName), Type(inType)
    { }
};
```

그리고 나서 GameServices::Impl 클래스에 다음과 같이 멤버 변수를 둔다.

```
std::array<StatData, MAX_STAT> mStatArray;
```

여기 보면 앞서 자동 계산되도록 만든 MAX_STAT 값으로 배열의 크기를 잡아주고 있는 부분이 있다. 이 값은 이후 정의 파일을 변경하면 자동으로 갱신될 것이다.

마지막으로 GamerServices::Impl 클래스 생성자의 초기화 목록에서 X 매크로를 한 번 더 사용한다. mStatArray의 각 StatData 항목을 초기화할 때 매크로의 각 항목으로 대치한다. 이는 코드 12-10의 내용이다.

코드 12-10 mStatArray를 X 매크로를 써서 초기화

```
mStatArray( {
    #define STAT(a,b) StatData(#a, StatType::##b),
    #include "Stats.def"
    #undef STAT
} ),
```

여기서 쓰는 X 매크로는 STAT 매크로의 두 인자를 모두 사용한다. 첫 번째 인자는 이름인데, # 전처리 연산자를 통해 문자열 리터럴로 변환된다. 두 번째 인자는 StatType 열거형 값으로 바뀐다. 따라서 예를 들어 STAT(NumGames, INT) 항목은 다음의 StatData 초기화 구문으로 대치된다.

```
StatData("NumGames", StatType::INT),
```

나중에 다룰 도전과제 및 리더보드에서도 X 매크로 기법을 활용할 텐데, 거기서도 한 번 정의한 항목들을 여러 곳에서 맞추어 사용해야 하기 때문이다. 한편 이 기법이 쓸만하긴 하지만 그렇다고 너무 과도하게 사용해서는 곤란한데, 자칫하면 읽기 힘든 코드가 될 수도 있기 때문이다. 이번과 비슷한 경우에 한해서 적당히 사용하면 유용할 것이다.

일단 X 매크로를 써서 정의를 잘해 두면, 통계 관련 나머지 코드를 채워 넣는 건 상대적으로 쉬운 일이다. GamerServices에는 protected 함수인 RetrieveStatsAsync()가 있는데, GamerServices 객체가 초기화될 때 호출된다. 스팀웍스가 통계 정보를 수신하면 콜백을 날린다. 코드 12-11에 ReceiveStatsAsync()와 콜백 함수 구현 내용을 실었다. OnStatsReceived() 코드를 보면 통계치에 대해 어떤 하드코딩도 하지 않았다는 점을 주목하자. 수신한 통계를 갱신할 땐 mStatsArray에 저장된 정보를 토대로 하는데, 이 배열 또한 X 매크로를 써서 자동 생성한 것이다. 한편 이 코드는 디버깅 용도로 통계치가 처음 로드될 때 로그를 출력하게 되어 있다.

코드 12-11 스팀 서버에서 통계 정보 수신하기

```
void GamerServices::RetrieveStatsAsync()
{
    SteamUserStats()->RequestCurrentStats();
}

void GamerServices::Impl::OnStatsReceived(UserStatsReceived_t* inCallback)
{
    LOG("Stats loaded from server...");
    mAreStatsReady = true;
    if (inCallback->m_nGameID == mGameId &&
        inCallback->m_eResult == k_EResultOK)
    {
        // 통계치를 로드
        for (int i = 0; i < MAX_STAT; ++i)
        {
```

```
            StatData& stat = mStatArray[i];
            if (stat.Type == StatType::INT)
            {
                SteamUserStats()->GetStat(stat.Name, &stat.IntStat);
                LOG("Stat %s = %d", stat.Name, stat.IntStat);
            }
            else
            {
                // 평균율도 받을 때는 float 하나만 옴
                SteamUserStats()->GetStat(stat.Name, &stat.FloatStat);
                LOG("Stat %s = %f", stat.Name, stat.FloatStat);
            }
        }

        // 도전과제를 로드
        //...
    }
}
```

GamerServices 클래스는 통계치를 조회하거나 갱신하는 기능의 함수도 제공한다. 조회 함수를 호출하면 로컬 캐시된 사본의 값을 즉시 리턴한다. 갱신 함수를 호출하면 로컬 사본을 갱신한 뒤 서버에 갱신 요청을 보낸다. 이렇게 하면 서버의 값과 로컬 캐시 값이 동기화되도록 맞출 수 있다. GetStatInt()와 AddToStat()를 코드 12-12에 실었는데 이 함수는 정수형 통계 값을 다루는 용도이다. 실수형 또는 평균 비율 값을 다루는 코드도 비슷하게 작성할 수 있다. 이때 평균 비율 값은 앞서 언급한 대로 두 개의 값(평균값, 기간)을 넘겨 갱신해야 한다.

코드 12-12 GetStatInt() 및 AddToStat() 함수

```
int GamerServices::GetStatInt(Stat inStat)
{
    if (!mImpl->mAreStatsReady)
    {
        LOG("Stats ERROR: Stats not ready yet");
        return -1;
    }

    StatData& stat = mImpl->mStatArray[inStat];

    if (stat.Type != StatType::INT)
    {
        LOG("Stats ERROR: %s is not an integer stat", stat.Name);
        return -1;
    }
    return stat.IntStat;
}

void GamerServices::AddToStat(Stat inStat, int inInc)
```

```
{
    // 통계치가 준비되었는지 확인
    // ...

    StatData& stat = mImpl->mStatArray[inStat];

    // 정수형 통계치인지 검사
    // ...

    stat.IntStat += inInc;
    SteamUserStats()->SetStat(stat.Name, stat.IntStat);
}
```

〈로보캣 RTS〉는 현재 격파한 적 고양이 로봇의 개수와 파괴된 우리 편 로봇 개수를 추적하는데 통계 정보를 쓰고 있다. 이들 통계치를 갱신하는 코드는 RoboCat.cpp에 들어 있다. 통계를 추적하는 종류의 게임에선 이렇게 게임 플레이 코드 중간중간 통계 갱신 코드를 삽입하는 사례가 일반적이라 하겠다.

12.6 플레이어 도전과제

게임 서비스 플랫폼에서 많이 이용하는 기능 중엔 도전과제(achievement)도 있다. 게임을 플레이하는 도중 주된 목표를 달성하였을 때 플레이어에게 수여되는 상장 같은 것이다. 일회성 이벤트로 중간 보스 하나를 물리치거나 특정 난이도에서 게임을 클리어하는 것 등이 그 예가 되겠다. 어떤 도전과제는 계속해서 카운터를 누적시켜야 하는 종류도 있는데, 이를테면 멀티플레이 대결에서 100번 승리한다는 것이 있다. 열성적인 플레이어 중에는 모든 도전과제를 100% 달성하지 않고는 못 배기는 사람도 있다.

스팀에서 도전과제는 통계와 비슷한 방식으로 구현된다. 특정 게임의 도전과제 목록을 스팀웍스 사이트에서 정의하게 되어있으며 이는 통계를 정의할 때와 마찬가지다. 로보캣의 경우엔 역시나 SpaceWar의 도전과제를 빌려 쓸 수밖에 없는 점 양해 바란다. 통계를 구현할 때와 마찬가지로 도전과제 코드 역시 X 매크로 기법으로 구현한다. 도전과제는 Achieve.def에 정의하는데, 이 파일에서 Achievement 열거형이 도출된다. StatData처럼 AchieveData 구조체도 있어서 이걸 배열로 만들어 mAchieveArray에 저장한다.

RequestCurrentStats()로 현재까지 저장된 도전과제 정보를 스팀 서버에 요청한다. 그러면 OnStatsReceived() 콜백이 호출되는데, 역시 여기서 도전과제 정보를 로컬 캐시에 저장한다. 항목을 순회하며 GetAchievement()를 호출하면 bool 값으로 도전과제의 상태를 조회할 수 있다.

```
for (int i = 0; i < MAX_ACHIEVEMENT; ++i)
{
    AchieveData& ach = mAchieveArray[i];
    SteamUserStats()->GetAchievement(ach.Name, &ach.Unlocked);
    LOG("Achievement %s = %d", ach.Name, ach.Unlocked);
}
```

다음으로 구현할 것은 몇몇 간단한 래퍼를 두어 도전과제의 달성 여부를 조회하거나, 실제 달성 시점에 서버에 통지하는 기능이다. 조회는 로컬 사본에서 수행하며 갱신 시엔 로컬에 기록한 뒤 즉시 서버에 갱신 요청을 하는데 이 또한 통계치를 다룰 때와 마찬가지다. 이를 구현하면 코드 12-13과 같다.

코드 12-13 도전과제 확인 및 달성 처리

```
bool GamerServices::IsAchievementUnlocked(Achievement inAch)
{
    // 자료가 준비되었는지 확인
    //...

    return mImpl->mAchieveArray[inAch].Unlocked;
}

void GamerServices::UnlockAchievement(Achievement inAch)
{
    // 자료가 준비되었는지 확인
    // ...

    AchieveData& ach = mImpl->mAchieveArray[inAch];

    // 이미 달성한 과제면 무시
    if (ach.Unlocked) return;

    SteamUserStats()->SetAchievement(ach.Name);
    ach.Unlocked = true;
    LOG("Unlocking achievement %s", ach.Name);
}
```

도전과제를 달성 처리할 땐 달성 조건을 만족하는 즉시 처리해 주어야 할 터이다. 그렇지 않으면 플레이어가 금방 이룬 달성 조건이 무엇인지 혼란을 느낄 것이기 때문이다. 그렇긴 해도 멀티플레이 중에는 조금 미루어 두었다가 매치가 끝나고 나서 보여주는 것도 괜찮은데, 한창 플레이 도중 도전과제 팝업 때문에 방해받지 않게 하려는 배려이다.

〈로보캣 RTS〉는 일정 수의 적을 격파하면 도전과제를 달성하는데, `NetworkManager`의 `TryAdvanceTurn()` 함수에 이를 추적하는 코드를 추가했다. 여기서 게임의 각 턴이 끝날 때마다 플레이어가 도전과제를 달성했는지 확인한다.

12.7 리더보드

리더보드(leaderboard)란 게임 내 특정 기준으로 플레이어의 순위를 매기는 순위표인데, 예를 들어 어떤 스테이지의 최고 득점순으로 나열한 것이 되겠다. 리더보드는 보통 전체 순위와 친구 순위로 범위를 구별하여 집계한다. 스팀의 리더보드는 스팀웍스 사이트에서 편집하거나 SDK를 호출하여 프로그램으로 생성할 수 있다.

통계나 도전과제와 마찬가지로 리더보드 또한 X 매크로 기법으로 `GamerServices`에 구현한다. 여기서 리더보드 항목은 `Leaderboards.def` 파일에 정의한다. 리더보드의 각 항목엔 순위표 이름, 정렬 기준, 스팀에서 어떻게 표시할지가 정의되어 있다.

리더보드를 가져오는 코드 자체는 통계나 도전과제의 경우와는 조금 다른데, 우선 한 번에 하나의 리더보드만 조회 가능하다는 차이가 있다. 리더보드를 찾으면 스팀웍스가 호출 결과 하나를 비동기 콜백으로 넘겨준다. 따라서 여러 리더보드를 순서대로 불러오고 싶으면 콜백 처리 코드에서 다음 리더보드를 연달아 조회해 나가는 식으로 구현해야 전체를 불러올 수 있다. 그 내용은 코드 12-14와 같다.

코드 12-14 전체 리더보드 조회하기

```cpp
void GamerServices::RetrieveLeaderboardsAsync()
{
    FindLeaderboardAsync(static_cast<Leaderboard>(0));
}


void GamerServices::FindLeaderboardAsync(Leaderboard inLead)
{
```

```
        mImpl->mCurrentLeaderFind = inLead;
        LeaderboardData& lead = mImpl->mLeaderArray[inLead];

        SteamAPICall_t call = SteamUserStats()->
            FindOrCreateLeaderboard(
                lead.Name, lead.SortMethod, lead.DisplayType);

        mImpl->mLeaderFindResult.Set(call, mImpl.get(),
            &Impl::OnLeaderFindCallback);
    }

    void GamerServices::Impl::OnLeaderFindCallback(
        LeaderboardFindResult_t* inCallback, bool inIOFailure)
    {
        if (!inIOFailure && inCallback->m_bLeaderboardFound)
        {
            mLeaderArray[mCurrentLeaderFind].Handle =
                inCallback->m_hSteamLeaderboard;

            // 다음 것을 로드함
            mCurrentLeaderFind++;
            if (mCurrentLeaderFind != MAX_LEADERBOARD)
            {
                GamerServices::sInstance->FindLeaderboardAsync(
                    static_cast<Leaderboard>(mCurrentLeaderFind));
            }
            else
            {
                mAreLeadersReady = true;
            }
        }
    }
```

또 다른 점은 리더보드를 조회한다고 해서 그 목록까지 내려받기하지는 않는다는 것이다. 그 대신 스팀웍스는 리더보드의 핸들을 하나 넘겨줄 뿐이다. 화면에 표시하기 위해 리더보드 항목을 내려받기하려면 그 핸들과 내려받기 인자값(전체, 친구 등)을 스팀웍스 SDK의 `DownloadLeaderboardEntries()` 함수에 넘겨 호출해야 한다. 이렇게 해서 리더보드 항목을 내려받기 받으면 다시 비동기 콜백이 오는데, 이때 받은 내용으로 리더보드를 표시하면 된다. 리더보드에 점수를 업로드할 때도 비슷한 절차로 하는데, `UploadLeaderboardScore()` 함수로 업로드한다. 이 두 가지 함수를 사용하는 예제가 `GamerServicesStem.cpp`에 구현되어 있다.

로보캣에는 리더보드를 표시하는 UI가 없으므로 리더보드 기능을 확인하려면 디버깅 기능을 활용하자. F10 키를 누르면 현재 킬 카운트를 리더보드로 전송하며, F11 키를 누르면 현재 플레이어의 순위를 중심으로 전체 킬 카운트 리더보드를 불러온다. 하나 더 있다. F9 키를 누르면 앱 ID(SpaceWar용)에 할당된 모든 도전과제와 통계치 전체를 리셋한다.

스팀의 리더보드는 훌륭한 부분이 하나 있는데, 리더보드 항목에 사용자 콘텐츠를 같이 등록할 수 있다는 점이다. 예를 들어 특정 스테이지의 최단 시간 기록에 그 스크린샷이나 플레이 동영상을 같이 올릴 수 있다. 또는 레이싱 게임에서 고스트 주행 기록을 올려, 다른 플레이어가 내려받아 경쟁해 보도록 만들 수도 있다. 잘만 이용하면 단순 점수 나열에서 탈피해 좀 더 인터랙티브한 리더보드를 만들 수 있을 터이다.

12.8 기타 서비스

이 장에서 스팀웍스 SDK의 여러 기능을 살펴보았지만, 아직 다룰 것이 더 있다. 사용자의 게임 데이터를 클라우드 저장 공간에 업로드하여 여러 컴퓨터에서 쓸 수 있게 하는 기능도 있고, '빅 픽처 모드(Big Picture Mode)'라 하여 게임 패드만 가지고 플레이할 수 있게 고안된 화면 모드에서 패드로 문장을 입력하는 텍스트 입력기 UI도 제공한다. 게임 내 결제 및 DLC(downloadable content) 관련 기능도 지원한다.

스팀 말고도 오늘날 많은 게임 서비스 플랫폼이 운영 중이다. 플레이스테이션 네트워크(PlayStation Network)는 플레이스테이션 계열 기기, 즉 PS4나 비타(Vita) 혹은 플레이스테이션 모바일 지원 폰에 제공되며, Xbox 라이브(Xbox Live)는 Xbox 콘솔 게임기용으로 출발했으나 요즈음엔 윈도 10이 설치된 PC에도 제공된다. 애플의 게임 센터(Game Center)는 맥이나 iOS 게임용으로, 구글 플레이 게임 서비스(Googles Play Games Service)는 안드로이드와 iOS를 지원한다.

각 서비스마다 독특한 기능이 있다. 예를 들어 Xbox 라이브는 한 번 파티를 맺어두면 게임이 바뀌어도 유지되는데, 이렇게 하면 전체 파티원이 다른 게임을 하기로 할 때 다시 파티를 맺을 필요가 없다. 한편 콘솔 플랫폼에선 서비스마다 표준화된 사용자 인터페이스를 제공하기도 하는데, 일례로 Xbox에서 게임을 저장하려면 항상 서비스 플랫폼에서 제공하는 함수를 호출해 저장 슬롯 화면을 띄워야만 한다.

시간이 지나면서 여러 게임 서비스 플랫폼이 제공하는 새로운 기능의 숫자가 점점 늘고 있으며, 플레이어는 대작 또는 최신작이라면 응당 이런 기능을 탑재하고 있을 것이란 기대를 갖고 있다. 따라서 더 나은 플레이어 게임 체험을 제공하려면 어떻게 이러한 서비스를 활용할지 고민해 보는 시간을 갖는 것이 유익하다 하겠다.

12.9 요약

게임 서비스 플랫폼은 플레이어 편의를 위해 다양한 범주의 기능을 제공한다. 어떤 서비스는 특정 하드웨어 플랫폼에 묶여 있는데, PC 같은 플랫폼에선 여러 선택지가 있다. 이견이 있을 순 있지만 PC/맥/리눅스에서 가장 대중적인 게임 서비스는 스팀으로 이 장에선 게임을 스팀에 연동하는 방법을 다루어 보았다.

게임 서비스 플랫폼 관련 코드를 추가할 때 가장 중요한 설계 이슈는 바로 특정 서비스에 종속되지 않도록 모듈화하는 것이다. 미래에 다른 플랫폼으로 확장하려할 때, 기존 게임 서비스에선 지원하지만 포팅하려는 플랫폼에선 지원하지 않는 기능이 있을 수 있기 때문이다. 여기서는 핌플 기법으로 모듈화해 보았다.

대부분 서비스 플랫폼에서 제공하는 기능 중 가장 중요한 것은 매치메이킹이다. 매치메이킹을 통해 유저가 다른 유저를 만나 게임을 즐길 수 있다. 스팀웍스에선 플레이어가 먼저 로비를 찾아 들어가는 것으로 매치메이킹이 시작된다. 게임을 시작할 준비가 되면 플레이어 전부가 서버(CS 토폴로지의 경우)에 접속하거나, 다른 플레이어 모두(P2P의 경우)에 일단 접속한 다음 로비에서 나간다.

게임 서비스 플랫폼이 다른 사용자에게 패킷을 보내는 메커니즘을 제공하는 경우도 많다. 이렇게 하는 이유는 다른 사용자의 IP가 노출되지 않도록 보호하는 것 외에 서비스가 NAT 투과나 릴레이 처리를 게임 대신 수행해 줄 수 있기 때문이다. 로보캣 RTS의 경우 네트워크 코드를 교체해 데이터 전송에 스팀웍스 SDK만 사용하게 수정했다. SDK의 전송 함수에 신뢰성 수준을 지정할 수 있다는 것도 장점이다. 한편 어떤 유저에게 첫 패킷을 보내어 새로운 세션 연결을 맺는 데까지는 지연 시간이 필요하므로, 로보캣 RTS의 게임 시작 절차를 이에 맞게 고쳐 '준비' 상태를 추가했다. 게임 카운트다운을 시작하기에 앞서 '준비' 상태에선 각 피어가 서로 다른 모든 피어와 연결을 수립한다.

게임 서비스 플랫폼이 제공하는 다른 기능으로는 통계 추적, 도전과제, 리더보드 등이 있다. 여기서는 GamerServices 클래스의 구현 내용을 통해 전체 통계 항목을 Stats.def 파일로 빼는 기법을 소개했다. 한 번 정의된 파일 내용은 여러 코드 지점에서 X 매크로 기법으로 재사용되는데, 이렇게 하면 각 열거자 항목과 배열 항목의 짝이 항상 맞아떨어지게 유지할 수 있다. 도전과제와 리더보드도 비슷한 방식으로 구현했다.

12.10 복습 문제

1. 핌플 기법에 대해 설명해 보자. 장점은 무엇인가? 또한, 단점은 무엇인가?

2. 스팀웍스에서 콜백이 하는 역할은 무엇인가?

3. 스팀웍스의 로비와 매치메이킹 절차에 대해 개략적으로 기술해 보자.

4. 게임 서비스 플랫폼에서 제공하는 네트워크 기능을 사용할 때 장점은 무엇인가?

5. X 매크로 기법의 동작 원리에 대해 설명해 보자. 그 장단점은 무엇인가?

6. `GamerServiceID` 클래스를 구현하여 Steam ID에 대한 래퍼 클래스로 사용하자. 코드의 `uint64_t`로 되어 있는 플레이어 ID 값을 모두 이 클래스로 바꿔 보자.

7. 스팀웍스 SDK로 데이터를 전송하는 `GamerServicesSocket` 클래스를 구현하고 이것으로 `UDPSocket` 클래스를 대체해 보자. 이때 신뢰성 수준도 지정할 수 있게 하자. `NetworkManager`를 수정하여 새로 구현한 클래스를 사용하게 고치자.

8. 현재 사용자의 통계 정보를 표시하는 메뉴를 구현해 보자. 리더보드 조회 화면도 구현해 보자.

12.10 더 읽을거리

Apple, Inc. "Game Center for Developers." Apple Developer. https://developer.apple.com/game-center/. (2015년 9월 14일 현재)

Google. "Play Games Services." Google Developers. https://developers.google.com/games/services/. (2015년 9월 14일 현재)

Microsoft Corporation. "Developing Games – Xbox One and Windows 10." Microsoft Xbox. http://www.xbox.com/en-us/Developers/. (2015년 9월 14일 현재)

Sony Computer Entertainment America. "Develop." PlayStation Developer. https://www.playstation.com/en-us/develop/. (2015년 9월 14일 현재)

Valve Software. "Steamworks." Steamworks. https://partner.steamgames.com/. (2015년 9월 14일 현재)

13 ^장

클라우드에 전용 서버 호스팅하기

클라우드 환경이 변화함에 따라 소규모 회사에서도 자사의 전용 서버를 호스팅하는 것이 가능하게 되었다. 과거 서버를 플레이어에게 맡기다 보니 우리 게임 서버를 띄워 줄 '플레이어'가 고속망에 접속할 여건이 되는데다 양심적이기까지를 바래야 했던 시절은 이제 지나갔다. 이 장에서는 클라우드에 서버를 운영할 때의 장단점 그리고 여기에 필요한 수단에 대해서 살펴본다.

13.1 / 클라우드, 꼭 사용해야 할까

온라인 게임 초창기엔 전용 서버를 유지하는 데 초인적인 노력이 필요했다. 많은 양의 컴퓨터 하드웨어를 구매하고 유지보수하는 것부터 시작해 SE 담당자가 네트워크 인프라를 관리하는 것까지 쉬운 일이 없었다. 하드웨어 수요 예측도 거의 도박이나 다름없었는데, 런칭 시 사용자 수를 과도하게 예측하면 거금을 들여 쌓아놓은 서버 랙에 파리만 날리는 꼴을 지켜보아야 했다. 그건 차라리 다행이고, 사용자가 예상보다 많을 경우엔 유저들이 손에 돈을 쥐고 몰려와도 서버 용량과 대역폭 때문에 받아주지 못해 발을 동동 구르기 일쑤였다. 동분서주 끝에 장비를 겨우 확충할 즈음이면 플레이어들은 진작에 게임을 접고선 비추 한 줄 남긴 채 친구들과 함께 다른 게임으로 가버리는 일이 다반사였다.

하지만 이제 그런 끔찍한 시절은 지나갔다고 봐도 좋다. 아마존이나 마이크로소프트 또는 구글 같은 초거대 클라우드 호스팅 업체가 주문형 컴퓨팅 자원을 풍부하게 제공하므로, 신청만 하면 필요한 서버를 즉각 올리거나 내려주기 때문이다. 헤로쿠(Heroku)나 몽고랩(MongoLabs) 같은 서드 파티 업체는 서버 스택 및 데이터베이스 관리까지 서비스 형태로 묶어 제공하므로 이를 이용하면 한결 간편하게 서버를 배포할 수 있다.

거대한 진입장벽이 사라진 셈이므로, 전용 서버를 클라우드에 호스팅하는 일은 이제 개발자라면 누구나 검토해 볼 만하다. 회사의 규모가 아무리 작다 해도 말이다. 다만 초기 투자 비용이 사라졌다고는 해도 여전히 염두에 둬야 할 사항이 몇 가지 있다.

- **복잡성.** 플레이어가 직접 서버를 띄우도록 하는 것보다는 아무래도 전용 서버군을 운영하는 것이 개발사 입장에서 더 복잡하긴 하다. 클라우드 업체에서 인프라와 관리 소프트웨어를 제공해주긴 하지만 여전히 커스텀 프로세스를 작성하고 가상 머신 관리 코드를 개발하는 건 개발사의 몫이다. 그 방법에 대해선 이 장의 뒷부분에서 자세히 다룰 것이다. 한편 클라우드 업체가 제공하는 API에 적응해야 하며, 그 API가 변경될 때도 매번 대응해 주어야 한다.

- **비용.** 직접 서버를 사서 관리하는 것보다야 초기 투자 비용 및 장기적 비용이 훨씬 줄기는 하지만 공짜는 분명히 아니다. 이용 플레이어가 늘어나면 비용을 상쇄할 수도 있겠지만 항상 그렇지는 않은 것도 현실이다.

- **제삼자에 의존하게 됨.** 아마존이나 마이크로소프트에 서버를 호스팅한다는 건, 다시 말해 게임의 운명을 아마존이나 마이크로소프트와 함께하겠다는 것과 같다. 호스팅 업체가 서비스 수준 계약(service-level agreement)으로 최소 장애 시간을 보장해 주긴 하지만 만에 하나 서버 여러

대가 한꺼번에 나가버리는 일이 발생하기라도 한다면 성난 유저들을 달래줄 방법이 묘연할 것이다.

- **예상치 못한 하드웨어 변경.** 호스팅 업체는 하드웨어 사양을 최소 정의 사양 이상으로 보장해 준다. 그렇지만 업체가 사전 통보 없이 하드웨어를 교체하거나 할 수도 있는데* 교체된 장비가 최소 사양은 충족하지만, 그 장비 대상으로 미처 테스트해 보지 못한 특이한 사항이 존재하기라도 하면 문제가 일어날 소지가 있다.

- **유저의 주인의식 약화.** 멀티플레이어 게임 초창기에, 유저들이 직접 장비를 출연하여 전용 서버를 운영하기도 했는데, 여기에 큰 긍지를 갖는 유저들도 많았다. 서버 운영을 통해 이들은 게임 커뮤니티에서 중요한 역할을 맡으면서, 게임을 다른 유저에게 전파하는 전도사 역할도 했다. 오늘날에도 도처에 산재한 독특한 〈마인크래프트〉 개인 서버를 보면 이러한 정신이 아직도 살아 있는 것 같다. 전용 서버를 클라우드로 이전하여 유저로부터 격리시키면, 이른바 주인의식이라 할 만한 이 같은 긍정적인 효과가 아무래도 감소할 수밖에 없다.

위와 같은 단점을 결코 가볍게 보아서는 안 되겠지만, 아래의 장점을 살펴보면 이를 상쇄하고도 남는다는 걸 알 수 있다.

- **신뢰할 수 있고 규모 가변적인 데다 대역폭도 높은 서버군.** 플레이어 입장에서 서버를 돌리려면 좋은 성능의 장비도 필요하고 업로드 대역폭도 충분해야 하는데, 개인 사용자가 높은 업로드 대역폭을 갖추려면 상대적으로 비싼 인터넷 상품을 이용해야 한다. 따라서 이렇게 좋은 장비 및 대역폭을 갖춘 플레이어가, 게임을 즐기려는 다른 플레이어들을 충분히 받아줄 만큼 많이 있다고 가정하기 어렵다. 클라우드 호스팅을 하면 괜찮은 서버 관리 프로그램만 갖추면 언제 어디서든 필요한 만큼 서버를 확보할 수 있다.

- **치트 방지.** 서버를 전적으로 개발사가 통제하면 변조되거나 비합법적인 버전이 실행될 가능성을 원천적으로 차단할 수 있다. 일부 게임 서버를 운영하는 플레이어의 양심에 맡기지 않고서도, 모든 플레이어가 공정한 게임 체험을 즐길 수 있다는 뜻이다. 그러면 순위와 리더보드의 공정성뿐만 아니라, 〈콜 오브 듀티〉 같이 게임 플레이에 따라 성장이 있는 게임에서 공정성을 꾀할 수 있다.

- **합리적인 복제 방지 수단.** 플레이어들은 침해적 복제 방지**나 DRM(Digital Rights Management, 디지털 권리 관리)을 혐오한다. 하지만 어떤 게임에는 어떤 형태이건 DRM이 필요하기도 한데,

---

* ᴇᴅ이 절에 언급된 업체들은 하드웨어 변경 시 최소한 통보 정도는 해 준다. 다만 우리 쪽 누군가가 평소에 관심을 두고 챙기지 않으면 안 된다.

** ᴇᴅintrusive copy protection. 복제 방지를 이유로 설치 횟수 제한, 특정 하드웨어 또는 소프트웨어 사용 강요 등 적법한 사용자의 불편을 초래하거나 권리를 침해할 여지가 있는 보호 수단. 오히려 불법 사용 시 이 같은 제약에서 해방된다는 점에서 매우 역설적이다.

소액 결제에 의존하는 〈리그 오브 레전드〉 같은 게임이 특히 그렇다. 회사에서 운영하는 서버에만 전용 서버를 호스팅하게 제한하면 사실상 비침해적 DRM을 제공하는 것과 마찬가지가 된다. 서버 실행 파일을 아예 플레이어에게 배포할 필요조차 없으므로, 크래커가 서버 코드를 해킹하거나 불법적으로 콘텐츠를 이용하는 행위를 막을 수 있다. 또한, 게임에 접속하기 위해 플레이어가 항상 로그인하게 만들면, 정당한 권리를 가진 플레이어만이 게임을 즐길 수 있다.

멀티플레이어 게임 엔지니어로서 여러분이 호스팅을 맡길지 말지를 결정하는 권한까지는 없을 수도 있다. 하지만 풀 스택* 엔지니어가 팀 내에서 차지하는 비중을 볼 때, 개발하는 게임의 세부사항을 근거로 클라우드를 사용할 때의 장단점을 가늠할 수 있게, 호스팅 여부의 결정이 미치는 여파를 면밀히 이해하는 작업은 매우 중요하다 하겠다.

13.2 / 필수 도구

새로운 환경에서 일하려면, 그 환경에 가장 잘 맞는 도구를 골라 일하는 것이 가장 효과적이다. 백엔드(backend) 서버 개발 분야는 급격히 진화하는 분야로, 백 엔드 개발에 사용되는 도구 또한 급격한 변화를 겪고 있다. 무수히 많은 언어, 플랫폼, 프로토콜이 고안되어 백 엔드 개발자의 삶을 더 편하게 만드는데 기여하고 있다. 그중 이 책을 쓰는 시점에선 REST API, JSON 데이터, Node.js가 트렌드로 부각되고 있다. 이들 도구는 그 유연성 덕에 서버 개발에 널리 쓰이고 있는 만큼 이 장에서도 이를 활용해 예제를 설명해 나가겠다. 다른 도구를 써서 클라우드 호스팅에 적용한다 해도 기본 원리는 동일할 것이다.

13.2.1 REST

REST(representational state transfer, 레스트)는 서버에 어떤 요청을 할 때 필요한 문맥의 내용 전체를 요청 그 자체에 담아, 해석을 위해 그 이전 또는 이후 요청에 의존치 않도록 한다는 원칙에 입각한 인터페이스 방식이다. 웹의 주축을 이루는 프로토콜인 HTTP가 REST 인터페이스의 대표적인 예

---

* 역주 full stack. 백 엔드 분야에서 아랫단 운영체제부터 여러 미들웨어를 거쳐 윗단 응용프로그램까지 모두 아우르는 소프트웨어 아키텍처

이며, 이에 따라 HTTP를 근간으로 하는 무수히 많은 REST API가 서버 측 데이터를 저장, 조회, 수정하게 고안되어 있다. 보통 HTTP GET이나 POST 메서드로 요청을 보내며, 가끔 PUT, DELETE, PATCH 같은 메서드를 쓰기도 한다. '"이러저러한 구조"를 따라야 정확한 REST 인터페이스에 부합한다'는 기준을 여러 전문가가 제시하긴 하지만 반드시 준수해야 하는 어떤 표준이 있는 것은 아니다. 실무에선 실사용자에게 필요한 수준 정도로만 적당히 구현하곤 한다. 그렇다 해도 일반적으로 최소한 REST 인터페이스에서 사용하는 HTTP 메서드는 몇 가지 기준으로 용도를 정하는데, GET으로 데이터를 가져오며, POST로 새 데이터를 넣고, PUT으로 특정 위치에 데이터를 저장하며, DELETE로 데이터를 삭제하고, PATCH로 데이터를 직접 수정 요청하는 식이다.

REST 인터페이스의 가장 큰 장점은 내용이 평문 텍스트(plain text)로 되어 있다는 점이다. 덕분에 사람이 읽거나 잘못된 부분을 발견하고 디버깅할 수 있다. 게다가 HTTP이므로 TCP를 채택하여 신뢰성이 보장된다. REST는 특정 요청에 대한 문맥 전체를 담고 있으므로 디버깅이 쉬우며 이런 특성에 기인해 근래 클라우드 서비스의 기반을 이루는 API 스타일로 자리매김했다. REST 스타일 인터페이스나 REST 표준 제안 문서는 이 장의 13.8 더 읽을거리(396쪽) 절을 참고하게 하자.

13.2.2 JSON

1990년대 후반에서 2000년대 초반엔 XML이 범용 데이터 교환 포맷의 선두 주자이자 세상을 바꿀 수단으로 각광받았다. 덕택에 세상이 바뀌기 시작한 건 좋은데, 불행히도 XML엔 꺾쇠가 너무 많았다. 등호도 너무 많고, 그 많은 태그를 열고 닫다가 좋은 세월을 다 보냈다. 그 대신 오늘날엔 범용 데이터 교환에 JSON을 널리 애용하고 있다. JSON(JavaScript object notation, 제이슨)은 사실 자바스크립트 언어의 하위 표준으로, 객체를 JSON 포맷으로 직렬화한 텍스트를 자바스크립트에서 실행하기만 하면 따로 처리하지 않아도 원래 객체로 복원된다. 이같이 텍스트 기반이므로 XML처럼 사람이 읽을 수 있다는 장점도 그대로이며, 아울러 태그나 포매팅 요소가 상대적으로 적어 다루기도 편하다.* 사람이 읽거나 디버깅하기도 편리하다. JSON은 자바스크립트의 일종이므로 그냥 다른 자바스크립트 프로그램에 붙여넣기하면 디버깅할 수 있다.

JSON은 REST 쿼리와도 궁합이 잘 맞는다. HTTP 헤더의 Content-Type을 application/json으로 설정하면 POST, PATCH, PUT 요청의 데이터를 JSON 포맷으로 할 수 있으며, GET 요청에 대한 응답으로 JSON을 받을 수도 있다. JSON은 자바스크립트의 기본 자료형을 모두 지원하는데, 예를 들면 bool, string, number, array, object 등이 그것이다.

---

* 　역주　따옴표가 많은 것은 좀 불만이긴 하다.

13.2.3 Node.js

Node.js는 구글의 V8 자바스크립트 엔진으로 만든 것으로, 백 엔드 서비스를 자바스크립트로 구현하는 용도의 오픈 소스 엔진이다. 왜 하필 자바스크립트로 백 엔드를 구현할 생각을 했냐면, 어차피 프런트 엔드(frontend)의 웹 사이트에서 AJAX 스타일로 자바스크립트를 쓰기 때문이다. 클라이언트와 서버를 같은 언어로 작성하면 개발자가 함수를 짜거나 필요할 때 계층 간 코드를 교환하거나 공유하기 편할 터이다. 이러한 아이디어가 널리 환영받아 노드(Node) 사용자 커뮤니티가 크게 번성하게 되었다. 그 성공의 비결로는 각양각색의 오픈 소스 패키지가 공개되어 있다는 점, npm(노드 패키지 관리자)으로 쉽게 패키지를 설치할 수 있다는 점이 있다. REST API를 갖춘 대중적인 서비스 대부분이 노드 패키지 래퍼를 제공하므로, 여러 다양한 클라우드 서비스의 인터페이스로 손쉽게 이용할 수 있다.

노드는 싱글 스레드 기반의 이벤트 주도형 자바스크립트 환경을 제공한다. 여기선 비디오 게임처럼 메인 스레드에서 이벤트 루프가 도는데, 이벤트 루프가 실행될 때마다 그때까지 수신된 이벤트를 핸들러에 보낸다. 이벤트 핸들러는 파일 시스템 접근같이 긴 시간을 요하는 작업을 차례로 수행하거나 데이터베이스 또는 REST 서버 등 자바스크립트 외부 스레드의 비동기 작업을 수행한다. 작업이 실행되는 동안 메인 스레드는 계속하여 수신되는 다른 이벤트를 처리한다. 비동기 작업이 완료되면 그 결과를 메인 스레드에 보내는데, 그러면 이벤트 루프가 다시 적절한 콜백을 호출하여 자바스크립트 핸들러를 실행시킨다. 노드는 이 같은 방식으로 레이스 컨디션(race condition) 같은 골치 아픈 문제를 방지하면서도 논블로킹 비동기 작업이 수행될 환경을 조성해 준다. 이는 REST 요청을 처리하는 서비스 구현에 더할 나위 없이 좋은 수행 환경이라 하겠다.

노드에는 간단한 내장형 HTTP 서버가 탑재되어 있지만, HTTP 요청을 디코딩하여 헤더와 파라미터를 분리하고 적절한 자바스크립트 함수로 라우팅하는 작업은, 이러한 일을 전담하여 처리하는 패키지에 위임하는 편이다. 널리 쓰이는 패키지로는 Express JS가 있는데, 이 장에서도 이것을 써서 구현해 보겠다. Express JS와 Node.js에 대한 상세한 내용은 이 장의 13.8 더 읽을거리(396쪽) 절을 참고하자.

13.3 용어 및 개요

플레이어 관점에서 클라우드 서버가 프로세스를 띄우는(spin-up) 절차는 투명해야 한다. 플레이어가 게임에 접속하려 하면 플레이어의 클라이언트가 매치에 대한 정보를 매치메이킹 서버에 요청한다. 매치메이킹 서버는 여유가 있는 게임 서버가 있는지 확인해 본 뒤, 만일 없다면 새로운 게임 서버를 띄운다. 게임 서버가 준비되면 매치메이킹 서버는 그 IP 주소와 포트를 클라이언트에 되돌려준다. 그럼 자동으로 클라이언트가 새 서버에 접속하고 플레이어는 게임에 참가하게 된다.

매치메이킹을 처리하는 프로세스와 게임의 전용 서버 프로세스를 하나로 합쳐 큰 덩어리로 배포하고 싶을 수도 있다. 그러면 중복 코드나 데이터를 줄일 수 있고, 퍼포먼스의 향상도 약간 기대할수 있을 터이다. 하지만 매치메이킹과 게임 서버는 분리해 두는 것이 좋은데, 하나 이상의 서드 파티 매치메이킹 솔루션을 접목하는 편이 더 유리하기 때문이다. 전용 서버를 직접 운영한다고 해서 스팀이나 Xbox 라이브, 플레이스테이션 네트워크를 활용할 수 없는 건 아니다. 오히려 개발하려는 하드웨어 플랫폼에 따라 이 중 하나를 필수로 사용해야 하는 경우가 일반적이다. 이 때문에라도 게임 서버 배포 모듈을 매치메이킹 모듈과 확실히 분리해 두어야 할 것이다.

배포 체계가 신규 게임 서버를 띄우고 나면, 새로 준비된 서버는 자신을 매치메이킹 시스템에 등록하여 게임 호스트가 하나 더 준비되었다는 걸 플레이어에게 알려야 한다. 그러면 매치메이킹 시스템이 플레이어를 안내하여 여러 서버에 배분하는 역할을 하게 된다. 한편 클라우드 배포 체계도 계속하여 고유의 역할, 즉 게임 인스턴스를 띄우고 내리는 역할을 충실히 해 나간다.

13.3.1 서버 게임 인스턴스

계속하기에 앞서 여러 가지 의미로 혼용되어 사용하는 '서버'라는 말을 좀 정리해 보겠다. 우선 게임 월드의 진본을 시뮬레이션하며 클라이언트에 리플리케이션해 주는 코드를 '서버'라고 한다. 또는 새로 들어오는 접속을 리스닝하면서 클라이언트의 접속을 받아 처리해 주는 운영체제상 프로세스라는 의미도 있다. 그리고 "거기 서버에 랜 선이 잘 꽂혀 있는지 한 번 확인해 봐" 할 때 쓰는 의미의 물리적 하드웨어라는 뜻도 있다.

이 장에선 혼동을 피하고자 게임 월드를 시뮬레이션하고 클라이언트에 정보를 리플리케이션하는 프로그램을 서버 게임 인스턴스 또는 게임 인스턴스라는 용어로 지칭하기로 하겠다. 여러 플레이어가 같은 게임을 플레이할 때 이들은 하나의 월드를 공유한다 할 수 있는데, 16인 전투를 지원하는 게임에선 서버 게임 인스턴스 하나가 16인 전투를 구동시킨다. 한편 〈리그 오브 레전드〉는 '소환사의 협곡' 맵에서 5대 5 전투를 지원하는데 이는 매치메이킹 기준으로 단일 매치가 된다.

13.3.2 게임 서버 프로세스

게임 인스턴스가 어디 허공에서 저절로 돌아가는 건 아니다. 게임 서버 프로세스 내부에서 구동되어야 한다. 프로세스가 인스턴스를 갱신해 주고, 클라이언트 관리도 해 주고, 운영체제와 상호작용도 하고, 그 밖에도 온갖 것을 도맡아 처리해 주어야 인스턴스가 제대로 구동될 수 있다. 운영체제 입장에선 서버 프로세스야말로 게임의 실체로 취급할 수 있는 대상이다. 앞 장에서 다룬 내용에선 게임 서버 프로세스와 게임 인스턴스를 구별하여 설명하지 않았는데, 서로 일대일 대응이 되었기 때문이다. 즉, 하나의 게임 서버 프로세스는 하나의 게임 인스턴스만 처리하면 되었다. 하지만 전용 서버 호스팅을 할 땐 얘기가 좀 다르다.

제대로 추상화한 코드라면, 하나의 프로세스가 여러 게임 인스턴스를 관리할 수 있을 것이다. 각 인스턴스를 처리할 때, 인스턴스마다 고유한 포트에 바인딩해 놓고, 인스턴스 간에 상태 정보를 공유하지 않도록 하면 여러 게임 월드가 같은 프로세스 안에 간섭없이 공존할 수 있다.

이렇게 프로세스당 복수의 인스턴스를 관리하는 것이 호스팅하는데 효율적일 수 있는데, 상태 정보 외의 덩치 큰 읽기 전용 데이터, 즉 충돌 기하 구조라거나 네브 메시, 애니메이션 데이터를 서로 공유할 수 있기 때문이다. 여러 인스턴스가 각각 전용 프로세스로 구동되면, 데이터 사본을 따로따로 메모리에 올려야 하는데 그러면 호스트 머신 내의 메모리를 불필요하게 낭비할 수 있다. 프로세스에 여러 인스턴스를 포함하면 스케줄링 또한 세밀하게 조정할 수 있다는 장점도 있다. 각 인스턴스를 업데이트 1회당 한 번씩 순회하게 되므로, 인스턴스마다 갱신 주기를 균일한 패턴으로 조정할 수 있다. 호스트 내에 프로세스를 여러 개 띄우면 그렇게 하기 어려울 수 있는데, 어느 프로세스를 갱신할지를 운영체제가 결정하기 때문이다. 그렇다고 꼭 문제가 있는 건 아니지만, 어쨌든 세부 조정이 가능하다는 점이 가끔 쓸모 있을 때가 있다.

이처럼 멀티 인스턴스, 즉 프로세스에 여러 인스턴스를 띄우는 방식의 장점이 두드러지긴 하지만 명백한 단점 또한 존재한다. 인스턴스 중 하나가 크래시되는 경우 전체 프로세스가 죽게 되며 이때 같은 프로세스 내 모든 인스턴스가 함께 날아간다. 덮어써서는 안 되는 공유 리소스 영역을 포인터 버그 등으로 개별 인스턴스가 훼손시키는 경우엔 문제가 더욱 심각하다. 이와 대조적으로 게임 인스턴스를 각각 전용의 프로세스에서 돌리면 데이터가 꼬이거나 게임이 크래시되어도 피해를 그 인스턴스 하나에만 한정할 수 있다. 게다가 프로세스당 인스턴스를 하나로 하면 유지보수 및 테스트하기 쉽기도 하다. 개발자가 서버를 개발할 땐 보통 한 번에 하나의 게임 인스턴스만 띄워 테스트하고 디버깅한다. 프로세스가 멀티 인스턴스를 지원하는데 개발자가 그런 설정으로 평소에 돌려보지 않고 개발한다면, 일상적인 개발 주기에 커버되지 않는 코드의 사각지대가 생기게 마련이다. 유능한 QA 팀이 있다면 탄탄한 테스트 전략을 세워 여기에 대응하겠지만, 그래도 코드 개발 주기에 포함되어 시시때때로 개발자가 확인하는 것만큼 견고하진 못할 터이다. 이 같은 이유로 대부분 게임 서버 프로세스에 하나의 게임 인스턴스만 탑재한다.

13.3.3 게임 서버 머신

게임 인스턴스가 게임 서버 프로세스 위에서 돌아가는 것처럼, 게임 서버 프로세스도 게임 서버 머신을 터전으로 삼아야 한다. 또한, 단일 프로세스가 여러 인스턴스를 호스팅하는 것처럼, 단일 머신도 여러 개의 프로세스를 호스팅할 수 있다. 머신당 몇 개의 프로세스나 돌릴지는 게임의 퍼포먼스 사양에 따라 결정해야 한다. 최대의 성능을 위해서 머신당 단 하나의 프로세스만 띄울 수도 있다. 그러면 머신의 CPU, GPU, RAM 등 모든 자원을 고스란히 게임 프로세스 전용으로 사용하게 된다. 하지만 이렇게 하는 건 꽤나 낭비일 터이다. 각 머신에는 운영체제도 돌아갈 텐데 운영체제만으로도 리소스를 꽤 많이 잡아먹기 때문이다.

게임 프로세스 하나를 돌리기 위해 운영체제 하나를 할당하는 건, 그것도 게임 인스턴스를 달랑 하나 돌리는 프로세스라면 비용이 너무 과하다. 다행히도 운영체제는 여러 개의 프로세스를 동시에 구동할 수 있게 설계되어 있고, 보호 메모리 등 기법을 채택하여 프로세스가 서로 간섭하거나 각자의 리소스를 건드리지 못하게 막아 준다. 최신 운영체제에선 프로세스 하나가 크래시되었다고 해서 같은 서버 머신상 다른 프로세스가 죽거나 운영체제 자체가 죽는 일은 좀처럼 일어나지 않는다. 따라서 비용 절감을 위해 서버 머신 하나에 여러 게임 서버 프로세스를 띄우고, 그 숫자도 성능이 허락하는 한 최대로 띄우는 것이 보통이다. 서버 코드의 성능과 램 사용량을 튜닝하는데 노력을 들이면, 서버 한 대에 띄울 수 있는 프로세스가 더 많아지므로 비용상 노력의 결실을 얻을 수 있다.

13.3.4 하드웨어

클라우드에선 게임 서버 '머신'이 꼭 하드웨어 장치 하나를 의미하지 않는 경우도 많다. 그보다는 가상 머신(VM, virtual machine)을 이미지로 떠 놓고 필요할 때 띄우거나 내리는데, 물리적인 기계 한 대에 가상 머신을 하나만 돌릴 수도 있고, 16코어 이상의 기계에 여러 개의 가상 머신을 동시에 띄우는 경우도 있다. 클라우드 호스팅 업체에 따라, 혹은 이용 서비스 금액에 따라선 가상 머신을 어떻게 호스팅할지 선택할 여지가 없는 경우도 있다. 저가 서비스를 이용하면 하드웨어를 다른 가상 머신과 공유해서 써야 하고, 일정 시간 이상 사용량이 없을 경우 강제로 슬립 모드에 들어간다. 그 결과 성능이 제대로 나오지 않을 수 있다. 반면 고가 서비스를 이용하면 물리적 하드웨어 설정을 원하는 대로 선택할 수 있다.

가상 머신을 쓰는 이유는?

클라우드에서 호스팅할 때, 왜 가상 머신에다 운영체제와 게임 프로세스를 묶어서 배포하는지 궁금할 수 있다. 하지만 클라우드 제공자 입장에선 하드웨어 자원을 이용자에게 배분하는 데 있어 가상 머신 만큼 유용한 수단이 없다. 예를 들어 아마존에서 16코어 컴퓨터에 〈콜 오브 듀티〉 VM을 4대 돌리는데, VM마다 4코어를 필요로 한다 치자. 시간이 지나 콜 오브 듀티의 유행이 사그러들면, VM 중 가동률이 떨어지는 두 대를 아마존에서 내릴 수 있다. 나중에 EA가 8코어짜리 〈심시티〉 VM을 필요로 하면 같은 하드웨어에 이것을 띄워 콜 오브 듀티 VM 두 개에 심시티 VM 하나를 돌려 리소스를 최대한 활용할 수 있다.

가상 머신을 쓰면 하드웨어 장애에도 신속하게 대응할 수 있다. 가상 머신 이미지엔 운영체제와 응용프로그램이 하나의 패키지로 들어 있으므로, 클라우드 제공자가 VM 이미지를 장애가 발생한 하드웨어에서 이미지를 다른 하드웨어로 옮겨주기만 하면 곧바로 재구동이 가능하다.

13.4 / 로컬 서버 프로세스 관리자

클라우드 서버 프로비저닝 시스템, 즉 서버 공급 체계에는 서버 프로세스를 게임 서버 머신에 띄우고 모니터링하는 수단이 필요하다. 단순히 게임 머신이 부팅될 때 최대 개수의 게임 서버 프로세스를 띄워 놓고선 전원을 내릴 때까지 계속 잘 돌아가겠거니 생각해선 곤란하다. 프로세스 중 하나에 크래시가 날 수도 있는데, 그러면 가상 머신의 리소스 활용률이 떨어지게 되어 낭비가 생긴다. 또한, 아무리 주의를 기울여 게임을 만들어도 메모리 누수를 다 잡지 못하고 출시하는 경우도 있다. 더 이상 출시일을 미룰 수 없게 되어 출시하다 보니 메모리가 몇 메가씩 새는 것은 일단 임기응변으로 대응해야 하는 상황인 것이다. 메모리가 조금 새는 것은 당장은 문제가 별로 없겠지만 계속 놔두면 쌓이게 마련인데, 그러다가 갑자기 크래시가 나는 것보다는, 예를 들어 매치가 1회 끝날 때마다 서버 프로세스를 내렸다가 다시 띄우는 것도 방법이다.

프로세스가 죽으면 가상 머신이 이를 인지하고 다시 살려내는 방법이 필요하다. 또한, 프로세스를 띄울 때 어떤 식으로 게임 플레이를 구성할지 설정하는 방법도 필요하다. 이러한 이유로 견고한 프로비저닝 시스템(provisioning system)이 필요한데, 이를 통해 서버 머신에 특정 방법으로 설정한 서버 프로세스를 띄우도록 지시한다. 이런 시스템을 만들려면 운영체제 자체의 기능으로 프로세스를 원격 구동하거나 모니터링하는 방법을 알아내기 위해 운영체제 내부를 파헤쳐 봐야 할 터이다. 하지만 플랫폼에 덜 종속되고 보다 안정적인 방법이 있는데, 로컬 서버 프로세스 관리자(local server process manager), 이하 LSPM을 만드는 것이다.

LSPM도 결국엔 하나의 프로세스에 불과한데, 그 역할은 원격 명령을 리스닝하고 있다가 요청 시 서버 프로세스를 띄우고, 이들 프로세스를 모니터링하여 해당 머신에 어떤 프로세스가 구동되고 있는지 감시하는 것이다. 코드 8-1에 Node.js 및 Express JS로 간단히 로컬 서버 프로세스에 대해 초기화, 띄우기, 내리기 용도의 REST 경로를 제공하는 간단한 관리자를 구현해 보았다.

코드 13-1 초기화, 띄우기, 내리기

```
var gProcesses = {};
var gProcessCount = 0;
var gProcessPath = process.env.GAME_SERVER_PROCESS_PATH;
var gMaxProcessCount = process.env.MAX_PROCESS_COUNT;
var gSequenceIndex = 0;

var eMachineState =
{
    empty: "empty",
    partial: "partial",
    full: "full",
    shuttingDown: "shuttingDown",
};

var gMachineState = eMachineState.empty;
var gSequenceIndex = 0;

router.post('/processes/', function(req, res)
{
    if (gMachineState === eMachineState.full)
    {
        res.send(
        {
            msg: 'Already Full',
            machineState: gMachineState,
            sequenceIndex: ++gSequenceIndex
        });
    }
    else if (gMachineState === eMachineState.shuttingDown)
    {
        res.send(
        {
            msg: 'Already Shutting Down',
            machineState: gMachineState,
            sequenceIndex: ++gSequenceIndex
        });
    }
```

```javascript
        else
        {
            var processUUID = uuid.v1();
            var params = req.body.params;
            var child = childProcess.spawn(gProcessPath,
            [
                '--processUUID', processUUID,
                '--lspmURL', "http://127.0.0.1:" + gListenPort,
                '--json', JSON.stringify(params)
            ] );
            gProcesses[processUUID] =
            {
                child: child,
                params: params,
                state: 'starting',
                lastHeartbeat: getUTCSecondsSince1970()
            };
            ++gProcessCount;
            gMachineState = gProcessCount === gMaxProcessCount ?
                eMachineState.full : eMachineState.partial;
            child.stdout.on('data', function (data) {
                console.log('stdout: ' + data);
            });
            child.stderr.on('data', function (data) {
                console.log('stderr: ' + data);
            });
            child.on('close', function (code, signal)
            {
                console.log('child terminated by signal '+ signal);
                // 허용 프로세스 개수 한도에 도달했는지 검사
                var oldMachineState = gMachineState;
                --gProcessCount;
                gMachineState = gProcessCount > 0 ?
                    eMachineState.partial : eMachineState.empty;
                if (oldMachineState !== gMachineState)
                    console.log("Machine state changed to " + gMachineState);
                delete gProcesses[processUUID];
            });
            res.send(
            {
                msg: 'OK',
                processUUID: processUUID,
                machineState: gMachineState,
                sequenceIndex: ++gSequenceIndex
            });
        }
});


router.post('/processes/:processUUID/kill', function(req, res)
{
    var processUUID = req.params.processUUID;
```

```
        console.log("attempting to kill process: " + processUUID);
        var process = gProcesses[processUUID];
        if (process)
        {
            // 프로세스를 죽이면 close 이벤트가 발생해 프로세스 목록에서 삭제됨
            process.child.kill();
            res.sendStatus(200);
        }
        else
        {
            res.sendStatus(404);
        }
});
```

관리자가 시작될 때 몇몇 전역 변수가 초기화된다. gProcess는 현재 관리 중인 프로세스의 목록을 담고 있으며, gProcessCount는 프로세스의 개수를 나타낸다. gProcessPath와 gMaxProcessCount는 환경 변수에서 읽어 들이는 데, 이것으로 머신당 실행 경로 및 최대 개수를 설정할 수 있다. gMachineState에는 전체 머신의 상태를 캐싱해 두는데 상태의 종류로는 프로세스를 더 띄울 여력이 있는지, 아니면 꽉 찼는지 또는 종료 중인지 등이 있다. 상태 값은 eMachineState 객체를 열거자처럼 사용해 지정한다.

LSPM으로 새 프로세스를 생성하려면 /api/processes/ 경로에 POST 요청을 보내면 된다. 구체적인 예를 들어 LSPM이 로컬호스트의 300번 포트에서 구동 중이면, 4인용으로 설정한 호스트를 명령줄 웹 요청 프로그램인 curl을 이용해 다음과 같이 띄울 수 있다.

```
curl -H "Content-Type: application/json" -X POST \
    -d '{"params":{"maxPlayers":4}}' \
    http://127.0.0.1:3000/api/processes
```

LSPM이 이 명령을 받으면 우선, 지금 종료 중이라서, 아니면 이미 최대 개수의 프로세스를 띄워 놔서 더 이상 프로세스를 띄울 수 없는 건 아닌지 검사한다. 띄울 수 있다면 새로운 UUID를 생성하고, Node.js의 child_process 모듈을 사용해 게임 서버 프로세스를 띄운다. 띄울 때는 요청자에게 받은 설정 파라미터와, 생성한 UUID를 명령줄 인자를 통해 프로세스에 넘긴다.

그다음 생성된 자식 프로세스에 대한 레코드를 만들어 gProcesses에 저장한다. state 변수는 '시작 중(starting)'으로, 뜨고 나면 '실행 중(running)'이 된다. lastHeartbeat는 관리자가 이 프로세스에 대해 마지막으로 확인한 시각을 나타내는데, 다음 절에서 한 번 더 설명하겠다.

프로세스의 존재에 대해 기록한 후, LSPM은 이벤트 핸들러를 설치하여 프로세스가 뿜어내는 로그 출력 일체를 수신한다. 또한, 'close' 이벤트 핸들러도 설치하는데, 이 핸들러는 프로세스가 종료될 때 gProcesses에서 제거하고 gMachineState 변수도 갱신하므로 매우 중요한 역할을 한다.

마지막으로 LSPM은 자식 프로세스가 자신의 UUID로 보고해 오는 정보에 대해 응답하여(다음 절의 코드) 현재 프로세스 현황을 갱신한다. 노드의 이벤트 모델은 단일 스레드 기반이므로, 여러 함수를 실행하더라도 gProcessCount나 gProcesses 해시 맵이 충돌하면 어쩌나 고민할 필요 없다.

프로세스 UUID를 알고 있으면 /processes/:processUUID 경로에 GET을 보내(책에는 싣지 않음) 프로세스의 정보를 조회하거나 /processes/:processUUID/kill 경로에 POST를 보내 특정 프로세스를 내릴 수 있다.

> **Warning!** 실 서비스(production) 모드에선, 서버를 띄우거나 내릴 수 있는 LSPM에 대한 접근을 제한해야 한다. 그 방법으로 우선 화이트리스트를 두어 LSPM에 요청을 보낼 수 있는 자격을 가진 IP 주소를 별도로 정해 두는 것이 있다. 그리고 이 목록에 포함되지 않는 IP에서 수신된 요청은 무시한다. 그러면 짖궂은 플레이어가 LSPM에 직접 연결해* 프로세스를 건드리지 못하게 막을 수 있다. 다른 방법으로는 요청 헤더에 보안 토큰을 넣게 하여 매 요청마다 올바른 요청인지 검사하는 것이다. 어떤 식으로든 일정 수준 이상의 보안 체계를 구축해 놓아야 프로비저닝 시스템을 망가뜨리는 일을 막을 수 있다.

13.4.1 프로세스 모니터링

LSPM이 일단 프로세스를 띄우고 나면 그 프로세스에 대해 모니터링을 해야 한다. 이를 위해 프로세스는 시시때때로 LSPM에 자신의 상태를 REST로 알린다. 이를 하트비트(heartbeat)라 하는데, 자식 프로세스가 자신이 살아있음을 이름 그대로 맥박처럼 주기적으로 알리는 패킷이다. LSPM이 프로세스에서 마지막 하트비트를 받은지 일정 시간이 지나면, 프로세스가 멈추거나 속도가 저하된 상태 혹은 기타 납득할 수 없는 상태에 빠진 것으로 가정하고 LSPM은 프로세스를 내려버린다. 코드 13-2에 이를 구현했다.

코드 13-2 **프로세스 모니터링**

```
var gMaxStartingHeartbeatAge = 20;
var gMaxRunningHeartbeatAge = 10;
var gHeartbeatCheckPeriod = 5000;

router.post('/processes/:processUUID/heartbeat', function(req, res)
{
    var processUUID = req.params.processUUID;
    console.log("heartbeat received for: " + processUUID);
    var process = gProcesses[processUUID];
    if (process)
    {
```

---

* 역주 사실은 공인 IP를 노출하는 것 자체가 말이 안 되며, LSPM 등 서비스 인프라는 철저히 VPN 아래에 감추어 두는 것이 기본이다.

```
            process.lastHeartbeat = getUTCSecondsSince1970();
            process.state = 'running';
            res.sendStatus(200);
        }
        else
        {
            res.sendStatus(404);
        }
});

function checkHeartbeats()
{
    console.log("Checking for heartbeats...");
    var processesToKill = [], processUUID;
    var process, heartbeatAge;
    var time = getUTCSecondsSince1970();
    for (processUUID in gProcesses)
    {
        process = gProcesses[processUUID];
        heartbeatAge = time - process.lastHeartbeat;
        if (heartbeatAge > gMaxStartingHeartbeatAge ||
            (heartbeatAge > gMaxRunningHeartbeatAge
                && process.state !== 'starting'))
        {
            console.log("Process " + processUUID + " timeout!");
            processesToKill.push(process.child);
        }
    }
    processesToKill.forEach(function(toKill)
    {
        toKill.kill();
    });
}

setInterval(checkHeartbeats, gHeartbeatCheckPeriod);
```

/processes/:processUUID/heartbeat 경로에 POST를 보내면 해당 프로세스 ID의 하트비트를
보낼 수 있다. LSPM이 하트비트를 받으면 해당 프로세스의 타임스탬프를 현재 시각으로 갱신한
다. 받은 하트비트가 프로세스 구동 후 첫 번째 하트비트라면, state 변수를 '시작 중'에서 '실행
중'으로 변경하며, 이는 프로세스가 잘 구동되었음을 나타낸다.

checkHeartbeat() 함수는 LSPM이 관리하는 모든 프로세스를 순회하며, 하트비트를 갱신한 지
너무 오래된 프로세스가 있는지 검사한다. 실행 중이면 gMaxRunningHeartbeat를 기준으로 판
단하고, 프로세스가 아직 시작 중이라면 원래 처음 구동 시 좀 더 지연이 걸리는 걸 감안하여 더
넉넉한 기준으로 판단한다. 어쨌든 제한 시간을 넘긴 경우, 서버에 이상이 생긴 것으로 판단하여
아직 죽지 않았다면 강제로 자식 프로세스를 내린다(kill). 프로세스가 죽는 경우 앞서 등록한

close 이벤트 핸들러가 프로세스 목록에서 해당 프로세스를 제거할 것이다. 스크립트 코드 맨 아래를 보면 checkHeartbeat( ) 함수가 매 gHeartbeatCheckPeriod에 지정한 밀리초마다 호출되도록 setInterval( )로 등록하고 있다.

LSPM으로 하트비트를 보내려면, 각 프로세스가 LSPM 하트비트 경로에 POST 요청을 날릴 수가 있어야 하는데, 최소 매 gHeartbeatCheckPeriod 초마다 보내야 한다. C++로 REST 요청을 보내는 코딩을 하려면 HTTP 요청을 문자열로 만들고 LSPM의 포트에 3장에서 구현한 TCPSocket을 사용에 접속해서 보내도록 구현해야 한다. 예를 들어 LSPM이 포트 3000번을 리스닝하고 있고, LSPM이 띄운 프로세스 하나가 -processUUID 명령줄 인자로 49b74f902d9711e5-8de0f3f32180aa49를 받았다면, 이 프로세스는 자신의 하트비트를 보내기 위해 TCP 포트 3000으로 다음 문자열을 전송하면 된다.

POST /api/processes/49b74f902d9711e5-8de0f3f32180aa49/heartbeat HTTP/1.1\r\n\r\n

마지막엔 행 종료(end-line: '\r\n') 기호를 두 번 반복해서 쓰고 있는데, 이는 HTTP 요청이 끝났음을 알리는 기호이다. 이 같은 HTTP의 텍스트 형식에 대해선 13.8 더 읽을거리(396쪽) 절을 참고하자. 좀 더 제대로 된* HTTP 솔루션을 사용하려면 마이크로소프트의 오픈 소스 크로스 플랫폼 C++ REST SDK 라이브러리 같은 서드파티 라이브러리를 쓸 수도 있다. 코드 13-3은 C++ REST SDK로 하트비트를 보내는 예제이다.

코드 13-3 C++ REST SDK로 하트비트 보내기

```
void sendHeartbeat(const std::string& inURL,
    const std::string& inProcessUUID)
{
    http_client client(U(inURL.c_str()));
    uri_builder builder(
        U("/api/processes/" + inProcessUUID + "/heartbeat"));
    client.request(methods::POST, builder.to_string());
}
```

하트비트의 결과를 검사하려면, request( )의 호출 결과로 리턴된 task에 이어지는 연속 태스크를 작성해 추가해야 한다. C++ REST SDK는 비동기 스트림, 태스크 기반 HTTP 요청 기능뿐만 아니라 서버 기능 구현 지원, JSON 파싱, WebSocket 지원 등 풍부한 기능을 제공하는 라이브러리이다. C++ REST SDK의 상세 기능 및 자세한 내용은 13.8 더 읽을거리(396쪽) 절을 참고하자.

---

* **역주** 앞의 문자열을 보내는 방법은 간단히 작성할 수 있어 좋긴 하지만, 서버의 응답을 받길 원하거나 기타 예외를 처리하고 싶다면 애로 사항이 많을 것이다.

LSPM에 하트비트를 보낼 때 REST 요청 말고 다른 방식으로 구현할 수도 있다. 원한다면 LSPM이 직접 TCP나 UDP 포트를 노드에서 열어, 서버 프로세스가 그 포트에 소량의 데이터를 보내도록 하면 HTTP 오버헤드 없이 처리할 수도 있다. 또는 게임 프로세스마다 로그 파일을 두어 일정 시간마다 기록하게 하고, LSPM이 이것을 지켜보도록 하는 방법도 있다. 하지만 종국에는 다른 서비스 기능을 위해서라도 REST API 수준의 무언가가 필요하게 될 터인데, REST는 디버깅하기 편리하다는 장점도 있고, 외부에서 어차피 REST로 LSPM의 기능을 이미 제어하고 있으므로, 차제에 하트비트 또한 REST로 구현하면 훨씬 간단하다.

13.5 가상 머신 관리자

가상 머신 위에서 몇 개의 프로세스건 원격 시동 및 모니터링할 수 있게 이를 관장하는 LSPM을 두면, 클라우드 호스팅의 여러 문제 중 큰 부분을 해결한 셈이다. 하지만 LSPM은 실제로 가상 머신을 띄우거나 하지는 못하며, 이를 위해 따로 가상 머신 관리자(virtual machine manager), 이하 VMM을 구축해 두어야 한다. VMM는 모든 LSPM을 추적하는 한편으로 필요하면 LSPM이 게임을 띄우도록 지시하며, 새로운 가상 머신을 LSPM과 함께 통째로 띄우거나 내리는 역할을 한다.

클라우드 제공자의 API를 이용해 새 가상 머신을 띄우려면, 우선 VMM이 머신에 어떤 소프트웨어를 올릴 것인지 정해 두어야 한다. 이러한 소프트웨어를 가상 머신 이미지(virtual machine image, VMI)라 하는데, VMI에는 VM이 부팅될 디스크 드라이브의 내용을 담고 있다. 여기엔 운영체제 및 프로세스 실행 파일, 그리고 부팅 시 실행될 초기화 스크립트 등이 모두 깔려 있는 상태이다. 클라우드 호스팅 업체마다 VMI 포맷이 조금씩 다르며, 자신의 포맷에 맞는 이미지 생성 도구를 제공한다. VM 프로비저닝을 준비하려면 서비스에 사용할 운영체제로 VMI를 만들고, 게임 서버 실행 파일을 컴파일하여 데이터와 함께 적재한 다음, LSPM 및 기타 필요한 에셋을 같이 수록해 둔다.

Note ≡ 클라우드 업체마다 고유 VMI 포맷을 쓰고 있지만, 조만간 도커 컨테이너(Docker Container)로 표준화될 것 같다. 도커 표준에 대해선 **13.8 더 읽을거리(396쪽)** 절을 참고하자.[*]

---

[*] 역주 이 부분은 강조할 필요가 있는데, 도커 컨테이너는 하나의 호스트상 여러 가상 머신이 운영체제를 공유하게 만들어, 운영체제가 점유하는 리소스 양을 획기적으로 줄이는 기술이다. 또한 이미지 자체에 형상 개념을 부여하여 버전 관리 및 배포가 용이한 특징도 있어 매우 촉망되는 기술이다.

VMI를 가지고 클라우드 호스팅 제공자가 가상 머신을 띄우도록 요청하는 세부 절차는 업체마다 다르다. 대부분 업체가 이를 위해 REST API를 제공하고 있으며, 아울러 흔히 쓰는 백 엔드 언어인 자바스크립트나 자바 따위로 래핑한 API도 같이 제공한다. 클라우드 호스팅 업체를 나중에 바꿀 상황이 있을지 모르니, 또는 특정 지역에 진출할 때 그 지역에 유리한 클라우드 업체를 이용해야 할 수도 있으니, VMM 코드를 작성할 때 특정 업체 API에 가급적 종속되지 않도록 하는 게 좋겠다.

가상 머신을 그냥 띄우는 데 그치지 않고, VMM은 VM에 탑재된 LSPM에 신규 게임 프로세스를 띄우도록 요청하는 역할도 해야 한다. 또한, 클라우드 제공자 API를 이용해 가동률이 떨어지는 VM을 내려주는 일도 해야 한다. 마지막으로 VMM은 각 가상 머신의 건강 상태를 점검하여 낙오하는 것이 없도록 감시해야 한다. Node.js가 싱글 스레드 기반으로 동작하긴 하지만 요청자/VMM/LSPM 등이 서로 맞물려 비동기적 상호작용을 해대면 다양한 레이스 컨디션이 발생할 수 있다. 게다가 각각의 REST 요청은 독자적인 연결 세션으로 처리되므로, TCP가 아무리 신뢰성 프로토콜이라 해도 REST 요청의 순서가 뒤섞일 수 있다. 코드 13-4를 보면 VMM의 초기화 루틴 및 자료구조가 구현되어 있다.

코드 13-4 초기화 및 자료구조

```
var eMachineState =
{
    empty: "empty",
    partial: "partial",
    full: "full",
    pending: "pending",
    shuttingDown: "shuttingDown",
    recentLaunchUnknown: "recentLaunchUnknown"
};

var gVMs = {};
var gAvailableVMs = {};

function getFirstAvailableVM()
{
    for (var vmuuid in gAvailableVMs)
    {
        return gAvailableVMs[vmuuid];
    }
    return null;
}

function updateVMState(vm, newState)
{
    if (vm.machineState !== newState)
    {
        if (vm.machineState === eMachineState.partial)
            delete gAvailableVMs[vm.uuid];
```

```
        vm.machineState = newState;
        if (newState === eMachineState.partial)
            gAvailableVMs[vm.uuid] = vm;
    }
}
```

VMM의 주요 자료구조는 두 개의 해시 맵으로 되어 있다. gVMs 해시 맵에는 VMM이 관리하는 현재 가동 중인 VM을 담아둔다. gAvailableVMs 맵에는 새 프로세스를 띄울 여력이 있는 VM의 목록을 관리한다. 여력이 있다 함은 종료, 시동, 프로세스 생성, 최대 프로세스 가동 중 어느 것도 아닌 VM을 말한다. 각 VM 객체는 다음 멤버를 갖는다.

- **machineState.** VM의 현재 상태를 나타낸다. eMachineStates 객체에 정의된 값 중 하나를 열거자처럼 갖는다. 이 상태는 LSPM의 eMachineStates의 상위 집합으로, VMM에만 해당하는 몇 개의 상태를 추가한 것이다.

- **uuid.** VM마다 관리자가 할당해 주는 고유 식별자이다. VM을 띄울 때, VMM이 LSPM에 UUID를 전달해 주는데, 그러면 이 ID를 LSPM이 나중에 VMM에 자신의 상태를 갱신하는 ID로 사용한다.

- **url.** VM상 LSPM의 IP 주소와 포트를 저장한다. VM이 프로비저닝될 때 클라우드 서비스 제공자는 VM의 IP, 심지어는 포트까지도 임의로 정해서 띄워준다. VMM은 이를 기억해 두고 있어야 나중에 그 VM의 LSPM과 교신할 수 있다.

- **lastHeartbeat.** LSPM이 프로세스의 하트비트를 모니터링하는 것과 유사하다. 여기선 VMM이 LSPM의 하트비트를 관찰하며, 최종 수신한 하트비트 시각을 이 변수에 기록해 둔다.

- **lastSequenceIndex.** REST 요청은 각각 독립된 TCP 세션으로 전달되므로, 개개의 REST 요청이 서로 순서가 뒤바뀌어 도착하거나 응답될 수 있다. VMM이 LSPM마다 요청의 시퀀스 번호를 기록해 두면, 혹시 과거의 요청이 나중에 도착하는 경우 그 시퀀스 번호가 lastSequenceIndex보다 작을 것인데, 그러한 정보는 이미 퇴색된 것이므로 이를 무시하게 할 수 있다.

- **cloudProviderId.** 클라우드 제공자 API에서 VM을 식별하는 ID이다. VMM은 나중에 가상 머신을 내릴 때, API에 이 ID를 넘겨 호출한다.

새로운 VM을 스폰할 때가 되면, getFirstAvailableVM() 함수를 호출하여 gAvailableVMs 맵에 포함된 첫째 VM을 찾는다. updateVMState() 함수는 VM의 상태가 '부분 가동(partial)'이면 gAvailableVMs에 넣고, 아니면 빼는 식으로 상태를 관리한다. 일관성을 위해 VMM은 항상 이 함수를 써서 VM의 상태를 갱신한다. 이제 자료구조가 마련되었으므로, 코드 13-5의 내용으로 프로세스를 띄우는 REST 경로를 만들 수 있다. 필요하면 VM을 새로 띄우는 코드도 넣는다.

```
router.post('/processes/', function(req, res)
{
    var params = req.body.params;
    var vm = getFirstAvailableVM();
    async.series(
    [
        // 1단계: 필요 시 VM을 새로 띄움
        function(callback)
        {
            if (vm)
            {
                // VM이 이미 있음
                updateVMState(vm, eMachineState.pending);
                callback(null);
                return;
            }

            // VM을 새로 띄움
            var vmUUID = uuid.v1();
            askCloudProviderForVM(vmUUID,
                function(err, cloudProviderResponse)
            {
                if (err) { callback(err); return; }
                vm =
                {
                    lastSequenceIndex: 0,
                    machineState: eMachineState.pending,
                    uuid: vmUUID,
                    url: cloudProviderResponse.url,
                    cloudProviderId: cloudProviderResponse.id,
                    lastHeartbeat: getUTCSecondsSince1970()
                };
                gVMs[vm.uuid] = vm;
                callback(null);
            });
        },

        // 2단계: VM이 유효하며 대기(pending) 상태로, 이 프로세스가 독점한 상태
        function(callback)
        {
            var options =
            {
                url: vm.url + "/api/processes/",
                method: 'POST',
                json: { params: params }
            };

            request(options, function(error, response, body)
            {
                if (error || response.statusCode !== 200)
```

```
                {
                    // LSPM이 에러 반환
                    callback("error from lspm: " + error);
                    return;
                }

                if (body.sequenceIndex > vm.lastSequenceIndex)
                {
                    vm.lastSequenceIndex = body.sequenceIndex;
                    if (body.msg === 'OK')
                    {
                        updateVMState(vm, body.machineState);
                        callback(null);
                    }
                    else
                    {
                        // 실패: 아마 꽉 차서 그런 것임
                        callback(body.msg);
                    }
                }
                else
                {
                    // 시퀀스 번호가 맞지 않아 무시해야 함
                    callback("seq# out of order: can't trust state");
                }
            });
        }
    ],

    // 완료 함수
    function(err)
    {
        if (err)
        {
            // vm 변수가 지정된 경우, 대기를 풀어 다른 프로세스가 쓸 수 있도록 조치
            if (vm)
            {
                updateVMState(vm, eMachineState.recentLaunchUnknown);
            }
            res.send({ msg: "Error starting server process: " + err });
        }
        else
        {
            res.send({ msg: 'OK' });
        }
    });
});
```

VMM의 /processes/ REST 경로에 게임 파라미터와 함께 POST 요청을 보내면, VMM이 해당 파라미터로 게임 프로세스를 띄워준다. 핸들러는 크게 두 부분으로 나뉘는데, VM 확보가 첫째고 프로세스 스폰이 둘째다. 먼저 핸들러는 gAvailableVMs 맵을 확인하여 프로세스를 스폰할 여력이 있는 VM이 있는지 검사한다. 없다면 새로운 VM을 띄우기 위해 고유 ID를 생성하고 클라우드 API에 프로비저닝해 줄 것을 요청한다. 이는 askCloudProviderForVM() 함수를 통해 하는데, 구현 내용은 클라우드 업체에 따라 천차만별이므로 여기서는 코드를 싣지 않았다. 그 내용을 풀어 설명하자면, 클라우드 제공자 API를 호출하여 VM을 프로비저닝하는데, 이때 미리 LSPM과 게임을 탑재해 만들어 둔 이미지를 사용하며, VM을 시동하고 나서 LSPM도 띄운다. LSPM을 띄울 때는 금방 생성한 VM의 고유 ID를 파라미터로 넘겨준다. 여기까지가 askCloudProviderForVM() 함수가 하는 일이다.

VM을 새로 띄웠거나, 이미 있는 것을 사용하는 경우 해당 VM의 상태를 '대기 중(pending)'으로 둔다. 현재 프로세스를 띄우는 중인 VM이 다른 프로세스를 띄우지 않도록 하기 위해서이다. Node.js는 싱글 스레드 기반이라 전통적인 레이스 컨디션 문제는 없지만, 핸들러가 비동기 콜백을 사용하므로, 현재 요청이 다 끝나기 전에 다른 프로세스 구동 요청이 올 수도 있다. 이 경우 상태 갱신이 중첩되지 않도록 현재 요청이 끝날 때까지 새 요청은 다른 VM에서 처리하게 해야 한다. 이를 위해 상태를 대기 중으로 두면 나중에 updateVMState() 함수가 실행될 때 해당 VM이 gAvailableVMs 맵에서 제거된다.

핸들러는 대기 중 상태인 VM에 REST 요청을 보내 LSPM이 게임 프로세스를 구동하게 지시한다. 구동이 성공하면 핸들러는 LSPM에게 받은 대로 VM 상태를 부분(partial) 또는 전체(full) 상태로 갱신하는데, 이는 VM이 얼마나 많은 수의 게임 프로세스를 처리하고 있느냐를 나타낸다. 만일 LSPM의 응답이 없거나 잘못된 응답이 오면, VMM이 정확한 상태를 파악할 수 없게 된다. 에러가 리턴되기 전에 프로세스가 뜨는데 실패하였거나, 뜨기는 하였는데 네트워크상 응답이 사라졌거나 하는 경우가 되겠다. TCP가 신뢰성 프로토콜이기는 하지만 HTTP 클라이언트와 서버 모두 시간제한을 두고 있는 점도 고려해야 한다. 네트워크 케이블이 빠지거나, 트래픽이 높게 뛰는 현상이 지속되거나, 와이파이 신호가 약해진 경우 이 같은 시간제한이 초과할 수 있다. 상태를 확인할 수 없는 경우 핸들러는 VM의 상태를 '최종 구동 미확인(recentLaunchUnknown)'으로 둔다. 그러면 대기 중 상태에서 빠져나와 나중에 설명할 하트비트 모니터링 시스템이 대상 VM을 주시하여 상태가 파악되면 복귀시키거나 아니면 내려버린다. gAvailableVMs 맵에서도 제외하는데 사용할 수 있는지 여부를 알 수 없기 때문이다.

모든 진행이 순조로웠다면 핸들러가 원래 요청에 대한 응답으로 OK를 보내준다. 원격 VM에 새로운 게임 프로세스를 성공적으로 띄웠다는 의미이다.

13.5.1 가상 머신 모니터링

LSPM은 언제든 동작을 멈추거나 크래시될 수 있으므로, VMM은 각 LSPM이 제대로 동작하고 있는지 하트비트를 모니터링해야 한다. VMM이 LSPM의 상태를 정확히 인지할 수 있게끔, LSPM은 매번 하트비트마다 상태 갱신을 VMM에 보내주는데, 이때 sequenceIndex를 증가시켜 보내주어 VMM이 순서가 바뀐 하트비트를 무시할 수 있게 해야 한다. LSPM이 하트비트에 보고한 바 현재 실행 중인 프로세스가 없다는 것으로 판명되면, VMM은 LSPM과 셧다운 핸드셰이킹(shutdown handshaking)를 개시한다. 핸드셰이킹을 두는 이유는 LSPM이 프로세스를 띄우는 와중에 VMM이 이를 종료 시키려 시도하지 못하게 하려는 것이다. 하트비트 처리에 셧다운 핸드셰이킹과 상태 판단이 포함되다 보니 이번 코드는 LSPM이 프로세스를 모니터링할 때보다 다소 복잡하다. 코드 13-6에 있는 것이 VMM이 하트비트로 모니터링하는 코드이다.

코드 13-6 VMM 하트비트 모니터링

```
router.post('/vms/:vmUUID/heartbeat', function(req, res)
{
    var vmUUID = req.params.vmUUID;
    var sequenceIndex = req.body.sequenceIndex;
    var newState = req.body.machineState;
    var vm = gVMs[vmUUID];

    if (!vm)
    {
        res.sendStatus(404);
        return;
    }
```

```
        var oldState = vm.machineState;
        res.sendStatus(200); // 상태 응답을 보내어 LSPM이 접속을 닫도록 만든다.

        if (oldState !== eMachineState.pending &&
            oldState !== eMachineState.shuttingDown &&
            sequenceIndex > vm.lastSequenceIndex)
        {
            vm.lastHeartbeat = getUTCSecondsSince1970();
            vm.lastSequenceIndex = sequenceIndex;
            if (newState === eMachineState.empty)
            {
                var options = { url: vm.url + "/api/shutdown", method: 'POST' };
                request(options, function(error, response, body)
                {
                    body = JSON.parse(body);
                    if (!error && response.statusCode === 200)
                    {
                        updateVMState(vm, body.machineState);
                        // LSPM이 아직 닫아도 좋을 거라 생각하는지 확인
                        if (body.machineState === eMachineState.shuttingDown)
                            shutdownVM(vm);
                    }
                });
            }
            else
            {
                updateVMState(vm, newState);
            }
        }
});

function shutdownVM(vm)
{
    updateVMState(vm, eMachineState.shuttingDown);
    askCloudProviderToKillVM(vm.cloudProviderId, function(err)
    {
        if (err)
        {
            console.log("Error closing vm " + vm.uuid);
            // 다음번 하트비트 검사에서 재시도
        }
        else
        {
            delete gVMs[vm.uuid]; // 성공 ... 모든 곳에서 삭제
            delete gAvailableVMs[vm.uuid];
        }
    });
}

function checkHeartbeats()
{
```

```
        var vmsToKill = [], vmUUID, vm, heartbeatAge;
        var time = getUTCSecondsSince1970();
        for (vmUUID in gVMs)
        {
            vm = gVMs[vmUUID];
            heartbeatAge = time - vm.lastHeartbeat;
            if (heartbeatAge > gMaxRunningHeartbeatAge &&
                vm.machineState !== eMachineState.pending)
            {
                vmsToKill.push(vm);
            }
        }
        vmsToKill.forEach(shutdownVM);
}

setInterval(checkHeartbeats, gHeartbeatCheckPeriodMS);
```

하트비트 REST 경로에선 '대기 중(pending)'이거나 '종료 중(shuttingDown)'인 VM의 하트비트는 무시한다. 대기 중인 VM의 상태는 초기 구동이 끝나면 곧 바뀔 것이므로, 이때 발생하는 상태 변화는 구동이 끝난 후에 처리해야 한다. 종료 중인 VM은 더 이상 상태를 모니터링할 필요가 없다. 또한, 핸들러는 앞서 언급한대로 시퀀스 번호가 뒤바뀐 하트비트를 무시한다. 이러한 것을 제외한 나머지 하트비트는 그 내용을 살펴보는데, 우선 VM의 lastSequenceIndex와 lastHeartbeat 프로퍼티를 갱신한다. state가 '비어 있음(empty)'이면 해당 VM에 실행 중인 게임 프로세스가 하나도 없다는 것으로, 해당 LSPM에 셧다운 요청을 보내어 셧다운 핸드셰이킹을 시작한다. LSPM의 셧다운 핸들러는 다시 한번 자신의 gMachineState를 검사해 보고, empty 하트비트를 보낸 이후 혹시 변동 사항이 없는지 확인해 본다. 변동사항이 없다면, 스스로의 상태를 종료 중으로 바꾸고 VMM에 종료할 준비가 되었다고 응답한다. 그러면 VMM은 VM의 상태를 종료 중으로 바꾼 다음, 클라우드 제공자에 VM을 완전히 내려달라고 요청한다.

VMM의 checkHeartbeats() 함수는 LSPM의 것과 비슷하게 동작하긴 하는데, 대기 중 상태의 서버는 시간제한을 검사하지 않는다. 그 외의 서버에서 시간 초과가 발생하면 LSPM에 뭔가 문제가 생긴 것으로, 이 경우 VMM은 번거롭게 셧다운 핸드셰이킹을 시도하지 않는다. 그 대신 즉각 클라우드 제공자에 VM을 내려줄 것을 요청한다.

LSPM이 셧다운 절차로 인해 상태 변경이 되는 경우, 통상대로 하트비트 주기까지 기다렸다 알려주지 않고, 요청에 대한 응답 내역에 상태 변경을 포함해 즉시 응답한다. 이렇게 하면 VMM이 바로 응답을 받을 수 있으므로 VMM 쪽에서 부가 구현을 할 필요가 없어 간단하다.

위에서 구현한 VMM은 일단 기능상 올바르게 동작하며, 레이스 컨디션으로 인한 오류 또한 방지하게 되어 있으며, 비교적 효율적으로 구현된 편이기도 하다. 하지만 VM 하나를 띄우는 도중 다른 요청을 연달아 받게 되면, 각 요청마다 VM을 하나씩 띄우는 결과를 낳게 된다. 트래픽이 일정할 때는 큰 문제가 되지 않지만 갑자기 비정상적으로 트래픽이 몰리거나 하는 경우, 불필요한 숫자의 VM을 무수히 띄우게 된다.[*] 코드를 개선하여 이러한 상황을 감지하고 효율적인 할당을 수행하게 고칠 필요가 있다. 또한, 위에서 구현한 VMM은 비어 있게 된 VM을 가차없이 날려버리는 경향이 있다. 게임 개설 요청 대비 종료 빈도 비율을 따져, 비어 있는 VM을 일정 시간 동안 재활용할 수 있게 허용하는 방안도 생각해 볼 수 있다.[**] 더욱 견고한 VMM을 만들고자 한다면 이러한 기준을 튜닝할 수 있는 수단도 구비해 두어야 할 것이다. 이상의 VMM 개선 작업은 과제로 남긴다.

> *Tip☆* VMM이 초당 수백 건의 요청을 처리해야 한다면 앞단에 동적 로드 밸런서(dynamic load balancer)를[***] 두어야 할 수도 있다. 그 뒤에 여러 Node.js 인스턴스를 배치해 요청을 나누어서 처리하게 하는 것이다. 이를 위해선 gVMs 배열의 VM 상태를 인스턴스 사이에 공유해야 한다. 즉, 단일 프로세스의 로컬 메모리에 저장하는 것이 아니라 redis(레디스) 같은 고속의 공유 데이터 스토리지에 두는 것이다. redis에 관해선 13.8 더 읽을거리(396쪽) 절을 참고하자. 또한, 이 정도 빈도의 요청이라면 플레이어를 샤딩(sharding), 즉 지리적으로 분산하여 각 지역마다 고정된 전용 VMM을 두는 것도 방법이다.

13.6 요약

클라우드 서비스가 점차 보급되면서 멀티플레이어 게임을 만드는 개발사라면 누구나 클라우드에 전용 서버를 호스팅하는 걸 고려해 볼 만하게 되었다. 예전보다 서버를 운영하는 일이 비교할 수 없을 정도로 쉬워지긴 했지만, 전용 서버를 호스팅하게 되면 플레이어에게 서버를 맡기는 것보다 비용도 더 들고 운영도 아무래도 복잡해진다. 또한, 클라우드 업체라는 제삼자의 서비스에 의존하게 될 수밖에 없으며, 플레이어가 게임에 대한 주인의식을 가질 기회가 사라진다는 면도 있다. 하지만 전용 서버를 호스팅하는 것은 이러한 단점을 상쇄하고도 남을 만큼 가치 있는 일이다. 서버를 호스팅하면 신뢰성, 가용성, 높은 대역폭, 치트 방지, 비침해적 복제 방지 등 여러 가지 이점을 누릴 수 있다.

---

[*] 역주 돈 버는 프로그램을 만들긴 어렵지만, 돈 버리는 프로그램을 만들기는 아주 쉽다! 무턱대고 VM을 많이 띄우면 요금이 장난 아니므로 반드시 개수에 제한을 두는 등 안전장치를 마련하자!

[**] 역주 일단 VM을 띄우면 단 5분만 띄웠다 내리더라도 한 시간 분량으로 과금하는 클라우드 업체도 있으므로, 띄운 서버를 재활용하면 비용 절감에 도움이 될 것이다.

[***] 역주 클라우드 업체마다 고성능의 로드 밸런서도 옵션으로 제공한다. 종류에 따라 게이트웨이 역할 및 DDoS 방벽 역할을 하는 것도 있으므로 매우 유용하다.

전용 서버를 호스팅하려면 백 엔드 유틸리티를 몇 가지 구축해야 한다. 백 엔드 구축에 쓰는 개발 도구는 클라이언트 게임 개발에 쓰는 것과는 확연히 다르다. REST API는 텍스트 기반에, 발견적 (discoverable)이며, 서비스 간 디버깅도 편리한 인터페이스이다. JSON은 간결하고 깔끔한 데이터 교환 형식이다. Node.js는 최적화된 자바스크립트 엔진을 제공하며, 이벤트 루프 주도로 신속한 개발이 가능하다.

전용 서버 인프라 구조는 여러 부분으로 나뉘어진다. 서버 게임 인스턴스는 여러 플레이어가 접속해 공유하여 즐기는 게임 인스턴스를 나타낸다. 게임 서버 프로세스는 하나 이상의 게임 인스턴스를 탑재하며 운영체제의 실행 단위가 된다. 게임 서버 머신에는 하나 이상의 서버 프로세스를 구동할 수 있다. 대개의 서버 머신은 실제로는 가상 머신으로, 물리적 머신 한 대에 하나 이상의 가상 머신을 띄울 수 있다.

이런 여러 부분을 모두 관리하려면 LSPM(로컬 서버 프로세스 관리자)과 VMM(가상 머신 관리자)이 필요하다. 가상 머신당 하나의 LSPM이 구동되는데, 게임 프로세스를 띄우고 모니터링하며 VMM에 자신의 상태를 보고하는 것이 그 역할이다. VMM은 프로세스 구동의 시작 지점인데, 매치메이킹 서비스가 새로운 게임 서버를 띄울 필요가 있다고 판단하면 VMM에 REST 요청을 보낸다. REST 핸들러는 요청을 받아, 추가 여력이 있는 VM을 찾거나 클라우드 제공자에 신규 VM을 띄우도록 요청한다. VM이 확보되면 VMM은 그 VM의 LSPM에 새로운 게임 서버 프로세스를 띄우도록 요청한다.

이러한 각각의 부분들이 유기적으로 결합되어 견고한 전용 서버 환경을 조성하며, 하드웨어에 대한 사전 투자 없이도 적은 수로부터 많은 수에 이르기까지 다양한 플레이어 규모에 대응할 수 있는 기반이 된다.

MULTIPLAYER GAME PROGRAMMING

13.7 복습 문제

1. 전용 서버를 호스팅하는 것의 장점과 단점은 무엇인가? 과거에 전용 서버를 운영하기가 훨씬 어려웠던 까닭은 무엇인가?

2. 게임 서버 프로세스 하나에 여러 게임 인스턴스를 돌릴 때의 장단점을 기술해 보자.

3. 가상 머신이란 무엇인가? 왜 클라우드 호스팅 업체가 가상 머신을 사용하는 것일까.

4. 로컬 서버 프로세스 관리자(LSPM)의 주요 기능은 무엇인가?

5. 서버 게임 프로세스가 LSPM에 자신의 상태를 피드백하는 여러 가지 방법을 나열해 보자.

6. 가상 머신 관리자(VMM)는 무엇이며, 어떤 기능을 하는가?

7. VMM이 필요 이상으로 VM을 띄우는 상황은 어떤 것인지 설명해 보자. 개선 방안을 마련해 구현해 보자.

8. VMM이 비어 있게 된 VM을 가차없이 정리해 버리면 왜 낭비인지 설명해 보자. 개선 방안을 마련해 구현해 보자.

13.8 / 더 읽을거리

C++ REST SDK—Home. https://casablanca.codeplex.com. (2015년 9월 12일 현재)

Caolan/async. https://github.com/caolan/async. (2015년 9월 12일 현재)

Docker—Build, Ship, and Run Any App, Anywhere. https://www.docker.com. (2015년 9월 12일 현재)

Express—Node.js web application framework. http://expressjs.com. (2015년 9월 12일 현재)

Fielding, R., J. Gettys, J. Mogul, H. Frystyk, L. Masinter, P. Leach, and T. Berners-Lee.(1999, June). Hypertext Transfer Protocol—HTTP/1.1. http://www.w3.org/Protocols/rfc2616/rfc2616.html. (2015년 9월 12일 현재)

Introducing JSON. http://json.org. (2015년 9월 12일 현재)

Node.js. https://nodejs.org. (2015년 9월 12일 현재)

Redis. http://redis.io/documentation. (2015년 9월 12일 현재)

Request/request. https://github.com/request/request. (2015년 9월 12일 현재)

Rest. http://www.w3.org/2001/sw/wiki/REST. (2015년 9월 12일 현재)

모던 C++ 기초

C++는 비디오 게임 업계 표준 프로그래밍 언어이다. 여러 게임 회사에서 플레이 로직을 위해 고급 언어를 사용하지만, 네트워크 로직 같은 저수준 코드는 거의 전적으로 C++로 작성하는 경우가 많다. 이 책에 제시된 코드엔 비교적 최근에 C++에 새로 추가된 기능을 사용하고 있으므로 부록으로 모던 C++의 기본적 내용을 소개하고자 한다.

A.1 C++11

C++11은 2011년에 C++ 표준 협회의 비준을 통과하였으며, C++에 많은 변화를 가져왔다. 추가된 주요 기능으로는 람다 표현식 같은 기반 언어 요소를 비롯해 스레드 지원 같은 새로운 라이브러리 등 다양하다. 이처럼 C++11엔 새로운 개념이 많이 추가되었지만 이 책에서 사용한 내용은 그중 일부에 불과하다. 그렇긴 해도, 새로 추가된 사항을 전체적으로 파악하기 위해 여기 실린 내용을 정독해 보는 것도 의미가 있을 터이다. 먼저 이번 절에선, 이어질 다른 절에 다루기 애매한 C++11의 일반적인 개념, 그리고 C++11 이전부터 존재하던 내용에 대해서도 소개한다.

한 가지 주의할 점은 C++11이 아직은 상대적으로 새로운 편이라, 모든 컴파일러가 완전히 C++11을 지원하지는 않고 있다는 것이다. 하지만 이 책에서 사용한 C++11 기능은 마이크로소프트 비주얼 스튜디오, Clang, GCC 등 오늘날 널리 사용되는 컴파일러가 모두 지원한다.*

여기에 더해 C++14라는 새로운 버전의 C++ 표준도 있다. C++14는 C++11처럼 새롭고 혁신적인 기능이 추가되었다기보다는 기존 기능을 개량한 수준이라 보아도 좋다. C++ 다음번 메이저 릴리스는 2017년으로 계획되어 있다.

A.1.1.1 auto

사실 auto라는 키워드는 예전부터 존재했었지만, C++11에선 그 기능을 완전히 바꿔 놓았다. 구체적으로 이 키워드는 형을 선언하는 자리에 대체해서 넣는 것으로, 컴파일러가 컴파일할 때 형을 추론하게 지시하는 문법이다. 컴파일시 추론이 이루어지므로, auto를 쓴다고 런타임에 비용이 발생하는 것은 전혀 아니다. auto 덕분에 코드를 보다 간결하게 작성할 수 있게 되었다.

예를 들어보자. C++로 코딩할 때 제일 귀찮은 것 중 하나는 컨테이너를 순회하기 위해 반복자를 선언할 때마다 주저리주저리 적어 주어야 한다는 것이었다(반복자에 대해선 뒤에 다룬다).

```
// int의 벡터를 선언
std::vector<int> myVect;
// begin을 참조하는 반복자를 선언
std::vector<int>::iterator iter = myVect.begin();
```

하지만 C++11에선 복잡한 반복자 선언을 auto 한 단어로 대체할 수 있다.

---

* **[역주]** 이 책을 번역하는 시점에 이르러선 주요 콘솔, PC 및 모바일 플랫폼에서 사실상 C++11의 전 기능, 나아가 C++14의 기능까지도 대부분 지원한다고 봐도 좋다.

```
// int의 벡터를 선언
std::vector<int> myVect;
// auto를 사용해서 begin을 참조하는 반복자를 선언
auto iter = myVect.begin();
```

myVect.begin()의 리턴형은 컴파일 시점에 정해져 있기 때문에, 컴파일러가 iter에 어울리는 자료형을 유추해낼 수 있다. 이런 경우 말고도 일반적인 자료형인 int나 float을 대체해서 auto를 쓸 수도 있긴 하지만 무작정 auto를 남발하는 것은 좋지 않다. 또한, auto를 쓸 때 주의사항이 있는데, auto가 기본적으로 레퍼런스나 const로 잡히지는 않는다는 것이다. 이는 수동으로 지정해야 하며 그 형태는 auto&, const auto 또는 const auto& 식이다.*

A.1.1.2 nullptr

C++11 이전엔 포인터에 널 값을 지정하기 위해 숫자 0을 넣거나 NULL 매크로(그냥 0을 #define 해 둔 것)를 썼다. 하지만 이렇게 하면 0은 어디까지나 숫자로 취급되므로, 함수 오버로딩 시 문제가 발생한다. 예를 들어 다음과 같이 함수를 두 가지 형태로 오버로딩한 경우를 보자.

```
void myFunc(int* ptr)
{
    // 작업 코드
    // ...
}
void myFunc(int a)
{
    // 작업 코드
    // ...
}
```

여기서 myFunc()에 NULL을 인자로 넘기면 문제가 발생한다. 언뜻 첫째의 포인터 버전이 선택될 것처럼 보이지만 그렇지 않다. NULL은 0이고 0은 int로 취급되기 때문에 둘째가 선택된다. NULL 말고 nullptr를 넘겨야 첫째 버전이 선택되는데, nullptr는 명시적으로 포인터로 취급하기 때문이다.

이해를 돕기 위해 작성한 예제이긴 하지만 요점은 nullptr가 포인터형으로 명시되어 있다는 것이다. 반면 NULL과 0은 그렇지 않다. 코드 편집 도중 파일을 검색할 때도 nullptr로 찾으면 포인터를 쓰는 부분만 정확히 찾을 수 있다. 0으로 검색하면 포인터 외에도 무수히 많은 코드가 탐색될 것이다.

---

*   역주 레퍼런스로는 안 잡히지만 포인터형으로는 잡힌다. 즉 int a = 10; auto p = &a;의 경우 p는 int*가 된다.

A.2 레퍼런스

레퍼런스(reference)는 다른 변수를 참조하는 변수이다. 이 말은 곧, 레퍼런스의 값을 변경하면 원래 변숫값도 변경된다는 것이다. 레퍼런스를 사용하는 가장 기본적인 경우라면, 넘긴 인자의 값을 함수가 바꿔 놓도록 만들고 싶을 때이다. 예를 들어 다음 함수는 인자 a와 b의 값을 서로 바꿔 준다.

```
void swap(int& a, int& b)
{
    int temp = a;
    a = b;
    b = temp;
}
```

위의 swap( ) 함수에 두 개의 정수형 변수를 넘겨 호출하면 두 변수의 값이 서로 뒤바뀌어 있을 것이다. 함수의 인자인 a와 b가 모두 레퍼런스형이기 때문이다. 사실 레퍼런스는 내부적으론 포인터로 구현되어 있다. 하지만 레퍼런스의 문법이 더 간단한데, 포인터와 달리 레퍼런스의 값을 끄집어낼 때 별도의 연산자가 필요 없기 때문이다.* 또한, 함수의 인자를 레퍼런스로 받으면 보다 안전한데, 레퍼런스에는 널을 넘길 수 없기 때문이다(물론 코드를 잘못 작성하면 널을 넘기는 것이 기술적으로는 가능하기는 하다).

A.2.1 상수 레퍼런스

레퍼런스의 사용에 있어, 위에서 설명한 인자 값을 고치는 용법 정도는 정말 일부분에 불과하다. 클래스나 구조체처럼 기본 자료형이 아닌 경우, 레퍼런스로 넘기는 것이 값으로 넘기는 것**보다 거의 항상 효율적이다. 값으로 넘기려면 멤버 변수에 대한 복사가 이루어져야 하는데, vector나 string 같은 복합 자료형의 경우 복사를 하기 위해 동적 할당이 일어나 큰 오버헤드가 발생한다.

물론 vector나 string을 그냥 레퍼런스로 넘기면, 함수 내부에서 임의로 원래 값을 고쳐버리는 것을 허용하는 셈이다. 만일 이 같은 변조 행위를 허용해서는 안 될 때는 어떻게 해야 할까. 변수가 클래스 내 캡슐화되어 있는 데이터인 경우 등 말이다. 이때 사용하는 것이 바로 상수 레퍼런스(const reference)이다. 상수 레퍼런스란, 레퍼런스 형태로 넘기긴 하되, 그 값을 읽기만 할 수 있고 변

---

* 　역주 포인터가 가리키는 값을 읽거나 쓰려면 *a나 (*a).b 또는 a->b 식으로 포인터 역참조(dereference) 연산자를 명시적으로 써야 한다.

** 　역주 pass by reference 및 pass by value

조하는 것은 불가능한 형태를 말한다. 그러면 요구 사항을 둘 다 충족할 수 있다. 즉, 복사를 피하는 한편으로 변조도 막을 수 있는 것이다. 아래 print() 함수를 보면 상수 레퍼런스로 인자를 넘기는 예제가 있다.

```
void print(const std::string& toPrint)
{
    std::cout << toPrint << std::endl;
}
```

일반적으로 어떤 함수가 복합 자료형을 인자로 받아야 한다면 상수 레퍼런스로 받는 것이 좋다. 반면 인자 객체 내의 값을 변경하려는 의도가 있다면, 일반 레퍼런스를 사용해야 한다. 하지만 int나 float 같은 기본 자료형은 오히려 레퍼런스를 쓰는 것이 복사하는 것보다 느릴 수 있다. 따라서 일반 자료형의 경우엔 값으로 넘기는 것이 좋다. 물론 값을 변경하려는 의도가 있다면 마찬가지로 일반 레퍼런스로 넘기도록 해야 한다.

A.2.2 상수 멤버 함수

멤버 함수와 그 인자의 경우에도 전역 함수와 마찬가지의 규칙을 따른다. 따라서 복합 자료형은 상수 레퍼런스로 넘기는 것이 일반적이며 기본 자료형은 값으로 넘긴다. 소위 게터(getter) 함수라 하여, 내부 캡슐화된 데이터를 조회하는 함수의 리턴형을 맞출 땐 조금 더 까다롭다. 게터 함수는 대부분 상수 레퍼런스로 내부 자료형을 꺼내 주어야 한다. 그래야 호출자가 리턴된 레퍼런스를 가지고 임의로 내부 데이터를 변조하는 것을 막을 수 있기 때문이다.

하지만 상수 레퍼런스를 클래스와 함께 쓸 때는, 내부 멤버 데이터를 고치지 않는 멤버 함수라면 항상 상수 멤버 함수로 지정해야 한다. 상수(const) 멤버 함수란, 실행되면서 클래스 내부의 데이터를 고치지 않아야 하는 멤버 함수를 말한다.* 어떤 객체에 대한 상수 레퍼런스를 갖고 있는 경우, 오직 이 객체의 상수 멤버 함수만 호출할 수 있다. 상수가 아닌 함수를 호출하려 하면 컴파일 에러가 발생한다. 이 때문에 멤버 함수에 상수 여부를 꼼꼼히 지정하는 것이 중요하다.

멤버 함수를 상수로 지정하려면 함수 인자를 나열한 괄호를 닫은 직후 const 키워드를 붙인다. 다음 Student 클래스를 보면 레퍼런스를 사용하는 예제 및 상수 멤버 함수를 선언한 예제가 있다. 상수 여부를 잘 지정해 두는 것을 일컬어 상수 정확성(const-correctness)이라 부르기도 한다.

---

* 역주 고치려 하면 컴파일 에러가 난다. 같은 시그니처라도 const가 붙으면 컴파일러는 const가 붙지 않은 함수와 완전히 별개의 함수로 취급한다.

```
class Student
{
private:
    std::string mName;
    int mAge;
public:
    Student(const std::string& name, int age)
        : mName(name)
        , mAge(age)
    { }
    const std::string& getName() const { return mName; }
    void setName(const std::string& name) { mName = name; }
    int getAge() const { return mAge; }
    void setAge(int age) { mAge = age; }
};
```

A.3 / 템플릿

템플릿(template)은 함수나 클래스가 어떤 자료형이든 일반화하여 처리할 수 있게 선언하는 수단이다. 예를 들어 아래의 max() 템플릿 함수는 '보다 크다' 연산자(operator >)를 지원하는 자료형이라면 무엇이든 처리할 수 있다.

```
template <typename T>
T max(const T& a, const T& b)
{
    return ((a > b) ? a : b);
}
```

컴파일러가 max()를 호출하는 부분을 컴파일하게 되면, 그 자료형으로 치환한 버전을 하나 생성한다. 예를 들어 max()를 호출하는 곳이 세 곳 있는데 한 곳은 int로 하고 다른 두 곳은 float형이라고 하면 컴파일러는 대응되는 int 버전 하나 및 float 버전을 각각 생성한다. 이는 곧 두 버전의 max() 함수를 직접 작성했을 때와 실행 파일 크기 및 실행 성능이 같다는 뜻이다.

클래스나 구조체도 마찬가지로 템플릿으로 선언할 수 있으며, 나중에 다룰 STL도 템플릿으로 주로 구현되어 있다. 한편 레퍼런스와 마찬가지로 템플릿을 사용할 때에도 참고해야 할 사항이 있다.

A.3.1 템플릿 특수화

copyToBuffer()라는 템플릿 함수가 두 개의 인자를 받는다 치자. 하나는 기록할 버퍼를 가리키는 포인터이고, 다른 하나는 템플릿 변수로서 기록할 변수이다. 이 함수는 일단 다음과 같이 구현할 수 있다.

```
template <typename T>
void copyToBuffer(char* buffer, const T& value)
{
    std::memcpy(buffer, &value, sizeof(T));
}
```

그런데 이렇게 구현할 때 원초적인 문제가 하나 있다. 기본 자료형에 대해서는 잘 돌아가겠지만, std::string 같은 복합 자료형은 제대로 기록하지 못한다는 것이다. 왜냐하면, 밑단 데이터를 구석구석 훑어 깊은 복사(deep copy)를해야 하지만 이 코드는 얕은 복사(shallow copy)만 수행하는데 그치기 때문이다. 이를 해결하려면 깊은 복사를 수행하게 copyToBuffer()의 std::string에 대한 특수화 버전 함수를 만들어야 한다.

```
template <>
void copyToBuffer<std::string>(char* buffer, const std::string& value)
{
    std::memcpy(buffer, value.c_str(), value.length());
}
```

이제 copyToBuffer()가 실행될 때 코드상 값의 자료형이 string인 경우 특수화 버전이 선택된다. 이를 템플릿 특수화(template specialization)라 하며, 템플릿 매개변수가 여럿인 경우에도 적용할 수 있다. 그런 경우 하나 이상의 매개변수 자료형 조합에 대해 특수화 버전을 만들면 된다.

A.3.2 정적 단언문과 자료형 특성 정보

런타임 단언문(assertion)은 값이 유효한지 검사하는데 아주 쓸만하다. 게임에선 예외(exception)보다 단언문을 많이 쓰는 편인데, 오버헤드도 작을뿐더러 릴리스 빌드시 최적화되어 사라지기 때문이다.

정적 단언문(static assertion)은 컴파일 시점에 검사되는 단언문 형식이다. 표현식은 bool형이어야 하며, 컴파일 도중 검사가 가능해야 하므로 런타임에서만 검사할 수 있는 내용이 들어가선 안 된다. 다음은 정적 단언문을 써서 일부러 컴파일되지 않도록 작성한 코드이다.

```
void test()
{
    static_assert(false, "Doesn't compile!");
}
```

물론 정적 단언문에 false를 넣는 것은 컴파일을 중단시키는 외에 별 쓸모가 없다. 실제로 활용하기 위해서는 C++11의 〈type_traits〉 헤더 파일을 인클루드하여, 템플릿 함수에 주어진 자료형의 특성 정보(type traits)를 같이 사용해 정적 단언문을 만드는 것이 보통이다. 앞서 copyToBuffer() 예제로 돌아가보면, 일반화된 버전의 경우 오로지 기본 자료형에 대해서만 사용하게 제약을 두는 편이 좋을 것이다. 이를 정적 단언문으로 구현해 보면 다음과 같다.

```
template <typename T>
void copyToBuffer(char* buffer, const T& value)
{
    static_assert(std::is_fundamental<T>::value,
        "copyToBuffer requires specialization for non-basic types.");
    std::memcpy(buffer, &value, sizeof(T));
}
```

is_fundamental() 구조체의 value 멤버 값은 T가 기본 자료형일 때만 true이다. 즉, 기본 자료형이 아닌 T를 가지고 copyToBuffer()의 일반화 버전을 호출하려고 하면 컴파일 오류가 난다. 흥미로운 부분은, 특수화 버전이 존재하는 자료형에 대해 호출을 시도할 때 일반화 버전은 무시되므로 이 코드의 정적 단언문 검사가 일어나지 않는 것이다. 따라서 앞에서 한 것처럼 string 버전의 copyToBuffer()를 구현해 두었다면 둘째 인자를 string으로 호출해도 잘 컴파일된다.

A.4 스마트 포인터

포인터는 메모리 주소를 담는 변수로, C/C++ 프로그램을 구현하는 기본 재료로 사용된다. 하지만 흔히 포인터를 잘못 사용하면 몇 가지 문제가 야기되는데, 그 첫째는 메모리 누수(memory leak)다. 이는 힙(heap)에 동적으로 할당된 메모리가 영영 삭제되지 않는 현상이다. 예를 들어 다음 클래스는 메모리 누수를 일으킨다.

```
class Texture
{
private:
    struct ImageData
    {
        // ...
    };
    ImageData* mData;

public:
    Texture(const char* fileName)
    {
        mData = new ImageData;
        // ImageData를 파일에서 로드
        // ...
    }
};
```

잘 보면 클래스의 생성자에서 메모리를 동적으로 할당하지만, 소멸자에서 삭제하지 않고 있다. 메모리 누수를 잡으려면 소멸자를 하나 추가해 mData를 삭제하게 해야 한다. 수정된 텍스처 클래스는 다음과 같다.

```
class Texture
{
private:
    struct ImageData
    {
        // ...
    };
    ImageData* mData;

public:
    Texture(const char* fileName)
    {
        mData = new ImageData;
        // ImageData를 파일에서 로드
        // ...
    }
    ~Texture()
    {
        delete mData; // 메모리 누수 수정
    }
};
```

둘째 문제는 더 골치 아픈데, 동적으로 할당된 변수를 여러 객체가 공유해 포인터로 참조하는 것이다. 예를 들어 다음과 같은 Button 클래스가 있어서 앞서 선언한 텍스처 클래스를 사용한다고 해보자.

```
class Button
{
private:
    Texture* mTexture;
public:
    Button(Texture* texture)
        : mTexture(texture)
    {}
    ~Button()
    {
        delete mTexture;
    }
};
```

이 설계에 따르면 각 Button이 텍스처를 화면에 출력하는데, 이때 텍스처는 미리 동적으로 할당되어 있어야 한다. 만일 Button 객체가 두 개 있고 각각 같은 텍스처를 포인터로 참조하고 있다면 어떻게 될까. 버튼이 둘 다 살아 있다면 별로 문제될 것이 없다. 그런데 둘 중 하나가 삭제되면 텍스처도 같이 삭제되므로 그 포인터는 더 이상 유효하지 않게 된다. 하지만 두 번째 버튼은 여전히 금방 삭제된 텍스처를 가리키고 있으므로 운이 좋으면 그래픽이 깨지는 정도로, 심하면 프로그램이 크래시되는 버그가 발생한다. 보통의 포인터로는 이러한 문제를 쉽게 해결하기가 어렵다.

스마트 포인터(smart pointer)는 위에서 언급한 두 가지 문제를 해결하는 수단인데, C++11에 이르러 표준 라이브러리로 채택되어 〈memory〉 헤더 파일에 추가되었다.

A.4.1 shared_ptr

공유 포인터(shared pointer)는 스마트 포인터의 일종으로 여러 포인터가 동적으로 할당된 변수를 공유하여 참조할 수 있는 자료형이다. 스마트 포인터는 가리키고 있는 밑단 변수에 대한 참조 횟수를 추적하는데, 이를 레퍼런스 카운팅(reference counting)이라 한다. 밑단 변수는 참조 횟수가 0이 되기 전까지 삭제되지 않는다. 이 같은 방법으로 공유 포인터는 가리키고 있는 변수가 섣불리 지워지지 않도록 보장한다.

공유 포인터를 만들 땐 std::make_shared( ) 템플릿 함수를 사용할 것을 추천한다. 공유 포인터를 사용하는 간단한 예를 들면 다음과 같다.

```cpp
{
    // int에 대한 공유 포인터를 하나 생성
    // 밑단 변수의 값은 50으로 초기화
    // 이때 참조 횟수는 1이 됨
    std::shared_ptr<int> p1 = std::make_shared<int>(50);

    {
        // 공유 포인터를 하나 더 만들어 같은 변수를 가리키도록 함
        // 이제 참조 횟수는 2가 됨
        std::shared_ptr<int> p2 = p1;

        // shared_ptr의 값에 접근하려면 일반 포인터처럼
        // 역참조(dereference) 연산자 사용
        *p2 = 100;
        std::cout << *p2 << std::endl;
    } // 스코프가 닫히면서 p2가 소멸됨. 참조 횟수는 이제 1
} // p1도 소멸됨. 참조 횟수가 0이 되면서 밑단 변수도 삭제됨
```

동적으로 할당할 밑단 변수의 자료형을 여러 가지 지원할 수 있게 shared_ptr과 make_shared( ) 함수는 둘 다 템플릿으로 작성되어 있다. 코드상 직접 new를 하거나 delete하는 부분이 없다는데 주목하자. shared_ptr의 생성자에 메모리 주소를 직접 넘겨 만드는 방법도 있지만 꼭 필요한 경우가 아니라면 바람직하지 않은데, 비효율적일뿐더러 make_shared( )를 쓰는 것보다 오류의 여지가 많기 때문이다.*

공유 포인터를 함수의 인자로 넘길 때는 레퍼런스가 아니라 항상 값으로 넘겨야(pass by value)한다. 앞서 레퍼런스를 살펴볼 때 내용과는 반대이지만, 여기서만큼은 이렇게 해야지만 공유 포인터 내부의 참조 횟수가 올바르게 계산된다.

이를 종합해 위에서 구현한 Button 클래스가 shared_ptr를 써서 텍스처를 참조하게 다시 작성해 보면 다음 코드와 같다. 이렇게 고치면 어딘가 텍스처를 가리키는 공유 포인터가 살아 있는 한 함부로 텍스처를 삭제해 버리지 않도록 할 수 있다.

---

* 역주 shared_ptr를 처음 쓰기 시작하면 무심코 std::shared_ptr<Texture> t = new Texture(); 하는 식으로 쓰는 경우가 많은데 이를 지적하는 것이다. 꼭 필요한 경우라 하면 객체를 삭제하는 방법을 커스터마이즈해야 할 때 등이 있지만, 일반적인 경우엔 make_shared( )를 쓰도록 하자.

```
class Button
{
private:
    std::shared_ptr<Texture> mTexture;

public:
    Button(std::shared_ptr<Texture> texture) : mTexture(texture)
    { }

    // 소멸자는 필요 없음. '스마트' 포인터니까!
};
```

shared_ptr를 쓸 때 주의할 사항이 하나 더 있다. 어떤 클래스가 내부적으로 자기 자신에 대한 shared_ptr를 만들 필요가 있을 땐, this 포인터를 가지고 만들어선 안 된다. 그러면 외부의 shared_ptr와는 별도의 참조 횟수 체계가 생겨 버리기 때문이다. 그 대신 std::enable_shared_from_this라는 템플릿 클래스를 상속받아야 한다. 예를 들어 텍스처 클래스가 자기 자신을 가리키는 shared_ptr를 만들어야 한다면 다음과 같이 enable_shared_from_this를 상속받아야 한다.

```
class Texture: public std::enable_shared_from_this<Texture>
{
    // 구현 생략
    // ...
};
```

이렇게 한 다음, 텍스처의 멤버 함수 중 자신의 공유 포인터가 필요한 곳에서 shared_from_this() 멤버 함수를 호출해서 돌려받은 shared_ptr를 꼭 사용해야 참조 횟수 체계가 올바르게 유지된다.[*]

아울러, 계층 구조상 다른 클래스로 캐스팅할 필요가 있을 땐 static_cast나 dynamic_cast 키워드 대신 별도의 std::static_pointer_cast() 및 std::dynamic_pointer_cast() 템플릿 함수를 사용해야 한다.[**]

---

[*] **역주** 괴상한 이름의 enable_shared_from_this 클래스가 하는 역할은 단 하나, shared_from_this() 멤버 함수를 노출해 주는 것이다. 주의할 점은 shared_from_this()를 호출하는 시점에 이미 해당 객체를 가리키는 shared_ptr가 외부에 하나 이상 존재해야 한다는 것이다. 이 때문에 아예 생성자를 private으로 감추어 두고, 스태틱 생성 함수를 따로 제공하여 애초에 shared_ptr로 감싸둔 형태로 생성해 주는 패턴을 많이 쓴다. 이 책에서도 3장 및 6장에서 이런 스태틱 팩토리 메서드 패턴을 쓰고 있다.

[**] **역주** 역시나 처음 배울 땐 get()해서 얻은 일반 포인터를 dynamic_cast로 쓰거나 하는 실수를 할 수 있는데, 이렇게 해선 안 되며 공유 포인터를 그대로 dynamic_pointer_cast()에 넘겨 캐스팅된 클래스의 공유 포인터를 얻어야 한다. 마찬가지로 참조 횟수 체계가 클래스별로 나뉘는 것을 막기 위해서이다. 이런저런 제약사항이 많은데, shared_ptr를 비침투식(non-intrusive), 즉 클래스 내부에 참조 횟수를 세는 변수를 심어 넣지 않도록 설계하다 보니 생긴 제약이다. 이 절에서 다룬 내용을 완전히 이해하고 사용하지 않으면 shared_ptr는 자칫 골칫거리가 될 수도 있으니 유의하자.

A.4.2 unique_ptr

고유 포인터(unique pointer)는 일견 공유 포인터와 유사한데, 밑단 변수를 가리키는 유효한 포인터가 단 하나만 존재하게 보장해 준다는 점에서 다르다. 고유 포인터를 다른 고유 포인터에 대입하려고 하면 에러가 발생한다. 따라서 고유 포인터는 참조 횟수를 추적하지 않고 소멸될 때 밑단 변수를 그냥 삭제해 버린다.

고유 포인터를 만들 땐 unique_ptr 클래스와 make_unique() 함수를 사용한다.* 레퍼런스 카운팅을 하지 않는다는 것만 제외하면 shared_ptr와 매우 유사한 코드가 나온다.

A.4.3 weak_ptr

내부를 들여다보면 shared_ptr는 사실 두 종류의 참조 횟수를 추적하는데, 강한 참조(strong reference) 횟수 및 약한 참조(weak reference) 횟수가 그것이다. 강한 참조 횟수가 0이 되면 밑단 객체가 삭제된다. 하지만 약한 참조 횟수는 밑단 객체의 삭제와는 상관이 없고, 약한 포인터(weak pointer)라 하여 공유 포인터에 대한 약한 참조를 관리하는데 사용된다. 약한 포인터가 필요한 이유는 객체의 소유권을 공유하지는 않고,** 대신 해당 객체가 살아 있는지 여부만 안전하게 검사한 뒤 사용하고 싶을 때가 있기 때문이다. C++11은 weak_ptr로 약한 포인터를 제공한다.

shared_ptr<int>를 sp라는 변수로 선언해 두었다 치자. 그러면 이 shared_ptr에서 바로 weak_ptr를 다음과 같이 얻을 수 있다.

std::weak_ptr<int> wp = sp;

이제 expired() 함수를 사용하면 이 약한 포인터가 가리키는 객체가 아직 살아 있는지 검사할 수 있다. 살아 있다면 lock() 함수로 shared_ptr를 도로 얻을 수 있는데, 그러면 강한 참조 횟수가 1 증가하게 된다. 이는 다음과 같다.***

---

* **역주** make_unique() 함수는 C++11에는 빠져있으며 C++14에 새로 추가된 것이다. 이 책을 번역하는 시점의 주요 컴파일러는 대부분 C++14를 지원하므로, 컴파일이 안될 경우 혹시 컴파일 옵션에 C++14가 꺼져 있는지 확인해 보자.

** **역주** 객체의 소유권을 공유하면 참조 횟수가 증가하여 삭제되지 못하도록 만드는 효과가 있다. 약한 참조는 이를 증가시키지 않아 언제든 객체가 삭제될 수 있다.

*** **역주** 사실 lock() 함수를 호출할 때 expired 검사도 같이 수행하고, 삭제된 경우 nullptr를 리턴하므로 다음과 같이 간결하게 작성할 수 있다. 멀티 스레드 환경에선 expired()로 살아있는 걸 확인한 뒤 lock()까지 가는 찰나에 다른 스레드가 객체를 삭제해 버릴 수도 있으므로 이쪽이 보다 안전하다 하겠다. lock()은 원자적(atomic)으로 구현되어있기 때문이다.

```
if (auto sp2 = wp.lock()) // lock()을 호출할 때 강한 참조 횟수가 증가함
{
    // 이렇게 얻은 shared_ptr를 sp2로 사용한다. _옮긴이
    // ...
}
```

```
if (!wp.expired())
{
    // 공유 포인터로 받으면서 강한 참조 횟수가 증가함
    std::shared_ptr<int> sp2 = wp.lock();
    // 이렇게 얻은 shared_ptr를 sp2로 사용한다.
    // ...
}
```

약한 포인터는 순환 참조(circular reference)를 피하기 위한 수단으로도 이용된다. 순환 참조의 사례를 들자면, 객체 A가 객체 B를 shared_ptr로 가리키는데, 객체 B 또한, 객체 A를 shared_ptr로 가리키고 있어서 객체 A나 B 둘 다 삭제할 방법이 없게 되는 경우다.[*] 이때 둘 중 하나를 weak_ptr로 만들면 순환 참조를 피할 수 있다.

A.4.4 주의 사항

C++11에 구현된 스마트 포인터 관련해 주의할 점이 몇 가지 있다. 가장 먼저, 스마트 포인터는 동적으로 할당된 배열에는 제대로 사용하기 어렵다. 배열에 스마트 포인터를 사용하고 싶을 때는 대신 std::array 컨테이너에 대해 스마트 포인터를 사용하면 간단하다. 한편 스마트 포인터엔 일반 포인터 대비 메모리 오버헤드 및 성능상 비용이 미세하게나마 있다. 그러니 극한의 성능을 추구하는 코드에선 일반 포인터를 쓰는 편이 좋다. 하지만 통상의 경우엔 보다 안전한 데다 사용하기도 편하므로 스마트 포인터를 추천한다.

A.5 STL 컨테이너

C++ 표준 템플릿 라이브러리(standard template library), 이하 STL에는 많은 종류의 컨테이너 자료구조가 있다. 이번 절에서는 그중 널리 사용되는 몇몇 컨테이너와 그 사용법에 대해 간단히 짚고 넘어가겠다. 각 컨테이너는 해당 이름의 헤더 파일에 선언되어 있다. 여러 종류의 컨테이너를 섞어 쓸 땐 여러 헤더를 동시에 인클루드해서 쓰면 된다.

---

[*] 부모-자식 관계로 객체의 구조를 잡을 때 이 같은 상황이 흔히 발생한다. 본문의 〈로보캣〉을 예로 들면 기지-로보캣의 관계가 그렇다.

A.5.1.1 array

STL의 array 컨테이너는 C++11에 추가되었으며 고정 길이 배열의 래퍼 클래스이다. 크기가 고정이므로 push_back() 따위 멤버 함수는 제공되지 않는다. 배열의 각 원소는 첨자 연산자(subscript operator, [ ])에 인덱스를 넘겨 접근할 수 있다. 배열의 일반적인 장점은 임의 접근이 가능하여 원소 조회 시 알고리즘 복잡도가 O(1)을 만족한다는 것이다.

C 스타일 일반 배열도 같은 기능을 제공하지만, array 컨테이너는 뒤에 다룰 반복자와 잘 어울린다는 장점이 있다.* 게다가 필요할 때 첨자 연산자 대신 at() 같은 멤버 함수를 쓰면 범위 검사도 수행해 준다.

A.5.1.2 vector

vector 컨테이너는 가변 길이 배열이다. vector의 맨 뒤에 원소를 넣거나 빼려면 push_back()이나 pop_back()을 사용하며, 이때의 알고리즘 복잡도는 O(1)이다. 임의 위치에 원소를 삽입하거나 제거하는 것도 가능한데, 다만 이때는 배열 내 데이터의 일부 또는 전체의 복제가 수반되어 계산 비용이 늘어난다. 크기를 변경할 때도 같은 이유로 최대 O(n)의 비용이 필요하다. push_back()은 통상 O(1)의 성능이지만, 용량이 가득 찬 vector에 push_back()을 시도하면 재할당 및 전체 원소에 대한 복제가 일어난다. 한편 vector엔 array 컨테이너와 마찬가지로 범위 검사를 수행하는 멤버 함수가 제공된다.

사전에 vector에 몇 개의 원소가 들어갈지 알고 있다면, reserve() 멤버 함수로 미리 그만큼의 용량을 확보해 둘 수 있다. 그러면 원소를 추가하는데 따르는 확장 및 복제를 피할 수 있어 많은 시간을 절약할 수 있다.

C++11엔 vector에 원소를 추가하는 멤버 함수로 emplace_back()이란 것이 새로 등장했다. emplace_back()과 push_back()의 차이는 복합 자료형을 원소를 추가할 때 분명히 드러난다. Student라는 클래스의 vector를 만들었다 치자. 또한, Student 클래스의 생성자에 이름과 성적을 넣어 만들도록 되어 있다면 push_back()으로 구현할 때 다음과 같은 코드가 나온다.

```
students.push_back(Student("John", 100));
```

이 코드에선 먼저 Student 클래스의 임시 객체를 만들고, 이것을 vector 내부의 배열에 복사해서 넣어야 한다. 하지만 emplace_back()을 쓰면 객체를 내부 배열에 직접 생성하므로 임시 객체 생성을 피할 수 있다. emplace_back()으로 다시 작성하면 다음과 같다.

---

* 　역주 C 스타일 일반 배열엔 begin()이나 end() 같은 멤버 함수가 없다는 뜻이다.

```
students.emplace_back("John", 100);
```

emplace_back()을 쓸 때 Student 클래스에 대한 어떤 명시도 없다는 점을 주목하자. 완벽 전달
(perfect forwarding) 덕에 가능한데, 이는 emplace_back()의 여러 인자가 Student 생성자에 완벽히
있는 그대로 효율적으로 전달되도록 하는 메커니즘이다.

push_back() 대신 emplace_back()을 쓴다고 손해 보거나 할 건 없다. 다른 STL 컨테이너도 모
두 emplace를 지원하므로(물론 array는 제외), 컨테이너에 원소를 추가할 때 emplace 계열 함수
를 쓰는 습관을 들이는 것이 좋겠다.

A.5.1.3 list

list 컨테이너는 양방향 연결 리스트이다. list의 맨 앞이나 맨 뒤에 객체를 추가/삭제할 때의
알고리즘 복잡도는 O(1)이 보장된다. 또한, list의 반복자를 통해 순회 도중 반복자의 위치에 삽
입/삭제할 때의 복잡도 또한, O(1)이다. 단, 리스트 자료구조는 임의 접근을 지원하지 않는다는
점을 상기하자. vector는 '가득 차는' 경우가 생기지만, list는 그럴 일이 없다는 것이 장점이다. 원
소를 계속해서 하나씩 추가해 나가더라도 재할당이 필요하거나 하는 경우가 없다. 하지만 연결 리
스트의 각 원소는 메모리상 인접해 있지 않으므로 배열형 자료구조 대비 캐시 친화적이지 않다는
단점은 알아두어야 겠다. 오늘날 컴퓨터 아키텍처에선 캐시 성능이 실질적으로 가장 주요한 병목
지점이 되고 있다. 따라서 상대적으로 원소의 크기가 작은(64바이트 이하인) 경우, vector의 성능
이 거의 항상 list의 그것을 압도한다.[*]

A.5.1.4 forward_list

C++11에 추가된 forward_list는 단방향 연결 리스트이다. 즉, forward_list는 맨 앞에서 추
가/삭제할 때만 O(1)을 보장한다. 장점이라면 list 대비 노드당 메모리 오버헤드가 약간 작다는
것이다.

A.5.1.5 map

map은 순서가 정렬된 컨테이너로 { 키(key), 값(value) }의 쌍(pair)을 저장한다. 정렬의 기준은 키가
된다. map의 각 키는 서로 중복되지 않아야 하고 strict weak ordering 조건을 충족해야 한다.

---

[*]　[역주] 일반적인 성능은 list보다 deque가, forward_list보다 vector가 훨씬 우세하다. 다만 이들 연결형 컨테이너는 splice 연산으로 중도
일부 원소를 떼어낼 때 작업의 복잡도가 O(1)이라는 장점이 있다. 예를 들어 500,000개의 원소 중 100,000번째부터 1,000개만 떼어낸다
고 해도, vector에선 399,000번의 원소 이동이 일어난다. 반면 list의 splice()를 쓰면 내부 포인터 대여섯 개만 만져주는 것으로 끝난다.

이 말은 키 A가 키 B보다 작다면, 키 B가 A보다 작거나 같을 일이 없어야 한다는 뜻이다.[*] 커스텀 자료형을 키로 쓰고 싶다면 '보다 작다' 연산자(operator ⟨)를 오버라이드해야 한다.[**] map은 이진 탐색 트리(binary search tree)로 구현되어 있어 주어진 키를 조회할 때 평균 O(log(n))의 복잡도를 보인다. 항상 순서가 정렬되어 있는 상태로 유지되므로 map을 반복자로 순회할 때 그 순서도 오름차순이 된다.

A.5.1.6 set

set 컨테이너는 map과 거의 동일하나 키와 값을 쌍으로 갖지 않고 키만 갖는다는 차이가 있다. 내부 동작 일체는 같다.

A.5.1.7 unordered_map

C++11에 추가된 unordered_map 컨테이너는 { 키, 값 } 쌍을 해시 테이블(hash table)에 저장한다. 각 키는 고유해야 한다. 해시 테이블에 저장하므로 조회 시 상각된 O(1) 성능을 보인다. 하지만 순서가 보장되지 않으므로 unordered_map을 반복자로 순회할 때 그 순서는 무의미하다.[***] map과 set의 관계처럼 unordered_map에 대응되는 unordered_set도 있는데, 내장 자료형에 대한 해시 함수는 기본 제공된다. 하지만 커스텀 자료형에 대해선 std::hash() 템플릿 함수의 특수화 버전을 직접 작성해야 한다.

A.6 반복자

반복자(iterator)는 컨테이너의 각 원소를 순회하기 위한 용도의 객체이다. STL 컨테이너는 모두 반복자를 지원하며, 이 절에서는 그 일반적인 사용법에 대해 다루겠다.

---

* **역주** int 등을 생각하면 당연한 것이지만, 예를 들어 string이나 2차원 벡터의 경우엔 애매해진다. 다행히 std::string 등의 조건은 STL에서 미리 구현해 두었지만, (0, 1)이 (1, 0)보다 작은지 큰지를 따지려면 별도의 기준이 필요하다.

** **역주** 이때 주의할 점은, 인자 둘을 뒤집어 넣으면 같아져 버리는 경우가 의외로 많다는 것이다. 그러면 strict weak ordering이 깨지는데, 이렇게 되면 나중에 디버깅할 때 원인을 파악하기가 참 힘들다.

*** **역주** 처음 사용할 때 착각하기 쉬운 부분이, 넣은 순서대로 나오지 않을까 하는 것이다. 하지만 전혀 그렇지 않다! 해시 함수 및 내부 구현에 따라 순서가 달라지므로 그 순서는 예측하기 힘들고 플랫폼에 따라 달라질 수도 있다. 더구나 포인터형을 키로 사용하는 경우엔 동적 할당된 포인터 값은 그때그때 다를 수밖에 없으므로 그냥 무작위라고 생각하는 편이 낫다. 순서에 대해 어떤 가정을 하고 작성하면 흔히 '내 자리에선 잘 되는데'나 '어제까지 잘 됐는데' 식의 버그를 만나게 된다. 반복자를 써서 어디에 저장하거나 직렬화해서 보낼 때 이 점을 유의하자.

다음 코드는 vector를 만들어 다섯 개의 피보나치 숫자를 추가한 뒤, 반복자를 사용해 각 원소를 출력하는 예제이다.

```
std::vector<int> myVec;
myVec.emplace_back(1);
myVec.emplace_back(1);
myVec.emplace_back(2);
myVec.emplace_back(3);
myVec.emplace_back(5);

// vector를 순회하며 각 원소를 출력
for (auto iter = myVec.begin(); iter != myVec.end(); ++iter)
{
    std::cout << *iter << std::endl;
}
```

STL 컨테이너의 첫 번째 원소를 가리키는 반복자를 얻으려면 begin() 멤버 함수를 사용한다. 또한, end() 멤버 함수를 호출하면 맨 마지막 원소 바로 다음을 가리키는 반복자를 얻는다.* 이 코드에선 반복자의 자료형 대신 auto로 받고 있는데, 덕분에 자료형을 일일이 std::vector<int>::iterator라고 타자치지 않아도 된다.

또한, 반복자가 다음 원소로 전진하게 증가시킬 때 접두(prefix) ++ 연산자를 쓰고 있는 점도 눈여겨보자. 성능상 이유로 접미(postfix) 연산자 대신 접두 연산자를 써야 한다.** 마지막으로, 반복자로 원소의 밑단 값에 접근하려면 포인터와 마찬가지로 역참조(dereference) 연산자를 사용한다. 원소가 포인터형이라면 좀 까다로울 수 있는데, 역참조 연산자를 반복자에 한 번, 그리고 포인터에 한 번, 합계 두 번 써야 하기 때문이다.***

모든 STL 컨테이너는 두 종류의 반복자를 제공한다. 위에 설명한 것은 보통 iterator고, 다른 하나는 const_iterator다. 차이점은 const_iterator의 경우 원소에 대한 변조를 금지한다****는 것이며, 이에 반해 보통 iterator는 수정을 허용한다. 만일 STL 컨테이너를 상수 레퍼런스로 갖고 있으면 const_iterator만 얻을 수 있다.

---

* 〔역주〕 맨 마지막 원소가 아닌 그다음(실제로는 존재하지 않는) 원소를 가리킨다는 점에 주목하자. end()로 얻은 반복자를 역참조하면 오류가 발생한다.

** 〔역주〕 접미 연산자를 쓰면 반복자의 임시 사본 객체가 무수히 만들어졌다 사라진다.

*** 〔역주〕 원소가 shared_ptr<Student>형이라면, **iter라고 써야 한다. 보통은 student->name 식의 접근이 필요할 텐데, 그렇게 하려면 (*iter)->name으로 써야 한다.

**** 〔역주〕 원소의 자료형이 클래스나 구조체인 경우 const 멤버 함수만 호출할 수 있다.

A.6.1 범위 기반 for 구문

컨테이너 원소 전체를 순회하고 싶을 땐 C++11에 새로 추가된 범위 기반(range-based) for 구문을 쓰면 편하다. 위의 코드 중 순회 부분을 다시 작성해 보면 다음과 같다.

```
// 범위 기반 for 구문으로 순회
for (auto i : myVec)
{
    std::cout << i << std::endl;
}
```

범위 기반 for 구문은 Java나 C# 같은 다른 언어의 foreach와 비슷하게 생겼다. 이 코드는 컨테이너의 각 원소를 얻어 임시 변수 i에 대입한다. 모든 원소를 다 순회하고 나면 루프가 끝난다. 범위 기반 for 구문에서 각 원소는 값으로 얻거나 또는 레퍼런스로 얻을 수 있다. 컨테이너 내의 원소를 수정하고 싶다면 레퍼런스를 사용해야 하는데, 기본 자료형이 아니라면* 항상 레퍼런스나 상수 레퍼런스를 사용해야 한다.**

범위 기반 for 구문은 STL 스타일의 반복자 체계를 지원하는 컨테이너라면 어떤 것이든 호환된다. STL 스타일 반복자란 begin() 및 end() 멤버가 있고 또한, 반복자가 증가 및 감소 연산자를 지원하는 등의 조건을 갖춘 클래스 또는 구조체를 말한다. 즉, 이런 조건을 갖추기만 하면 사용자가 직접 작성한 컨테이너로도 범위 기반 for 문으로 순회할 수 있다.

A.6.2 반복자 활용하기

〈algorithm〉 헤더엔 반복자를 여러 가지 형태로 사용하는 수많은 함수들이 있다. 하지만 반복자를 가장 많이 쓰는 곳은 아마도 map, set, unordered_map 등의 find() 멤버 함수일 것이다. find() 함수를 호출하면 컨테이너 내의 전체 원소에서 지정된 키를 찾아, 해당 원소를 가리키는 반복자를 리턴한다. 키를 찾지 못한 경우, find() 멤버 함수는 end()와 등가의 반복자를 리턴한다.

---

* **역주** 예를 들어 Vector3라면 다음과 같이 써야 한다. '&'를 빼먹으면 매 원소마다 복제가 일어나므로 매우 비효율적이다!

```
for (auto& v : myVec) { ... } // 레퍼런스로 순회
for (const auto& v : myVec) { ... } // 상수 레퍼런스로 순회
```

** **역주** 앞서 주의사항대로 shared_ptr는 예외이다. shared_ptr는 레퍼런스로 받으면 안 된다! shared_ptr〈Student〉가 원소라면 아래와 같이 '&'를 빼고 써야 한다. 대신 반복자와는 달리 여기선 역참조가 필요 없다.

```
for (auto student : myStudents) // student의 자료형은 shared_ptr〈Student〉가 됨
{
    std::cout << student->name << std::endl; // 역참조 없이 접근
}
```

A.7 더 읽을거리

Meyers, Scott. (2014, December). Effective Modern C++. O'Reilly Media.

Stroustrup, Bjarne. (2013, May). The C++ Programming Language, 4th ed. Addison-Wesley.